马剑威 贾振锋 邢朋辉 / 编著

鸿蒙HarmonyOS NEXT开发之路

卷2 从入门到应用篇

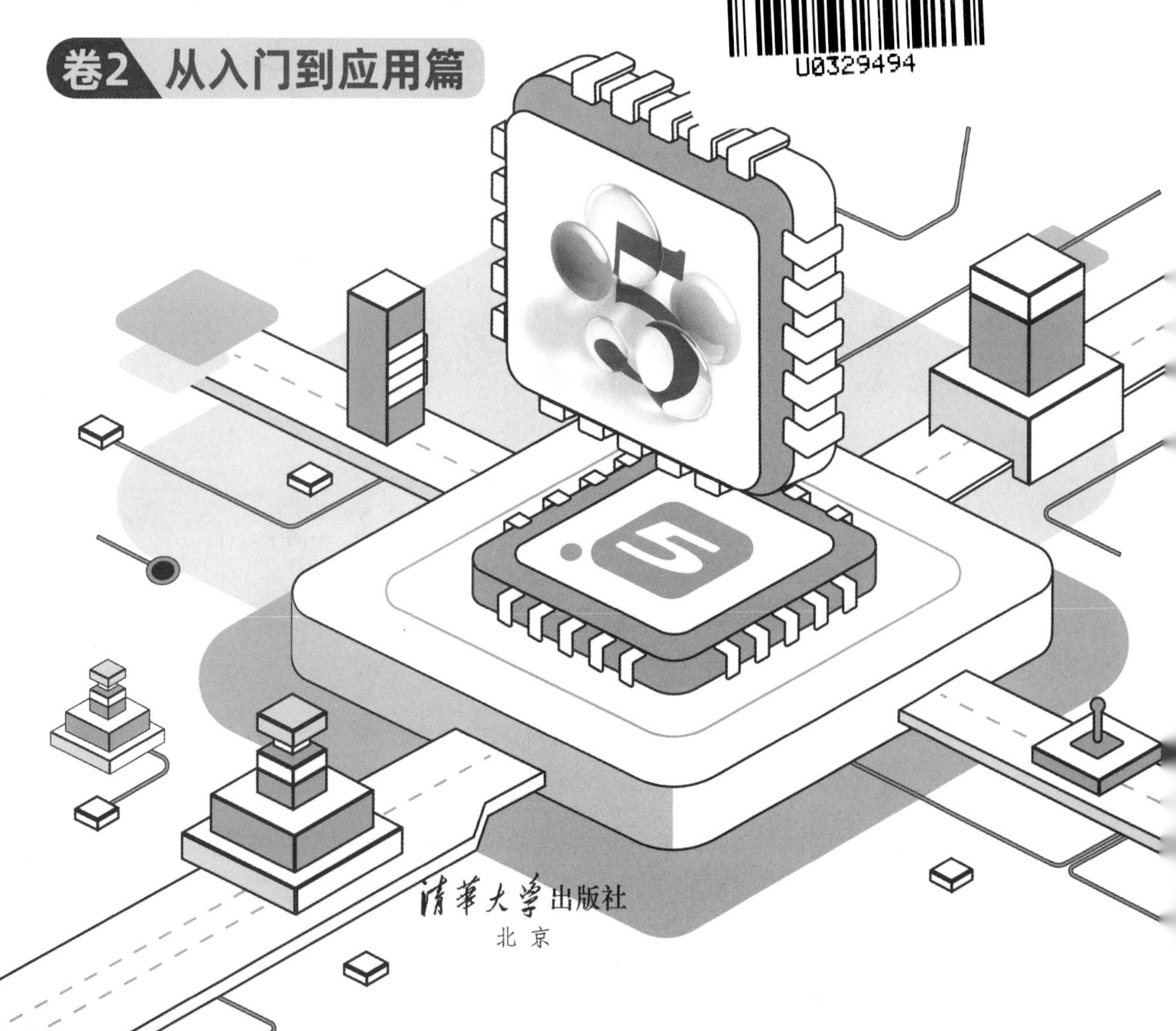

清華大學出版社
北 京

内 容 简 介

本书是一本深度聚焦 HarmonyOS NEXT 应用开发的全方位指导书，内容遵循由浅入深的原则展开。全书分为基础知识、应用开发进阶和应用开发高级三部分。基础知识部分全面介绍 HarmonyOS NEXT 及其 ArkTS 声明式 UI 开发规范的核心内容与应用，涵盖开发环境搭建、开发布局、常用组件、导航、路由、交互事件、窗口管理和 ArkWeb 等核心要素，并辅以大量实操案例，助力读者迅速掌握开发要领。应用开发进阶部分深入探讨 HarmonyOS NEXT 中的动画与网络服务，为开发者提供实用的开发技能和优化应用体验的方法。应用开发高级部分详细介绍一多开发和第三方库的使用，最后介绍如何运用 uni-app 快速构建鸿蒙应用。

本书实例丰富、详实，无论是初学者还是有经验的开发者，都能从中获取系统全面的知识和极具实用的开发技巧，为开发出卓越的鸿蒙原生应用掌握关键技能。

图书在版编目（CIP）数据

鸿蒙 HarmonyOS NEXT 开发之路. 卷 2, 从入门到应用篇 / 马剑威, 贾振锋, 邢朋辉编著. -- 北京 : 清华大学出版社, 2025. 5
ISBN 978-7-302-68910-2

Ⅰ. TN929. 53

中国国家版本馆 CIP 数据核字第 2025T3X779 号

责任编辑： 赵 军
封面设计： 王 翔
责任校对： 闫秀华
责任印制： 刘海龙

出版发行： 清华大学出版社
网 址：https://www.tup.com.cn，https://www.wqxuetang.com
地 址：北京清华大学学研大厦 A 座 邮 编：100084
社 总 机：010-83470000 邮 购：010-62786544
投稿与读者服务：010-62776969，c-service@tup.tsinghua.edu.cn
质 量 反 馈：010-62772015，zhiliang@tup.tsinghua.edu.cn

印 装 者： 三河市君旺印务有限公司
经 销： 全国新华书店
开 本： 190mm×260mm **印 张：** 27.25 **字 数：** 735 千字
版 次： 2025 年 5 月第 1 版 **印 次：** 2025 年 5 月第 1 次印刷
定 价： 118.00 元

产品编号：109360-01

前　　言

在万物互联高速发展的今天，HarmonyOS NEXT（5.0）宛如一颗璀璨的新星，闪耀着独特的光芒。它以创新为驱动，以用户体验为核心，正逐步改变我们与智能设备的交互方式。华为宣布，2025 年鸿蒙原生应用将突破 10 万甚至 50 万的体量，并且将在 2025 年推出的所有手机和平板电脑中搭载原生鸿蒙系统，这将加速鸿蒙生态的高速发展。

HarmonyOS NEXT 拥有诸多令人瞩目的特性：其微内核架构带来更高的安全性与响应速度，为用户数据和设备运行提供坚实保障；其全场景覆盖能力让用户在智能手机、平板电脑、智能电视、穿戴设备等多种设备间畅享无缝体验；其分布式创新实现了设备间的资源共享与任务协同，打破了设备壁垒；其流畅的性能确保用户操作顺滑无阻；其多语言编程的支持为开发者提供了广阔的创作空间；其“安全至上”的理念贯穿始终，通过数据加密、安全启动等多层次防护措施，全面守护用户数据安全；其开放生态的做法吸引了全球的开发者与合作伙伴共同探索，激发无限创新可能。

为了帮助广大开发者深入理解和掌握 HarmonyOS NEXT 及其 ArkTS 声明式 UI 开发规范，我们精心编写了《鸿蒙 HarmonyOS NEXT 开发之路》系列丛书，共分为 3 卷：

- 《鸿蒙 HarmonyOS NEXT 开发之路 卷 1：ArkTS 语言篇》
- 《鸿蒙 HarmonyOS NEXT 开发之路 卷 2：从入门到应用篇》
- 《鸿蒙 HarmonyOS NEXT 开发之路 卷 3：项目实践篇》

本书为系列丛书的第 2 卷——《鸿蒙 HarmonyOS NEXT 开发之路 卷 2：从入门到应用篇》。本书内容丰富全面，结构清晰合理，是学习 HarmonyOS NEXT 应用开发的理想指导书。书中详细阐述 HarmonyOS NEXT 及其 ArkTS 声明式 UI 开发规范与应用技巧，涵盖基础架构、UI 组件、布局设计、交互事件处理以及窗口管理等内容，全方位揭示 HarmonyOS NEXT 的开发奥秘。丰富的案例与实用的代码示例将帮助读者快速上手，轻松构建性能高、体验好的应用。

资源下载

本书配套示例源码，请读者用微信扫描下面的二维码下载。

如果学习本书的过程中发现问题或疑问，可发送邮件至 booksaga@126.com，邮件主题为“鸿蒙 HarmonyOS NEXT 开发之路 卷 2：从入门到应用篇”。

衷心希望本书能够成为广大开发者学习 HarmonyOS NEXT 应用开发的得力助手。无论是初入开发领域的新手，还是经验丰富的专业开发者，都能从本书中汲取有益的知识和经验。让我们一同踏上 HarmonyOS NEXT 应用开发的精彩旅程，共同探索智能设备开发的无限可能，为用户创造更加智能、便捷、安全的应用体验。

华为 HDE：马剑威

2025 年 2 月

目　　录

第一部分　基础知识

第三部分 应用开发高级

第一部分

基础知识

本书的第一部分将全面介绍 HarmonyOS NEXT（也称为 HarmonyOS 5.0）及其 ArkTS 声明式 UI 开发规范的核心内容与应用，旨在为开发者提供坚实的基础知识和实用的开发技能。本部分共包含 7 章，分别是：

- 第 1 章　ArkTS 声明式 UI 开发规范：深入剖析 HarmonyOS NEXT 的创新特点和整体架构，详细讲解 ArkTS 声明式 UI 开发流程和通用规则。同时，介绍开发环境的搭建和入门程序的编写，帮助读者掌握 ArkTS 开发的基本技巧和流程。
- 第 2 章　ArkUI 常用开发布局：详细介绍 ArkUI 中的多种布局方式，如线性布局、层叠布局、弹性布局等，通过示例代码和图示展示每种布局的特点和使用方法，帮助读者提高页面开发的效率和质量。
- 第 3 章　ArkUI 中的常用组件：详细讲解 ArkUI 中常用的组件，如按钮、单选框、进度条等，包括其创建方法、属性设置、事件绑定和应用场景，帮助读者提升界面设计和交互实现的能力。
- 第 4 章　组件导航和页面路由：探讨 Navigation 组件的使用方法和页面路由的实现，包括模块内和跨模块的路由切换、页面显示模式设置、导航转场动画效果和页面跳转数据传递等内容，助力读者实现复杂的页面交互与数据传递。
- 第 5 章　交互事件：深入探讨 HarmonyOS 中的交互事件处理机制，包括触屏事件、焦点事件、拖曳事件和手势事件等，帮助读者掌握各种交互事件的处理技巧，从而提升应用的交互性和用户体验。
- 第 6 章　窗口管理：详细讲解 HarmonyOS NEXT 中窗口管理的相关知识，包括窗口模块的基本概念、实现原理、Stage 模型下的应用窗口管理，以及窗口属性设置和事件监听等操作。
- 第 7 章　ArkWeb：详细介绍 ArkWeb 组件及其在 HarmonyOS NEXT 中的应用，包括多进程模型、生命周期管理、性能指标、UserAgent 开发和与前端页面的 JavaScript 交互等内容，帮助读者提升处理 Web 内容的能力。

通过学习以上内容，读者将全面掌握 HarmonyOS NEXT 及其 ArkTS 声明式 UI 开发的基础知识和核心技能。这将为开发高质量的应用程序奠定坚实的基础。同时，读者将提升自身的开发能力，编写出更高效、更可维护的代码。希望读者能够灵活运用所学知识，不断优化开发流程，迎接未来的挑战，推动智能设备应用的创新与发展。

第 1 章

ArkTS 声明式 UI 开发规范

本章将全面介绍 HarmonyOS NEXT 及其 ArkTS 声明式 UI 开发规范的核心内容与应用。

首先，深入剖析 HarmonyOS NEXT 的创新特点，包括微内核架构、全场景覆盖、分布式创新、流畅性能、安全至上和开放生态等，展示其在智能设备领域的深远影响以及为开发者带来的巨大机遇。

接着，详细阐述 HarmonyOS NEXT 的整体架构，涵盖声明式 UI 前端、语言运行时、声明式 UI 后端引擎、渲染引擎和平台适配层等关键组成部分，帮助开发者更好地理解系统的工作原理和资源管理方式。

然后，系统讲解 ArkTS 声明式 UI 开发流程，为开发者提供全面的指导。同时，介绍 HarmonyOS NEXT 应用开发中的通用规则，如默认单位 vp 的使用和异常值处理，助力开发者提高编码效率和代码质量。

接下来，详细描述开发环境搭建的全过程，包括 HUAWEI DevEco Studio 的下载、安装、配置和开发环境诊断等，确保开发者能够顺利搭建高效、稳定的开发平台。

最后，通过编写“Hello HarmonyOS”入门程序，带领读者逐步创建 ArkTS 工程，构建页面，实现页面间跳转，从而深入理解 ArkUI 框架的 UI 开发范式和应用模型，掌握 ArkTS 开发的基本技巧和流程。

通过本章的学习，读者将全面掌握 HarmonyOS NEXT 及其 ArkTS 声明式 UI 开发规范的关键知识，为后续的深入学习和开发实践打下坚实的基础。

1.1 HarmonyOS NEXT 的介绍及其特点

在数字化浪潮中，操作系统不仅是硬件与用户之间的桥梁，更是驱动设备智能化的核心所在。华为推出的 HarmonyOS NEXT，不仅展现了对未来智能生活的憧憬，更是华为技术创新的经典之作。

1.1.1 HarmonyOS NEXT 概览

HarmonyOS NEXT 是华为精心研发的一款操作系统，秉承“全场景、全连接、全智能”的设计理念，为全球用户描绘了全新的数字生活图景。基于微内核架构，这一系统以卓越的性能、安全性和可扩展性，出色地适配多种设备和应用场景。

1.1.2 核心亮点

HarmonyOS NEXT 的核心亮点如下。

1. 微内核架构

HarmonyOS NEXT 采用微内核设计，与传统宏内核相比，具备更高的安全性和更快的响应速度，使系统既轻盈又强大。

2. 全场景覆盖

支持从智能手机到平板电脑、智能电视及穿戴设备的多种场景，HarmonyOS NEXT 实现了跨设备的无缝体验，确保用户在不同设备上的操作感受始终一致。

3. 分布式创新

分布式能力是 HarmonyOS NEXT 的核心特色之一，支持设备间资源共享和任务协同，无论是数据传输还是应用执行，均可在设备间顺畅衔接，为用户带来便捷的使用体验。

4. 性能流畅

通过先进的内存管理和任务调度技术，HarmonyOS NEXT 确保用户获得流畅的系统体验。此外，系统支持多语言编程，为开发者提供更大的“创作”空间和自由度。

5. 安全至上

从设计阶段起，HarmonyOS NEXT 便将安全置于核心位置，采用数据加密、安全启动等多层次防护措施，全面保障用户数据安全。

6. 开放生态

华为致力于构建开放的生态系统。HarmonyOS NEXT 提供丰富的 API 和开发工具，激励全球开发者与合作伙伴共同探索新的可能性，为生态注入更多活力。

1.1.3 深远影响

HarmonyOS NEXT 的问世标志着华为产品生态的一次重大飞跃，也将在全球操作系统市场掀起波澜。它不仅有望重塑用户对智能设备的使用习惯，还将推动行业技术不断向前发展。

1. 设备智能化加速

HarmonyOS NEXT 的普及将加速设备智能化进程，更好地满足用户的个性化需求，提升使用体验。

2. 技术创新激发

系统的开放性和分布式架构将激发开发者的创新潜能，催生出新技术和新应用。

3. 市场竞争重塑

HarmonyOS NEXT 的加入可能重塑操作系统市场的竞争格局，为用户提供更加多元化的选择，推动行业健康发展。

1.1.4 开发者机遇

对于开发者而言，HarmonyOS NEXT 不仅是一个强大的平台，更是一个孕育创新与成长的广阔舞台。

1. 全栈自研能力

HarmonyOS NEXT 提供的全栈自研优势，能够助力开发者降低开发成本，提高开发效率，实现高效创新。

2. 原生应用开发

借助系统级 AI 能力，开发者可以轻松构建智能功能，为用户带来原生应用的体验。

3. 统一生态部署

通过“一次开发，多端适配”的生态能力，HarmonyOS NEXT 简化了跨设备开发流程，提升了应用开发效率与资源利用率。

4. 安全与隐私保障

在以安全为核心的平台上开发，有助于提升用户对应用的信任度。

5. 开放合作生态

华为秉持开放合作的理念，积极鼓励开发者加入，共同推动生态繁荣发展。

6. 技术支持与社区资源

华为提供全面的开发支持和活跃的社区资源，助力开发者快速成长。

HarmonyOS NEXT 是华为推出的新一代操作系统，其创新理念和强大功能充分展现了华为对未来智能生活的深刻洞察和技术实力。随着技术的不断完善和市场认可度的逐步提升，HarmonyOS NEXT 有望成为推动智能设备发展的重要引擎。

1.2 整体架构

了解操作系统架构设计对于学习应用开发至关重要，主要体现在以下几个方面：

- 资源管理与优化：操作系统是计算机系统的核心，负责管理硬件和软件资源。深入理解操作系统架构设计有助于开发者掌握如何高效地利用这些资源（如内存管理、进程调度、文件系统等），从而编写出更加高效、稳定且资源占用更少的代码。

- 并发与并行处理：操作系统的并发控制机制和并行处理策略对多任务处理和数据并行处理的应用开发至关重要。掌握这些知识有助于开发者设计出响应更快、性能更优的应用程序。
- 系统调用与接口：操作系统为上层应用提供了丰富的系统调用接口（System Call Interface）和应用程序编程接口（Application Programming Interface，API），这些接口是应用与操作系统交互的桥梁。了解操作系统的架构设计有助于开发者深入理解系统调用的工作原理和性能特性，从而更准确地使用这些接口来满足应用的需求。
- 安全与稳定性：操作系统架构的设计直接决定了系统的安全性和稳定性。掌握操作系统的安全机制（如权限管理、访问控制等）以及稳定性保障措施（如错误处理、故障恢复等），有助于开发者在开发应用中有效地考虑这些因素，编写出更加安全可靠的应用。
- 深入理解技术栈：在软件开发领域，操作系统是整个技术栈的基础层。深入了解操作系统架构的设计有助于开发者全面理解技术栈的整体结构和核心逻辑，从而更好地把握应用开发的方向和关键技术点。

因此，了解操作系统架构设计对于学习应用开发意义重大。这不仅能显著提高开发效率和代码质量，还能培养开发者的系统思维能力和跨平台开发能力。

HarmonyOS NEXT 操作系统整体架构如图 1-1 所示。

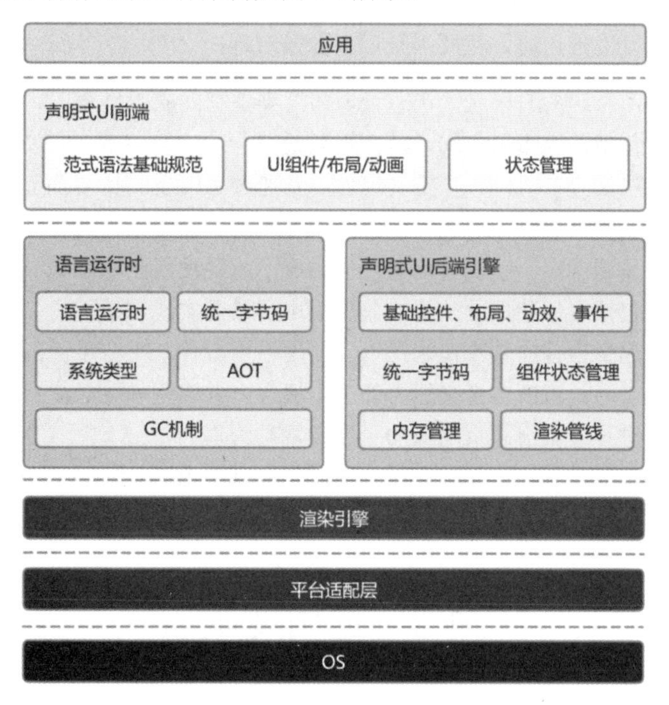

图 1-1　HarmonyOS NEXT 整体架构图

1. 声明式 UI 前端

声明式 UI 前端提供了 UI 开发范式的基础语言规范，内置丰富的 UI 组件、布局和动画，支持多种状态管理机制，为开发者提供完善的接口支持。

2. 语言运行时

基于 ArkTS 语言（即方舟语言）的运行时（runtime，也称为运行时库），具备对 UI 范式语法的解析能力，支持跨语言调用，并提供高性能的 TypeScript 语言运行环境。

3. 声明式 UI 后端引擎

后端引擎兼容多种开发范式，提供强大的 UI 渲染管线支持，包括基础组件、布局计算、动效处理、交互事件管理，以及状态管理和绘制能力。

4. 渲染引擎

渲染引擎提供高效的绘制能力，可将渲染管线生成的渲染指令快速呈现至屏幕。

5. 平台适配层

平台适配层提供系统平台的抽象接口，具备接入不同系统的能力，包括支持系统渲染管线的整合与生命周期调度管理。

1.3 开发流程

使用 UI 开发框架开发应用时，主要涉及以下开发流程：

（1）ArkTS：包括 ArkTS 的语法、状态管理和渲染控制的应用场景。
（2）开发布局：包括常用布局方式及其使用场景。
（3）添加组件：包括内置组件、自定义组件以及通过 API 支持的界面元素。
（4）设置组件导航和页面路由：配置组件间的导航及页面的路由功能。
（5）显示图形：显示图片、绘制自定义几何图形，以及使用画布绘制自定义图形。
（6）使用动画：包括组件和页面动画的典型应用场景及实现方法。
（7）绑定事件：包括事件的基本概念，以及使用通用事件和手势事件的方法。
（8）使用自定义能力：理解自定义能力的基本概念，并实现相关功能。
（9）主题设置：进行应用级和页面级的主题设置与管理。
（10）使用 NDK 接口构建 UI：通过 ArkUI 提供的 NDK 接口，创建和管理 UI 界面。
（11）使用镜像能力：了解镜像能力的基本概念，并掌握其使用方法。

1.4 通用规则

通用规则是指开发应用时，系统默认的处理方式。熟悉这些规则可以帮助开发者提高开发效率，并编写出更高质量的代码。在 HarmonyOS NEXT 应用开发中，通用规则主要包含以下两个方面。

1. 默认单位

表示长度的输入参数的单位默认为 vp，即 number 类型的参数。对于以 number 类型值表示的 Length 类型的参数及 Dimension 类型的参数，其数值单位默认为 vp。

vp 是虚拟像素（Virtual Pixel）的缩写，指设备相对于应用的虚拟尺寸（区别于屏幕硬件像素单位）。vp 是一种灵活的单位，能根据不同屏幕的像素密度进行缩放，从而在各种屏幕上保持统一的尺寸显示效果，提供一致的视觉体验。

2. 异常值处理

当输入参数为异常值（undefined、null 或无效值）时，系统处理规则如下：

（1）若对应参数有默认值，则按默认值处理。
（2）若对应参数无默认值，则该参数对应的属性或接口不生效。

1.5　开发环境搭建

本节介绍 HarmonyOS NEXT 开发环境的搭建过程，包括安装和配置 HUAWEI DevEco Studio。

1.5.1　概述

HUAWEI DevEco Studio 基于 IntelliJ IDEA Community 开源版本构建，为在 HarmonyOS NEXT 系统上的应用和服务提供一站式开发平台。

作为一款专业的开发工具，DevEco Studio 除具备代码开发、编译构建、调测等功能外，还具备如下特点：

（1）高效智能代码编辑：支持 ArkTS、JavaScript、C/C++等多种语言，提供代码高亮、智能补齐、错误检查、自动跳转、格式化、查找等功能，大幅提升代码编写效率。

（2）多端双向实时预览：支持 UI 界面代码的双向预览、实时预览、动态预览、组件预览及多端设备预览，便于开发者快速查看代码运行效果。

（3）多端设备模拟仿真：提供 HarmonyOS NEXT 本地模拟器，并支持 iPhone 等设备的模拟仿真，便捷获取调试环境。

（4）DevEco Profiler 性能调优：提供实时监控能力和场景化调优模版，支持全方位的设备资源监测和多维度数据采集，帮助开发者实现高效的性能调优和快速定位问题代码行。

1.5.2　工具准备

从 HarmonyOS Developer 官网下载最新版的 DevEco Studio 安装包。

1.5.3　安装 DevEco Studio

DevEco Studio 支持 Windows 和 macOS 系统，下面分别介绍在这两种操作系统下安装 DevEco Studio 软件的步骤。

1. Windows 环境下安装 DevEco Studio

1）运行环境要求

为确保 DevEco Studio 正常运行，建议计算机配置满足以下要求：

- 操作系统：Windows 10 64 位、Windows 11 64 位。
- 内存：推荐 16GB 或以上，最低 8GB。
- 硬盘：100GB 或以上。
- 分辨率：1280 × 800 像素或更高。

2）安装 DevEco Studio

Windows 环境下安装 DevEco Studio 的操作步骤如下：

步骤 01 双击下载的 deveco-studio-xxxx.exe 文件，启动 DevEco Studio 安装向导，如图 1-2 所示。

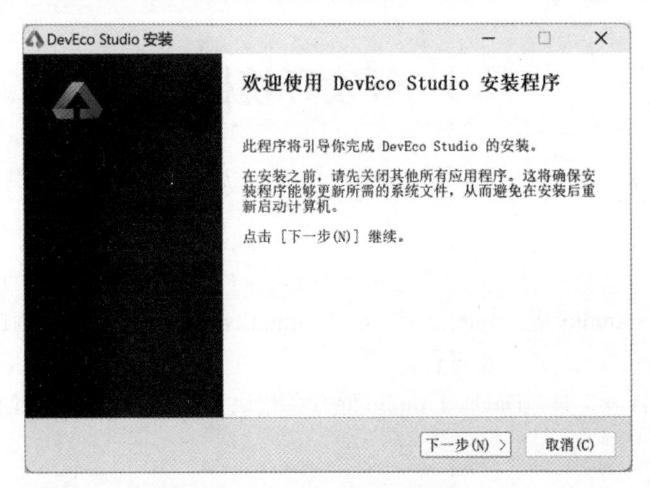

图 1-2　安装向导界面

步骤 02 单击“下一步”按钮，进入“选择安装位置”界面。默认安装路径在 C:\Program Files 下，也可单击“浏览”按钮指定其他安装路径，然后单击“下一步”按钮，如图 1-3 所示。

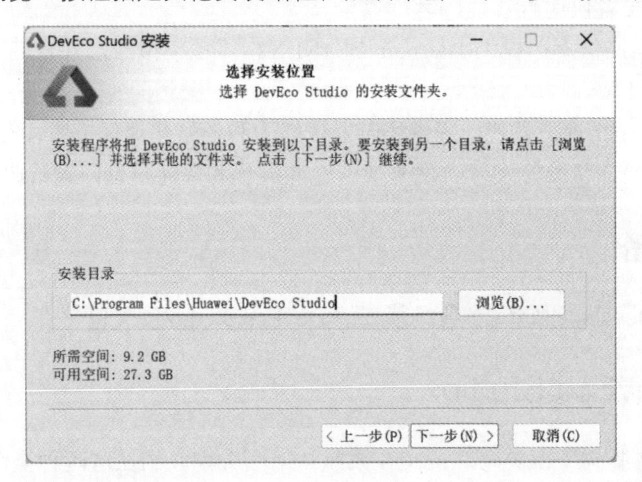

图 1-3　Windows 环境下 DevEco Studio 的“选择安装位置”界面

步骤 03 在如图 1-4 所示的"安装选项"界面中勾选 DevEco Studio 后，单击"下一步"按钮。

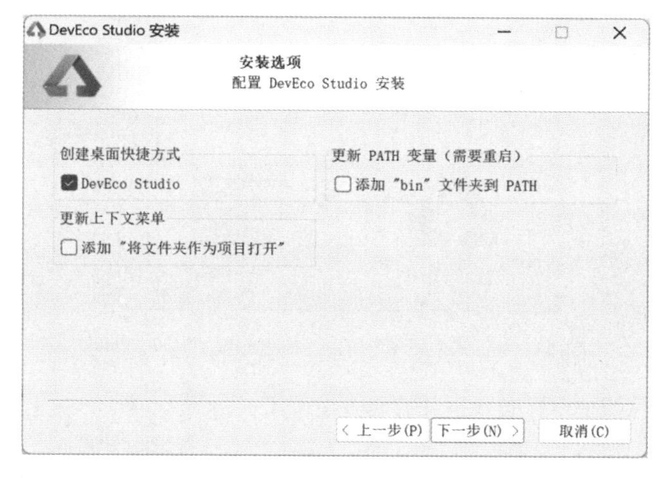

图 1-4　Windows 环境下 DevEco Studio 的"安装选项"界面

步骤 04 按照提示依次单击"下一步"按钮，直至安装完成，最后单击"完成"按钮，如图 1-5 所示。

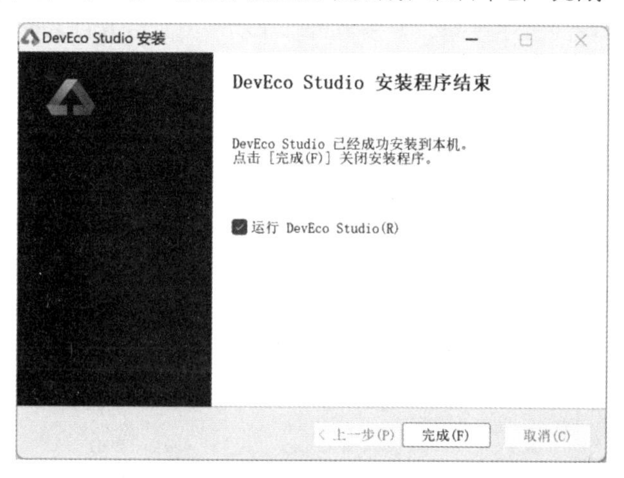

图 1-5　Windows 环境下 DevEco Studio 安装完成时的界面

2. macOS 环境下安装 DevEco Studio

1）运行环境要求

为确保 DevEco Studio 正常运行，建议计算机配置满足以下要求：

- 操作系统：macOS(X86) 10.15/11/12/13/14；macOS(ARM) 11/12/13/14。
- 内存：推荐 16GB 或以上，最低 8GB。
- 硬盘：100GB 或以上。
- 分辨率：1280 × 800 像素或更高。

2）安装 DevEco Studio

macOS 环境下安装 DevEco Studio 的操作步骤如下：

步骤 01 在安装界面中，将 DevEco-Studio.app 拖曳到 Applications 文件夹中，等待安装完成，如

图 1-6 所示。

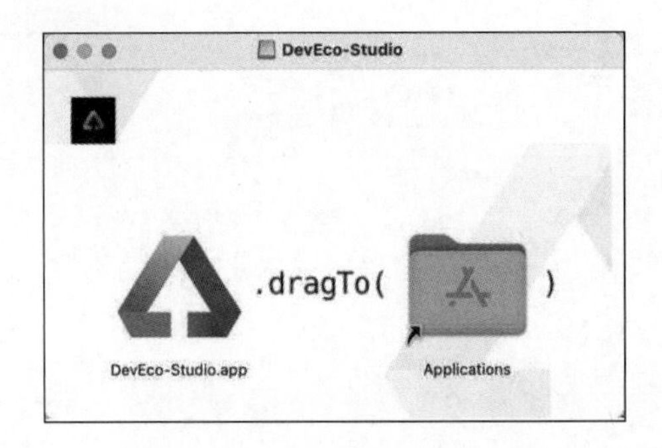

图 1-6 macOS 环境下 DevEco Studio 的安装界面

步骤 02 安装完成后，按照提示配置代理并检查开发环境。

1.5.4 诊断开发环境

为确保开发者在应用或服务开发过程中获得良好体验，DevEco Studio 提供了开发环境诊断功能，帮助开发者检查开发环境是否配置完备。开发者可以在欢迎页面单击 Diagnose 按钮进行诊断，如图 1-7 所示。如果已打开工程开发界面，也可以在菜单栏中依次单击 Help→Diagnostic Tools→Diagnose Development Environment 选项进行诊断。

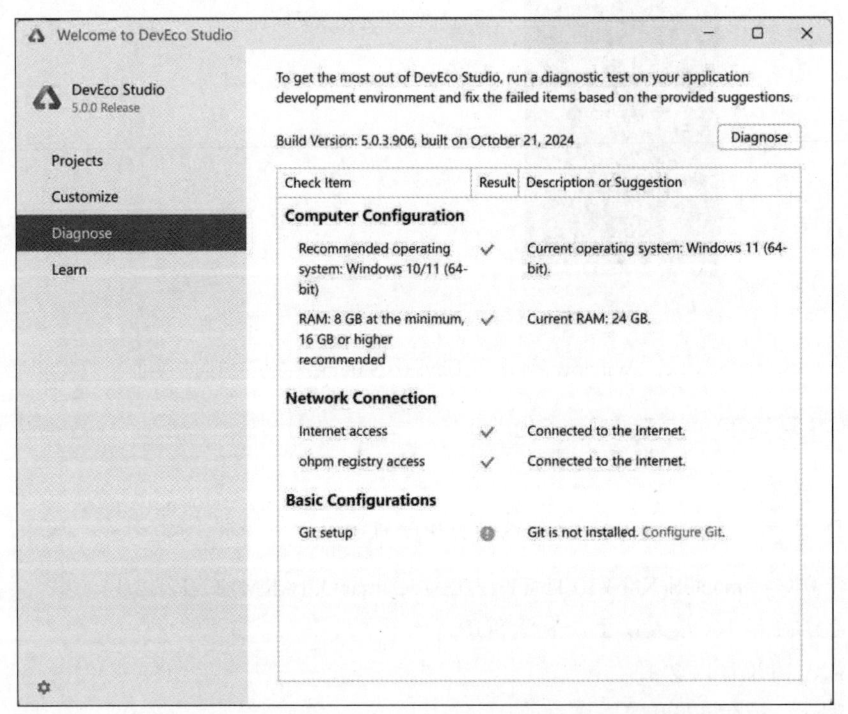

图 1-7 Windows 环境下 DevEco Studio 进入开发环境诊断时的界面

DevEco Studio 开发环境诊断项包括计算机的配置、网络的连通情况以及依赖工具的安装情况等。如果检测结果为未通过，可根据检查项的描述和修复建议进行处理，具体界面如图 1-8 所示。

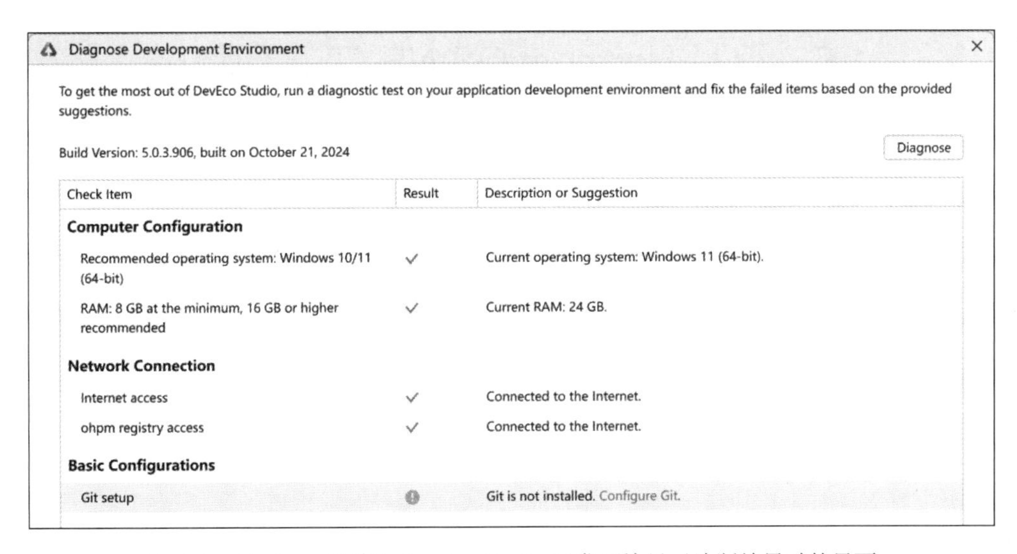

图 1-8　Windows 环境下 DevEco Studio 开发环境显示诊断结果时的界面

1.5.5　启用中文化插件

步骤 01 在工程开发界面的主菜单栏中，依次单击 File→Settings→Plugins 选项，选择 Installed 标签，在搜索框中输入 Chinese，搜索结果里将出现 Chinese（Simplified），在右侧单击 Enable 按钮，再单击右下角的 OK 按钮，如图 1-9 所示。

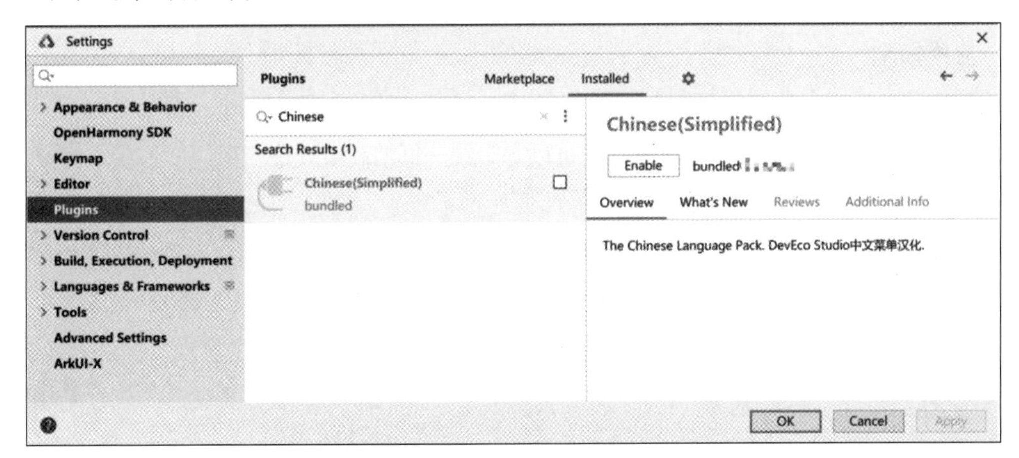

图 1-9　Windows 环境下 DevEco Studio 启用简体中文设置时的界面

步骤 02 在弹出的对话框中单击 Restart 按钮（见图 1-10），重启 DevEco Studio 后，中文设置即可生效。

图 1-10　插件设置完成后提示是否立刻重启 DevEco Studio 的对话框

1.6 编写 HarmonyOS NEXT 入门程序

本节将带领读者编写一个简单的 HarmonyOS NEXT 入门程序——Hello World，让读者初步体验 HarmonyOS NEXT 的开发流程。

1.6.1 案例说明

1. UI 框架

HarmonyOS NEXT 提供了一套 UI 开发框架，即方舟开发框架（ArkUI 框架）。该框架为开发者提供了丰富的 UI 开发能力，包括多种组件、布局计算、动画能力、UI 交互、绘制功能等。

方舟开发框架针对不同开发需求和技术背景，提供了两种开发范式：基于 ArkTS 的声明式开发范式和兼容 JavaScript 的类 Web 开发范式。这两种开发范式的对比如表 1-1 所示。

表1-1 两种开发范式的对比

开发范式名称	语言生态	UI 更新方式	适用场景	适用人群
声明式开发范式	ArkTS 语言	数据驱动更新	复杂度较大、团队合作度较高的程序	移动系统应用开发人员、系统应用开发人员
类 Web 开发范式	JavaScript 语言	数据驱动更新	界面较为简单的中小型应用和卡片	Web 前端开发人员

2. 应用模型

应用模型是 HarmonyOS NEXT 为开发者提供的应用程序抽象提炼和运行机制，包括应用程序必备的组件和框架。通过应用模型，开发者可以基于统一框架高效开发应用。

随着系统的演进，HarmonyOS NEXT 先后提供了两种应用模型：

- Stage 模型：自 HarmonyOS API 9 开始新增的模型，是目前主推并将长期演进的模型。该模型提供 AbilityStage 和 WindowStage 等类作为应用组件和窗口的“舞台”，因此而得名。本节的 Hello World 程序将基于 Stage 模型开发。
- FA（Feature Ability）模型：自 HarmonyOS API 7 开始支持的模型，目前已不再作为主要推荐的模型。

本案例将展示一个包含两个页面的开发实例，并基于 Stage 模型构建第一个 ArkTS 应用，帮助读者理解相关概念及应用开发流程。

1.6.2 创建 ArkTS 工程

创建 ArkTS 工程的步骤如下：

步骤01 如果是首次打开 DevEco Studio，就单击 Create Project 按钮创建工程。如果已经打开了一个工程，则在菜单栏中依次单击 File→New→Create Project 新建一个工程。

步骤02 在新建工程界面，选择 Application 类型的应用开发，选择 Empty Ability 模板，然后单击 Next

按钮进入下一步配置，如图 1-11 所示。

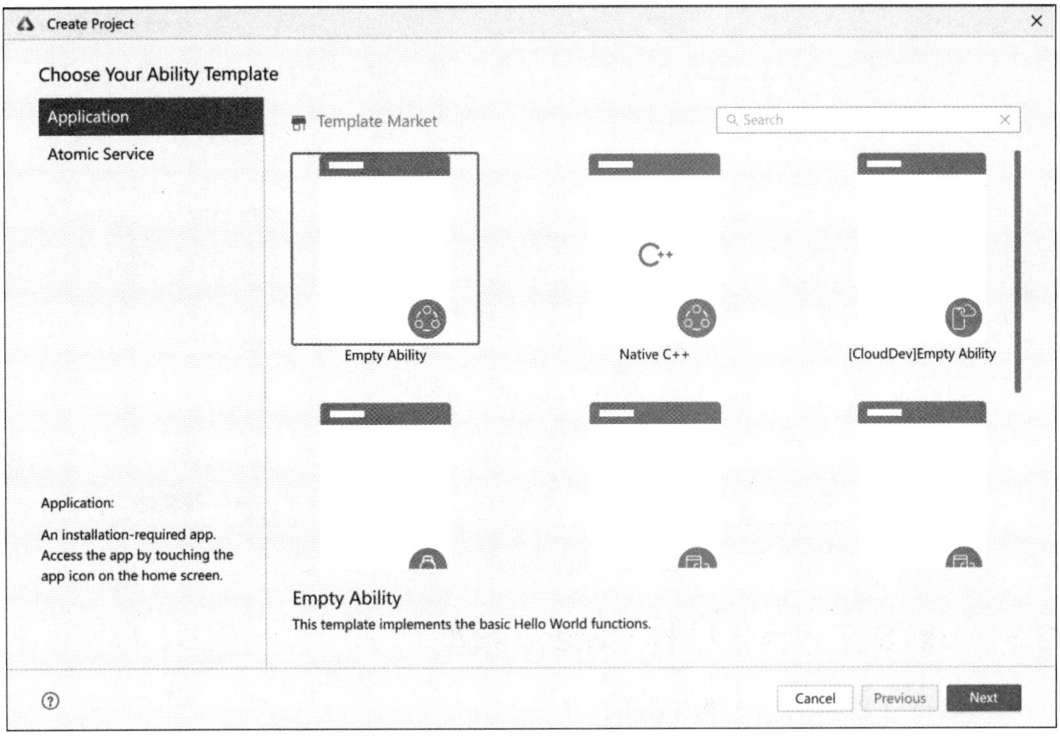

图 1-11　DevEco Studio 新建工程界面

工程模板支持的开发语言及模板说明如表 1-2 所示。

表1-2　工程模板支持的开发语言及模板说明

模板名称	说　明
Empty Ability	用于 Phone、Tablet、2in1、Car 设备的模板，展示基础的 Hello World 功能
Native C++	用于 Phone、Tablet、2in1、Car 设备的模板，作为应用调用 C++代码的示例功能
[CloudDev]Empty Ability	端云一体化开发通用模板
[Lite]Empty Ability	用于 Lite Wearable 设备的模板，展示基础的 Hello World 程序的功能。可基于此模板修改设备类型及 RuntimeOS，进行小型嵌入式设备开发
Flexible Layout Ability	用于创建跨设备应用开发的三层工程结构模板，包含 common（公共能力层）、features（基础特性层）、products（产品定制层）
Embeddable Ability	用于开发支持被其他应用嵌入运行的元服务的工程模板

步骤 03 进入工程配置界面，将 Compatible SDK 设置为 5.0.0(12)，将 Module name 设置为 entry，其他参数保持默认设置即可，如图 1-12 所示。

步骤 04 配置完成后，单击 Finish 按钮，DevEco Studio 会自动生成示例代码和相关资源，用户只需等待工程创建完成即可。

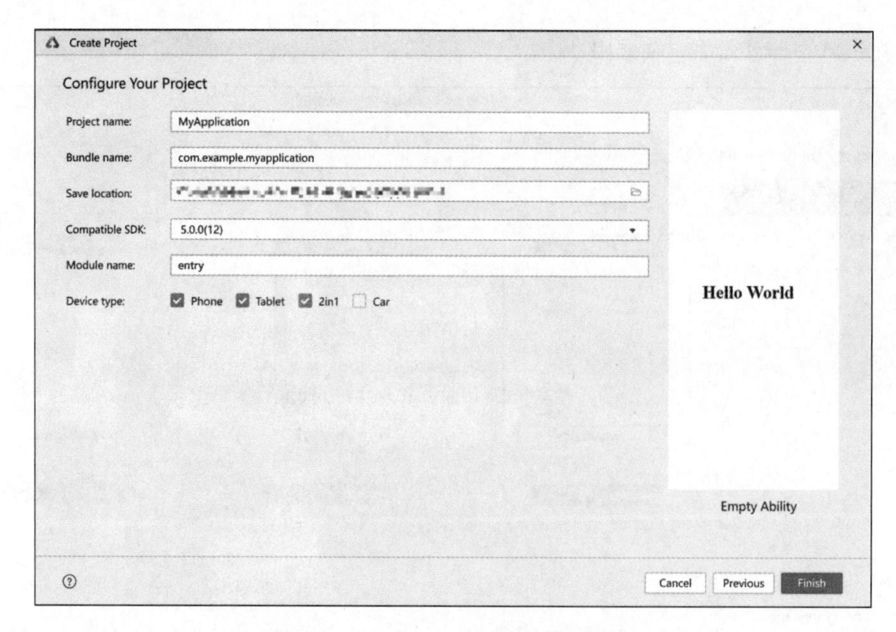

图 1-12　DevEco Studio 工程配置界面

1.6.3　ArkTS 工程目录结构（Stage 模型）

新建 ArkTS 工程后的目录结构如图 1-13 所示。

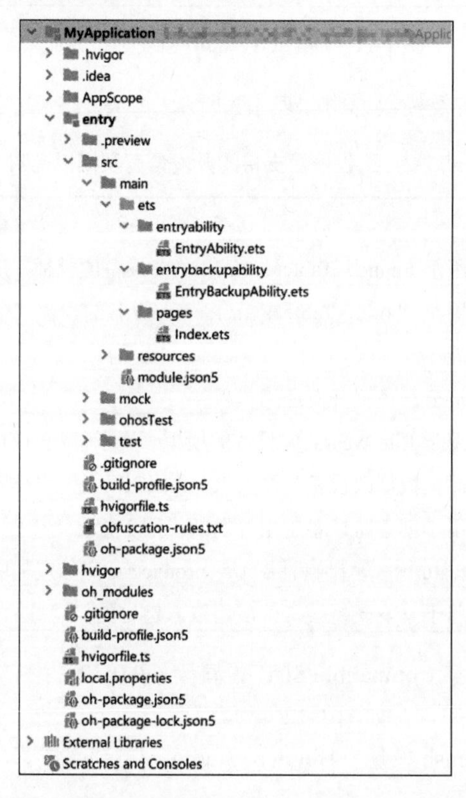

图 1-13　DevEco Studio 新建工程的目录结构

目录说明如下：

（1）AppScope > app.json5：应用的全局配置文件。

（2）entry：HarmonyOS 工程模块，编译构建生成一个 HAP 包。

（3）src > main > ets：用于存放 ArkTS 源代码。

（4）src > main > ets > entryability：应用或服务的入口。

（5）src > main > ets > pages：应用或服务包含的页面。

（6）src > main > resources：用于存放应用或服务使用到的资源文件，如图形、多媒体、字符串、布局文件等。

（7）src > main > module.json5：Stage 模型模块配置文件，主要包含 HAP 包的配置信息、应用或服务在具体设备上的配置信息以及全局配置信息。

（8）src > test > build-profile.json5：当前的模块信息，包括编译信息配置项（如 buildOption 和 targets 配置等）。其中，targets 可配置当前运行环境，默认为 HarmonyOS。

（9）src > test > hvigorfile.ts：模块级编译构建任务脚本，开发者可自定义相关任务和代码实现。

（10）oh_modules：用于存放第三方库依赖信息。

（11）oh_modules > build-profile.json5：应用级配置文件，包括签名和产品配置等信息。

（12）oh_modules > hvigorfile.ts：应用级编译构建任务脚本。

1.6.4 构建第一个页面

1. 使用文本组件

工程同步完成后，在 Project 窗口中依次单击 entry→src→main→ets→pages 选项，打开 Index.ets 文件。该文件定义的页面由 Text 组件构成，它的代码如文件 1-1 所示。

文件 1-1　Index.ets 文件中的代码

```
@Entry
@Component
struct Index {
  @State message: string = 'Hello World'

  build() {
    Row() {
      Column() {
        Text(this.message).fontSize(50).fontWeight(FontWeight.Bold)
      }.width('100%')
    }
  }
}
```

代码说明如下：

- @Entry：装饰器（decorator），在 ArkTS 中用于标记当前组件为应用程序的入口点，运行应用程序时，该组件会首先被加载和显示。

- `@Component`：这是另一个装饰器，用于声明后续的 struct 为一个组件，可包含状态、方法和 UI 布局。
- `struct Index { ... }`：定义名为 Index 的结构体，表示应用程序的主界面。
- `@State message: string = 'Hello World'`：声明状态变量 message，类型为 string，初始值为'Hello World'。@State 装饰器表示该变量的变化可以被追踪，当它变化时，会触发 UI 自动更新。
- `build() { ... }`：这是一个方法，用来构建组件的 UI 布局。ArkTS 使用声明式方式来构建 UI，开发者只需描述所需界面，不必关心具体实现。
- `Row() { ... }`：水平布局组件，用来水平排列子组件。
- `Column() { ... }`：垂直布局组件，嵌套在 Row 内，用于垂直排列子组件。
- `Text(this.message)`：文本组件，显示状态变量 message 的值。
- `fontSize(50)`：设置文本字体大小为 50。
- `fontWeight(FontWeight.Bold)`：设置文本字体为加粗样式。
- `width('100%')`：设置 Column 的宽度为父组件（Row）的 100%，意味着它将占据其父组件的全部宽度。

这段代码创建了一个应用程序的主界面，包含一个水平布局，该布局内嵌垂直排列的文本组件，显示“Hello World”，字体大小为 50，字体样式加粗，宽度占满父容器。

2. 添加按钮

在默认页面基础上，通过添加 Button 组件实现按钮的单击响应功能，用于跳转到另一个页面。修改后的 Index.ets 文件内的代码见文件 1-2。

文件 1-2 修改后的 Index.ets

```
@Entry
@Component
struct Index {
  @State message: string = 'Hello World'

  build() {
    Column() {
      Text(this.message).fontSize(50).fontWeight(FontWeight.Bold)
      // 添加按钮，以响应用户的单击
      Button() {
        Text('Next').fontSize(30).fontWeight(FontWeight.Bold)
      }
      .type(ButtonType.Capsule)
      .margin({ top: 20 })
      .backgroundColor('#0D9FFB')
      .width('40%')
      .height('5%')
    }.width('100%')
    .height('100%')
```

```
  }
}
```

下面来解释一下添加按钮的代码片段的含义：

- `Button() { ... }`：创建按钮组件，内部可包含文本或其他子组件。
- `Text('Next')`：按钮内部添加文本组件，显示文本"Next"。
- `fontSize(30)`：设置按钮内部文本字体大小为 30。
- `fontWeight(FontWeight.Bold)`：设置按钮内部文本的字体样式为加粗。
- `type(ButtonType.Capsule)`：设置按钮样式为胶囊形状。
- `margin({ top: 20 })`：设置按钮的上外边距为 20。
- `backgroundColor('#0D9FFB')`：设置按钮背景颜色为#0D9FFB。
- `width('40%')`：设置按钮的宽度为父组件宽度的 40%。
- `height('5%')`：设置按钮的高度为父组件高度的 5%。

ArkTS 的注释语法与 JavaScript 或 TypeScript 相同，因为它们都是基于 JavaScript 的语法。以下是几种常见的注释方式：

（1）单行注释：从两个斜杠（//）开始到行尾的所有内容均为注释内容，都会被编译器或解释器忽略，即不会被执行。例如：

```
// 这是一个单行注释
let value = 10; // 这行代码后面也有一个单行注释
```

（2）多行注释：从斜杠加星号（/*）开始到星号加斜杠（*/）结束，包围的内容为注释内容。例如：

```
/*
  这是一个多行注释的例子
  所有这些行都不会被执行
*/
let value = 20;
```

（3）HTML 风格的注释：虽然 HTML 风格的注释不是 JavaScript 或 TypeScript 的官方注释方式，但在 HTML 中嵌入 JavaScript 代码时，有时会使用 HTML 注释（<![CDATA[]]>）来避免被 HTML 解析器错误解释。例如：

```
<!-- 这不是 JavaScript 的官方注释方式，但可以在 HTML 中使用 --><script>
<!--
let value = 30;
// -->
</script>
```

在 ArkUI 框架中，编写 UI 组件时，可以通过在组件代码中添加注释来提高代码的可读性和可维护性。

接下来，在编辑窗口右上角的侧边工具栏中单击 Previewer，打开预览器。第一个页面的效果如图 1-14 所示。

图 1-14　Hello World 页面在预览器中的显示效果

1.6.5　构建第二个页面

1. 新建第二个页面

在 Project 窗口中依次单击 entry→src→main→ets 选项，选择 pages 文件夹并右击，在弹出的快捷菜单中依次选择 New→ArkTS File 选项，新建一个 ArkTS 页面，并将它命名为 Second，最后单击 Finish 按钮。此时，文件目录结构如图 1-15 所示。

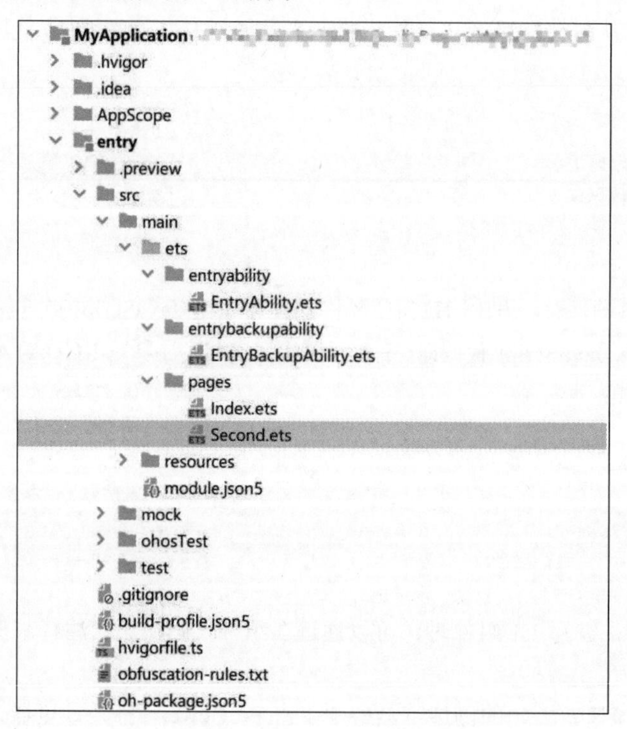

图 1-15　添加 Second.ets 后的文件目录结构

说 明

开发者也可以在右击pages文件夹后，在弹出的快捷菜单中依次选择New→Page选项，这样可以自动配置相关页面路由。

2. 配置第二个页面的路由

在Project窗口中依次单击entry→src→main→resources→base→profile选项，打开main_pages.json文件。在src字段中为第二个页面配置路由路径pages/Second，代码见文件1-3。

文件1-3 main_pages.json文件中的代码

```
{
  "src": [
    "pages/Index",
    "pages/Second"
  ]
}
```

这段代码是一个JSON对象，定义了一个包含两个元素的数组，每个元素都是指向页面路径的字符串。在Web开发或移动应用开发中，这类配置通常用于指定应用程序的页面路由。

- "pages/Index"：指向应用程序的主页，可能是一个名为Index的页面组件。在单页应用程序（SPA）或多页应用程序中，这通常是用户加载应用时看到的第一个页面。
- "pages/Second"：指向应用程序的第二个页面，可能是一个名为Second的页面组件。通常在用户导航到此页面时加载。

3. 添加文本及按钮

参照第一个页面，在第二个页面中添加Text组件、Button组件等，并设置其样式。Second.ets文件中的代码见文件1-4。

文件1-4 Second.ets文件中的代码

```
@Entry
@Component
struct Second {
  @State message: string = 'Hi there'

  build() {
    Row() {
      Column() {
        Text(this.message).fontSize(50).fontWeight(FontWeight.Bold)
        Button() {
          Text('Back').fontSize(25).fontWeight(FontWeight.Bold)
        }
        .type(ButtonType.Capsule)
        .margin({ top: 20 })
        .backgroundColor('#0D9FFB')
        .width('40%')
        .height('5%')
```

```
      }.width('100%')
    }.height('100%')
  }
}
```

代码说明如下：

- struct Second { ... }：定义了一个名为 Second 的结构体，包含组件的状态和 UI 布局。
- @State message: string = 'Hi there'：定义了一个状态变量 message，初始值为'Hi there'。状态变量用于存储动态数据，当该数据变化时 UI 会自动更新。
- build() { ... }：这是组件的构建函数，用于定义组件的 UI 布局。
- Row() { ... }：创建了 Row 组件，用于水平排列子组件。
- Column() { ... }：创建了 Column 组件，用于垂直排列子组件，它被放置在 Row 内部。
- Text(this.message)：在 Column 内部创建了 Text 组件，用于显示状态变量 message 的值。
- fontSize(50)：设置文本组件的字体大小为 50。
- fontWeight(FontWeight.Bold)：将文本组件的字体样式设置为加粗。
- Button() { ... }：在 Column 内部创建了 Button 组件，用于响应用户单击事件。
- Text('Back')：在按钮内部添加文本'Back'。
- fontSize(25)：设置按钮内部文本的字体大小为 25。
- fontWeight(FontWeight.Bold)：设置按钮内部文本的字体为加粗。
- type(ButtonType.Capsule)：设置按钮的样式为胶囊型。
- margin({ top: 20 })：设置按钮的上外边距为 20。
- backgroundColor('#0D9FFB')：设置按钮的背景颜色为#0D9FFB。
- width('40%')：设置按钮的宽度为父组件宽度的 40%。
- height('5%')：设置按钮的高度为父组件高度的 5%。
- Column().width('100%')：设置 Column 组件的宽度占满其父组件的宽度。
- Column().height('100%')：设置 Column 组件的高度占满其父组件的高度。
- Row().height('100%')：设置 Row 组件的高度占满其父组件的高度。

这段代码定义了一个包含欢迎信息和返回按钮的页面。当用户单击 Back 按钮时，通常会触发一个事件，允许用户返回到上一个页面。然而，这段代码中尚未实现按钮单击事件的处理逻辑。若需要支持返回功能，可通过添加事件监听器并定义相应的处理函数来完成。

1.6.6 实现页面间的跳转

页面间的导航可以通过页面路由 router 来实现。页面路由 router 根据页面 URL 找到目标页面，从而完成跳转。使用页面路由需要导入 router 模块。

1. 第一个页面跳转到第二个页面

在第一个页面中，为跳转按钮绑定 onClick 事件，当用户单击该按钮时即可跳转到第二个页面。

修改后的 Index.ets 文件中的代码见文件 1-5。

文件 1-5　Index.ets 文件中的代码

```
// 导入页面路由模块
import { router } from '@kit.ArkUI'
import { BusinessError } from '@kit.BasicServicesKit'

@Entry
@Component
struct Index {
  @State message: string = 'Hello World'

  build() {
    Row() {
      Column() {
        Text(this.message)
          .fontSize(50)
          .fontWeight(FontWeight.Bold)
        // 添加按钮，用于响应用户的单击
        Button() {
          Text('Next')
            .fontSize(30)
            .fontWeight(FontWeight.Bold)
        }
        .type(ButtonType.Capsule)
        .margin({ top: 20 })
        .backgroundColor('#0D9FFB')
        .width('40%')
        .height('5%')
        // 为跳转按钮绑定 onClick 事件，单击该按钮时跳转到第二个页面
        .onClick(() => {
          console.info(`成功接收到 'Next' 按钮的单击事件。`)
          // 跳转到第二个页面
          router.pushUrl({ url: 'pages/Second' }).then(() => {
            console.info('跳转到第二个页面成功。')
          }).catch((err: BusinessError) => {
            console.error(`跳转到第二个页面失败，错误代码为：${err.code}，错误消息为：
${err.message}`)
          })
        })
      }
      .width('100%')
    }
    .height('100%')
  }
}
```

关键代码的解释如下：

- import { router } from '@kit.ArkUI'：导入 ArkUI 框架中的 router 模块，用于页面路由管理。
- import { BusinessError } from '@kit.BasicServicesKit'：导入 BusinessError 类，用于错误处理。
- onClick(() => { ... })：为按钮添加单击事件监听器。
- console.info(...)：在控制台输出信息，表示按钮单击事件被成功接收。
- router.pushUrl({ url: 'pages/Second' })：调用路由模块的 pushUrl 方法，尝试跳转到 pages/Second 页面。
- then(() => { ... })：路由跳转成功后执行的回调函数，输出跳转成功的信息。
- catch((err: BusinessError) => { ... })：路由跳转失败后执行的回调函数，捕获错误并输出错误代码和消息。

2. 第二个页面返回到第一个页面

在第二个页面中，为返回按钮绑定 onClick 事件，当用户单击该按钮时将返回到第一个页面。修改后的 Second.ets 文件中的代码见文件 1-6。

文件 1-6 Second.ets 文件中的代码

```
// 导入页面路由模块
import { router } from '@kit.ArkUI'
import { BusinessError } from '@kit.BasicServicesKit'

@Entry
@Component
struct Second {
  @State message: string = 'Hi there'

  build() {
    Row() {
      Column() {
        Text(this.message).fontSize(50).fontWeight(FontWeight.Bold)
        Button() {
          Text('Back').fontSize(25).fontWeight(FontWeight.Bold)
        }
        .type(ButtonType.Capsule)
        .margin({ top: 20 })
        .backgroundColor('#0D9FFB')
        .width('40%')
        .height('5%')
        // 为返回按钮绑定 onClick 事件，单击该按钮时返回到第一个页面
        .onClick(() => {
          console.info(`成功接收到'Back'按钮的单击事件。`)
          try {
```

```
            // 返回第一个页面
            router.back()
            console.info('成功返回到第一个页面。')
          } catch (err) {
            let code = (err as BusinessError).code
            let message = (err as BusinessError).message
            console.error(`跳转到第一个页面失败。错误代码为：${code}，错误消息为：${message}`)
          }
        })
      }
      .width('100%')
    }
    .height('100%')
  }
}
```

关键代码的解释如下：

- `onClick(() => { ... })`：为按钮添加单击事件监听器。
- `console.info(...)`：在控制台输出信息，表示按钮单击事件被成功接收。
- `router.back()`：调用路由模块的 back 方法，尝试返回到前一个页面。
- `console.info('成功返回到第一个页面。')`：如果成功返回，则输出信息到控制台。
- `catch (err) { ... }`：如果返回时发生错误，则捕获错误并处理。
- `let code = (err as BusinessError).code`：从错误对象中获取错误代码。
- `let message = (err as BusinessError).message`：从错误对象中获取错误消息。
- `console.error(...)`：如果返回失败，则输出错误信息到控制台。

打开 Index.ets 文件，先单击预览器中的刷新按钮进行刷新，然后在预览器中单击第一个页面中的 Next 按钮，即可跳转到第二个页面；单击第二个页面中的 Back 按钮，将返回到第一个页面，如图 1-16 所示。

图 1-16　预览器中页面显示效果

1.7 本章小结

华为推出的 HarmonyOS NEXT 是一款面向未来的智能操作系统，具有微内核架构、全场景覆盖、分布式创新、性能流畅、安全至上、开放生态的特点。

HarmonyOS NEXT 的深远影响包括加速设备智能化进程，激发技术创新活力和重塑市场竞争格局。对于开发者而言，它不仅是一个平台，更是一个充满机遇的创新舞台，提供了全栈自研能力、原生应用开发、统一生态部署、安全与隐私保障、开放合作生态和丰富的技术支持与社区资源。

在开发环境搭建方面，本章介绍了如何从 HarmonyOS Developer 官网下载并安装 DevEco Studio，配置开发环境，并启用中文化插件。

通过入门程序示例，本章展示了创建 ArkTS 工程的基本流程，包括构建页面、添加组件和实现页面间跳转的具体方法。

HarmonyOS NEXT 的普及将推动智能设备的快速发展，为开发者提供更广阔的创新空间，进一步促进智能生态的繁荣。

1.8 本章习题

1. HarmonyOS NEXT 的架构设计对开发者在资源管理方面有哪些帮助？
2. ArkTS 语言在 HarmonyOS NEXT 中主要应用于哪些方面？
3. 在 HarmonyOS NEXT 中，声明式 UI 后端引擎提供了哪些功能？
4. 在 HarmonyOS NEXT 的应用开发中，默认的长度单位是什么？
5. DevEco Studio 提供了哪些主要功能？
6. 在 ArkTS 中，如何实现页面间的跳转？
7. 请简述在 HarmonyOS NEXT 中创建 ArkTS 工程的基本步骤。

第 2 章

ArkUI 常用开发布局

本章将详细介绍 ArkUI 中的多种布局方式及其应用。首先，介绍布局的基本概念，包括布局结构、布局元素的组成以及如何选择合适的布局方式。接着，详细讲解线性布局、层叠布局、弹性布局、相对布局、栅格布局、列表布局、网格布局、轮播布局和选项卡布局等方式的特点和使用方法，每种布局方式都通过具体的示例代码和图示进行展示。

2.1　布局概述

组件按照布局的要求依次排列，构成应用的页面。

在声明式 UI 中，所有的页面都是由自定义组件构成的，开发者可以根据需求选择合适的布局进行页面的开发。

布局指的是用特定的组件或属性来管理用户页面中放置的 UI 组件的大小和位置。在实际开发中，需要遵循如下流程以保证整体的布局效果：

- 确定页面的布局结构。
- 分析页面中的元素构成。
- 选用合适的布局容器组件或属性控制页面中各个元素的位置和大小。

1. 布局结构

布局通常为分层结构，一个常见的页面结构如图 2-1 所示。

为实现上述效果，开发者需要在页面中声明对应的元素。其中，Page 表示页面的根节点，Column、Row 等元素为系统组件。针对不同的页面结构，ArkUI 提供了不同的布局组件来帮助开发者实现对应布局的效果。例如，Row 用于实现线性布局。

2. 布局元素的组成

布局元素的组成如图 2-2 所示。

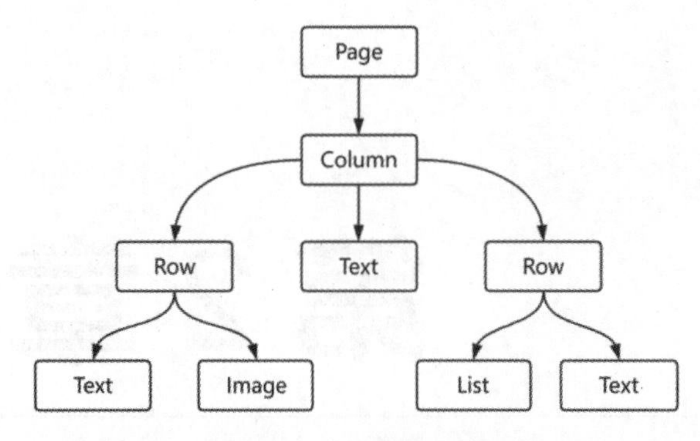

图 2-1 常见页面结构图

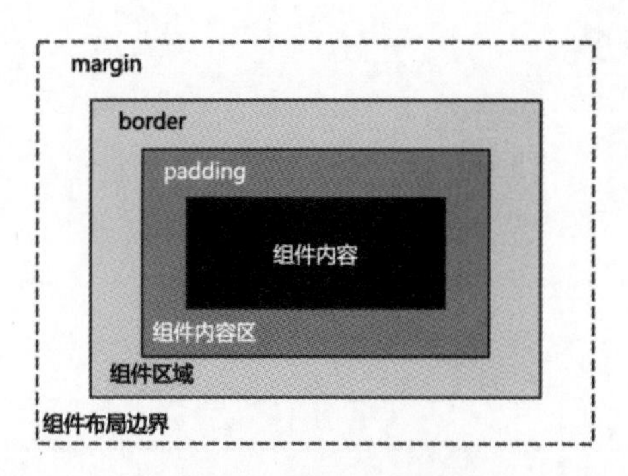

图 2-2 布局元素组成图

具体说明如下：

- 组件区域：表示组件的大小，使用 width、height 属性设置组件区域的大小。
- 组件内容区：组件内容区大小为组件区域大小减去组件的 border 值。组件内容区大小会作为组件内容（或子组件）大小测算时的布局测算限制。
- 组件内容：表示组件内容本身占用的大小，比如文本内容占用的大小。组件内容和组件内容区不一定匹配。例如，设置了固定的 width 和 height，组件内容的大小就是设置的 width 和 height 减去 padding 和 border 的值，但文本内容则是通过文本布局引擎测算后得到的大小，可能出现文本真实大小小于设置的组件内容区大小的情况。当组件内容和组件内容区大小不一致时，可使用 align 属性定义组件内容在组件内容区的对齐方式，如居中对齐。
- 组件布局边界：当组件通过 margin 属性设置外边距时，组件布局边界就是组件区域加上 margin 的大小。

3. 如何选择布局

声明式 UI 提供了如表 2-1 所示的 10 种常见布局，开发者可根据实际应用场景选择合适的布局进行页面开发。

表 2-1 声明式 UI 的常见布局

布　局	应用场景
线性布局（Row、Column）	如果布局内子元素超过 1 个，且能够以某种方式线性排列，优先考虑此布局
层叠布局（Stack）	当组件需要有堆叠效果时优先考虑此布局。层叠布局的堆叠效果不会占用或影响同容器内其他子组件的布局空间。例如，如果 Panel 作为子组件弹出时将其他组件覆盖更为合理，则优先考虑在外层使用堆叠布局
弹性布局（Flex）	弹性布局是与线性布局类似的布局方式，区别在于弹性布局默认能够使子组件压缩或拉伸。在子组件需要计算拉伸或压缩比例时优先使用此布局，可使多个容器内子组件有更好的视觉上的填充效果
相对布局（RelativeContainer）	相对布局是在二维空间中的布局方式，不需要遵循线性布局的规则，布局方式更为自由。通过在子组件上设置锚点规则（AlignRules）使子组件能够将自己在横轴、纵轴中的位置与容器或容器内其他子组件的位置对齐。设置的锚点规则天然支持子元素压缩、拉伸、堆叠或形成多行效果。推荐在页面元素分布复杂或通过线性布局会使容器嵌套层数过深时使用

（续表）

布　　局	应用场景
栅格布局（GridRow、GridCol）	栅格是多设备场景下通用的辅助定位工具，可将空间分割为有规律的栅格。不同于网格布局固定的空间划分，栅格可以实现不同设备下的不同布局，空间划分更随心所欲，从而显著降低适配不同屏幕尺寸的设计难度及开发成本，使得整体设计和开发流程更有秩序和节奏感，同时也保证多设备上应用显示的协调性和一致性，提升用户体验。推荐在内容相同但布局不同时使用
列表布局（List）	使用列表可以高效地显示结构化、可滚动的信息。在 ArkUI 中，列表具有垂直和水平布局能力，以及自适应交叉轴方向上排列个数的布局能力，超出屏幕时可以滚动。列表适合用于呈现同类数据类型或数据类型集，例如图片和文本
网格布局（Grid）	网格布局具有较强的页面均分能力和子元素占比控制能力。网格布局可以控制元素所占的网格数量，设置子元素横跨几行或者几列，当网格容器尺寸发生变化时，所有子元素以及间距按等比例调整。推荐在需要按照固定比例或者均匀分配空间的布局场景下使用，例如计算器、相册、日历等
轮播布局（Swiper）	轮播组件通常用于实现广告轮播、图片预览等
选项卡布局（Tabs）	选项卡可以在一个页面内快速实现视图内容的切换，一方面提升查找信息的效率，另一方面精简用户单次获取到的信息量

4. 布局位置

组件的绝对定位与相对定位如表 2-2 所示。position、offset 等属性影响了布局容器相对于自身或其他组件的位置。

表 2-2　绝对定位与相对定位

定位能力	使用场景	实现方式
绝对定位	对于不同尺寸的设备，绝对定位的适应性会比较差，在屏幕的适配上有缺陷	使用 position 实现绝对定位，设置元素左上角相对于父容器左上角的偏移位置。在布局容器中，设置该属性不影响父容器布局，仅在绘制时进行位置调整
相对定位	相对定位不脱离文档流，即原位置依然保留，不影响元素本身的特性，仅相对于原位置进行偏移	使用 offset 可以实现相对定位，设置元素相对于自身的偏移量。设置该属性，不影响父容器布局，仅在绘制时进行位置调整

5. 对子元素的约束

对子元素的约束表现在拉伸、缩放、占比、隐藏等方面。

（1）拉伸：当拉伸是指当容器组件尺寸发生变化时，增加或减小的空间全部分配给容器组件内的指定区域。拉伸使用的 flexGrow 和 flexShrink 属性如下：

- flexGrow：基于父容器的剩余空间分配来控制组件拉伸。
- flexShrink：通过设置父容器的压缩尺寸来控制组件压缩。

（2）缩放：缩放表现为子组件的宽高按照预设的比例随容器组件发生变化，且变化过程中子组件的宽高比不变。对应的 aspectRatio 属性通过指定当前组件的宽高比来控制缩放，公式为：aspectRatio=width/height。

（3）占比：占比是指子组件的宽高按照预设的比例随祖先容器组件发生变化。可以通过设置百分比的宽高或设置 layoutWeight 来实现。

当子组件的宽高设置为百分比时，具体设置情况如表 2-3 所示。

表 2-3 子组件的百分比设置

父组件与祖先组件宽高设置情况	子组件百分比设置
父组件设置宽或高，祖先组件未指定父组件宽或高	参考父组件的宽或高
父组件设置宽或高，祖先组件指定父组件宽或高	参考祖先组件指定的父组件宽或高
父组件未设置宽或高，祖先组件指定父组件宽或高	参考祖先组件指定的父组件宽或高
父组件未设置宽或高，祖先组件未指定父组件宽或高	参考父组件的百分比参照。由于父组件未指定宽或高，因此该百分比参照传递自祖先组件

使用 layoutWeight 属性可使得子元素自适应占满剩余空间。

（4）隐藏：隐藏是指容器组件内的子组件按照其预设的显示优先级，随容器组件尺寸的变化而显示或隐藏，其中相同显示优先级的子组件同时显示或隐藏。使用 displayPriority 属性可控制组件的显示和隐藏。

2.2 线性布局

本节详细介绍线性布局的相关内容。

1. 线性布局说明

线性布局是开发中最常用的布局方式，通过线性容器 Row 和 Column 构建。线性布局是其他布局的基础，其子元素在线性方向（水平方向和垂直方向）上依次排列。线性布局的排列方向由所选容器组件决定：Column 容器内子元素按照垂直方向排列（见图 2-3），Row 容器内子元素按照水平方向排列（见图 2-4）。

图 2-3 Column 容器内子元素排列示意图

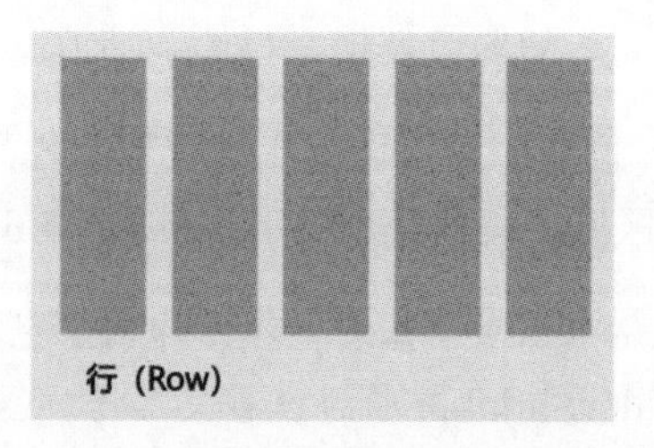

图 2-4 Row 容器内子元素排列示意图

2. 基础概念

线性布局中的基础概念说明如下：

- 布局容器：具有布局能力的容器组件，可以承载其他元素作为其子元素，并对其子元素进行尺寸计算和布局排列。
- 布局子元素：布局容器内部的元素。
- 主轴：线性布局容器在布局方向上的轴线，子元素默认沿主轴排列。Row 容器主轴为水平方向，Column 容器主轴为垂直方向。
- 交叉轴：垂直于主轴方向的轴线。Row 容器的交叉轴为垂直方向，Column 容器的交叉轴为水平方向。
- 间距：相邻两个子元素之间的距离。

3. 布局子元素在排列方向上的间距

在布局容器内，可以通过 space 属性设置排列方向上相邻两个子元素的间距，如图 2-5 和图 2-6 所示，使各子元素在排列方向上有等间距效果。布局子元素在垂直方向上等间距排列的示例代码见文件 2-1。

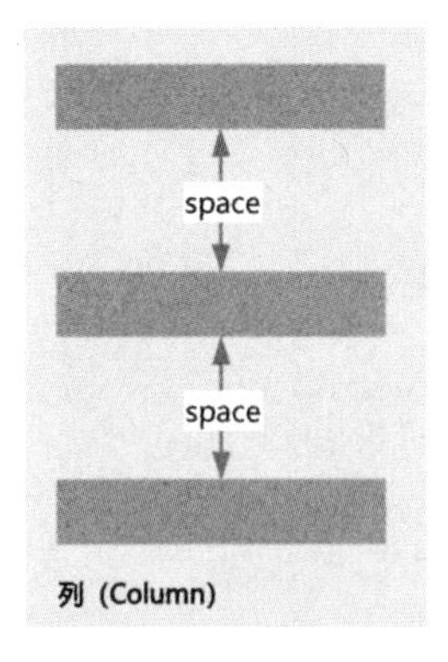

图 2-5 Column 容器内排列方向的间距图

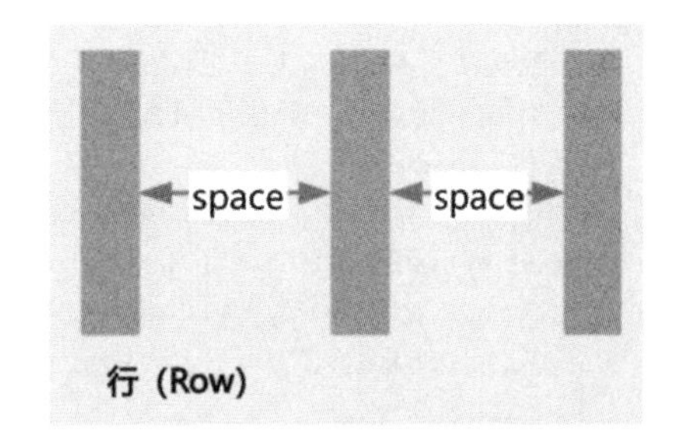

图 2-6 Row 容器内排列方向的间距图

文件 2-1 Demo0201.ets

```
@Entry
@Component
struct LinearLayout {
   build() {
      // Column 容器组件默认在垂直方向上从上向下对子组件进行布局
      // space 的值设置为 20，表示子组件之间的距离为 20vp
      Column({ space: 20 }) {
         Text('space: 20').fontSize(15).fontColor(Color.Gray).width('90%')
         Row().width('90%').height(50).backgroundColor(0xF5DEB3)
         Row().width('90%').height(50).backgroundColor(0xD2B48C)
         Row().width('90%').height(50).backgroundColor(0xF5DEB3)
      }.width('100%')
   }
}
```

显示效果如图 2-7 所示。

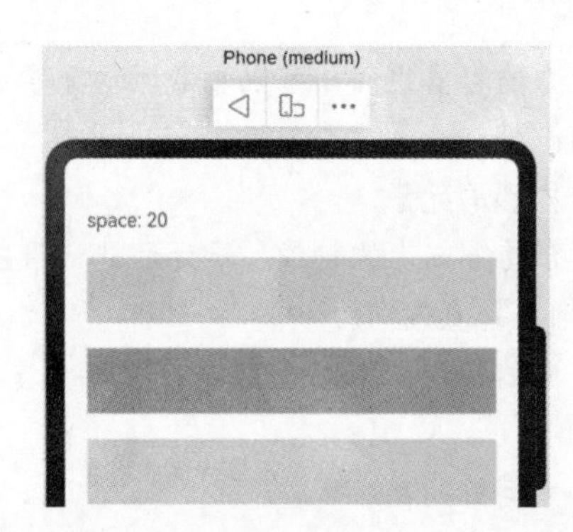

图 2-7 布局子元素在垂直方向上等间距排列

布局子元素在水平方向上等间距排列的示例代码见文件 2-2。

文件 2-2 Demo0202.ets

```
@Entry
@Component
struct LinearLayout {
  build() {
    // 默认情况下，Row 对子组件在水平方向上从左向右布局
    // space 设置为 35，表示相邻两个子组件在主轴方向上的间距为 35vp
    Row({ space: 35 }) {
      Text('space: 35').fontSize(15).fontColor(Color.Gray)
      Row().width('10%').height(150).backgroundColor(0xF5DEB3)
      Row().width('10%').height(150).backgroundColor(0xD2B48C)
      Row().width('10%').height(150).backgroundColor(0xF5DEB3)
    }.width('90%')
  }
}
```

显示效果如图 2-8 所示。

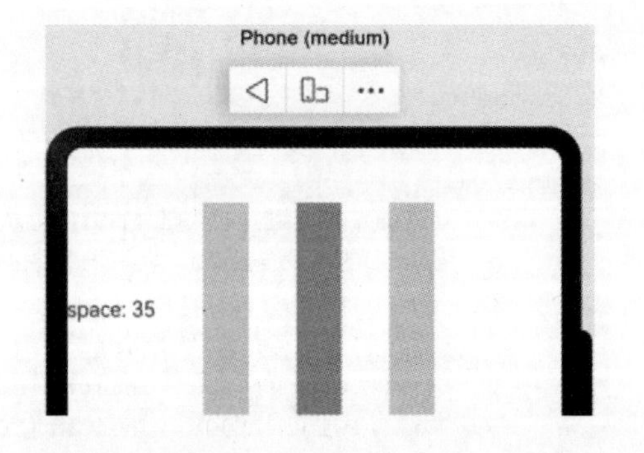

图 2-8 布局子元素在水平方向上等间距排列

4. 布局子元素在交叉轴上的对齐方式

在布局容器内，可以通过 alignItems 属性设置子元素在交叉轴（排列方向的垂直方向）上的对齐方式，并且在各类尺寸屏幕中表现一致。其中，当交叉轴为垂直方向时，取值为 VerticalAlign 类型；当交叉轴为水平方向时，取值为 HorizontalAlign 类型。

alignSelf 属性用于控制单个子元素在容器交叉轴上的对齐方式，其优先级高于 alignItems 属性。如果设置了 alignSelf 属性，则在单个子元素上会覆盖 alignItems 属性。

1）Column 容器

Column 容器内子元素在水平方向上的排列如图 2-9 所示。

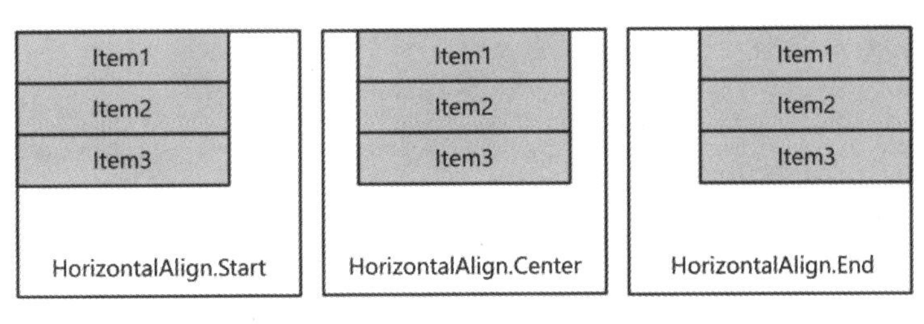

图 2-9 Column 容器内子元素在水平方向上的排列图

（1）HorizontalAlign.Start：Column 容器内子元素在水平方向上左对齐，示例代码见文件 2-3。

文件 2-3 Demo0203.ets

```
@Entry
@Component
struct LinearLayout03 {
    build() {
        // 列容器组件默认情况下对子组件在垂直方向上从上向下布局
        Column({}) {
            Column() {
            }.width('80%').height(50).backgroundColor(0xF5DEB3)
            // ...
        }
        .width('100%')
        // 设置列容器组件子元素在水平方向上左对齐
        .alignItems(HorizontalAlign.Start)
        .backgroundColor('rgb(242,242,242)')
    }
}
```

显示效果如图 2-10 所示。

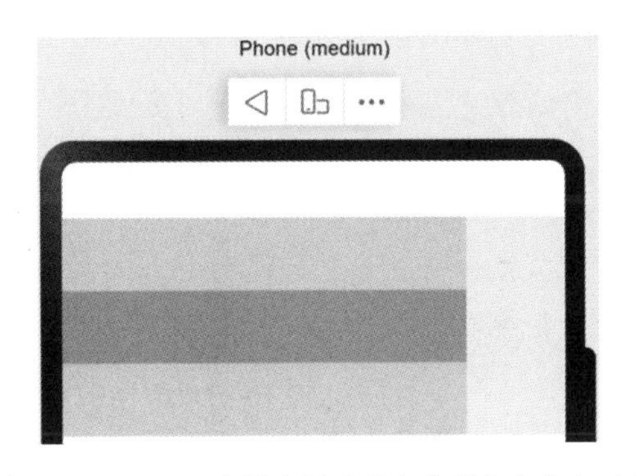

图 2-10 Column 容器内子元素在水平方向上左对齐

（2）HorizontalAlign.Center：Column 容器内子元素在水平方向上居中对齐，示例代码见文件 2-4。

文件 2-4 Demo0204.ets

```
@Entry
@Component
struct LinearLayout04 {
    build() {
        // 列容器组件默认情况下对子组件在垂直方向上从上向下布局
        Column({}) {
            Column() {
            }.width('80%').height(50).backgroundColor(0xF5DEB3)
            // ...
        }
        .width('100%')
        // 设置列容器组件子元素在水平方向上居中对齐
        .alignItems(HorizontalAlign.Center)
```

```
        .backgroundColor('rgb(242,242,242)')
    }
}
```

显示效果如图 2-11 所示。

（3）HorizontalAlign.End：Column 容器内子元素在水平方向上右对齐，示例代码见文件 2-5。

图 2-11　Column 容器内子元素在水平方向上居中对齐

文件 2-5　Demo0205.ets

```
@Entry
@Component
struct LinearLayout05 {
    build() {
        // 列容器组件默认情况下对子组件在
垂直方向上从上向下布局
        Column({}) {
            Column() {
            }.width('80%').height(50).backgroundColor(0xF5DEB3)
            // ...
        }
        .width('100%')
        // 设置列容器组件的子元素在水平方向上右对齐
        .alignItems(HorizontalAlign.End)
        .backgroundColor('rgb(242,242,242)')
    }
}
```

显示效果如图 2-12 所示。

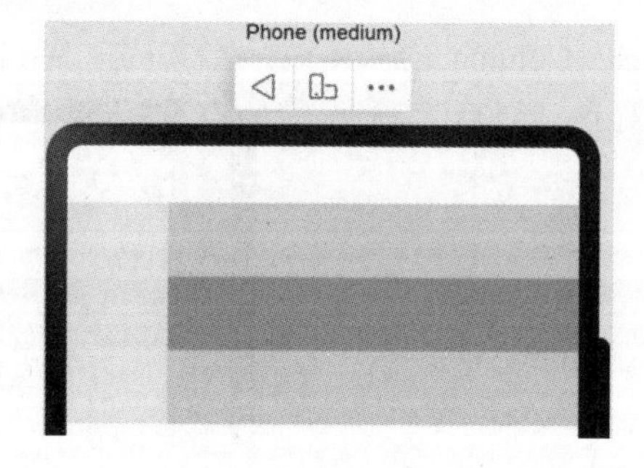

图 2-12　Column 容器内子元素在水平方向上右对齐

2）Row 容器

Row 容器内子元素在垂直方向上的排列如图 2-13 所示。

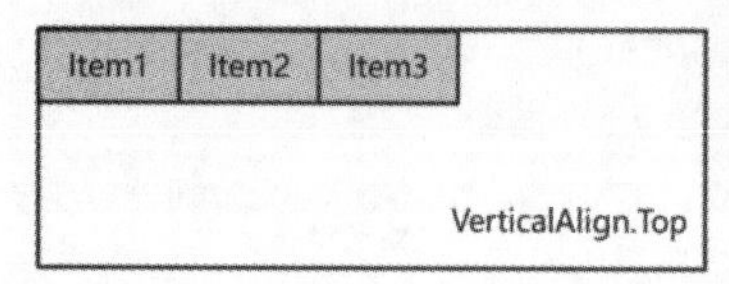

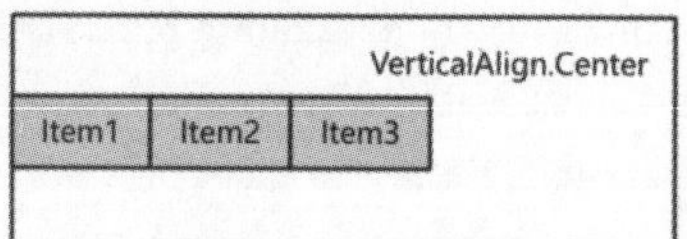

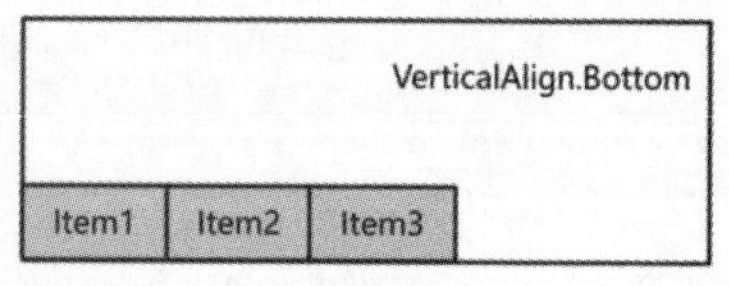

图 2-13　Row 容器内子元素在垂直方向上的排列图

（1）VerticalAlign.Top：Row 容器内子元素在垂直方向上顶部对齐，示例代码见文件 2-6。

文件 2-6　Demo0206.ets

```
@Entry
@Component
struct LinearLayout06 {
   build() {
      // 行容器组件默认情况下对子组件在水平方向上从左向右布局
      Row({}) {
         Column() {
         }.width('20%').height(30).backgroundColor(0xF5DEB3)
         // ...
      }
      .width('100%')
      .height(200)
      // 设置行容器子组件在垂直方向上顶部对齐
      .alignItems(VerticalAlign.Top)
      .backgroundColor('rgb(242,242,242)')
   }
}
```

显示效果如图 2-14 所示。

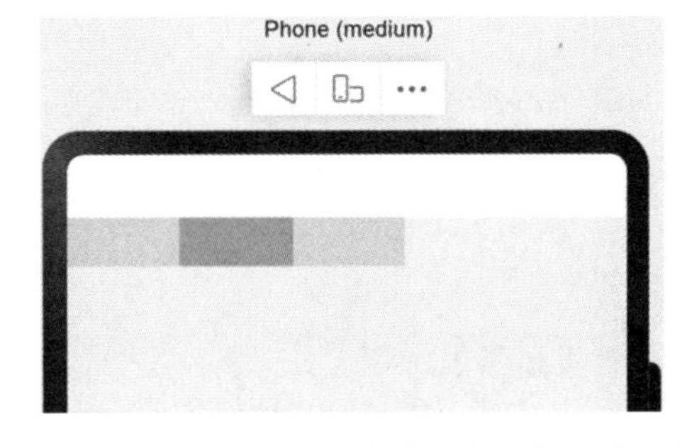

图 2-14　Row 容器内子元素在垂直方向上顶部对齐

（2）VerticalAlign.Center：Row 容器内子元素在垂直方向上居中对齐，示例代码见文件 2-7。

文件 2-7　Demo0207.ets

```
@Entry
@Component
struct LinearLayout07 {
   build() {
      // 行容器组件默认情况下对子组件在
水平方向上从左向右布局
      Row({}) {
         Column() {
         }.width('20%').height(30).backgroundColor(0xF5DEB3)
         // ...
      }.width('100%').height(200)
      // 设置行容器组件的子组件在垂直方向上居中对齐
      .alignItems(VerticalAlign.Center)
      .backgroundColor('rgb(242,242,242)')
   }
}
```

显示效果如图 2-15 所示。

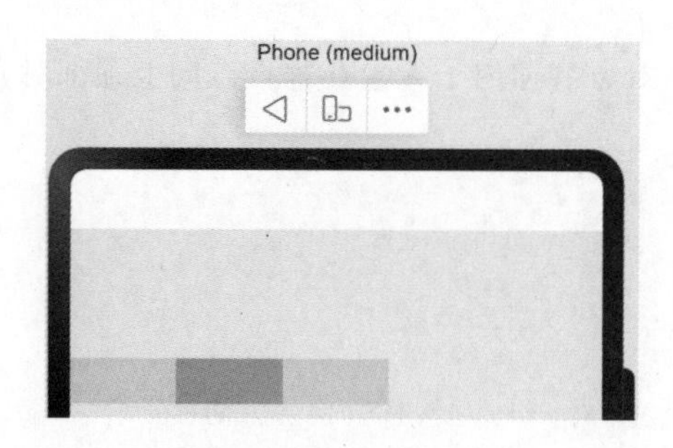

图 2-15　Row 容器内子元素在垂直方向上居中对齐

（3）VerticalAlign.Bottom：Row 容器内子元素在垂直方向上底部对齐，示例代码见文件 2-8。

文件 2-8　Demo0208.ets

```
@Entry
@Component
struct LinearLayout08 {
  build() {
    // 行容器组件默认情况下对子组件在水平方向上从左向右布局
    Row({}) {
      Column() {
      }.width('20%').height(30).backgroundColor(0xF5DEB3)
      // ...
    }.width('100%').height(200)
    // 设置行容器组件的子组件在垂直方向上底部对齐
    .alignItems(VerticalAlign.Bottom).backgroundColor('rgb(242,242,242)')
  }
}
```

显示效果如图 2-16 所示。

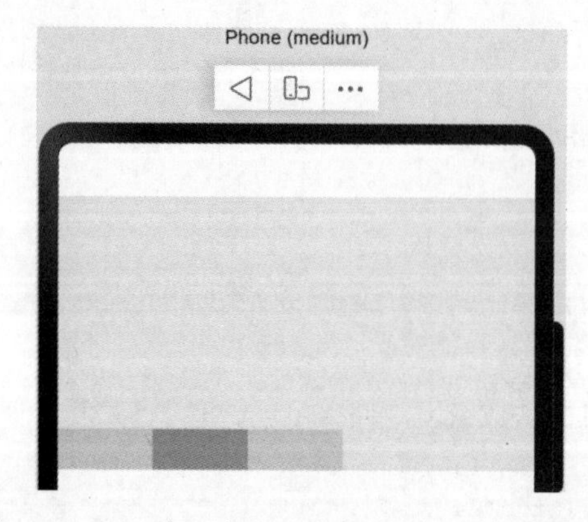

图 2-16　Row 容器内子元素在垂直方向上底部对齐

5. 布局子元素在主轴上的对齐方式

在布局容器内，可以通过 justifyContent 属性设置子元素在容器主轴上的排列方式。可以从主轴起始位置开始排布，也可以从主轴结束位置开始排布，或者均匀分割主轴的空间。

1）Column

Column 容器内子元素在垂直方向上的排列如图 2-17 所示。

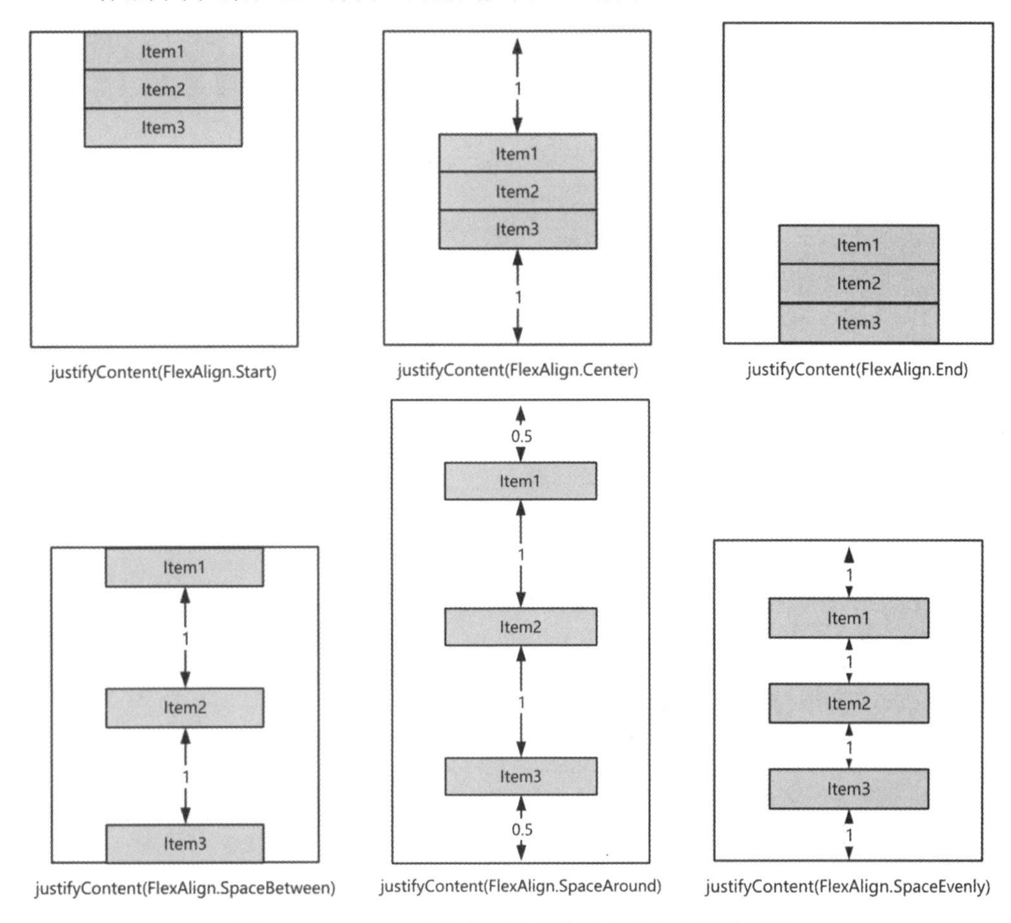

图 2-17　Column 容器内子元素在垂直方向上的排列图

下面介绍 justifyContent(FlexAlign.Start)和 justifyContent(FlexAlign.SpaceBetween)两种对齐方式，其余方式省略。

（1）justifyContent(FlexAlign.Start)：Column 容器内子元素在垂直方向上顶部对齐，第一个元素与顶部对齐，后续元素依次与前一个对齐，示例代码见文件 2-9。

文件 2-9　Demo0209.ets

```
@Entry
@Component
struct LinearLayout09 {
    build() {
        // 列容器组件默认情况下对子组件在垂直方向上从上向下布局
        Column({}) {
            Column() {
            }.width('80%').height(50).backgroundColor(0xF5DEB3)
            // ...
        }.width('100%').height(300)
```

```
    .backgroundColor('rgb(242,242,242)')
    // 设置列容器组件的子组件在垂直方向上顶部对齐
    // 第一个元素与顶部对齐，后续元素依次与前一个对齐
    .justifyContent(FlexAlign.Start)
  }
}
```

显示效果如图 2-18 所示。

图 2-18 justifyContent(FlexAlign.Start)对齐效果

（2）justifyContent(FlexAlign.SpaceBetween)：Column 容器内子元素在垂直方向上均匀分配，相邻两个元素之间距离相同。第一个元素与容器顶部对齐，最后一个元素与容器底部对齐，示例代码见文件 2-10。

文件 2-10 Demo0212.ets

```
@Entry
@Component
struct LinearLayout12 {
  build() {
    // 列容器组件默认情况下对子组件在垂直方向上从上向下布局
    Column({}) {
      Column() {
      }.width('80%').height(50).backgroundColor(0xF5DEB3)
      // ...
    }.width('100%').height(300).backgroundColor('rgb(242,242,242)')
    // 垂直方向均匀分配元素，相邻两个元素之间距离相同
    // 第一个元素与容器顶部对齐，最后一个元素与容器底部对齐
    .justifyContent(FlexAlign.SpaceBetween)
  }
}
```

显示效果如图 2-19 所示。

图 2-19 justifyContent(FlexAlign.SpaceBetween)对齐效果

2）Row 容器

Row 容器内子元素在水平方向上的排列如图 2-20 所示。

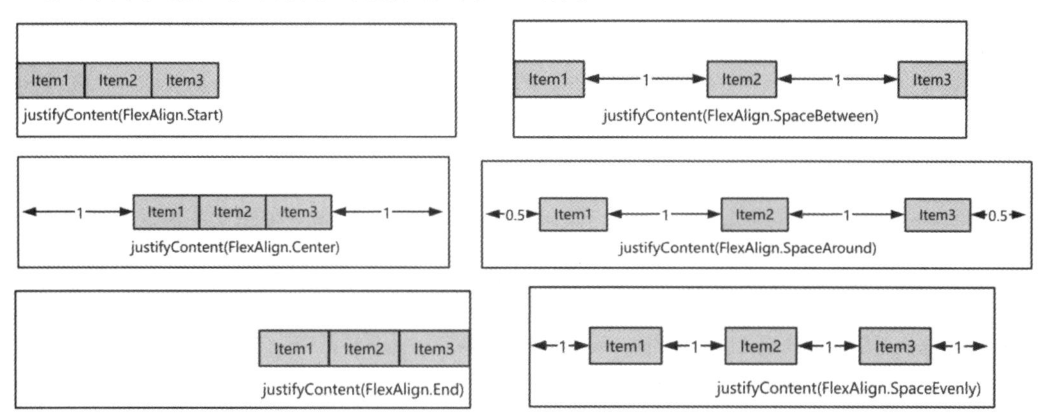

图 2-20　Row 容器内子元素在水平方向上的排列图

下面介绍 justifyContent(FlexAlign.Start)和 justifyContent(FlexAlign.SpaceBetween)两种对齐方式，其余方式省略。

（1）justifyContent(FlexAlign.Start)：Row 容器内子元素在水平方向上左对齐，第一个元素与容器左侧对齐，后续元素依次与前一个对齐，示例代码见文件 2-11。

文件 2-11　Demo0215.ets

```
@Entry
@Component
struct LinearLayout15 {
    build() {
        // 行容器组件默认情况下对子组件在水平方向上从左向右布局
        Row({}) {
            Column() {
            }.width('20%').height(30).backgroundColor(0xF5DEB3)
            // ...
        }.width('100%').height(200).backgroundColor('rgb(242,242,242)')
        // 设置行容器组件的子组件在水平方向上左对齐
        // 第一个元素与容器左侧对齐，后续元素依次与前一个对齐
        .justifyContent(FlexAlign.Start)
    }
}
```

显示效果如图 2-21 所示。

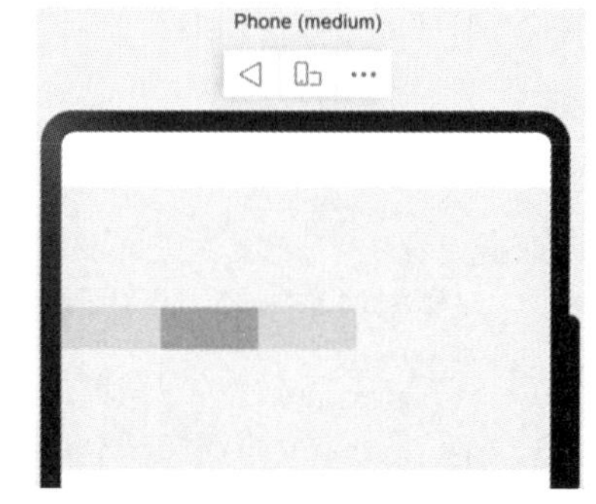

图 2-21　justifyContent(FlexAlign.Start)对齐效果

（2）justifyContent(FlexAlign.SpaceBetween)：Row 容器内子元素在水平方向上均匀分配，相邻两个元素之间距离相同。第一个元素与容器左侧对齐，最后一个元素与容器右侧对齐，示例代码见文件 2-12。

文件 2-12 Demo0218.ets

```
@Entry
@Component
struct LinearLayout18 {
  build() {
    // 行容器组件默认情况下对子组件在水平方向上从左向右布局
    Row({}) {
      Column() {
      }.width('20%').height(30).backgroundColor(0xF5DEB3)
      // ...
    }.width('100%').height(200).backgroundColor('rgb(242,242,242)')
    // 设置行容器子组件在水平方向上均匀分配，
    // 相邻两个元素之间距离相同。第一个元素与容器左侧对齐，最后一个元素与容器右侧对齐。
    .justifyContent(FlexAlign.SpaceBetween)
  }
}
```

显示效果如图 2-22 所示。

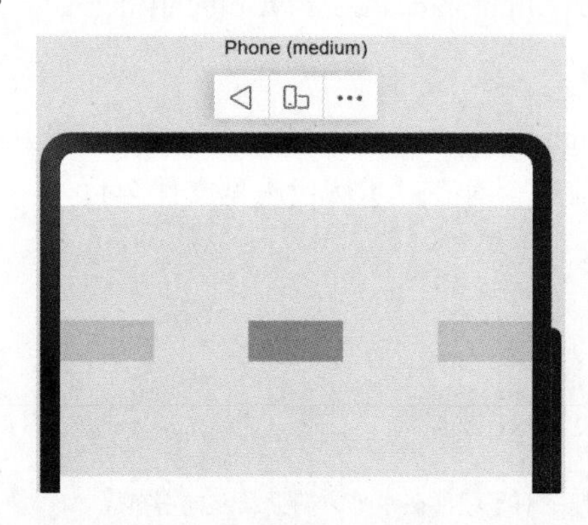

图 2-22 justifyContent(FlexAlign.SpaceBetween)对齐效果

6. 自适应拉伸

在线性布局下，常用空白填充组件——Blank 在容器主轴方向上自动填充空白空间，达到自适应拉伸效果。在 Row 和 Column 容器中，只需要添加宽高百分比，当屏幕宽高发生变化时，就会产生自适应拉伸效果。示例代码见文件 2-13。

文件 2-13 Demo0221.ets

```
@Entry
@Component
struct LinearLayout21 {
  build() {
    // 列容器组件默认情况下对子组件在垂直方向上从上向下布局
    Column() {
      Row() {
        Text('Bluetooth').fontSize(18)
        // 空白填充组件 Blank 在容器主轴方向自动填充空白空间，达到自适应拉伸效果
        Blank()
```

```
                Toggle({ type: ToggleType.Switch, isOn: true })
            }.backgroundColor(0xFFFFFF).borderRadius(15).padding({ left:
12 }).width('100%')
        }.backgroundColor(0xEFEFEF).padding(20).width('100%')
    }
}
```

显示效果如图 2-23 和图 2-24 所示。

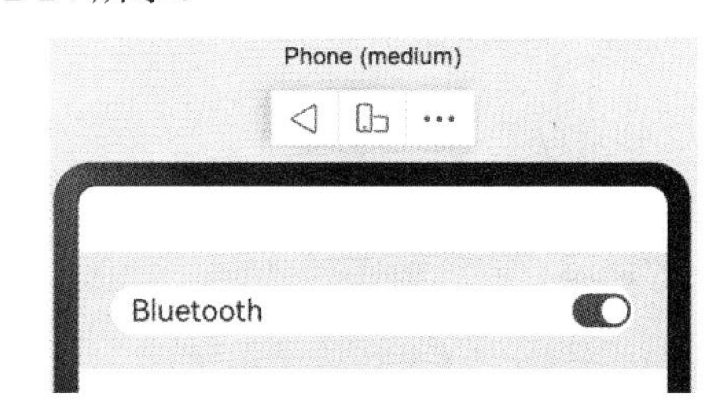

图 2-23　自适应拉伸显示效果（竖屏）

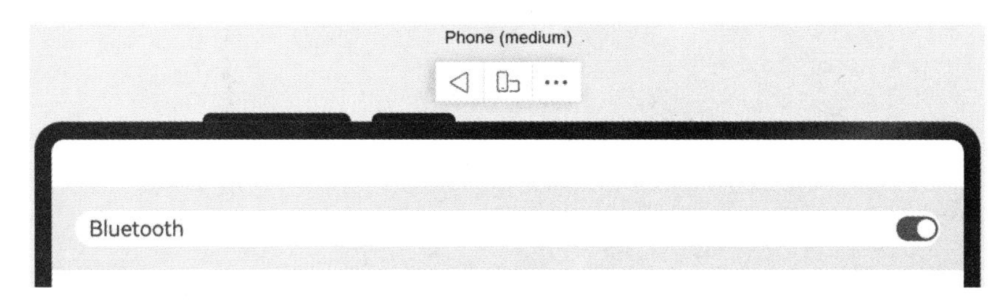

图 2-24　自适应拉伸显示效果（横屏）

7. 自适应缩放

自适应缩放是指子元素随容器尺寸的变化而按照预设的比例自动调整尺寸，以适应不同屏幕大小的设备。在线性布局中，可以使用以下两种方法实现自适应缩放。

（1）当父容器尺寸确定时，使用 layoutWeight 属性设置子元素和兄弟元素在主轴上的权重，忽略元素本身的尺寸设置，使它们在任意尺寸的设备下自适应占满剩余空间。示例代码见文件 2-14。

文件 2-14　Demo0222.ets

```
@Entry
@Component
struct layoutWeightExample {
  build() {
    Column() {
      Text('1:2:3').width('100%')
      Row() {
        Column() {
          Text('layoutWeight(1)')
            .textAlign(TextAlign.Center)
        }.layoutWeight(1) // 设置该组件在水平方向占据父组件 1/6 的宽度
        .backgroundColor(0xF5DEB3).height('100%')
        Column() {
          Text('layoutWeight(2)')
```

```
          .textAlign(TextAlign.Center)
      }.layoutWeight(2) // 设置该组件在水平方向占据父组件 2/6 的宽度
      .backgroundColor(0xD2B48C).height('100%')
      Column() {
        Text('layoutWeight(3)')
          .textAlign(TextAlign.Center)
      }.layoutWeight(3) // 设置该组件在水平方向占据父组件 3/6 的宽度
      .backgroundColor(0xF5DEB3).height('100%')
    }.backgroundColor(0xffd306).height('30%')
    Text('2:5:3').width('100%')
    Row() {
      Column() {
        Text('layoutWeight(2)')
          .textAlign(TextAlign.Center)
      }.layoutWeight(2) // 设置该组件在水平方向占据父组件 2/10 的宽度
      .backgroundColor(0xF5DEB3).height('100%')
      Column() {
        Text('layoutWeight(5)')
          .textAlign(TextAlign.Center)
      }.layoutWeight(5) // 设置该组件在水平方向占据父组件 5/10 的宽度
      .backgroundColor(0xD2B48C).height('100%')
      Column() {
        Text('layoutWeight(3)')
          .textAlign(TextAlign.Center)
      }.layoutWeight(3) // 设置该组件在水平方向占据父组件 3/10 的宽度
      .backgroundColor(0xF5DEB3).height('100%')
    }.backgroundColor(0xffd306).height('30%')
  }
 }
}
```

显示效果如图 2-25 和图 2-26 所示。

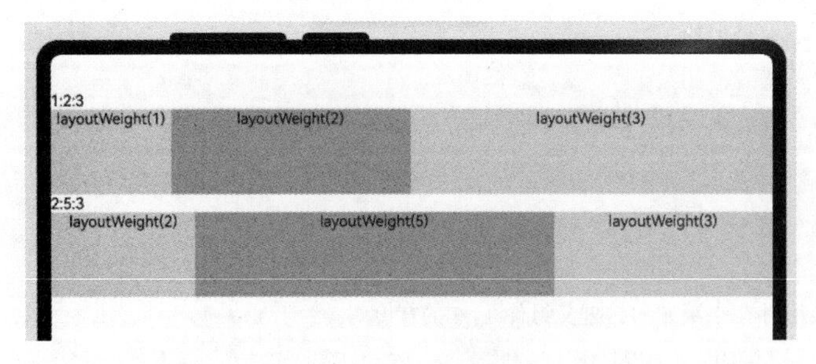

图 2-25 layoutWeight 显示效果（横屏）

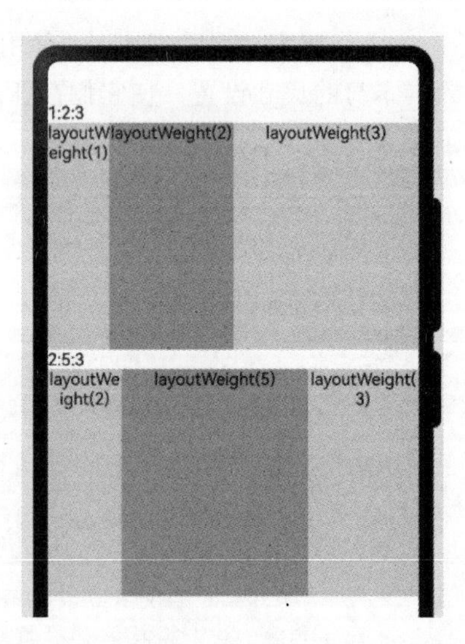

图 2-26 layoutWeight 显示效果（竖屏）

（2）当父容器尺寸确定时，使用百分比设置子元素和兄弟元素的宽度，使它们在任意尺寸的设备下保持固定的自适应占比。示例代码见文件 2-15。

文件 2-15　Demo0223.ets

```
@Entry
@Component
struct WidthExample {
    build() {
        Column() {
            Row() {
                Column() {
                    Text('left width 20%')
                        .textAlign(TextAlign.Center)
                }.width('20%') // 设置该组件宽度为父组件宽度的 20%
                .backgroundColor(0xF5DEB3).height('100%')
                Column() {
                    Text('center width 50%')
                        .textAlign(TextAlign.Center)
                }.width('50%') // 设置该组件宽度为父组件宽度的 50%
                .backgroundColor(0xD2B48C).height('100%')
                Column() {
                    Text('right width 30%')
                        .textAlign(TextAlign.Center)
                }.width('30%') // 设置该组件的宽度为父组件宽度的 30%
                .backgroundColor(0xF5DEB3).height('100%')
            }.backgroundColor(0xffd306).height('30%')
        }
    }
}
```

显示效果如图 2-27 和图 2-28 所示。

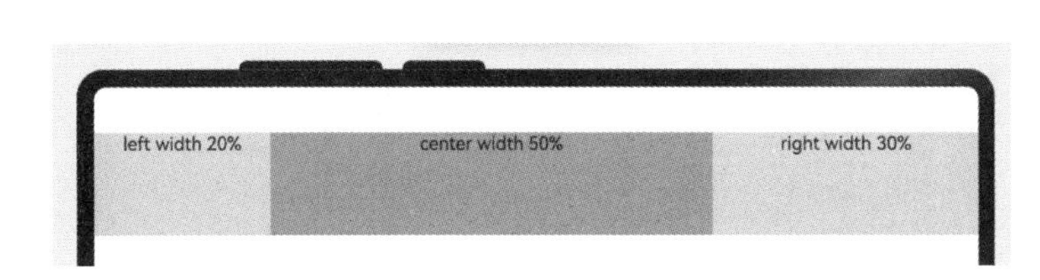

图 2-27　横屏显示效果

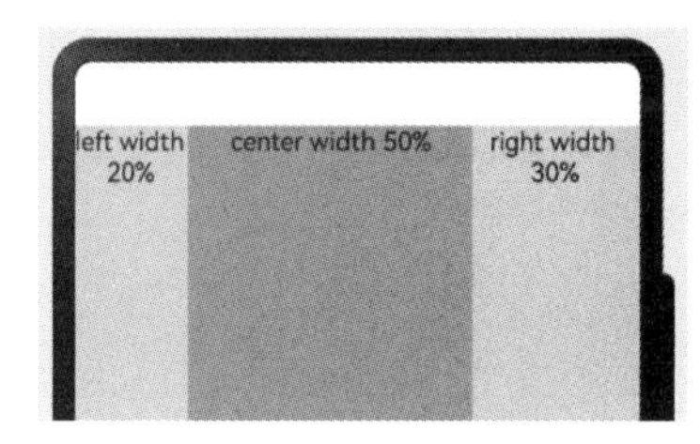

图 2-28　竖屏显示效果

8. 自适应延伸

自适应延伸是指在不同尺寸设备下，当页面的内容超出屏幕大小而无法完全显示时，可以通过滚动条进行拖动展示。这种方法适用于线性布局中内容无法一屏展示的场景。通常有以下两种实现方式。

（1）在 List 中添加滚动条：当 List 子项目过多不能一屏展示时，可以将每一个子元素放置在不同的组件中，通过滚动条进行拖动展示。可以通过 scrollBar 属性设置滚动条的常驻状态，通过 edgeEffect 属性设置拖动到内容最末端的回弹效果。

（2）使用 Scroll 组件：当一屏无法完全显示时，可以在 Column 或 Row 组件的外层包裹一个可滚动的容器组件 Scroll，来实现可滑动的线性布局。

在垂直方向布局中使用 Scroll 组件的示例代码见文件 2-16。

文件 2-16 Demo0224.ets

```
@Entry
@Component
struct ScrollExample {
  scroller: Scroller = new Scroller();
  private arr: number[] = [0, 1, 2, 3, 4, 5, 6, 7, 8, 9];

  build() {
    Scroll(this.scroller) {
      Column() {
        ForEach(this.arr, (item?:number|undefined) => {
          if(item){
            Text(item.toString())
              .// ...
          }
        }, (item:number) => item.toString())
      }.width('100%')
    }
    .backgroundColor(0xDCDCDC)
    .scrollable(ScrollDirection.Vertical)      // 滚动方向为垂直方向
    .scrollBar(BarState.On)                    // 滚动条常驻显示
    .scrollBarColor(Color.Gray)                // 滚动条颜色
    .scrollBarWidth(10)                        // 滚动条宽度
    .edgeEffect(EdgeEffect.Spring)             // 滚动到边沿后回弹
  }
}
```

显示效果如图 2-29 所示。

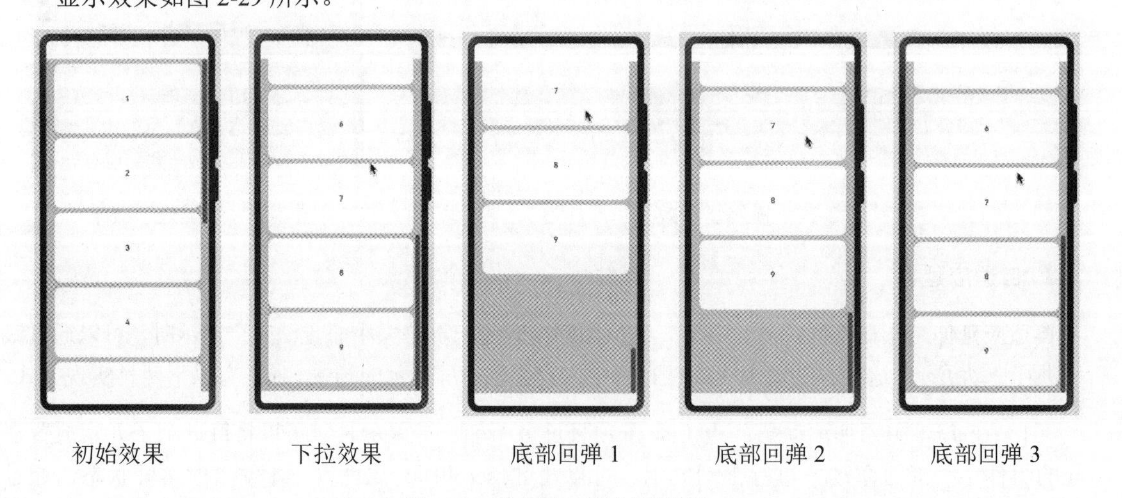

初始效果 下拉效果 底部回弹 1 底部回弹 2 底部回弹 3

图 2-29 自适应延伸显示效果

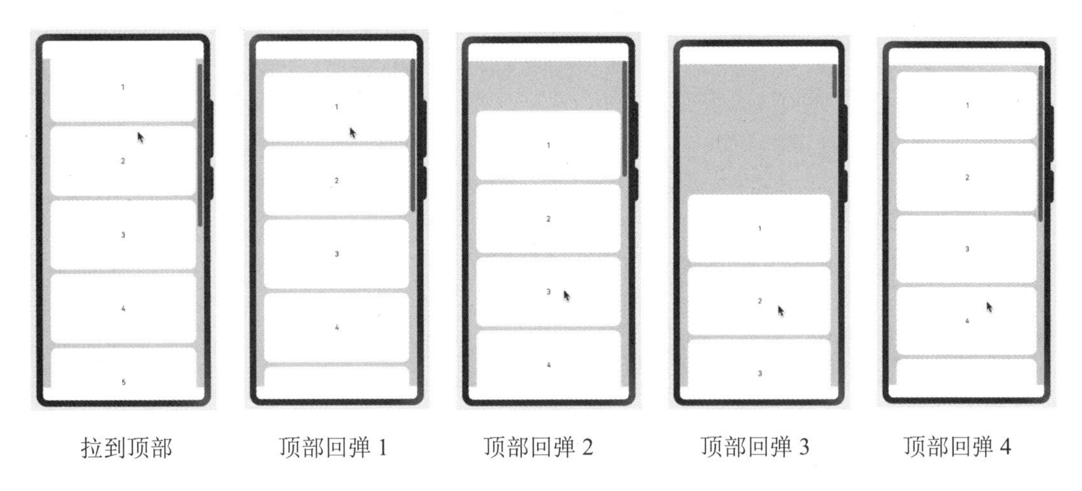

图 2-29　自适应延伸显示效果（续）

2.3　层叠布局

本节将介绍层叠布局的相关内容。

1. 概述

层叠布局用于在屏幕上预留一块区域来显示组件中的元素，并且元素可以重叠。层叠布局通过 Stack 容器组件实现位置的固定定位与层叠。容器中的子元素依次入栈，后添加的子元素会覆盖前一个子元素，同时可以设置各子元素的显示位置。

层叠布局具有较强的页面层叠和位置定位能力，常用于广告、卡片层叠等场景。如图 2-30 所示，Stack 是容器组件，容器内的子元素的顺序为 Item1->Item2->Item3。

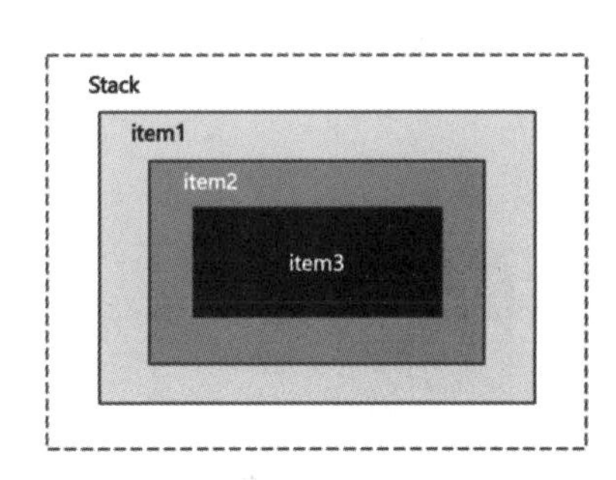

图 2-30　层叠布局

2. 开发布局

在层叠布局中，子元素被约束在 Stack 容器组件下，默认进行居中堆叠。当然，我们也可以自定义子元素的样式和排列。示例代码见文件 2-17。

文件 2-17　Demo0301.ets

```
// 使用 Record 设置外边距
let MTop: Record<string, number> = { 'top': 50 }

@Entry
@Component
struct StackExample {
  build() {
    // 列容器组件
```

```
    Column() {
      // 层叠布局
      Stack({}) {
        // 类容器组件，作为最底层
        Column() {
        }.width('90%').height('100%').backgroundColor('#ff58b87c')
        // 文本显示组件，作为列容器组件的上一层
        Text('text').width('60%').height('60%')
          .backgroundColor('#ffc3f6aa')
        // 按钮组件，处于最上层
        Button('button').width('30%').height('30%')
          .backgroundColor('#ff8ff3eb').fontColor('#000')
      }.width('100%').height(150)
      // 通过 Record 实例设置外边距
      .margin(MTop)
    }
  }
}
```

显示效果如图 2-31 所示。

3. 对齐方式

Stack 组件通过 alignContent 参数实现位置的相对移动，如图 2-32 所示，支持 9 种对齐方式。

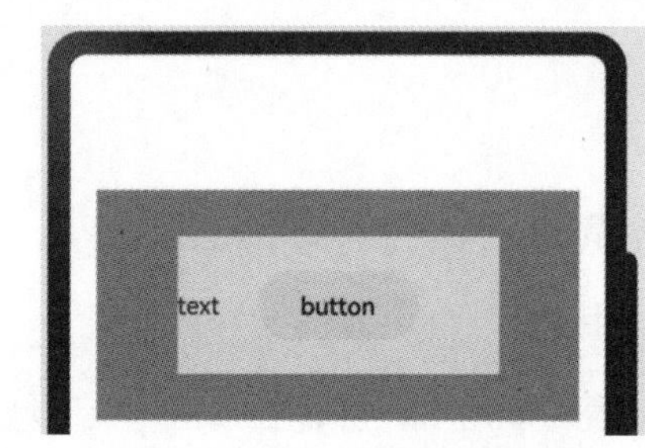

图 2-31　层叠布局显示效果

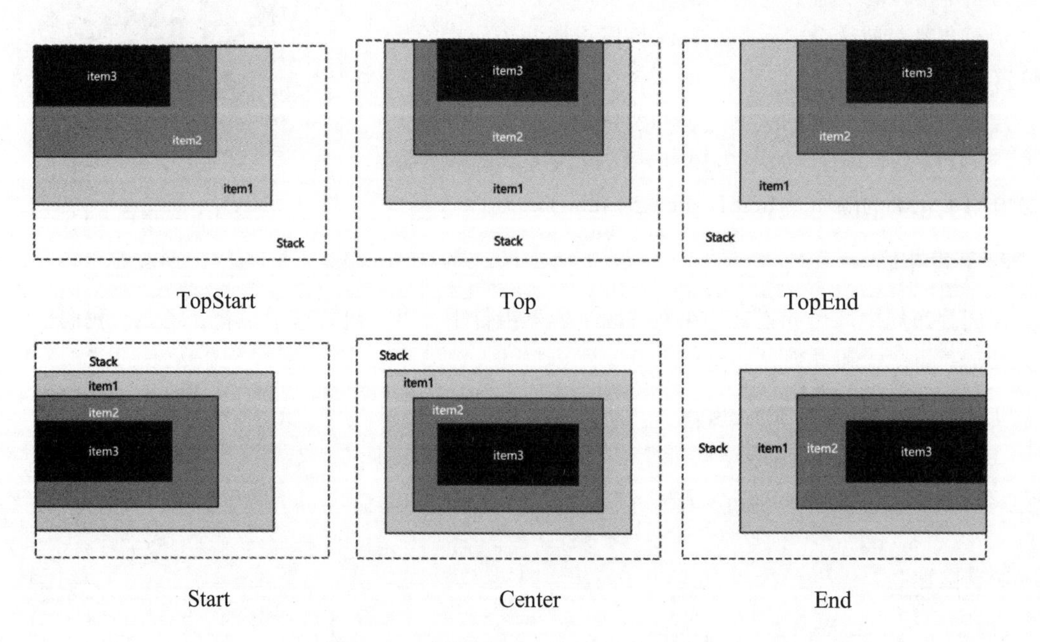

图 2-32　层叠布局中子组件对齐方式

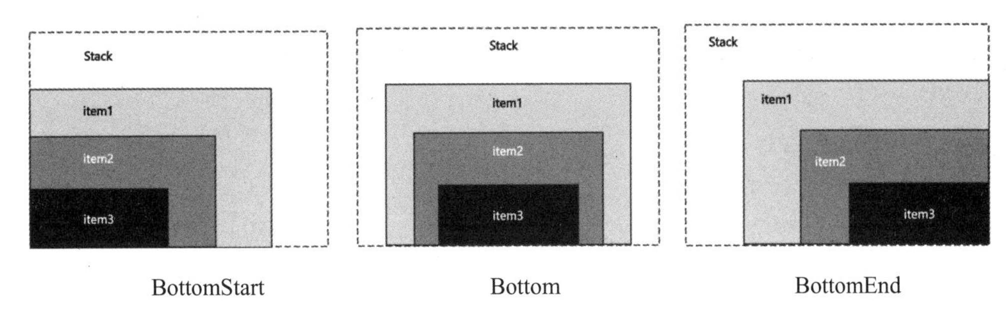

图 2-32　层叠布局中子组件对齐方式（续）

示例代码见文件 2-18。

文件 2-18　Demo0302.ets

```
@Entry
@Component
struct StackExample {
  build() {
    // 层叠布局，通过 alignContent 属性设置子组件对齐方式为左上角对齐
    Stack({ alignContent: Alignment.TopStart }) {
      // 文本显示组件，先放的组件处于最底层
      Text('Stack').width('90%').height('100%').backgroundColor('#e1dede')
        .align(Alignment.BottomEnd)
      // 文本显示组件，位于上一个元素的上一层
      Text('Item 1').width('70%').height('80%').backgroundColor(0xd2cab3)
        .align(Alignment.BottomEnd)
      // 文本显示组件，位于上一个元素的上一层
      Text('Item 2').width('50%').height('60%').backgroundColor(0xc1cbac)
        .align(Alignment.BottomEnd)
    }.width('100%').height(150).margin({ top: 5 })
  }
}
```

显示效果如图 2-33 所示。

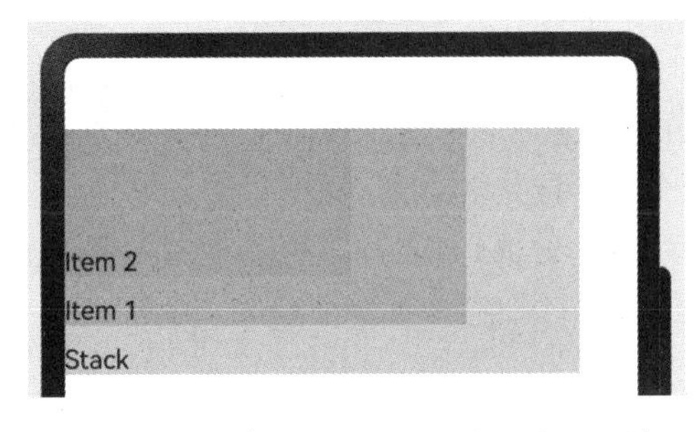

图 2-33　层叠布局中子元素对齐方式显示效果

4. Z 序控制

在 Stack 容器中，兄弟组件显示层级关系可以通过 Z 序控制的 zIndex 属性进行设置。zIndex 值越大，显示的层级越高，即 zIndex 值大的组件会作为 zIndex 值小的组件的上一层。

在层叠布局中，如果后面子元素尺寸大于前面子元素尺寸，则前面子元素完全隐藏。示例代码见文件 2-19。

文件 2-19 Demo0303.ets

```
@Entry
@Component
struct StackExample {
  build() {
    // 层叠布局组件，设置子组件的对齐方式为左下角对齐
    Stack({ alignContent: Alignment.BottomStart }) {
      // 列容器组件，该组件按层叠布局的默认方式处于显示的最底层
      Column() {
        // 文本显示组件，文本对齐方式为右侧对齐
        Text('Stack 子元素 1').textAlign(TextAlign.End).fontSize(20)
      }.width(100).height(100).backgroundColor(0xffd306)

      // 列容器组件，该组件按照层叠布局的默认方式处于上一个元素的上一层
      Column() {
        // 文本显示组件
        Text('Stack 子元素 2').fontSize(20)
      }.width(150).height(150).backgroundColor(Color.Pink)

      // 列容器组件，该组件按照层叠布局的默认方式处于上一个元素的上一层
      Column() {
        // 文本显示组件
        Text('Stack 子元素 3').fontSize(20)
      }.width(200).height(200).backgroundColor(Color.Grey)
    }.width(350).height(350).backgroundColor(0xe0e0e0)
  }
}
```

显示效果如图 2-34 所示，显然第一个列容器组件元素完全覆盖了第二个列容器组件元素，第三个列容器组件完全覆盖了第二个列容器组件，最终仅显示最上层的第三个列容器组件。

在图 2-34 中，最后的 Stack 子元素 3 的尺寸大于前面的所有子元素，所以前面两个元素被完全隐藏。改变 Stack 子元素 1 和 Stack 子元素 2 的 zIndex 属性后，可以将它们展示出来。示例代码见文件 2-20。

图 2-34 层叠布局中无 z 序控制的显示效果

文件 2-20 Demo0304.ets

```
@Entry
@Component
struct StackExample {
  build() {
    // 层叠布局组件，设置子组件的对齐方式为左下角对齐
    Stack({ alignContent: Alignment.BottomStart }) {
```

```
      // 列容器组件，默认情况下处于层叠布局的最底层
      Column() {
        Text('Stack 子元素 1').fontSize(20)
      }.width(100).height(100).backgroundColor(0xffd306)
      // 设置 zIndex 值为 2
      .zIndex(2)
      // 列容器组件，默认情况下处于层叠布局的上一个组件的上一层
      Column() {
        Text('Stack 子元素 2').fontSize(20)
      }.width(150).height(150).backgroundColor(Color.Pink)
      // 设置 zIndex 值为 1，该值小于上一个元素的 zIndex 值，因此该组件处于上一个组件的下一层
      .zIndex(1)

      // 列容器组件，默认情况下处于层叠布局的上一个组件的上一层
      // 该组件没有设置 zIndex 的值，因此使用默认值 0，处于 3 个 Stack 子组件的最下层
      Column() {
        Text('Stack 子元素 3').fontSize(20)
      }.width(200).height(200).backgroundColor(Color.Grey)
    }.width(350).height(350).backgroundColor(0xe0e0e0)
  }
}
```

显示效果如图 2-35 所示。

图 2-35　层叠布局中 z 序控制的显示效果

2.4　弹性布局

本节将介绍弹性布局的相关内容。

1. 弹性布局概要

弹性布局提供更加有效的方式对 Flex 容器中的子元素进行排列、对齐和分配剩余空间，通常用于页面头部导航栏的均匀分布、页面框架的搭建和多行数据的排列等。

Flex 容器默认存在主轴与交叉轴，子元素默认沿主轴排列，如图 2-36 所示。子元素在主轴方向的尺寸称为主轴尺寸，在交叉轴方向的尺寸称为交叉轴尺寸。

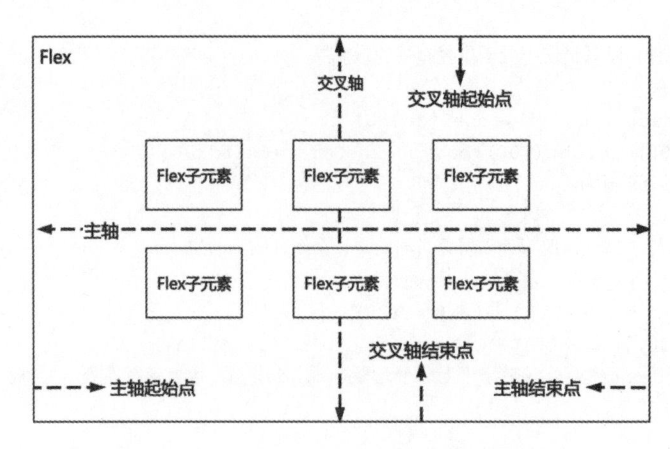

图 2-36 主轴为水平方向的 Flex 容器示意图

2. 基本概念

弹性布局中的基本概念说明如下：

- 主轴：Flex 组件布局方向的轴线，子元素默认沿着主轴排列。主轴开始位置称为主轴起始点，结束位置称为主轴结束点。
- 交叉轴：垂直于主轴方向的轴线。交叉轴开始位置称为交叉轴起始点，结束位置称为交叉轴结束点。

3. 布局方向

在弹性布局中，Flex 容器的子元素可以按照任意方向排列。通过设置参数 direction，可以决定主轴的方向，从而控制子元素的排列方向，如图 2-37 所示。

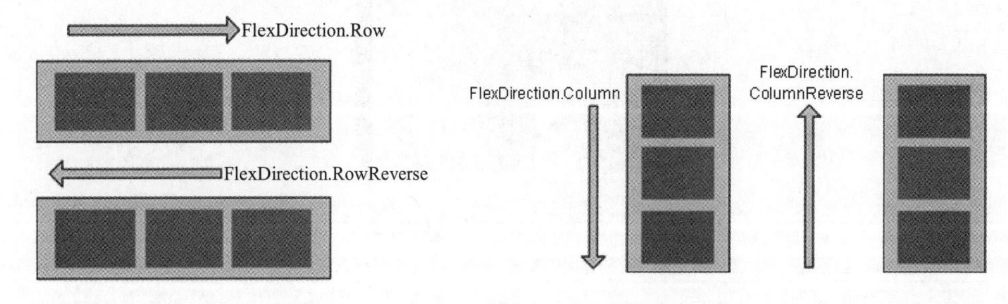

图 2-37 弹性布局方向图

（1）FlexDirection.Row（默认值）：主轴为水平方向，子元素从起始端沿着水平方向开始排布。示例代码见文件 2-21。

文件 2-21 Demo0401.ets

```
@Entry
@Component
struct FlexSample {
  build() {
    // 弹性布局组件，设置布局方向为水平方向
    Flex({ direction: FlexDirection.Row }) {
      // 设置子组件宽度为父容器宽度的 1/3
```

```
      Text('1').width('33%').height(50).backgroundColor(0xF5DEB3)
      // 设置子组件宽度为父容器宽度的 1/3
      Text('2').width('33%').height(50).backgroundColor(0xD2B48C)
      // 设置子组件宽度为父容器宽度的 1/3
      Text('3').width('33%').height(50).backgroundColor(0xF5DEB3)
    }.height(70).width('90%')
    // 设置内填充边距为 10vp
    .padding(10).backgroundColor(0xAFEEEE)
  }
}
```

显示效果如图 2-38 所示。

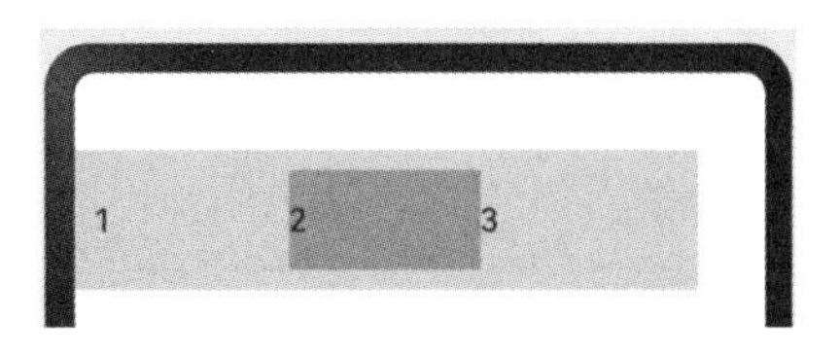

图 2-38　FlexDirection.Row 方向显示效果

（2）FlexDirection.RowReverse：主轴为水平方向，子元素从终点端沿着 FlexDirection. Row 相反的方向开始排布。示例代码见文件 2-22。

文件 2-22　Demo0402.ets

```
@Entry
@Component
struct FlexSample {
  build() {
    // 设置子组件排列放方向为行的反向，即从右向左
    Flex({ direction: FlexDirection.RowReverse }) {
      Text('1').width('33%').height(50).backgroundColor(0xF5DEB3)
      Text('2').width('33%').height(50).backgroundColor(0xD2B48C)
      Text('3').width('33%').height(50).backgroundColor(0xF5DEB3)
    }.height(70).width('90%').padding(10).backgroundColor(0xAFEEEE)
  }
}
```

显示效果如图 2-39 所示。

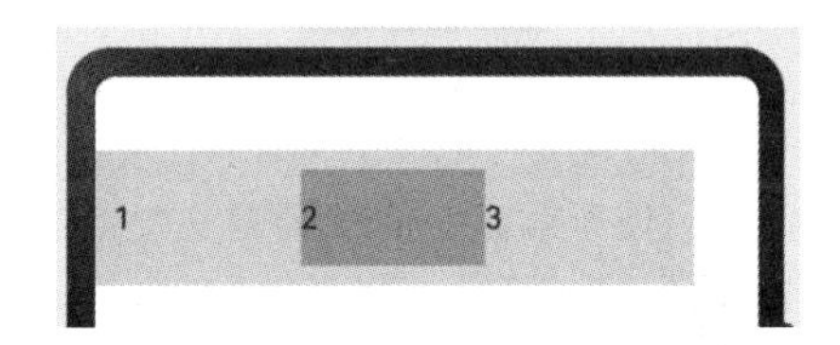

图 2-39　FlexDirection.RowReverse 方向显示效果

（3）FlexDirection.Column：主轴为垂直方向，子元素从起始端沿着垂直方向开始排布。示例代码见文件 2-23。

文件 2-23　Demo0403.ets

```
@Entry
@Component
struct FlexSample {
  build() {
    // 弹性布局组件，设置子组件排列方向为从上向下
    Flex({ direction: FlexDirection.Column }) {
      Text('1').width('100%').height(50).backgroundColor(0xF5DEB3)
      Text('2').width('100%').height(50).backgroundColor(0xD2B48C)
      Text('3').width('100%').height(50).backgroundColor(0xF5DEB3)
    }.height(70).width('90%').padding(10).backgroundColor(0xAFEEEE)
  }
}
```

显示效果如图 2-40 所示。

图 2-40　FlexDirection.Column 方向显示效果

（4）FlexDirection.ColumnReverse：主轴为垂直方向，子元素从终点端沿着 FlexDirection.Column 相反的方向开始排布。示例代码见文件 2-24。

文件 2-24　Demo0404.ets

```
@Entry
@Component
struct FlexSample {
  build() {
    // 弹性布局组件，子组件排列方向为从下向上
    Flex({ direction: FlexDirection.ColumnReverse }) {
      Text('1').width('100%').height(50).backgroundColor(0xF5DEB3)
      Text('2').width('100%').height(50).backgroundColor(0xD2B48C)
      Text('3').width('100%').height(50).backgroundColor(0xF5DEB3)
    }.height(70).width('90%').padding(10).backgroundColor(0xAFEEEE)
  }
}
```

显示效果如图 2-41 所示。

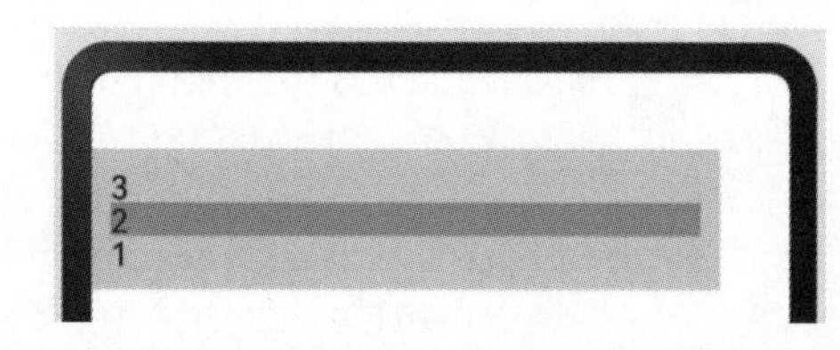

图 2-41　FlexDirection.ColumnReverse 方向显示效果

4. 布局换行

弹性布局分为单行布局和多行布局。默认情况下，Flex 容器中的子元素都排在一条轴线上。当子元素主轴尺寸之和大于容器主轴尺寸时，可以使用 wrap 属性控制 Flex 是单行布局还是多行布局。在多行布局时，通过交叉轴方向，确认新行排列方向。wrap 属性的取值有以下 3 种：

（1）FlexWrap. NoWrap（默认值）：不换行。如果子元素的宽度总和大于父元素的宽度，则子元素的宽度会被压缩。示例代码见文件 2-25。

文件 2-25　Demo0405.ets

```
@Entry
@Component
struct FlexSample {
  build() {
    // 弹性布局组件，设置不换行
    Flex({ wrap: FlexWrap.NoWrap }) {
      // 下列 3 个组件的宽度超过了弹性布局组件的宽度，但是不换行，最终变为均匀分配宽度
      // 子组件宽度设置为父容器组件的 50%
      Text('1').width('50%').height(50).backgroundColor(0xF5DEB3)
      // 子组件宽度设置为父容器组件的 50%
      Text('2').width('50%').height(50).backgroundColor(0xD2B48C)
      // 子组件宽度设置为父容器组件的 50%
      Text('3').width('50%').height(50).backgroundColor(0xF5DEB3)
    }.width('90%').padding(10).backgroundColor(0xAFEEEE)
```

```
  }
}
```

显示效果如图 2-42 所示。

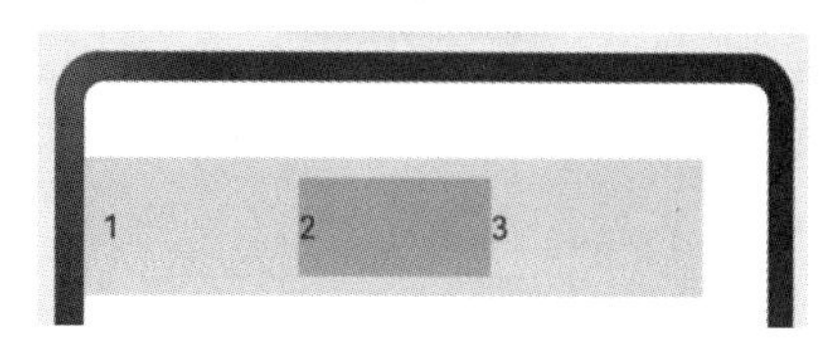

图 2-42　FlexWrap. NoWrap 显示效果

（2）FlexWrap. Wrap：换行，每一行子元素按照主轴方向排列。示例代码见文件 2-26。

文件 2-26　Demo0406.ets

```
@Entry
@Component
struct FlexSample {
  build() {
    // 弹性布局组件，设置换行，子组件按照弹性布局组件的主轴方向排列
    Flex({ wrap: FlexWrap.Wrap }) {
      // 子组件宽度设置为父容器组件宽度的 50%
      Text('1').width('50%').height(50).backgroundColor(0xF5DEB3)
      // 子组件宽度设置为父容器组件宽度的 50%
      Text('2').width('50%').height(50).backgroundColor(0xD2B48C)
      // 子组件宽度设置为父容器组件宽度的 50%
      Text('3').width('50%').height(50).backgroundColor(0xD2B48C)
    }.width('90%').padding(10).backgroundColor(0xAFEEEE)
  }
}
```

显示效果如图 2-43 所示。

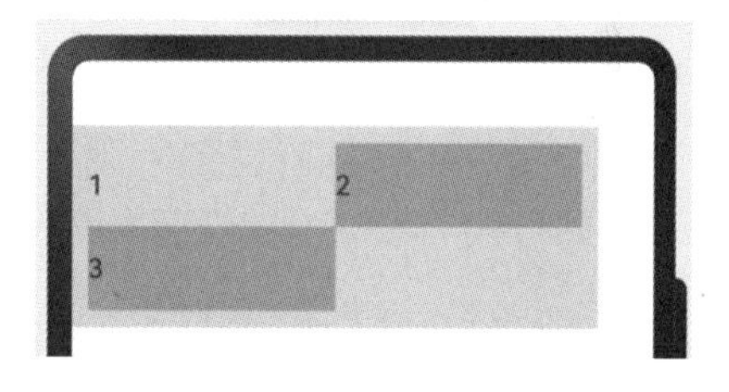

图 2-43　FlexWrap. Wrap 显示效果

（3）FlexWrap. WrapReverse：换行，每一行子元素按照主轴反方向排列。示例代码见文件 2-27。

文件 2-27　Demo0407.ets

```
@Entry
@Component
struct FlexSample {
  build() {
    // 弹性布局组件，设置反向排列子组件，如果换行，则反向换行
    Flex({ wrap: FlexWrap.WrapReverse }) {
      Text('1').width('50%').height(50).backgroundColor(0xF5DEB3)
      Text('2').width('50%').height(50).backgroundColor(0xD2B48C)
      Text('3').width('50%').height(50).backgroundColor(0xF5DEB3)
    }.width('90%').padding(10).backgroundColor(0xAFEEEE)
  }
}
```

显示效果如图 2-44 所示。

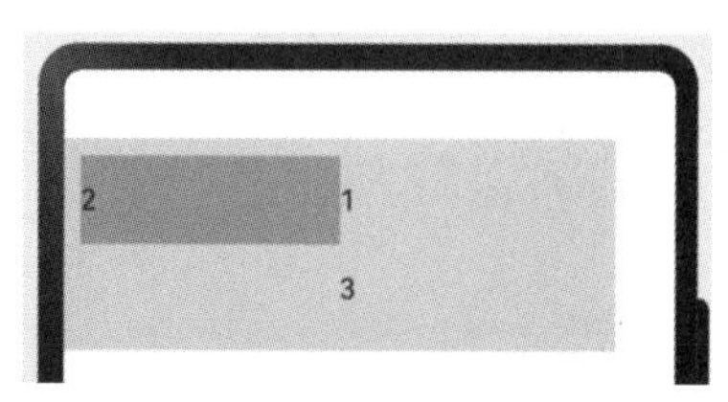

图 2-44　FlexWrap. WrapReverse 显示效果

5. 主轴对齐方式

通过 justifyContent 参数设置子元素在主轴方向的对齐方式，如图 2-45 所示。

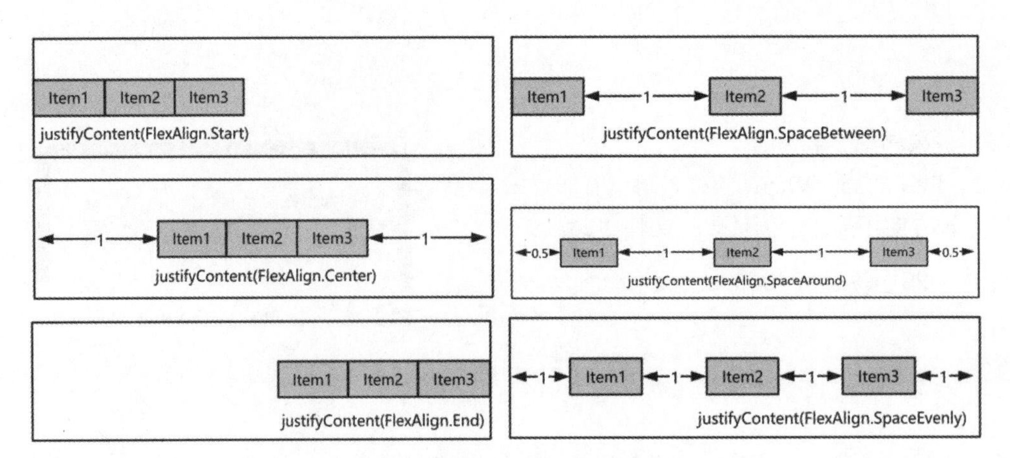

图 2-45　子元素在主轴方向的对齐方式

（1）FlexAlign.Start（默认值）：子元素在主轴方向起始端对齐，第一个子元素与父元素边沿对齐，其他元素与前一个元素对齐。示例代码见文件 2-28。

文件 2-28　Demo0408.ets

```
// 通过 Record 设置布局参数
let PTopBottom: Record<string, number> = { 'top': 10, 'bottom': 10 }
@Entry
@Component
struct FlexSample {
  build() {
    // 子元素在主轴方向起始端对齐， 第一个子元素与父元素边沿对齐，其他元素与前一个元素对齐
    Flex({ justifyContent: FlexAlign.Start }) {
      Text('1').width('20%').height(50).backgroundColor(0xF5DEB3)
      Text('2').width('20%').height(50).backgroundColor(0xD2B48C)
      Text('3').width('20%').height(50).backgroundColor(0xF5DEB3)
    }.width('90%')
    // 通过 Record 类型数据设置内填充边距
    .padding(PTopBottom)
    .backgroundColor(0xAFEEEE)
  }
}
```

显示效果如图 2-46 所示。

（2）FlexAlign.Center：子元素在主轴方向居中对齐。示例代码见文件 2-29。

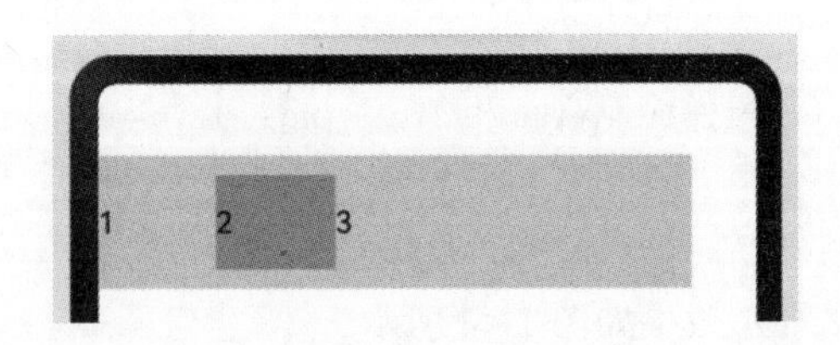

图 2-46　FlexAlign.Start 显示效果

文件 2-29　Demo0409.ets

```
// 通过 Record 设置布局参数
let PTopBottom: Record<string, number> =
{ 'top': 10, 'bottom': 10 }
@Entry
@Component
struct FlexSample {
  build() {
```

```
    // 弹性布局，子组件在水平方向居中对齐
    Flex({ justifyContent: FlexAlign.Center }) {
      Text('1').width('20%').height(50).backgroundColor(0xF5DEB3)
      Text('2').width('20%').height(50).backgroundColor(0xD2B48C)
      Text('3').width('20%').height(50).backgroundColor(0xF5DEB3)
    }.width('90%')
    // 使用 Record 类型数据设置内填充边距
    .padding(PTopBottom)
    .backgroundColor(0xAFEEEE)
  }
}
```

显示效果如图 2-47 所示。

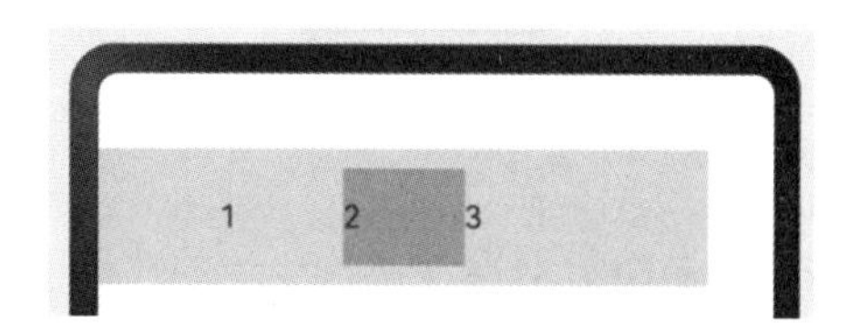

图 2-47　FlexAlign.Center 显示效果

（3）FlexAlign.End：子元素在主轴方向终点端对齐，最后一个子元素与父元素边沿对齐，其他元素与后一个元素对齐。示例代码见文件 2-30。

文件 2-30　Demo0410.ets

```
// 通过 Record 设置布局参数
let PTopBottom: Record<string, number> = { 'top': 10, 'bottom': 10 }
@Entry
@Component
struct FlexSample {
  build() {
    // 弹性布局组件，设置子组件在水平方向右对齐
    Flex({ justifyContent: FlexAlign.End }) {
      Text('1').width('20%').height(50).backgroundColor(0xF5DEB3)
      Text('2').width('20%').height(50).backgroundColor(0xD2B48C)
      Text('3').width('20%').height(50).backgroundColor(0xF5DEB3)
    }.width('90%')
    // 使用 Record 类型参数设置内填充边距
    .padding(PTopBottom)
    .backgroundColor(0xAFEEEE)
  }
}
```

显示效果如图 2-48 所示。

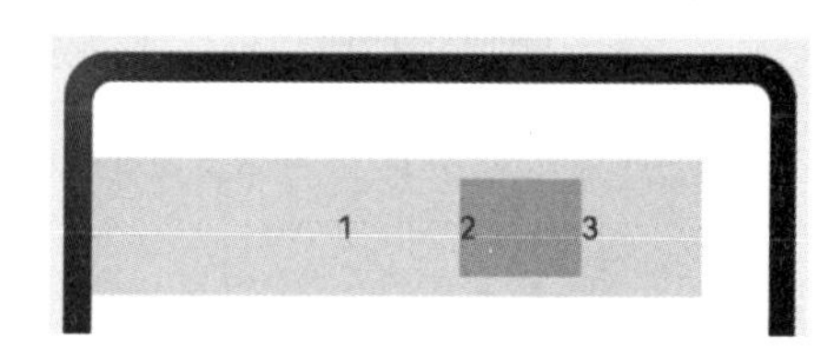

图 2-48　FlexAlign.End 显示效果

（4）FlexAlign.SpaceBetween：在 Flex 主轴方向均匀分配弹性元素，相邻两个子元素之间距离相同。第一个子元素和最后一个子元素分别与父元素的起始位置和结束位置对齐。示例代码见文件 2-31。

文件 2-31　Demo0411.ets

```
// 使用 Record 类型数据设置布局参数
let PTopBottom1: Record<string, number> = { 'top': 10, 'bottom': 10 }
@Entry
@Component
```

```
struct FlexSample {
  build() {
    // 弹性布局，设置子组件在水平方向的对齐方式为：
    // 第一个子组件与父组件起始位置对齐，最后一个子组件与父组件结束位置对齐
    // 子组件之间等间距布局
    Flex({ justifyContent: FlexAlign.SpaceBetween }) {
      Text('1').width('20%').height(50).backgroundColor(0xF5DEB3)
      Text('2').width('20%').height(50).backgroundColor(0xD2B48C)
      Text('3').width('20%').height(50).backgroundColor(0xF5DEB3)
    }.width('90%')
    // 使用 Record 类型数据设置内填充边距
    .padding(PTopBottom1)
    .backgroundColor(0xAFEEEE)
  }
}
```

显示效果如图 2-49 所示。

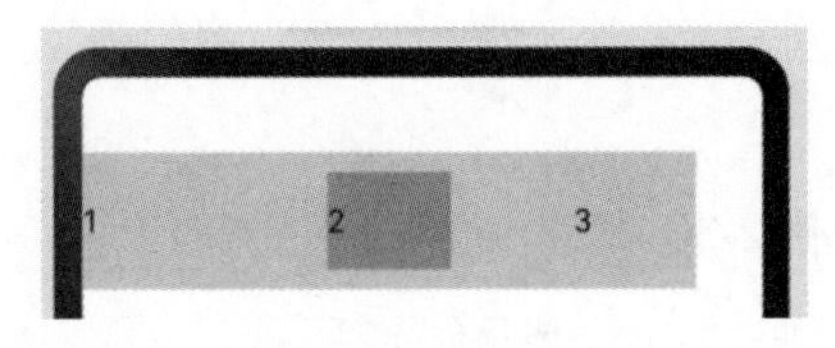

图 2-49　FlexAlign.SpaceBetween 显示效果

（5）FlexAlign.SpaceAround：在 Flex 主轴方向均匀分配弹性元素，相邻两个子元素之间距离相同。第一个子元素到主轴起始端的距离和最后一个子元素到主轴终点端的距离是两个相邻元素之间距离的一半。示例代码见文件 2-32。

文件 2-32　Demo0412.ets

```
// 使用 Record 类型数据设置布局参数
let PTopBottom: Record<string, number> = { 'top': 10, 'bottom': 10 }
@Entry
@Component
struct FlexSample {
  build() {
    // 弹性布局组件，设置子组件在水平方向的对齐方式为：
    // 子组件之间等距布局，第一个子组件到父组件开始的距离是子组件之间距离的 1/2
    // 最后一个子组件与父组件结束位置的距离是子组件之间距离的 1/2
    Flex({ justifyContent: FlexAlign.SpaceAround }) {
      Text('1').width('20%').height(50).backgroundColor(0xF5DEB3)
      Text('2').width('20%').height(50).backgroundColor(0xD2B48C)
      Text('3').width('20%').height(50).backgroundColor(0xF5DEB3)
    }.width('90%')
    // 使用 Record 类型数据设置内填充边距
    .padding(PTopBottom)
    .backgroundColor(0xAFEEEE)
  }
}
```

显示效果如图 2-50 所示。

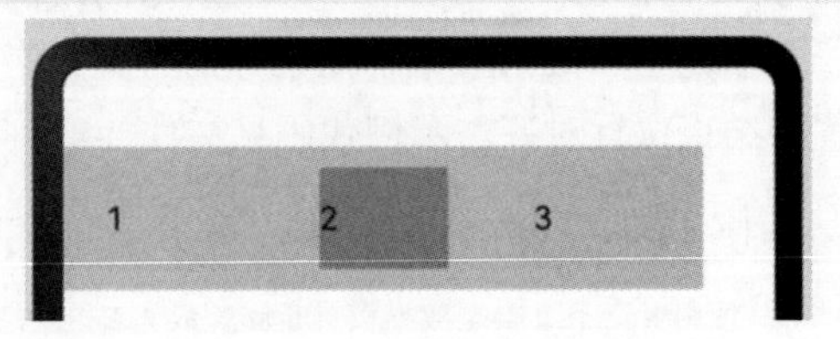

图 2-50　FlexAlign.SpaceAround 显示效果

（6）FlexAlign.SpaceEvenly：在 Flex 主轴方向上元素等间距布局，即相邻两个子元素之间的距离、第一个子元素与主轴起始端的距离、最

后一个子元素与主轴终点端的距离均相等。示例代码见文件 2-33。

文件 2-33　Demo0413.ets

```
// 使用 Record 类型数据设置布局参数
let PTopBottom: Record<string, number> = { 'top': 10, 'bottom': 10 }
@Entry
@Component
struct FlexSample {
  build() {
    // 弹性布局组件，设置子组件的布局方式为:
    // 子组件之间等距排列，第一个子元素到父组件起始位置的距离与最后一个子组件到
    // 父组件结束位置的距离与子组件之间的距离相同
    Flex({ justifyContent: FlexAlign.SpaceEvenly }) {
      Text('1').width('20%').height(50).backgroundColor(0xF5DEB3)
      Text('2').width('20%').height(50).backgroundColor(0xD2B48C)
      Text('3').width('20%').height(50).backgroundColor(0xF5DEB3)
    }.width('90%')
    // 使用 Record 类型数据设置内填充边距
    .padding(PTopBottom)
    .backgroundColor(0xAFEEEE)
  }
}
```

显示效果如图 2-51 所示。

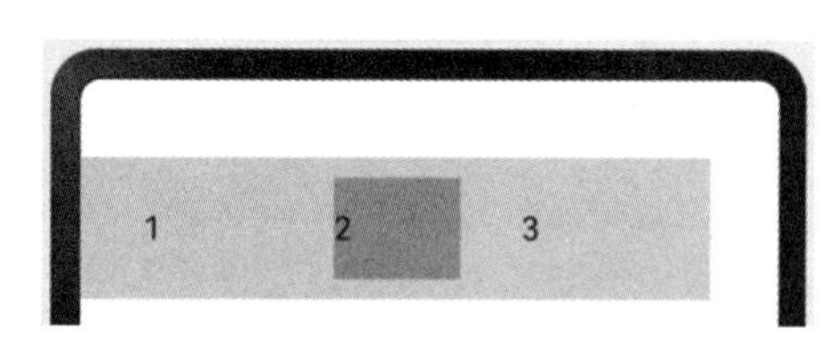

图 2-51　FlexAlign.SpaceEvenly 显示效果

6. 交叉轴对齐方式

容器和子元素都可以设置交叉轴对齐方式，且子元素设置的对齐方式优先级更高。

1）容器组件设置交叉轴对齐

可以通过 Flex 组件的 alignItems 参数设置子元素在交叉轴的对齐方式。该参数取值有以下 6 种。

（1）ItemAlign.Auto：使用 Flex 容器中的默认配置。示例代码见文件 2-34。

文件 2-34　Demo0414.ets

```
// 使用 Record 类型数据设置布局参数
let SWh: Record<string, number | string> = { 'width': '90%', 'height': 80 }
@Entry
@Component
struct FlexSample {
  build() {
    // 弹性布局组件，设置子组件在交叉轴方向的对齐方式为默认设置，即顶部对齐
    Flex({ alignItems: ItemAlign.Auto }) {
      Text('1').width('33%').height(30).backgroundColor(0xF5DEB3)
      Text('2').width('33%').height(40).backgroundColor(0xD2B48C)
      Text('3').width('33%').height(50).backgroundColor(0xF5DEB3)
    }
    // 使用 Record 类型数据设置布局参数，此处设置了组件的宽度和高度
    .size(SWh)
```

```
      .padding(10).backgroundColor(0xAFEEEE)
    }
  }
```

显示效果如图2-52所示。

图2-52　ItemAlign.Auto显示效果

（2）ItemAlign.Start：交叉轴方向顶部对齐。示例代码见文件2-35。

文件2-35　Demo0415.ets

```
// 使用Record类型数据设置布局参数
let SWh: Record<string, number | string>
= { 'width': '90%', 'height': 80 }
@Entry
@Component
struct FlexSample {
  build() {
    // 弹性布局组件，设置子组件在交叉轴方向的对齐方式为起始对齐
    // 即子组件在交叉轴方向顶部对齐，为默认方式
    Flex({ alignItems: ItemAlign.Start }) {
      Text('1').width('33%').height(30).backgroundColor(0xF5DEB3)
      Text('2').width('33%').height(40).backgroundColor(0xD2B48C)
      Text('3').width('33%').height(50).backgroundColor(0xF5DEB3)
    }
    // 使用Record类型数据设置布局参数，此处设置了Flex组件的宽度和高度
    .size(SWh)
    .padding(10).backgroundColor(0xAFEEEE)
  }
}
```

显示效果如图2-53所示。

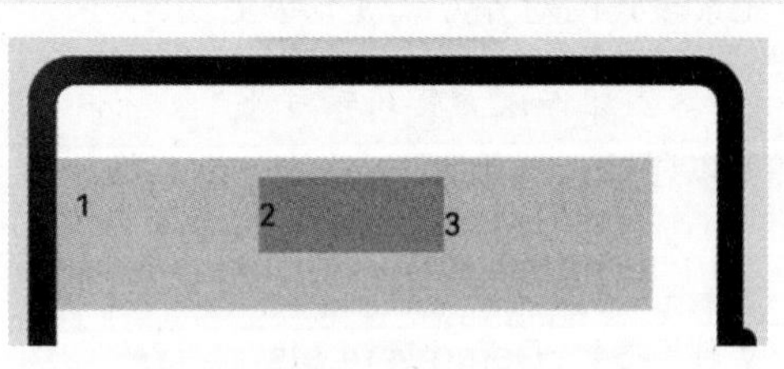

图2-53　ItemAlign.Start显示效果

（3）ItemAlign.Center：交叉轴方向居中对齐。示例代码见文件2-36。

文件2-36　Demo0416.ets

```
// 使用Record类型数据设置组件的布局参数
let SWh: Record<string, number | string>
= { 'width': '90%', 'height': 80 }
@Entry
@Component
struct FlexSample {
  build() {
    // 弹性布局组件，设置子组件在交叉轴方向的对齐方式为居中对齐
    Flex({ alignItems: ItemAlign.Center }) {
      Text('1').width('33%').height(30).backgroundColor(0xF5DEB3)
      Text('2').width('33%').height(40).backgroundColor(0xD2B48C)
      Text('3').width('33%').height(50).backgroundColor(0xF5DEB3)
    }
    // 使用Record类型数据设置组件的宽度和高度
    .size(SWh)
```

```
      .padding(10).backgroundColor(0xAFEEEE)
    }
  }
```

显示效果如图 2-54 所示。

（4）ItemAlign.End：交叉轴方向底部对齐。示例代码见文件 2-37。

图 2-54　ItemAlign.Center 显示效果

文件 2-37　Demo0417.ets

```
  // 使用 Record 类型数据设置组件的布局参数
  let SWh: Record<string, number | string>
= { 'width': '90%', 'height': 80 }
  @Entry
  @Component
  struct FlexSample {
    build() {
      // 弹性布局组件，设置子组件在交叉轴方向的对齐方式为底部对齐
      Flex({ alignItems: ItemAlign.End }) {
        Text('1').width('33%').height(30).backgroundColor(0xF5DEB3)
        Text('2').width('33%').height(40).backgroundColor(0xD2B48C)
        Text('3').width('33%').height(50).backgroundColor(0xF5DEB3)
      }
      // 使用 Record 类型数据设置组件的宽度和高度
      .size(SWh)
      .padding(10).backgroundColor(0xAFEEEE)
    }
  }
```

显示效果如图 2-55 所示。

（5）ItemAlign.Stretch：交叉轴方向拉伸填充，在未设置尺寸时，拉伸到容器尺寸。示例代码见文件 2-38。

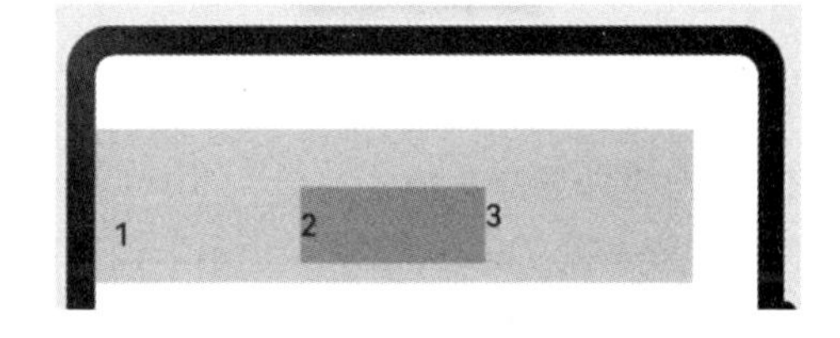

图 2-55　ItemAlign.End 显示效果

文件 2-38　Demo0418.ets

```
  // 使用 Record 类型数据设置组件的布局参数
  let SWh: Record<string, number | string> = { 'width': '90%', 'height': 80 }
  @Entry
  @Component
  struct FlexSample {
    build() {
      // 弹性布局，设置子组件在交叉轴方向的对齐方式为在交叉轴方向拉伸填充，
      // 在未设置尺寸时，拉伸到容器尺寸
      Flex({ alignItems: ItemAlign.Stretch }) {
        Text('1').width('33%').backgroundColor(0xF5DEB3)
        Text('2').width('33%').backgroundColor(0xD2B48C)
        Text('3').width('33%').backgroundColor(0xF5DEB3)
      }
      // 使用 Record 类型数据设置组件的宽度和高度
```

```
      .size(SWh)
      .padding(10).backgroundColor(0xAFEEEE)
    }
  }
```

显示效果如图 2-56 所示。

图 2-56　ItemAlign.Stretch 显示效果

（6）ItemAlign. Baseline：交叉轴方向文本基线对齐。示例代码见文件 2-39。

文件 2-39　Demo0419.ets

```
// 使用 Record 类型数据设置组件的布局参数
let SWh: Record<string, number | string>
= { 'width': '90%', 'height': 80 }
@Entry
@Component
struct FlexSample {
  build() {
    // 弹性布局组件，设置子组件在交叉轴方向的对齐方式为文本基线对齐
    Flex({ alignItems: ItemAlign.Baseline }) {
      Text('1').width('33%').height(30).fontSize(20).backgroundColor(0xF5DEB3)
      Text('2').width('33%').height(40).fontSize(40).backgroundColor(0xD2B48C)
      Text('3').width('33%').height(50).fontSize(50).backgroundColor(0xF5DEB3)
    }
    // 使用 Record 类型数据设置组件的宽度和高度
    .size(SWh)
    .padding(10).backgroundColor(0xAFEEEE)
  }
}
```

显示效果如图 2-57 所示。

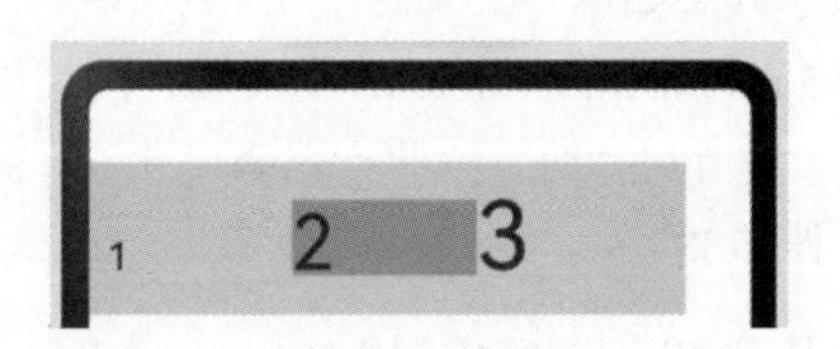

图 2-57　ItemAlign. Baseline 显示效果

2）子元素设置交叉轴对齐

使用子元素的 alignSelf 属性也可以设置子元素在父容器交叉轴上的对齐方式，且会覆盖 Flex 布局容器中的 alignItems 配置。示例代码见文件 2-40。

文件 2-40　Demo0420.ets

```
@Entry
@Component
struct FlexSample {
  build() {
    // 弹性布局组件，设置子元素布局方向为水平方向，子组件在交叉轴方向上的对齐方式为居中对齐，即垂直居中
对齐
    Flex({ direction: FlexDirection.Row, alignItems: ItemAlign.Center }) {
      // 容器组件设置子元素居中
      Text('alignSelf Start').width('25%').height(80)
        // 通过 alignSelf 设置子组件在父组件交叉轴方向上的对齐方式为顶部对齐
```

```
        .alignSelf(ItemAlign.Start)
        .backgroundColor(0xF5DEB3)
      Text('alignSelf Baseline')
        // 通过 alignSelf 设置子组件在父组件交叉轴方向上的对齐方式为文本基线对齐
        .alignSelf(ItemAlign.Baseline)
        .width('25%')
        .height(80)
        .backgroundColor(0xD2B48C)
      Text('alignSelf Baseline').width('25%').height(100)
        .backgroundColor(0xF5DEB3)
        // 通过 alignSelf 设置子组件在父组件交叉轴方向上的对齐方式为文本基线对齐
        .alignSelf(ItemAlign.Baseline)
      // 该组件在父组件交叉轴方向上的对齐方式使用父组件的设置：垂直居中对齐
      Text('no alignSelf').width('25%').height(100)
        .backgroundColor(0xD2B48C)
      // 该组件在父组件交叉轴方向上的对齐方式使用父组件的设置：垂直居中对齐
      Text('no alignSelf').width('25%').height(80)
        .backgroundColor(0xF5DEB3)
    }.width('90%').height(220).backgroundColor(0xAFEEEE)
  }
}
```

显示效果如图 2-58 所示。

在本例中，通过 Flex 容器的 alignItems 属性设置交叉轴子元素的对齐方式为居中对齐；然而，子元素自身设置了 alignSelf 属性，会覆盖父组件的 alignItems 值，最终表现为 alignSelf 的定义。

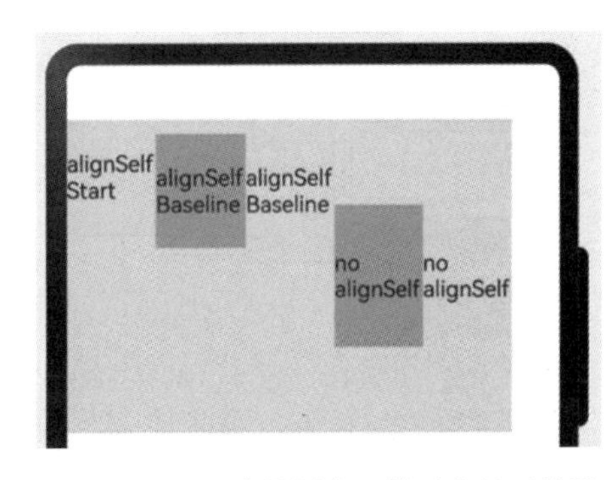

图 2-58　子元素设置交叉轴对齐显示效果

7. 多行对齐

可以通过 alignContent 参数设置各行子元素在交叉轴上的对齐方式，它只在多行的 Flex 布局中生效。alignContent 参数的可选值有以下 6 个。

（1）FlexAlign.Start：各行子元素将被对齐到容器的交叉轴起始端，即向上对齐（对于垂直方向的布局）或者向左对齐（对于水平方向的布局）。示例代码见文件 2-41。

文件 2-41　Demo0421.ets

```
Flex({
    // 设置子组件在主轴方向上的对齐方式：第一个子组件与容器组件的起始位置对齐
    // 最后一个子组件与容器组件的结束位置对齐
    // 子组件之间等间距排列
    justifyContent: FlexAlign.SpaceBetween,
    // 设置换行
    wrap: FlexWrap.Wrap,
    // 设置各行子组件在交叉轴方向的对齐方式为与交叉轴起始端对齐
```

```
  alignContent: FlexAlign.Start
}) {
  Text('1').width('30%').height(20).backgroundColor(0xF5DEB3)
  Text('2').width('60%').height(20).backgroundColor(0xD2B48C)
  Text('3').width('40%').height(20).backgroundColor(0xD2B48C)
  Text('4').width('30%').height(20).backgroundColor(0xF5DEB3)
  Text('5').width('20%').height(20).backgroundColor(0xD2B48C)
}.width('90%').height(100).backgroundColor(0xAFEEEE)
```

显示效果如图 2-59 所示。

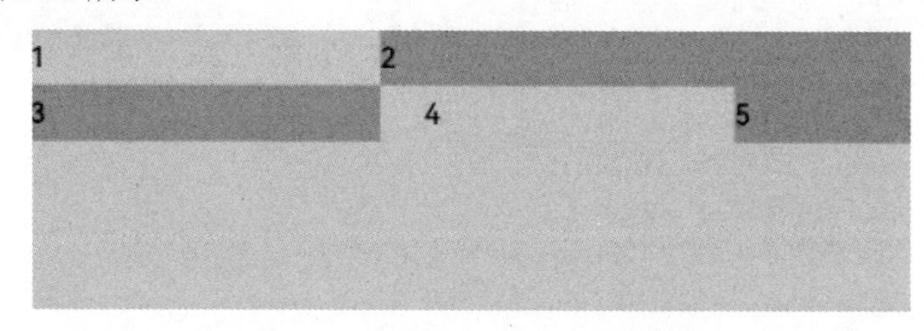

图 2-59 FlexAlign.Start 显示效果

（2）FlexAlign.Center：各行子元素将居中对齐，确保各行之间的空间均匀分布。示例代码见文件 2-42。

文件 2-42 Demo0422.ets

```
@Entry
@Component
struct FlexSample {
  build() {
    // 弹性布局组件
    Flex({
      // 设置子组件在主轴方向上的对齐方式：第一个子组件与容器组件的起始位置对齐
      // 最后一个子组件与容器组件的结束位置对齐
      // 子组件之间等间距排列
      justifyContent: FlexAlign.SpaceBetween,
      // 设置换行
      wrap: FlexWrap.Wrap,
      // 设置各行子组件在交叉轴方向的对齐方式：垂直居中对齐，留出剩余空间
      // 即在交叉轴方向还有剩余空间
      alignContent: FlexAlign.Center
    }) {
      Text('1').width('30%').height(20).backgroundColor(Color.Black).
fontColor(Color.White)
      Text('2').width('60%').height(20).backgroundColor(Color.Blue).
fontColor(Color.Yellow)
      Text('3').width('40%').height(20).backgroundColor(Color.Brown).
fontColor(Color.Yellow)
      Text('4').width('30%').height(20).backgroundColor(Color.Green).
fontColor(Color.Yellow)
      Text('5').width('20%').height(20).backgroundColor(Color.Orange)
    }.width('90%').height(100).backgroundColor(0xAFEEEE)
```

```
    }
  }
```

显示效果如图 2-60 所示。

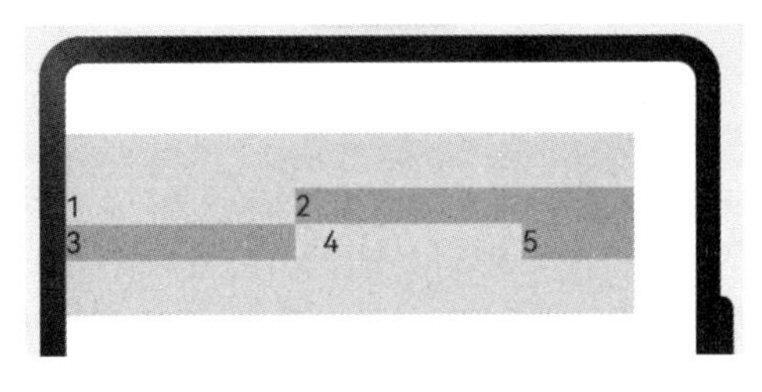

图 2-60　FlexAlign.Center 显示效果

（3）FlexAlign.End：各行子元素将被对齐到容器的交叉轴结束端，即向下对齐（对于垂直方向的布局）或者向右对齐（对于水平方向的布局）。示例代码见文件 2-43。

文件 2-43　Demo0423.ets

```
@Entry
@Component
struct FlexSample {
  build() {
    Flex({
      // 设置子组件在主轴方向上的排列方式
      // 子组件之间等距排列，第一个子组件与父组件起始位置对齐，最后一个子组件与父组件结束位置对齐
      justifyContent: FlexAlign.SpaceBetween,
      // 如果主轴方向空间不够，则换行
      wrap: FlexWrap.Wrap,
      // 在交叉轴方向上，如果父组件空间有剩余，则子组件在交叉轴方向的对齐方式为：与交叉轴结束端对齐
      alignContent: FlexAlign.End
    }) {
      Text('1').width('30%').height(20).backgroundColor(Color.White)

Text('2').width('60%').height(20).backgroundColor(Color.Blue).fontColor(Color.Yellow)

Text('3').width('40%').height(20).backgroundColor(Color.Brown).fontColor(Color.Yellow)

Text('4').width('30%').height(20).backgroundColor(Color.Green).fontColor(Color.Yellow)
      Text('5').width('20%').height(20).backgroundColor(0xD2B48C)
    }.width('90%').height(100).backgroundColor(0xAFEEEE)
  }
}
```

显示效果如图 2-61 所示。

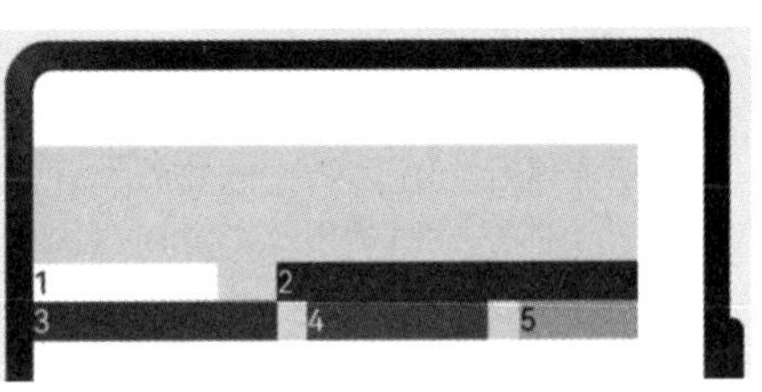

图 2-61　FlexAlign.End 显示效果

（4）FlexAlign.SpaceBetween：各行子元素将沿交叉轴均匀分布，第一行与交叉轴起始端对齐，最后一行与交叉轴结束端对齐，其余的行将根据剩余空间进行均匀分布。示例代码见文件 2-44。

文件 2-44　Demo0424.ets

```
@Entry
@Component
struct FlexSample {
  build() {
```

```
    Flex({
      // 设置子组件在主轴方向上的对齐方式
      // 子组件之间等间距排列，第一个子组件与主轴起点位置对齐，最后一个子组件与主轴结束位置对齐
      justifyContent: FlexAlign.SpaceBetween,
      // 如果主轴方向空间不够，则换行
      wrap: FlexWrap.Wrap,
      // 在交叉轴方向上如果有剩余空间，则子组件的对齐方式为：
      // 行之间等距排列，各行与交叉轴两端对齐
      alignContent: FlexAlign.SpaceBetween
    }) {
      Text('1').width('30%').height(20).backgroundColor(Color.Black)
        .fontColor(Color.White)
      Text('2').width('60%').height(20).backgroundColor(Color.Blue)
        .fontColor(Color.Yellow)
      Text('3').width('40%').height(20).backgroundColor(Color.Green)
        .fontColor(Color.Yellow)
      Text('4').width('30%').height(20).backgroundColor(Color.Brown)
        .fontColor(Color.Yellow)
      Text('5').width('20%').height(20).backgroundColor(Color.Red)
        .fontColor(Color.Yellow)
    }.width('90%').height(100).backgroundColor(0xAFEEEE)
  }
}
```

显示效果如图 2-62 所示。

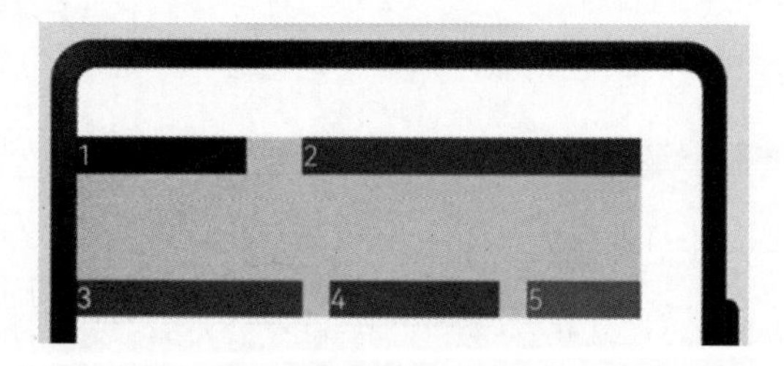

图 2-62　FlexAlign.SpaceBetween 显示效果

（5）FlexAlign.SpaceAround：各行子元素将在交叉轴上均匀分布，行与行之间的距离相等，同时第一行到交叉轴起始端的距离与最后一行到交叉轴结束端的距离相等，并且是行间距离的一半。示例代码见文件 2-45。

文件 2-45　Demo0425.ets

```
@Entry
@Component
struct FlexSample {
  build() {
    Flex({
      // 子组件在主轴方向上的排列方式：首尾子组件分别与主轴的开始和结束位置对齐
      // 子组件之间等距排列
      justifyContent: FlexAlign.SpaceBetween,
      // 如果主轴方向空间不够，则换行
      wrap: FlexWrap.Wrap,
      // 在交叉轴方向上如果有剩余空间，则子组件的对齐方式：
      // 行与行之间等距排列，第一行到交叉轴起始端的距离与最后一行到交叉轴结束端的距离为行间距离的一半
      alignContent: FlexAlign.SpaceAround
    }) {
      Text('1').width('30%').height(20).backgroundColor(Color.White)
        .fontColor(Color.Black)
      Text('2').width('60%').height(20).backgroundColor(Color.Blue)
```

```
      .fontColor(Color.Yellow)
    Text('3').width('40%').height(20).backgroundColor(Color.Green)
      .fontColor(Color.Yellow)
    Text('4').width('30%').height(20).backgroundColor(Color.Red)
      .fontColor(Color.Yellow)
    Text('5').width('20%').height(20).backgroundColor(Color.Yellow)
      .fontColor(Color.Black)
  }.width('90%').height(100).backgroundColor(0xAFEEEE)
 }
}
```

显示效果如图 2-63 所示。

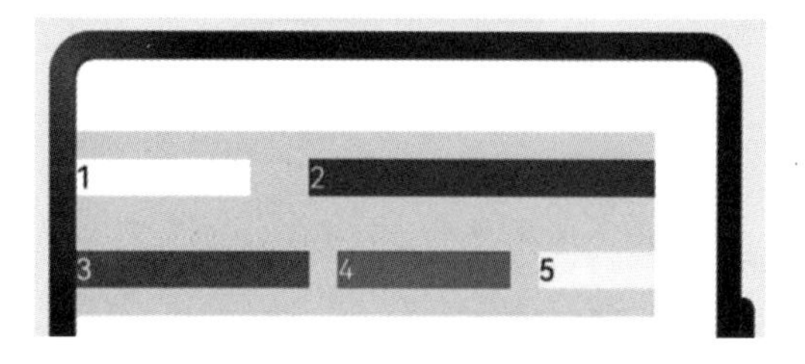

图 2-63 FlexAlign.SpaceAround 显示效果

（6）FlexAlign.SpaceEvenly：各行子元素的间距、第一行到交叉轴起始端的距离与最后一行到交叉轴结束端的距离都相等。示例代码见文件 2-46。

文件 2-46 Demo0426.ets

```
@Entry
@Component
struct FlexSample {
 build() {
   Flex({
    // 子组件在主轴方向上的对齐方式：首尾子组件分别与主轴的开始和结束位置对齐
    // 子组件之间等距排列
    justifyContent: FlexAlign.SpaceBetween,
    // 在主轴方向上如果空间不够，则换行显示子组件
    wrap: FlexWrap.Wrap,
    // 在交叉轴方向上如果有剩余空间，则子组件的排列方式：
    // 各行子元素的间距、第一行到交叉轴起始端的距离与最后一行到交叉轴结束端的距离都相等
    alignContent: FlexAlign.SpaceEvenly
  }) {
    Text('1').width('30%').height(20).backgroundColor(Color.Black)
      .fontColor(Color.White)
    Text('2').width('60%').height(20).backgroundColor(Color.Blue)
      .fontColor(Color.Yellow)
    Text('3').width('40%').height(20).backgroundColor(Color.Green)
      .fontColor(Color.Yellow)
    Text('4').width('30%').height(20).backgroundColor(Color.Yellow)
    Text('5').width('20%').height(20).backgroundColor(Color.Red)
      .fontColor(Color.Yellow)
  }.width('90%').height(100).backgroundColor(0xAFEEEE)
 }
}
```

显示效果如图 2-64 所示。

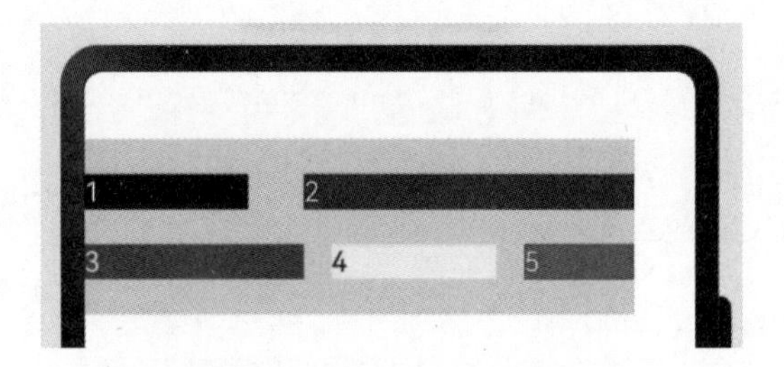

图 2-64 FlexAlign.SpaceEvenly 显示效果

2.5 相对布局

本节将介绍相对布局的相关知识。

1. 相对布局概要

在应用的开发过程中，经常需要设计复杂界面，此时会涉及多个相同或不同组件之间的嵌套。如果布局组件嵌套深度过深，或嵌套组件数量过多，就会带来额外的性能开销。因此，需要在布局的方式上进行优化，以提升性能并减少时间开销。

RelativeContainer 是采用相对布局的容器，支持容器内部子元素设置的相对位置关系，适用于在界面复杂的场景中对多个子组件进行对齐和排列。子元素可以指定兄弟元素或父容器作为锚点，并基于锚点进行相对位置布局。如图 2-65 所示是一个 RelativeContainer 的概念图，图中的虚线表示位置的依赖关系。

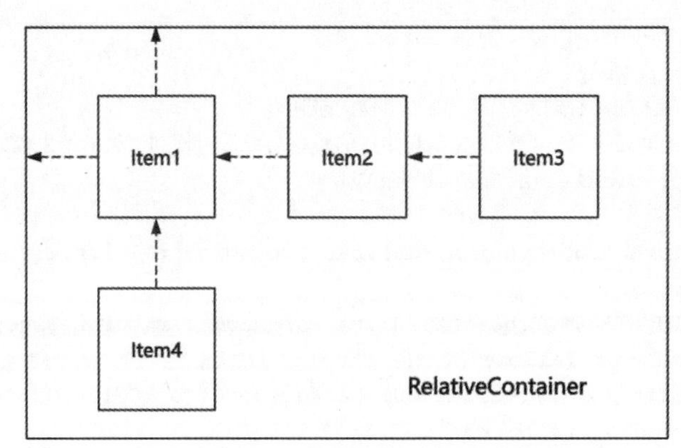

图 2-65 相对布局示意图

子元素的依赖关系不一定完全如图 2-65 所示。比如，Item4 可以将 Item2 作为依赖锚点，也可以将 RelativeContainer 父容器作为依赖锚点。

2. 基本概念

- 锚点：通过锚点设置当前元素基于哪个元素确定位置。
- 对齐方式：通过对齐方式设置当前元素是基于锚点的上中下对齐，还是基于锚点的左中右对齐。

3. 锚点设置

锚点设置是指设置子元素相对于父元素或兄弟元素的位置依赖关系。在水平方向上，可以设置 left、middle、right 的锚点；在竖直方向上，可以设置 top、center、bottom 的锚点。

为了明确定义锚点，必须为 RelativeContainer 及其子元素设置 ID，以指定锚点信息。默认情况下，RelativeContainer 的 ID 为__container__，其他子元素的 ID 需要通过 id 属性显式设置。未设置 ID 的组件仍可显示，但无法作为其他子组件的锚点。对于这些未设置 ID 的组件，相对布局容器会自动为其生成一个 ID，但该 ID 的命名规则无法被外部应用感知。在涉及互相依赖或环形依赖时，容器内的所有子组件将无法绘制。同一方向上，如果有两个或以上的位置设置了锚点，并且锚点位置逆序时，相关子组件的大小将被设为 0，即不进行绘制。

说　明
在使用锚点时，要注意子元素的相对位置关系，避免出现错位或遮挡的情况。

以 RelativeContainer 父组件为锚点的相对布局示例代码见文件 2-47。

文件 2-47　Demo0501.ets

```
// 相对布局规则设置
let AlignRus: Record<string, Record<string, string | VerticalAlign | HorizontalAlign>>
= {
  // 顶部相对于容器顶部对齐
  'top': { 'anchor': '__container__', 'align': VerticalAlign.Top },
  // 左侧相对于容器左对齐
  'left': { 'anchor': '__container__', 'align': HorizontalAlign.Start }
}

// 相对布局规则设置
let AlignRue: Record<string, Record<string, string | VerticalAlign | HorizontalAlign>>
= {
  // 顶部相对于容器顶部对齐
  'top': { 'anchor': '__container__', 'align': VerticalAlign.Top },
  // 右侧相对于容器右对齐
  'right': { 'anchor': '__container__', 'align': HorizontalAlign.End }
}

// 通过 Record 类型数据设置布局参数
let Mleft: Record<string, number> = { 'left': 20 }
// 通过 Record 类型数据设置布局参数
let BWC: Record<string, number | string> = { 'width': 2, 'color': '#6699FF' }

@Entry
@Component
struct Index {
  build() {
    // 相对布局容器，默认 ID 为 __container__
    RelativeContainer() {
```

```
      Row() {
        Text('row1').fontColor(Color.Yellow)
      }
      // 子组件在水平方向居中对齐
      .justifyContent(FlexAlign.Center)
      .width(100)
      .height(100)
      .backgroundColor("#FF3333")
      // 设置相对布局参数
      .alignRules(AlignRus)
      // 组件 ID 为 row1
      .id("row1")

      Row() {
        Text('row2').fontColor(Color.White)
      }
      // 设置子组件在水平方向居中对齐
      .justifyContent(FlexAlign.Center)
      .width(100)
      .height(100)
      .backgroundColor("#000000")
      // 设置相对布局参数
      .alignRules(AlignRue)
      // 组件 ID 为 row2
      .id("row2")
    }.width(300).height(300)
    // 设置外边距布局参数
    .margin(Mleft)
    // 设置边框布局参数
    .border(BWC)
  }
}
```

显示效果如图 2-66 所示。

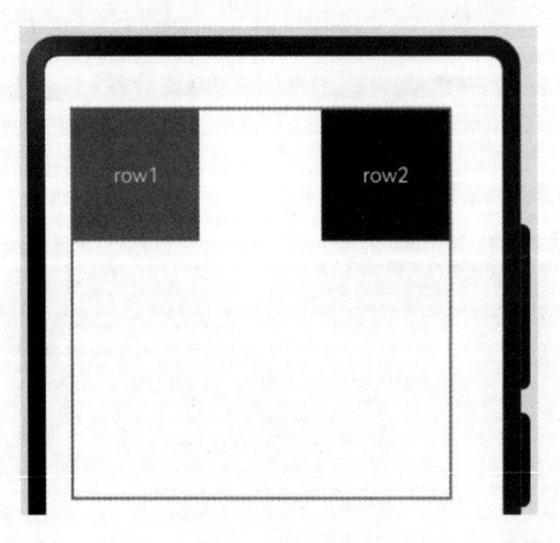

图 2-66　以父组件为锚点的相对布局显示效果

以兄弟元素为锚点的相对布局示例代码见文件 2-48。

文件 2-48 Demo0502.ets

```
// 设置相对布局规则
let AlignRus: Record<string, Record<string, string | VerticalAlign | HorizontalAlign>>
= {
  // 顶部相对于容器顶部对齐
  'top': { 'anchor': '__container__', 'align': VerticalAlign.Top },
  // 左侧相对于容器左侧对齐
  'left': { 'anchor': '__container__', 'align': HorizontalAlign.Start }
}

// 设置相对布局规则
let RelConB: Record<string, Record<string, string | VerticalAlign | HorizontalAlign>> =
{
  // 顶部相对于 row1 元素底部对齐
  'top': { 'anchor': 'row1', 'align': VerticalAlign.Bottom },
  // 左侧相对于 row1 元素左对齐
  'left': { 'anchor': 'row1', 'align': HorizontalAlign.Start }
}

// 通过 Record 类型数据设置布局参数
let Mleft: Record<string, number> = { 'left': 20 }
// 通过 Record 类型数据设置布局参数
let BWC: Record<string, number | string> = { 'width': 2, 'color': '#6699FF' }

@Entry
@Component
struct Index {
  build() {
    // 相对布局组件，组件 ID 为 __container__
    RelativeContainer() {
      Row() {
        Text('row1').fontColor(Color.White)
      }
      // 子组件在水平方向居中对齐
      .justifyContent(FlexAlign.Center)
      .width(100)
      .height(100)
      .backgroundColor("#FF3333")
      // 设置相对布局规则
      .alignRules(AlignRus)
      // 组件 ID 为 row1
      .id("row1")

      Row() {
        Text('row2').fontColor(Color.White)
      }
      // 子组件在水平方向居中对齐
      .justifyContent(FlexAlign.Center)
```

```
        .width(100)
        .height(100)
        .backgroundColor(Color.Black)
        // 设置相对布局规则
        .alignRules(RelConB)
        // 组件 ID 为 row2
        .id("row2")
      }.width(300).height(300)
      // 设置外边距参数
      .margin(Mleft)
      // 设置边框参数
      .border(BWC)
    }
  }
```

图 2-67　以兄弟元素为锚点的相对布局显示效果

显示效果如图 2-67 所示。

当以子组件为锚点时，子组件可以任意选择，但需注意不要相互依赖，示例代码见文件 2-49。

文件 2-49　Demo0503.ets

```
@Entry
@Component
struct Index {
  build() {
    Row() {
      // 相对布局组件
      RelativeContainer() {
        Row() {
          Text('row1').fontColor(Color.Yellow)
        }
        .justifyContent(FlexAlign.Center)
        .width(100)
        .height(100)
        .backgroundColor('#ff3339ff')
        .alignRules({
          // 相对布局规则：顶部相对于父组件垂直方向顶部对齐
          top: { anchor: "__container__", align: VerticalAlign.Top },
          // 左侧相对于父组件水平方向左对齐
          left: { anchor: "__container__", align: HorizontalAlign.Start }
        })
        // 组件 ID 为 row1
        .id("row1")

        Row() {
          Text('row2').fontColor(Color.Yellow)
        }
        .justifyContent(FlexAlign.Center)
        .width(100)
```

```
        .backgroundColor('#ff298e1e')
        .alignRules({
          // 相对布局规则：顶部相对于父组件垂直方向顶部对齐
          top: { anchor: "__container__", align: VerticalAlign.Top },
          // 右侧相对于父组件水平方向右对齐
          right: { anchor: "__container__", align: HorizontalAlign.End },
          // 底部相对于 row1 元素，垂直方向居中对齐，即该组件的底部对齐 row1 的中间
          bottom: { anchor: "row1", align: VerticalAlign.Center },
        })
        // 组件 ID 为 row2
        .id("row2")

        Row() {
          Text('row3')
        }
        .justifyContent(FlexAlign.Center)
        .height(100)
        .backgroundColor('#ffff6a33')
        .alignRules({
          // 设置相对布局规则：顶部相对于 row1 底部对齐
          top: { anchor: "row1", align: VerticalAlign.Bottom },
          // 左侧相对于 row1 左对齐
          left: { anchor: "row1", align: HorizontalAlign.Start },
          // 右侧相对于 row2 左对齐
          right: { anchor: "row2", align: HorizontalAlign.Start }
        })
        // 组件 ID 为 row3
        .id("row3")

        Row() {
          Text('row4')
        }.justifyContent(FlexAlign.Center)
        .backgroundColor('#ffff33fd')
        .alignRules({
          // 设置相对布局规则:
          // 顶部对齐 row3 的底部
          top: { anchor: "row3", align: VerticalAlign.Bottom },
          // 左侧对齐 row1 的中间
          left: { anchor: "row1", align: HorizontalAlign.Center },
          // 右侧对齐 row2 的右边
          right: { anchor: "row2", align: HorizontalAlign.End },
          // 底部对齐容器的底部
          bottom: { anchor: "__container__", align: VerticalAlign.Bottom }
        })
        // 组件 ID 为 row4
        .id("row4")
      }
      .width(300).height(300)
      .margin({ left: 50 })
      .border({ width: 2, color: "#6699FF" })
```

```
    }
    .height('100%')
  }
}
```

显示效果如图 2-68 所示。

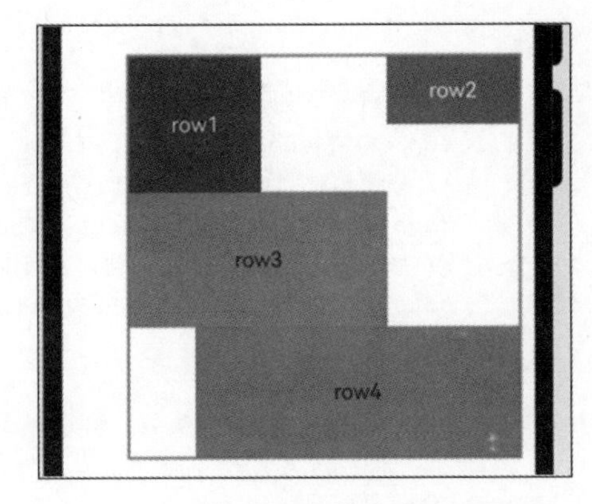

图 2-68　使用子组件锚点的显示效果

4. 设置相对于锚点的对齐位置

设置了锚点之后，可以通过 align 属性设置相对于锚点的对齐位置。在水平方向上，对齐位置可以设置为 HorizontalAlign.Start、HorizontalAlign.Center、HorizontalAlign.End，如图 2-69 所示，图中的黑线表示锚点。

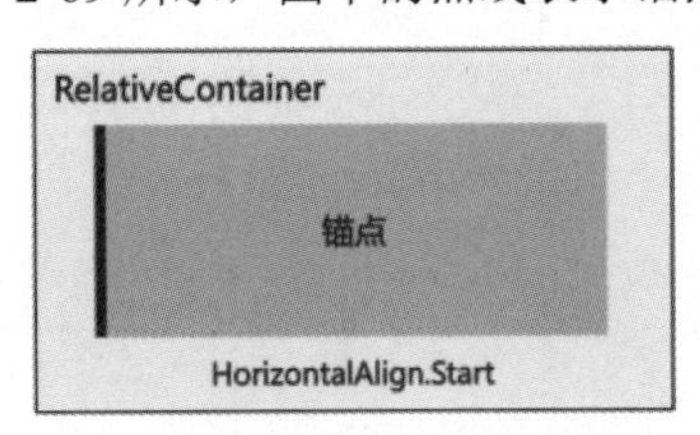

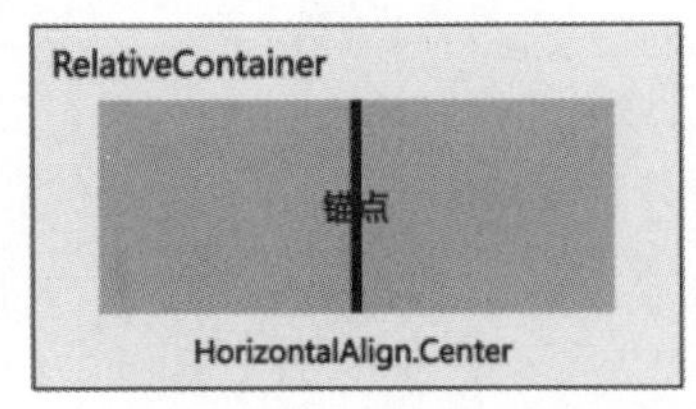

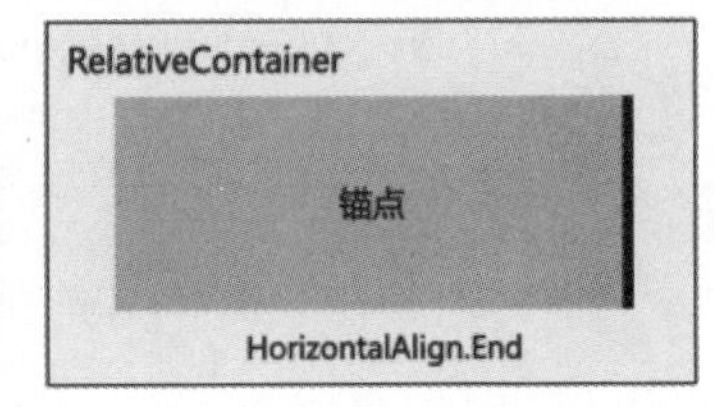

图 2-69　水平方向上锚点的对齐位置

在竖直方向上，对齐位置可以设置为 VerticalAlign.Top、VerticalAlign.Center、VerticalAlign.Bottom，如图 2-70 所示，图中的黑线表示锚点。

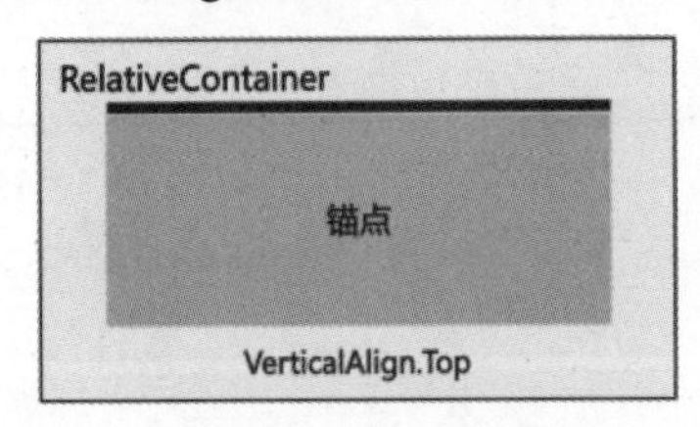

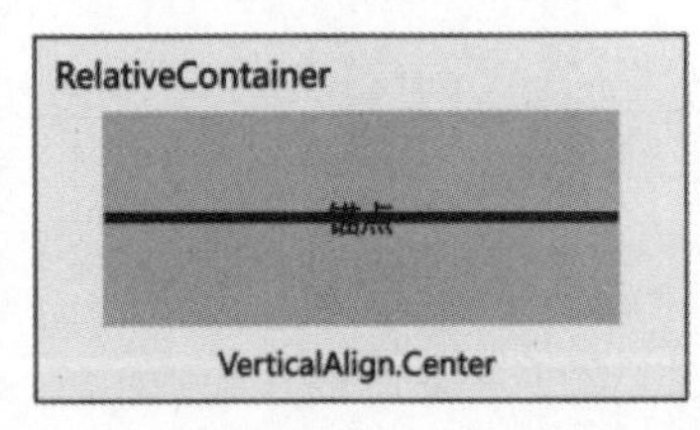

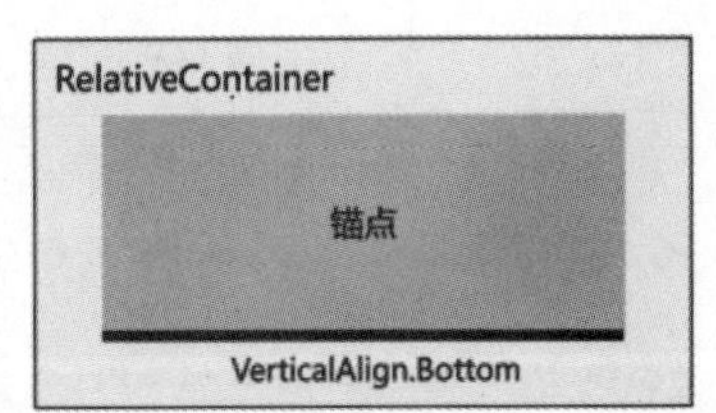

图 2-70　竖直方向上锚点的对齐位置

5. 子组件位置偏移

子组件经过相对位置对齐后，此时的位置可能还不是目标位置，开发者可根据需要使用 offset 属性进行额外的偏移设置，示例代码见文件 2-50。

文件 2-50　Demo0504.ets

```
@Entry
@Component
struct Index {
  build() {
    Row() {
      // 相对布局组件
      RelativeContainer() {
        Row() {
          Text('row1')
```

```
}
.justifyContent(FlexAlign.Center)
.width(100)
.height(100)
.backgroundColor("#FF3333")
.alignRules({
  // 相对布局规则：顶部与容器的顶部对齐
  top: { anchor: "__container__", align: VerticalAlign.Top },
  // 左侧与容器的左侧对齐
  left: { anchor: "__container__", align: HorizontalAlign.Start }
})
// 组件 ID
.id("row1")

Row() {
  Text('row2')
}
.justifyContent(FlexAlign.Center)
.width(100)
.backgroundColor("#FFCC00")
.alignRules({
  // 相对布局规则：
  // 顶部与容器的顶部对齐
  top: { anchor: "__container__", align: VerticalAlign.Top },
  // 右侧与容器的右侧对齐
  right: { anchor: "__container__", align: HorizontalAlign.End },
  // 底部与 row1 的垂直方向中间对齐
  bottom: { anchor: "row1", align: VerticalAlign.Center },
})
// 在原本的位置上，x 轴方向左移 40vp，y 轴方向上移 20vp
.offset({ x: -40, y: -20 })
.id("row2")

Row() {
  Text('row3')
}
.justifyContent(FlexAlign.Center)
.height(100)
.backgroundColor("#FF6633")
.alignRules({
  // 相对布局规则：
  // 顶部与 row1 的底部对齐
  top: { anchor: "row1", align: VerticalAlign.Bottom },
  // 左侧与 row1 的右侧对齐
  left: { anchor: "row1", align: HorizontalAlign.End },
  // 右侧与 row2 的左边对齐
  right: { anchor: "row2", align: HorizontalAlign.Start }
})
// 在原本的位置上，x 轴方向左移 10vp，y 轴方向上移 20vp
.offset({ x: -10, y: -20 })
```

```
      .id("row3")

      Row() {
        Text('row4')
      }
      .justifyContent(FlexAlign.Center)
      .backgroundColor("#FF9966")
      .alignRules({
        // 相对布局规则:
        // 顶部与 row3 的底部对齐
        top: { anchor: "row3", align: VerticalAlign.Bottom },
        // 底部与容器的底部对齐
        bottom: { anchor: "__container__", align: VerticalAlign.Bottom },
        // 左边与容器的左边对齐
        left: { anchor: "__container__", align: HorizontalAlign.Start },
        // 右边与 row1 的右边对齐
        right: { anchor: "row1", align: HorizontalAlign.End }
      })
      // 在原本的位置上，x 轴方向左移 10vp，y 轴方向上移 30vp
      .offset({ x: -10, y: -30 })
      .id("row4")

      Row() {
        Text('row5')
      }
      .justifyContent(FlexAlign.Center)
      .backgroundColor("#FF66FF")
      .alignRules({
        // 相对布局规则:
        // 顶部与 row3 的底部对齐
        top: { anchor: "row3", align: VerticalAlign.Bottom },
        // 底部与容器的底部对齐
        bottom: { anchor: "__container__", align: VerticalAlign.Bottom },
        // 左边与 row2 的左边对齐
        left: { anchor: "row2", align: HorizontalAlign.Start },
        // 右边与 row2 的右边对齐
        right: { anchor: "row2", align: HorizontalAlign.End }
      })
      // 在原本的位置上，x 轴方向右移 10vp，y 轴方向下移 20vp
      .offset({ x: 10, y: 20 })
      .id("row5")

      Row() {
        Text('row6')
      }
      .justifyContent(FlexAlign.Center)
      .backgroundColor('#ff33ffb5')
      .alignRules({
        // 相对布局规则:
        // 顶部与 row3 的底部对齐
```

```
          top: { anchor: "row3", align: VerticalAlign.Bottom },
          // 底部与 row4 的底部对齐
          bottom: { anchor: "row4", align: VerticalAlign.Bottom },
          // 左边与 row3 的左边对齐
          left: { anchor: "row3", align: HorizontalAlign.Start },
          // 右边与 row3 的右边对齐
          right: { anchor: "row3", align: HorizontalAlign.End }
        })
        // 在原本的位置上，x 轴方向左移 15vp，y 轴方向下移 10vp
        .offset({ x: -15, y: 10 })
        .backgroundImagePosition(Alignment.Bottom)
        .backgroundImageSize(ImageSize.Cover)
        // 组件 ID
        .id("row6")
      }.width(300).height(300).margin({ left: 50 })
      .border({ width: 2, color: "#6699FF" })
    }.height('100%')
  }
}
```

显示效果如图 2-71 所示。

图 2-71　使用子组件位置偏移后的显示效果

2.6　栅格布局

本节将介绍栅格布局的相关知识。

1. 栅格布局概要

栅格布局是一种通用的辅助定位工具，对移动设备的界面设计有较好的借鉴作用。其主要优势包括：

- 提供可循的规律：栅格布局可以提供规律性的结构，解决了多尺寸多设备的动态布局问题。

通过将页面划分为等宽的列和行，可以方便地对页面元素进行定位和排版。

- 统一的定位标注：栅格布局可以为系统提供统一的定位标注，保证不同设备上各个模块的布局一致性，从而减少设计和开发的复杂度，提高工作效率。
- 灵活的间距调整方法：栅格布局可以提供一种灵活的间距调整方法，满足特殊场景布局调整的需求。通过调整列与列和行与行的间距，可以控制整个页面的排版效果。
- 自动换行和自适应：栅格布局可以完成一对多布局的自动换行和自适应。当页面元素的数量超出了一行或一列的容量时，它们会自动换到下一行或下一列，并且在不同的设备上自适应排版，使得页面布局更加灵活，有更强的适应性。

GridRow 为栅格容器组件，需要与栅格子组件 GridCol 在栅格布局场景中联合使用。

2. 栅格容器 GridRow

栅格系统以设备的水平宽度（屏幕密度像素值，单位为 vp）作为断点依据，定义设备的宽度类型，形成了一套断点规则。开发者可根据需求在不同的断点区间实现不同的页面布局效果。

栅格系统默认断点将设备宽度分为 xs、sm、md、lg 四类，如表 2-4 所示。

表 2-4　栅格系统断点信息

断点名称	取值范围（vp）	设备描述
xs	[0, 320）	最小宽度类型设备
sm	[320, 520)	小宽度类型设备
md	[520, 840)	中等宽度类型设备
lg	[840, +∞)	大宽度类型设备

在 GridRow 栅格组件中，允许开发者使用 breakpoints 自定义断点的取值范围，最多支持 6 个断点，除了默认的 4 个断点外，还可以启用 xl、xxl 两个断点，总共支持 6 种不同尺寸（xs, sm, md, lg, xl, xxl）设备的布局设置，如表 2-5 所示。

表 2-5　断点说明

断点名称	设备描述
xs	最小宽度类型设备
sm	小宽度类型设备
md	中等宽度类型设备
lg	大宽度类型设备
xl	特大宽度类型设备
xxl	超大宽度类型设备

针对断点位置，开发者可以根据实际使用场景，通过一个单调递增数组来进行设置。由于 breakpoints 最多支持 6 个断点，因此单调递增数组的最大长度为 5。例如：

```
breakpoints: {value: ['100vp', '200vp']}
```

表示启用 xs、sm、md 共 3 个断点，小于 100vp 的为 xs，100~200vp 的为 sm，大于 200vp 的为 md。

又如：

```
breakpoints: {value: ['320vp', '520vp', '840vp', '1080vp']}
```

表示启用 xs、sm、md、lg、xl 共 5 个断点，小于 320vp 的为 xs，320~520vp 的为 sm，520~840vp 的为 md，840~1080vp 的为 lg，大于 1080vp 的为 xl。

栅格系统通过监听窗口或容器的尺寸变化进行断点，通过 reference 设置断点切换参考物。考虑到应用可能以非全屏窗口的形式显示，因此以应用窗口宽度为参照物更为通用。

例如，使用栅格的默认列数（12 列），通过断点设置将应用宽度分成 6 个区间，在各区间中，每个栅格子元素占用的列数均不同，示例代码见文件 2-51。

文件 2-51 Demo0601.ets

```
@Entry
@Component
struct GridLayoutDemo {
  @State bgColors: Color[] = [
    Color.Red, Color.Orange, Color.Yellow, Color.Green,
    Color.Pink, Color.Grey, Color.Blue, Color.Brown
  ];

  build() {
    GridRow({
      breakpoints: {
        value: ['200vp', '300vp', '400vp', '500vp', '600vp'],
        reference: BreakpointsReference.WindowSize
      }
    }) {
      ForEach(this.bgColors, (color: Color, index?: number | undefined) => {
        GridCol({
          span: {
            xs: 2,        // 在最小宽度类型设备上，栅格子组件占据栅格容器 2 列
            sm: 3,        // 在小宽度类型设备上，栅格子组件占据栅格容器 3 列
            md: 4,        // 在中等宽度类型设备上，栅格子组件占据栅格容器 4 列
            lg: 6,        // 在大宽度类型设备上，栅格子组件占据栅格容器 6 列
            xl: 8,        // 在特大宽度类型设备上，栅格子组件占据栅格容器 8 列
            xxl: 12       // 在超大宽度类型设备上，栅格子组件占据栅格容器 12 列
          }
        }) {
          Row() {
            Text(`${index}`)
          }.width("100%").height('50vp')
        }.backgroundColor(color)
      })
    }
  }
}
```

显示效果如图 2-72 所示。

图 2-72 栅格容器布局显示效果

3. 布局的总列数

在 GridRow 中，通过 columns 设置栅格布局的总列数。Columns 的默认值为 12，即在未设置 columns 时，任何断点下，栅格布局被分成 12 列，示例代码见文件 2-52。

文件 2-52 Demo0602.ets

```
@Entry
@Component
struct GridSample {
  @State
  bgColors: Color[] = [
    Color.Red, Color.Orange, Color.Yellow,
    Color.Green, Color.Pink, Color.Grey,
    Color.Blue, Color.Brown, Color.Red,
    Color.Orange, Color.Yellow, Color.Green
  ]

  build() {
    // 栅格行组件
    GridRow() {
      // 通过循环渲染，向栅格行组件中添加栅格列子组件
      ForEach(this.bgColors, (item: Color, index?: number | undefined) => {
        GridCol() {
          Row() {
            Text(`${index}`)
          }.width('100%').height('50')
        }.backgroundColor(item)
      })
    }
```

```
  }
}
```

显示效果如图 2-73 所示。

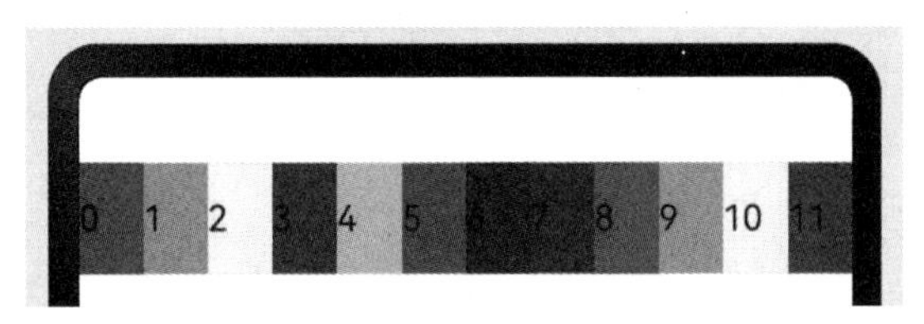

图 2-73　设置布局总列数后的显示效果

当 columns 为自定义值时，栅格布局在任何尺寸设备下都被分为 columns 列。在文件 2-53 中，分别设置栅格布局列数为 4 和 8，子元素默认占一列。

文件 2-53　Demo0603.ets

```
import { promptAction } from '@kit.ArkUI';
import { BusinessError } from '@kit.BasicServicesKit';

// 使用 Record 类型数据设置边框样式
let BorderWH: Record<string, Color | number> = { 'color': Color.Blue, 'width': 2 }

@Entry
@Component
struct GridSample {
  @State
  bgColors: Color[] = [
    Color.Red, Color.Orange, Color.Yellow,
    Color.Green, Color.Pink, Color.Grey,
    Color.Blue, Color.Brown
  ]

  build() {
    Column() {
      Row() {
        // 栅格行组件，设置一行显示 4 列
        GridRow({ columns: 4 }) {
          ForEach(this.bgColors, (item: Color, index?: number | undefined) => {
            GridCol() {
              Row() {
                Text(`${index}`)
              }.width('100%').height('50')
            }.backgroundColor(item)
          })
        }.width('100%').height('100%')
      }.height(160).border(BorderWH).width('90%')

      Row() {
        // 栅格行组件，设置一行显示 8 列
```

```
      GridRow({ columns: 8 }) {
        ForEach(this.bgColors, (item: Color, index?: number | undefined) => {
          GridCol() {
            Row() {
              Text(`${index}`)
            }.width('100%').height('50')
          }.backgroundColor(item)
        })
      }.width('100%').height('100%')
    }.height(160).border(BorderWH).width('90%')
  }
 }
}
```

显示效果如图 2-74 所示。

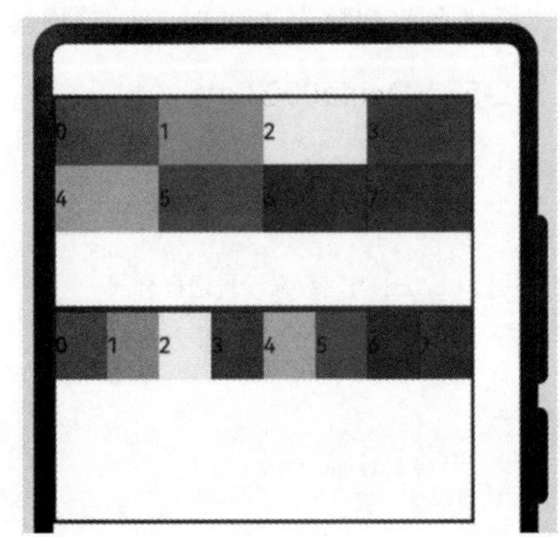

图 2-74　不同列数的显示效果对比

当 columns 类型为 GridRowColumnOption 时，支持 6 种不同尺寸（xs, sm, md, lg, xl, xxl）设备的总列数设置，各个尺寸下的数值可不同，示例代码见文件 2-54。

文件 2-54　Demo0604.ets

```
import { promptAction } from
'@kit.ArkUI'
import { BusinessError } from
'@kit.BasicServicesKit'

@Entry
@Component
struct GridSample {
  @State
  bgColors: Color[] = [
    Color.Red, Color.Orange, Color.Yellow,
    Color.Green, Color.Pink, Color.Grey,
    Color.Blue, Color.Brown
  ]

  @State
  currentBreakpoint: string = 'unknown'

  build() {
    GridRow(
      {
        // 如果断点是 sm，每行显示 4 列；如果断点是 md，每行显示 8 列
        columns: { sm: 4, md: 8 },
        // 断点定义，5 个数字定义 6 个断点：xs，sm，md，lg，xl，xxl
        breakpoints: { value: ['200vp', '300vp', '400vp', '500vp', '600vp'] }
      }) {
      ForEach(this.bgColors, (item: Color, index?: number | undefined) => {
        GridCol() {
```

```
          Row() {
            Text(`${index}`)
          }.width('100%').height('50')
        }.backgroundColor(item)
      })
      GridCol() {
        Row() {
          Text(this.currentBreakpoint)
            .fontColor(Color.White)
            .fontWeight(FontWeight.Bold)
            .backgroundColor(Color.Black)
            .width('100%')
            .height('100%')
            .textAlign(TextAlign.Center)
        }.width('100%').height('50')
      }
    }.onBreakpointChange(breakpoint => {
      this.currentBreakpoint = breakpoint
    })
  }
}
```

显示效果如图 2-75 所示。

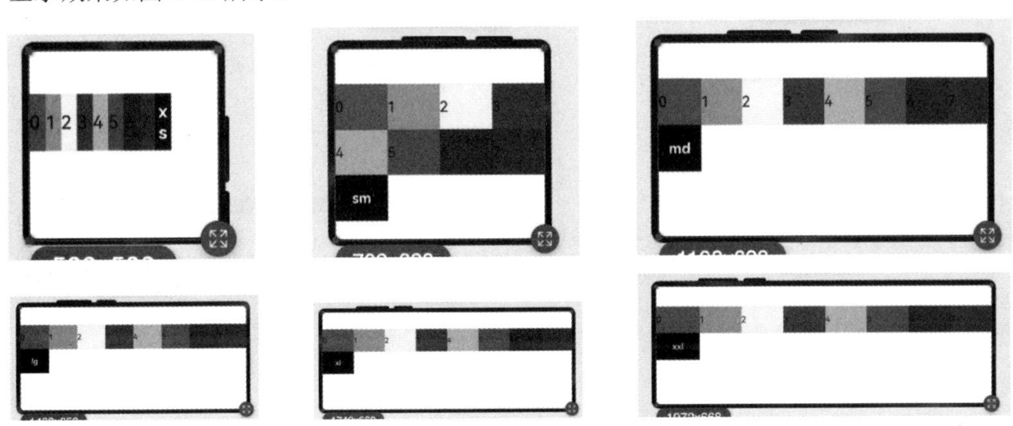

图 2-75　相同列数在不同尺寸下的显示效果

若只设置 sm 和 md 的栅格总列数，则较小的尺寸使用默认 columns 值（即 12），较大的尺寸使用前一个尺寸的 columns 值。这里只设置 sm:4 和 md:8，则较小尺寸的是 xs:12，较大尺寸的参照 md 的设置，为 lg:8, xl:8, xxl:8。

4. 排列方向

栅格布局中，可以通过设置 GridRow 的 direction 属性来指定栅格子组件在栅格容器中的排列方向。该属性可以设置为 GridRowDirection.Row（从左往右排列）或 GridRowDirection.RowReverse（从右往左排列），以满足不同的布局需求。通过合理的 direction 属性设置，可以使得页面布局更加灵活和符合设计要求。

子组件默认从左往右排列，示例代码见文件 2-55。

文件 2-55 Demo0605.ets

```
@Entry
@Component
struct GridSample {
  @State
  bgColors: Color[] = [
    Color.Red, Color.Orange, Color.Yellow,
    Color.Green, Color.Pink, Color.Grey,
    Color.Blue, Color.Brown, Color.Red,
    Color.Orange, Color.Yellow, Color.Green
  ]

  build() {
    // 子组件从左往右排列（默认值）
    GridRow({ direction: GridRowDirection.Row, columns: 8 }) {
      ForEach(this.bgColors, (item: Color, index?: number | undefined) => {
        GridCol() {
          Row() {
            Text(`${index}`)
          }.width('100%').height('50')
        }.backgroundColor(item)
      })
    }.width('100%').height('100%')
  }
}
```

显示效果如图 2-76 所示。

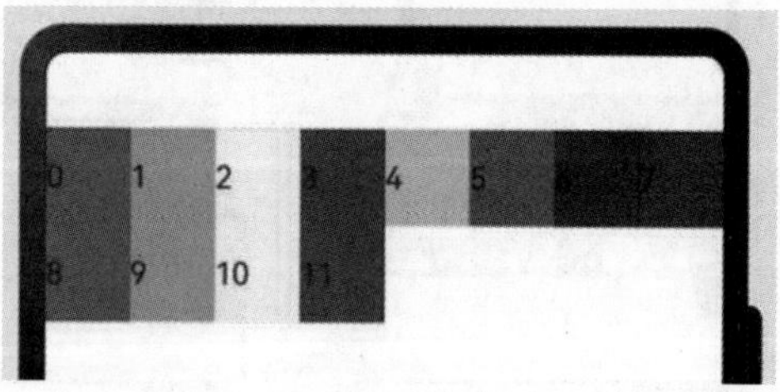

图 2-76 默认子组件排列方向显示效果

子组件从右往左排列的示例代码见文件 2-56。

文件 2-56 Demo0606.ets

```
@Entry
@Component
struct GridSample {
  @State
  bgColors: Color[] = [
    Color.Red, Color.Orange, Color.Yellow,
    Color.Green, Color.Pink, Color.Grey,
    Color.Blue, Color.Brown, Color.Red,
    Color.Orange, Color.Yellow, Color.Green
  ]

  build() {
    // 子组件从右往左排列
    GridRow({ direction: GridRowDirection.RowReverse, columns: 8 }) {
      ForEach(this.bgColors, (item: Color, index?: number | undefined) => {
        GridCol() {
```

```
          Row() {
            Text(`${index}`)
          }.width('100%').height('50')
        }.backgroundColor(item)
      })
    }.width('100%').height('100%')
  }
}
```

显示效果如图 2-77 所示。

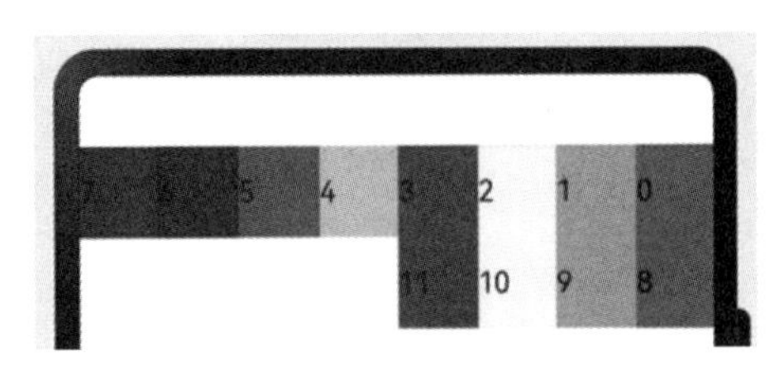

图 2-77　子组件从右向左排列的显示效果

5. 子组件间距

在 GridRow 中，可以通过 gutter 属性来设置子元素在水平和垂直方向的间距。当 gutter 的类型为 number 时，栅格子组件的水平和垂直方向的间距将被统一设置，且两者的间距值相等。例如，在文件 2-57 中，设置子组件在水平与垂直方向上与相邻元素的间距为 10。

文件 2-57　Demo0607.ets

```
@Entry
@Component
struct GridSample {
  @State
  bgColors: Color[] = [
    Color.Red, Color.Orange, Color.Yellow,
    Color.Green, Color.Pink, Color.Grey,
    Color.Blue, Color.Brown, Color.Red,
    Color.Orange, Color.Yellow, Color.Green
  ]

  build() {
    // gutter 设置子组件在水平与垂直方向上与相邻元素的间距为 10vp
    GridRow({ gutter: 10, columns: 8 }) {
      ForEach(this.bgColors, (item: Color, index?: number | undefined) => {
        GridCol() {
          Row() {
            Text(`${index}`)
          }.width('100%').height('50')
        }.backgroundColor(item)
      })
    }.width('100%').height('100%')
  }
}
```

显示效果如图 2-78 所示。

当 gutter 的类型为 GutterOption 时，可以单独设置栅格子组件的水平和垂直间距。此时，x 属性用于设置水平方向的间距，y 属性用于设置垂直方向的间距。示例代码见文件 2-58。

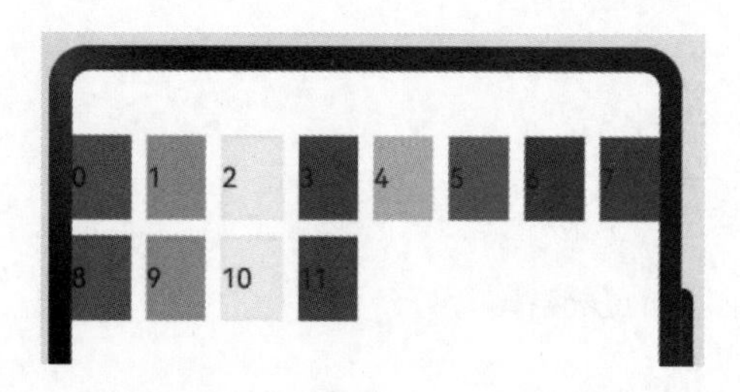

图 2-78　同时设置子组件间水平和垂直方向间距的显示效果

文件 2-58　Demo0608.ets

```
@Entry
@Component
struct GridSample {
  @State
  bgColors: Color[] = [
    Color.Red, Color.Orange, Color.Yellow,
    Color.Green, Color.Pink, Color.Grey,
    Color.Blue, Color.Brown, Color.Red,
    Color.Orange, Color.Yellow, Color.Green
  ]

  build() {
    // gutter 设置子组件水平方向的间距为 20vp，垂直方向的间距为 50vp
    GridRow({ gutter: { x: 20, y: 50 }, columns: 8 }) {
      ForEach(this.bgColors, (item: Color, index?: number | undefined) => {
        GridCol() {
          Row() {
            Text(`${index}`)
          }.width('100%').height('50')
        }.backgroundColor(item)
      })
    }.width('100%').height('100%')
  }
}
```

显示效果如图 2-79 所示。

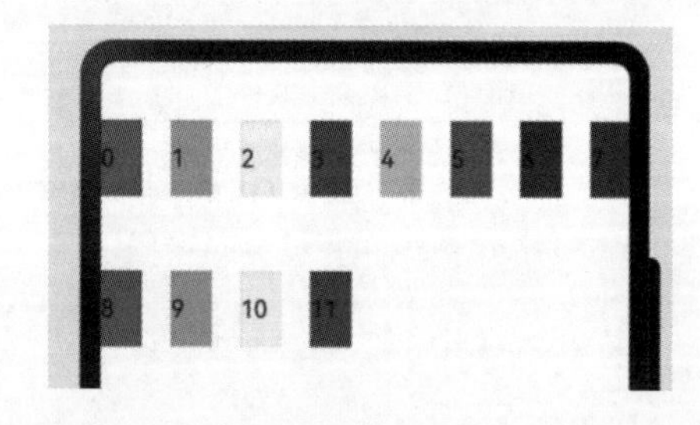

图 2-79　单独设置子组件间水平和垂直方向间距的显示效果

6. 子组件 GridCol

GridCol 是 GridRow 组件的子组件，可以通过给 GridCol 传参或者设置属性这两种方式，设置 span（占用列数）、offset（偏移列数）和 order（元素序号）的值。设置 span 的示例代码见文件 2-59。

文件 2-59　Demo0609.ets

```
// 以 Record 类型数据的方式设置布局参数
// 当断点是 xs 时组件占据 1 个单元格，当断点是 sm 时组件占据 2 个单元格
// 当断点是 md 时组件占据 3 个单元格，当断点是 lg 时组件占据 4 个单元格
let Gspan: Record<string, number> = {
```

```
  'xs': 1, 'sm': 2, 'md': 3, 'lg': 4
}

@Entry
@Component
struct GridSample {
  build() {
    Column() {
      GridRow() {
        // 组件占据 2 个单元格
        GridCol({ span: 2 })
          .backgroundColor(Color.Green).height(50)

        // 当断点是 xs 时组件占据 1 个单元格，当断点是 sm 时组件占据 2 个单元格
        // 当断点是 md 时组件占据 3 个单元格，当断点是 lg 时组件占据 4 个单元格
        GridCol({
          span: { xs: 1, sm: 2, md: 3, lg: 4 }
        }).backgroundColor(Color.Blue).height(50)

        // 通过属性的方式设置组件占据 2 个单元格
        GridCol() {
        }.span(2).backgroundColor(Color.Red).height(50)

        // 通过属性的形式，设置在不同断点下占据不同的单元格
        GridCol() {
        }.span(Gspan).backgroundColor(Color.Yellow).height(50)
      }
    }
  }
}
```

显示效果如图 2-80 所示。

图 2-80　设置 Span 之后的显示效果

设置 offset 的示例代码见文件 2-60。

文件 2-60　Demo0610.ets

```
// 以 Record 类型数据的形式设置布局参数
// 当断点是 xs 时偏移量为 1 个单元格，当断点是 sm 时偏移量为 2 个单元格
// 当断点是 md 时偏移量为 3 个单元格，当断点是 lg 时偏移量为 4 个单元格
let Goffset: Record<string, number> = {
  'xs': 1, 'sm': 2, 'md': 3, 'lg': 4
```

```
}

@Entry
@Component
struct GridSample {
  build() {
    GridRow() {
      // 设置单元格偏移量为 2 个单元格
      GridCol({ offset: 2 })
        .backgroundColor(Color.Brown).height(50)

      // 当断点是 xs 时偏移量为 2 个单元格，当断点是 sm 时偏移量为 2 个单元格
      // 当断点是 md 时偏移量为 2 个单元格，当断点是 lg 时偏移量为 2 个单元格
      GridCol({ offset: { xs: 2, sm: 2, md: 2, lg: 2 } })
        .backgroundColor(Color.Blue).height(50)
      // 通过 Record 类型数据设置属性，设置在不同断点下的偏移量
      GridCol().offset(Goffset)
        .backgroundColor(Color.Red).height(50)
    }.height('100%').width('100%')
  }
}
```

显示效果如图 2-81 所示。

图 2-81　设置 offset 之后的显示效果

设置 order 的示例代码见文件 2-61。

文件 2-61　Demo0611.ets

```
// 以 Record 类型数据设置布局参数
// 当断点是 xs 时次序为 1，当断点是 sm 时次序为 2
// 当断点是 md 时次序为 3，当断点是 lg 时次序为 4
let Gorder: Record<string, number> = {
  'xs': 1, 'sm': 2, 'md': 3, 'lg': 4
}

@Entry
@Component
struct GridSample {
  build() {
    GridRow({ columns: 4}) {
      // 设置排列次序为 2
      GridCol({ order: 2 }) {
        Text('1').height('100%').width('100%')
          .textAlign(TextAlign.Center)
          .fontColor(Color.White)
```

```
      }.backgroundColor(Color.Orange)
      // 当断点是 xs 时次序为 1，当断点为 sm 时次序为 2
      // 当断点为 md 时次序为 3，当断点为 lg 时次序为 4
      GridCol({ order: { xs: 1, sm: 2, md: 3, lg: 4 } }) {
        Text('2').fontColor(Color.Yellow)
          .height('100%').width('100%')
          .textAlign(TextAlign.Center)
      }.backgroundColor(Color.Brown)

      GridCol() {
        Text('3').fontColor(Color.Yellow)
          .height('100%').width('100%')
          .textAlign(TextAlign.Center)
      }
      .backgroundColor(Color.Green)
      // 以属性的方式设置次序为 2
      .order(2)

      GridCol() {
        Text('4').fontColor(Color.Yellow)
          .height('100%').width('100%')
          .textAlign(TextAlign.Center)
      }
      .backgroundColor(Color.Blue)
      // 以属性的方式设置不同断点下的次序
      .order(Gorder)
    }.height(100)
  }
}
```

显示效果如图 2-82 所示。

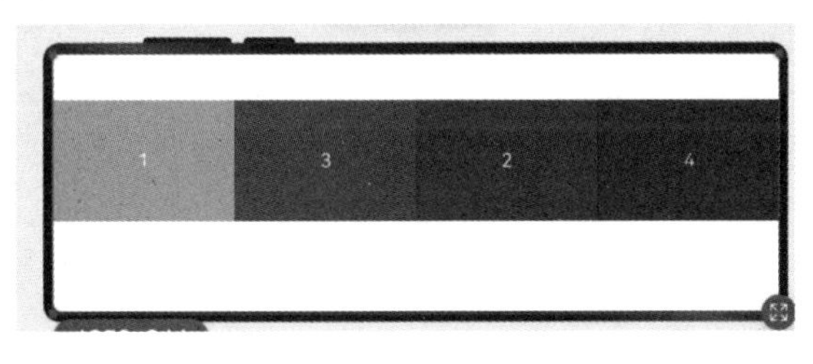

图 2-82　设置 order 之后的显示效果

7. span

span 是子组件占栅格布局的列数，决定了子组件的宽度，其默认值为 1。当其类型为 number 时，子组件在所有尺寸设备下占用的列数相同。示例代码见文件 2-62。

文件 2-62　Demo0612.ets

```
@Entry
@Component
struct GridSample {
```

```
  @State
  bgColors: Color[] = [
    Color.Red, Color.Orange, Color.Yellow,
    Color.Green, Color.Pink, Color.Grey,
    Color.Blue, Color.Brown
  ];

  build() {
    // 设置每行分配 8 个单元格
    GridRow({ columns: 8 }) {
      ForEach(this.bgColors, (color: Color, index?: number | undefined) => {
        // 设置子组件占据的单元格个数为 2
        GridCol({ span: 2 }) {
          Row() {
            Text(`${index}`)
          }.width('100%').height('50vp')
        }.backgroundColor(color)
      })
    }
  }
}
```

显示效果如图 2-83 所示。

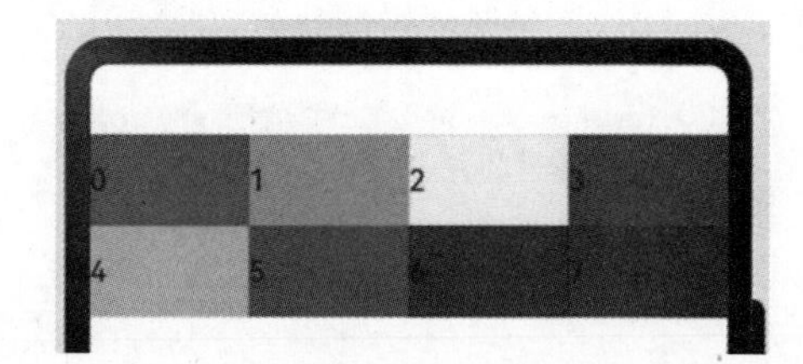

图 2-83　设置 span 之后的显示效果

当 span 类型为 GridColColumnOption 时，支持在 6 种不同尺寸（xs, sm, md, lg, xl, xxl）设备中设置子组件所占列数，并且各个尺寸下列数值可不同。示例代码见文件 2-63。

文件 2-63　Demo0613.ets

```
@Entry
@Component
struct GridSample {
  @State
  bgColors: Color[] = [
    Color.Red, Color.Orange, Color.Yellow,
    Color.Green, Color.Pink, Color.Grey,
    Color.Blue, Color.Brown
  ];

  build() {
    // 设置每行分配 8 个单元格
    GridRow({ columns: 8 }) {
      ForEach(this.bgColors, (color: Color, index?: number | undefined) => {
        // 设置子组件占据的单元格数量:
        // 当断点为 xs 时占据 1 个单元格，当断点为 sm 时占据 2 个单元格
        // 当断点为 md 时占据 3 个单元格，当断点为 lg 时占据 4 个单元格
        GridCol({ span: { xs: 1, sm: 2, md: 3, lg: 4 } }) {
          Row() {
            Text(`${index}`)
```

```
          }.width('100%').height('50vp')
        }.backgroundColor(color)
      })
    }
  }
}
```

显示效果如图 2-84 所示。

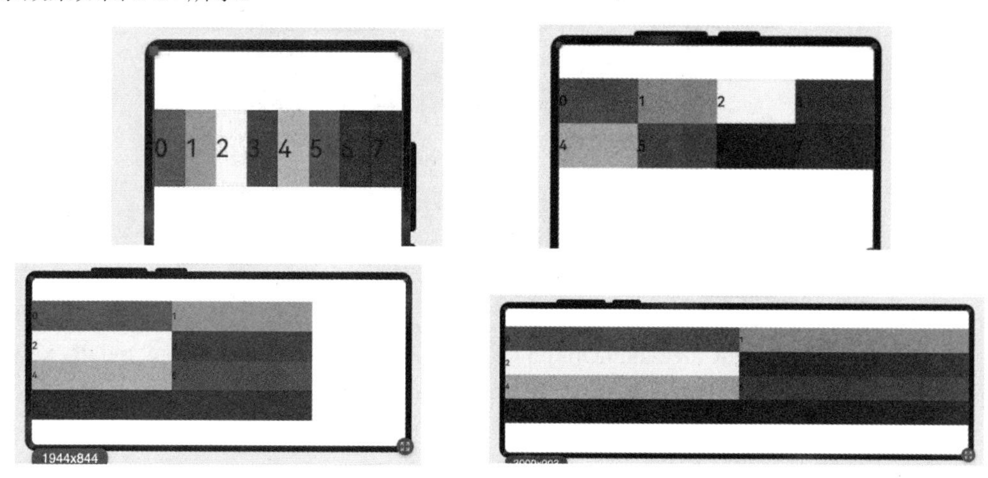

图 2-84　不同尺寸下的显示效果

8. offset

offset 表示栅格子组件相对于前一个子组件的偏移列数，默认值为 0。当 offset 类型为 number 时，所有子组件偏移相同列数。示例代码见文件 2-64。

文件 2-64　Demo0614.ets

```
@Entry
@Component
struct GridSample {
  @State
  bgColors: Color[] = [
    Color.Red, Color.Orange, Color.Yellow,
    Color.Green, Color.Pink, Color.Grey,
    Color.Blue, Color.Brown
  ];

  build() {
    GridRow() {
      ForEach(this.bgColors, (color: Color, index?: number | undefined) => {
        // 设置子组件偏移量为 2 个单元格
        GridCol({ offset: 2 }) {
          Row() {
            Text('' + index)
          }.width('100%').height('50vp')
        }.backgroundColor(color)
```

```
      })
    }
  }
}
```

显示效果如图 2-85 所示。

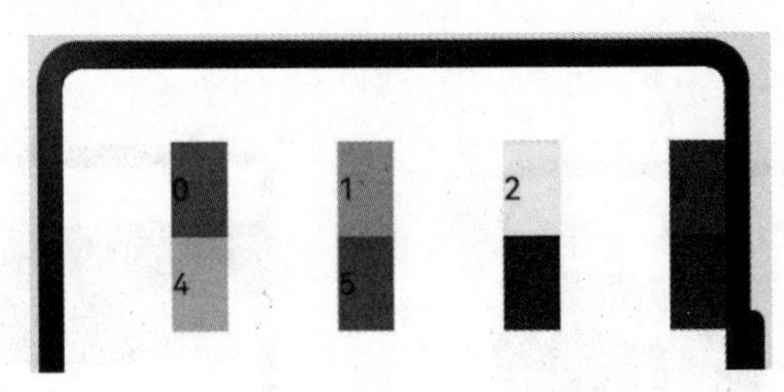

图 2-85 设置 offset 之后的显示效果

栅格默认分成 12 列，每一个子组件默认占 1 列，当偏移 2 列时，每个子组件及间距共占 3 列，因此一行放 4 个子组件。

当 offset 的类型为 GridColColumnOption 时，支持在 6 种不同尺寸（xs, sm, md, lg, xl, xxl）设备中设置子组件所占列数，并且各个尺寸下列数值可不同，示例代码见文件 2-65。

文件 2-65 Demo0615.ets

```
@Entry
@Component
struct GridSample {
  @State
  bgColors: Color[] = [
    Color.Red, Color.Orange, Color.Yellow,
    Color.Green, Color.Pink, Color.Grey,
    Color.Blue, Color.Brown
  ];

  build() {
    GridRow() {
      ForEach(this.bgColors, (color: Color, index?: number | undefined) => {
        // 设置子组件在不同断点时的偏移量
        // 当处于 xs 断点时组件偏移 1 个单元格，当处于 sm 断点时组件偏移 2 个单元格
        // 当处于 md 断点时组件偏移 3 个单元格，当处于 lg 断点时组件偏移 4 个单元格
        GridCol({
          offset: { xs: 1, sm: 2, md: 3, lg: 4 }
        }) {
          Row() {
            Text('' + index)
          }.width('100%').height('50vp')
        }.backgroundColor(color)
      })
    }
  }
}
```

显示效果如图 2-86 所示。

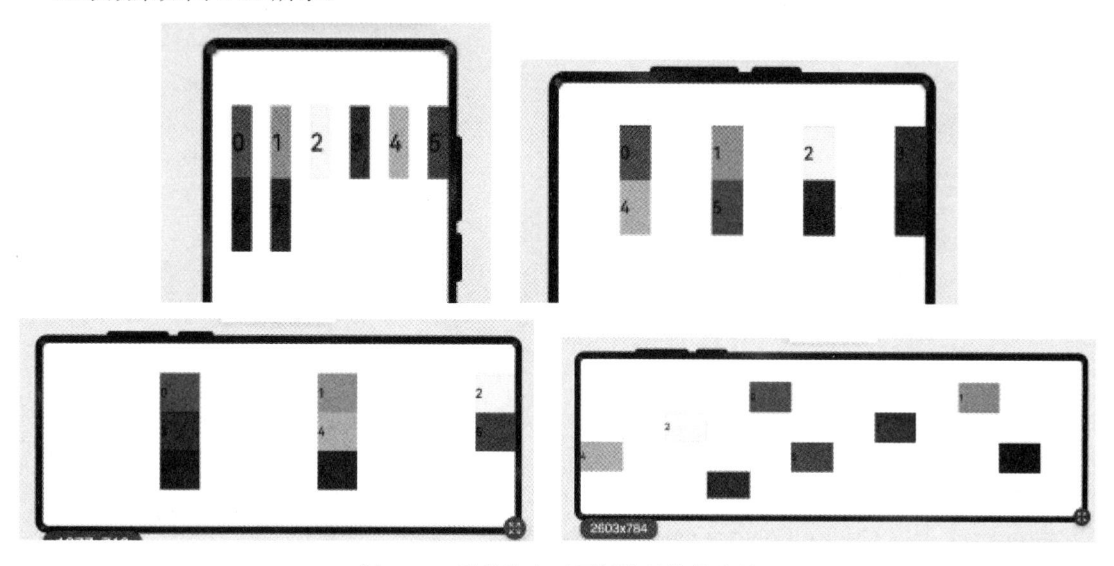

图 2-86　子组件在不同断点处的偏移量

9. order

order 表示栅格子组件的序号，决定了子组件的排列次序。当子组件不设置 order 或者设置相同的 order 时，子组件按照代码顺序展示；当子组件设置不同的 order 时，order 较小的组件在前，较大的在后；当子组件部分设置 order，部分不设置 order 时，未设置 order 的子组件依次排序靠前，设置了 order 的子组件按照数值从小到大排列。当 order 类型为 number 时，子组件在任何尺寸下排序次序一致。order 设置的示例代码见文件 2-66。

文件 2-66　Demo0616.ets

```
@Entry
@Component
struct GridSample {
  build() {
    GridRow() {
      // 设置次序为 4
      GridCol({ order: 4 }) {
        Row() {
          Text('1')
        }.width('100%').height('50vp')
      }.backgroundColor(Color.Red)

      // 设置次序为 3
      GridCol({ order: 3 }) {
        Row() {
          Text('2')
        }.width('100%').height('50vp')
      }.backgroundColor(Color.Orange)

      // 设置次序为 2
```

```
      GridCol({ order: 2 }) {
        Row() {
          Text('3')
        }.width('100%').height('50vp')
      }.backgroundColor(Color.Yellow)

      // 设置次序为1
      GridCol({ order: 1 }) {
        Row() {
          Text('4')
        }.width('100%').height('50vp')
      }.backgroundColor(Color.Green)
    }
  }
}
```

显示效果如图2-87所示。

当order类型为GridColColumnOption时，支持6种不同尺寸（xs, sm, md, lg, xl, xxl）设备中设置子组件排序次序。例如，在xs设备中，子组件排列顺序为1234；在sm设备中为2341；在md子组件中排列顺序为3412；在lg子组件中排列顺序为2431，示例代码见文件2-67。

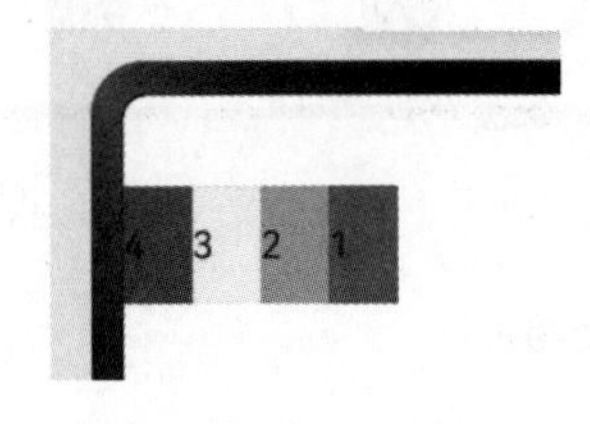

图2-87 设置order之后的显示效果

文件2-67 Demo0617.ets

```
@Entry
@Component
struct GridSample {
  build() {
    GridRow() {
      // 当处于断点xs时次序为1，当处于断点sm时次序为5
      // 当处于断点md时次序为3，当处于断点lg时次序为7
      GridCol({
        order: { xs: 1, sm: 5, md: 3, lg: 7 }
      }) {
        Row() {
          Text('1')
        }.width('100%').height('50vp')
      }.backgroundColor(Color.Red)

      // 当处于断点xs时次序为2，当处于断点sm时次序为2
      // 当处于断点md时次序为6，当处于断点lg时次序为1
      GridCol({
        order: { xs: 2, sm: 2, md: 6, lg: 1 }
      }) {
        Row() {
          Text('2')
        }.width('100%').height('50vp')
      }.backgroundColor(Color.Orange)
```

```
      // 当处于断点 xs 时次序为 3，当处于断点 sm 时次序为 3
      // 当处于断点 md 时次序为 1，当处于断点 lg 时次序为 6
      GridCol({
        order: { xs: 3, sm: 3, md: 1, lg: 6 }
      }) {
        Row() {
          Text('3')
        }.width('100%').height('50vp')
      }.backgroundColor(Color.Yellow)

      // 当处于断点 xs 时次序为 4，当处于断点 sm 时次序为 4
      // 当处于断点 md 时次序为 2，当处于断点 lg 时次序为 5
      GridCol({
        order: { xs: 4, sm: 4, md: 2, lg: 5 }
      }) {
        Row() {
          Text('4')
        }.width('100%').height('50vp')
      }.backgroundColor(Color.Green)
    }
  }
}
```

显示效果如图 2-88 所示。

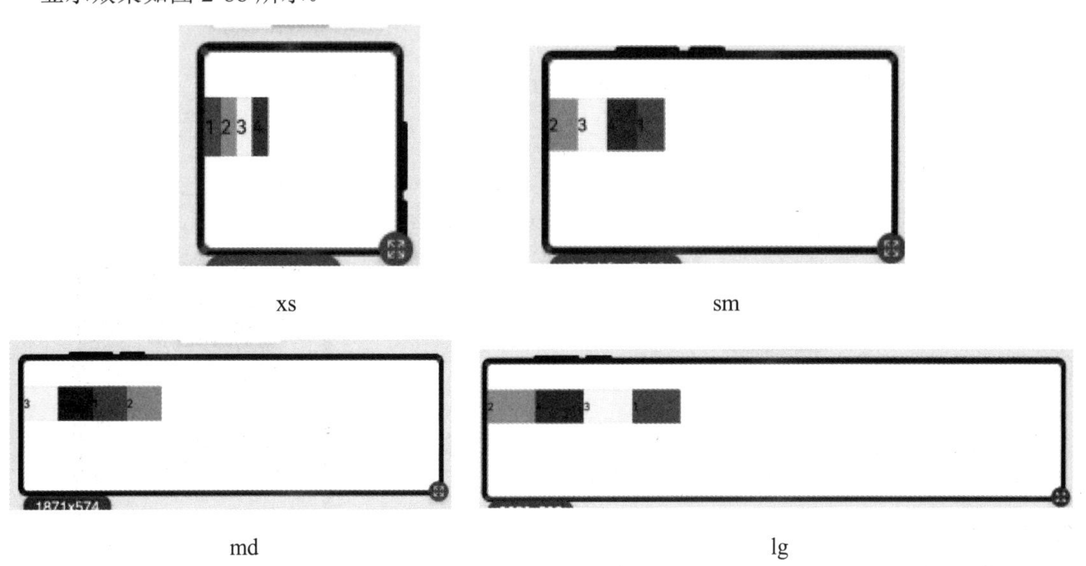

图 2-88　不同尺寸设备下不同 order 的显示效果

10. 栅格组件的嵌套使用

栅格组件也可以嵌套使用，完成一些复杂的布局。在文件 2-68 中，栅格把整个空间分为 12 份；第一层 GridRow 嵌套 GridCol，分为中间大区域以及 footer 区域；第二层 GridRow 嵌套 GridCol，分为 left 和 right 区域；子组件的空间按照上一层父组件的空间划分。

文件 2-68 Demo0618.ets

```
@Entry
@Component
struct GridRowExample {
  build() {
    GridRow() {   # 这是一个容器组件，用于创建一个栅格行
      GridCol({ span: { sm: 12 } }) {  # GridCol 是栅格列组件，span: { sm: 12 }表示在小屏幕设备上（sm）该列将占用 12 个单元格（意味着整行的宽度）
        # 在第一个栅格列中，嵌套一个新的 GridRow，该行内包含两个 GridCol
        GridRow() {
          # 第一个子列占用 2 个单元格，包含一个显示文本"left"的 Row
          GridCol({ span: { sm: 2 } }) {
            Row() {
              Text('left').fontSize(24)
            }.justifyContent(FlexAlign.Center).height('90%')
          }.backgroundColor('#ff41dbaa')
          # 第二个子列占用 10 个单位，包含一个显示文本"right"的 Row
          GridCol({ span: { sm: 10 } }) {
            Row() {
              Text('right').fontSize(24)
            }.justifyContent(FlexAlign.Center).height('90%')
          }.backgroundColor('#ff4168db')
        }.backgroundColor('#19000000')
      }

      # 第二个栅格列占用 12 个单位，容纳一个显示"footer"的文本
      GridCol({ span: { sm: 12 } }) {
        Row() {
          Text('footer').width('100%').textAlign(TextAlign.Center)
        }.width('100%').height('10%').backgroundColor(Color.Pink)
      }
    }.width('100%').height(300)
  }
}
```

显示效果如图 2-89 所示。

综上所述，栅格组件提供了丰富的自定义能力，功能异常灵活和强大。只需明确栅格在不同断点下的 columns、margin、gutter 及 span 等参数，即可确定最终布局，而无须关心具体的设备类型及设备状态（如横竖屏）等。

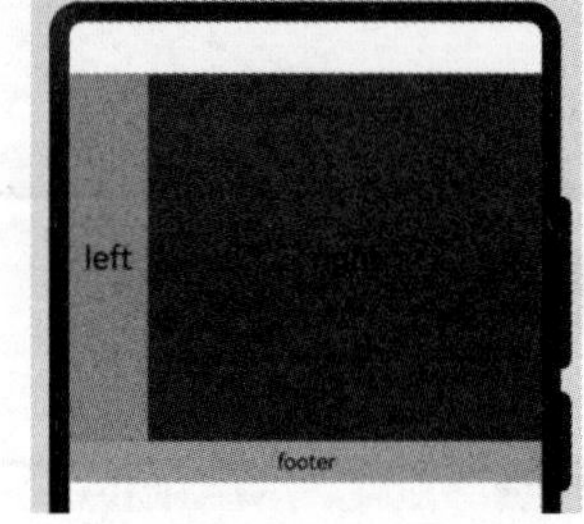

图 2-89 栅格组件的嵌套使用

2.7 列表布局

本节将介绍列表布局的相关内容。

1. 概述

列表是一种复杂的容器，当列表项达到一定数量、内容超过屏幕大小时，列表会自动提供滚动功能。列表适用于呈现相同数据类型或数据类型集合，如图片和文本等。在列表中显示数据集合是许多应用程序中的常见需求，如通讯录、音乐列表、购物清单等。

使用列表可以轻松高效地显示结构化、可滚动的信息。通过在 List 组件中按照垂直或者水平方向线性排列子组件 ListItemGroup 或 ListItem，为列表中的行或列提供单个视图，或使用循环渲染迭代一组行或列，或混合任意数量的单个视图和 ForEach 结构，从而构建一个列表。List 组件支持使用条件渲染、循环渲染、懒加载等渲染控制方式生成子组件。

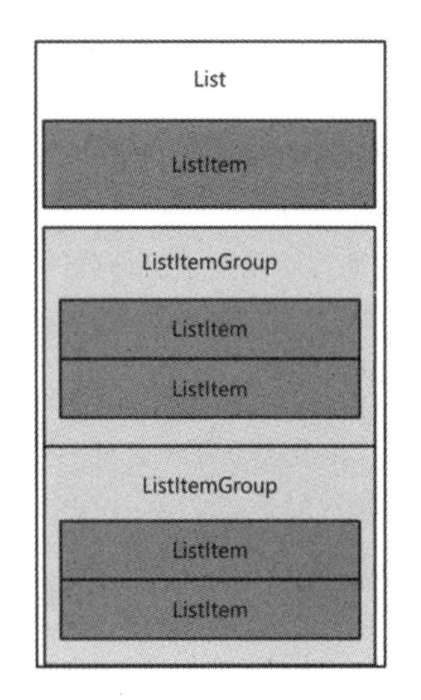

图 2-90　List、ListItemGroup 和 ListItem 组件的关系

2. 布局与约束

列表作为一种容器，会自动按其滚动方向排列子组件。向列表中添加组件或从列表中移除组件，会重新排列子组件。

如图 2-90 所示，在垂直列表中，List 按垂直方向自动排列 ListItemGroup 或 ListItem。ListItemGroup 用于列表数据的分组展示，其子组件也是 ListItem。ListItem 表示单个列表项，可以包含单个子组件。

说　明
List 的子组件必须是 ListItemGroup 或 ListItem，且 ListItem 和 ListItemGroup 必须配合 List 来使用。

3. 布局

List 除了提供垂直和水平布局能力、超出屏幕时自动提供自适应的延伸能力之外，还提供了自适应交叉轴方向上并行排列多个元素的布局能力。利用垂直布局能力，可以构建单列或者多列垂直滚动列表，如图 2-91 所示。

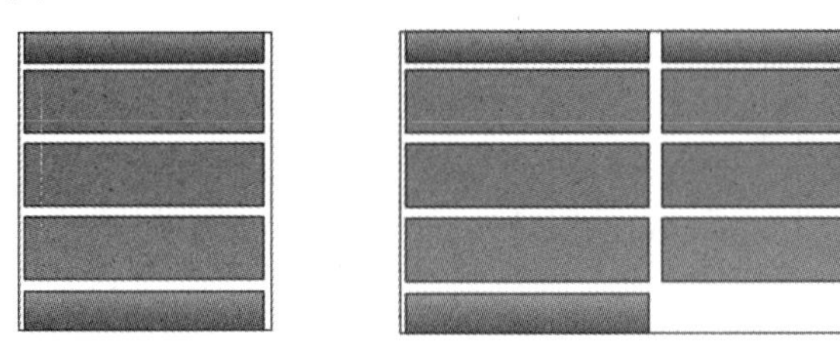

图 2-91　垂直滚动列表（左：单列；右：多列）

List 的水平布局能力可用于构建单行或多行水平滚动列表，如图 2-92 所示。

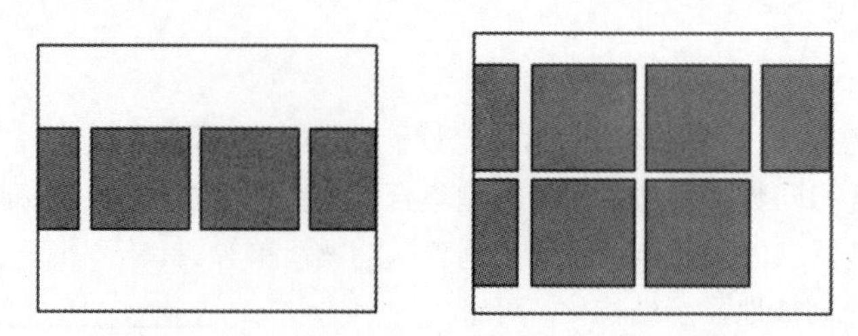

图 2-92 水平滚动列表（左：单行；右：多行）

Grid 和 WaterFlow 也可以实现单列、多列布局，但如果需要每列等宽，且不需要跨行跨列布局，相比 Gird 和 WaterFlow，更推荐使用 List。

列表的主轴方向是指子组件列的排列方向，也是列表的滚动方向。垂直于主轴的轴称为交叉轴。如图 2-93 所示，垂直列表的主轴是垂直方向，交叉轴是水平方向；水平列表的主轴是水平方向，交叉轴是垂直方向。

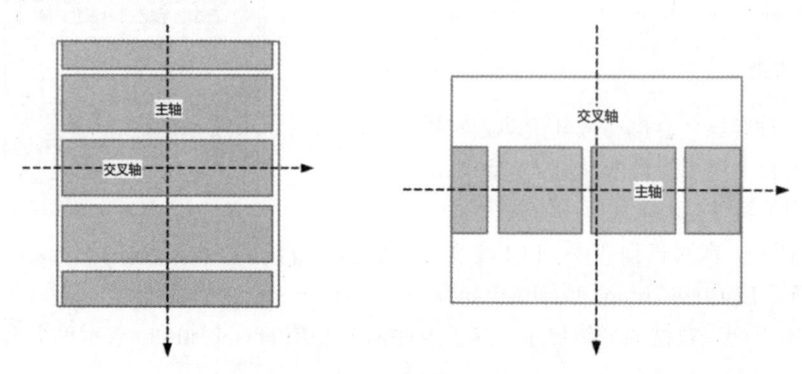

图 2-93 列表的主轴与交叉轴

如果 List 组件的主轴或交叉轴方向设置了尺寸，则其对应方向上的尺寸为设置值。

如果 List 组件的主轴方向没有设置尺寸，当 List 子组件的主轴方向总尺寸小于 List 的父组件尺寸时，List 主轴方向的尺寸会自动适应子组件的总尺寸。如图 2-94 所示，垂直列表 B 没有设置高度时，其父组件 A 的高度为 200vp，若其所有子组件 C 的高度总和为 150vp，则此时列表 B 的高度为 150vp。

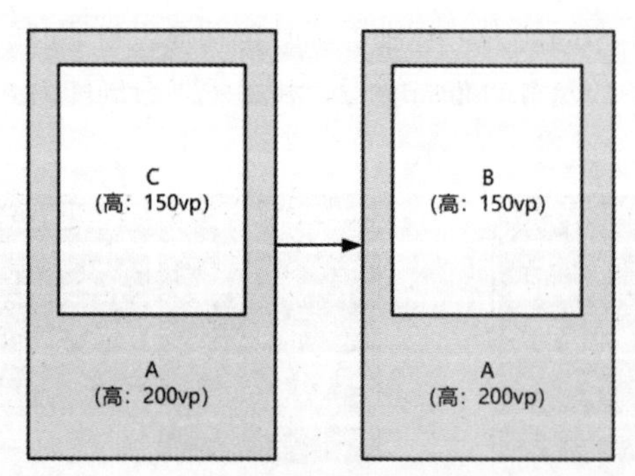

图 2-94 列表主轴高度约束示例 1（A：List 的父组件；B：List 组件；C：List 的所有子组件）

如果子组件主轴方向的总尺寸超过 List 父组件的尺寸，则 List 主轴方向的尺寸适应 List 父组件的尺寸。如图 2-95 所示，同样是没有设置高度的垂直列表 B，其父组件 A 的高度为 200vp，若其所有子组件 C 的高度总和为 300vp，则此时列表 B 的高度为 200vp。

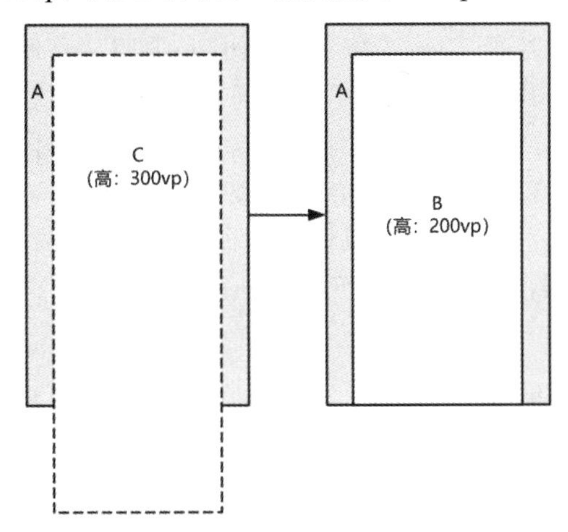

图 2-95　列表主轴高度约束示例 2（A：List 的父组件；B：List 组件；C：List 的所有子组件）

如果 List 组件的交叉轴方向没有设置尺寸，则其尺寸默认自适应父组件尺寸。

4. 设置主轴方向

List 组件的主轴默认是垂直方向，即不需要手动设置 List 的方向，就可以构建一个垂直滚动列表。若要实现水平滚动列表场景，则将 List 的 listDirection 属性设置为 Axis.Horizontal 即可。listDirection 的默认值为 Axis.Vertical。主轴方向设置示例代码见文件 2-69。

文件 2-69　Demo0801.ets

```
@Entry
@Component
struct ListSample {
  build() {
    List() {
      ListItem() {
        Text().height('100%').width('30%').backgroundColor(Color.Blue)
      }
      ListItem() {
Text().height('100%').width('30%').backgroundColor(Co
lor.Brown)
      }// ...
    }
    // 设置主轴方向为水平方向
    .listDirection(Axis.Horizontal)
    .height('100%').width('100%')
  }
}
```

显示效果如图 2-96 所示，此时得到的是可以水平滚动的列表。

图 2-96　水平滚动列表显示效果

5. 设置交叉轴布局

List 组件的交叉轴布局可以通过 lanes 和 alignListItem 属性进行设置，lanes 属性用于确定交叉轴排列的列表项数量，alignListItem 用于设置子组件在交叉轴方向的对齐方式。

List 组件的 lanes 属性通常用于在不同尺寸的设备中自适应构建不同行数或列数的列表，即一次开发、多端部署，例如歌单列表。lanes 属性的取值类型是 number | LengthConstrain，即整数或者 LengthConstrain 类型。以垂直列表为例，如果将 lanes 属性值设置为 2，则表示构建的是一个两列的垂直列表。lanes 的默认值为 1，即默认情况下，垂直列表的列数是 1。交叉轴布局设置的示例代码见文件 2-70。

文件 2-70 Demo0802.ets

```
@Entry
@Component
struct ListSample {
 build() {
   List() {
     ListItem() {
       Text().height('40%').width('100%').backgroundColor(Color.Blue)
     }
     ListItem() {
       Text().height('40%').width('100%').backgroundColor(Color.Brown)
     }// ......
   }.height('100%').width('100%')
   // 设置列表分两列显示
   .lanes(2)
 }
}
```

显示效果如图 2-97 所示。

图 2-97 设置交叉轴布局后的显示效果

6. 在列表中显示数据

列表视图垂直或水平显示项目集合，并在行或列超出屏幕时提供滚动功能，使其适合显示大型数据集合。在最简单的列表形式中，List 静态地创建其列表项 ListItem 的内容。

在列表中显示数据的示例代码见文件 2-71。

文件 2-71 Demo0805.ets

```
@Entry
@Component
struct CityList {
 build() {
   // 列表组件
   List() {
     // 列表项组件
     ListItem() {
```

```
          // 文本显示组件
          Text('北京').fontSize(24)
        }
        // 列表项组件
        ListItem() {
          // 文本显示组件
          Text('杭州').fontSize(24)
        }
        // 列表项组件
        ListItem() {
          // 文本显示组件
          Text('上海').fontSize(24)
        }
      }
      // 设置宽度
      .width('100%')
      // 设置高度
      .height(85)
      // 设置背景色
      .backgroundColor('#FFF1F3F5')
      // 设置列表项排列方式为交叉轴方向居中对齐
      .alignListItem(ListItemAlign.Center)
    }
  }
```

显示效果如图 2-98 所示。

由于在 ListItem 中只能有一个根节点组件，不支持以平铺形式使用多个组件。因此，当列表项是由多个组件元素组成时，需要将多个元素组合到一个容器组件内或组成一个自定义组件。

如图 2-99 所示，在联系人列表的列表项中，每个联系人都有头像和名称。此时，需要将 Image 和 Text 封装到一个 Row 容器内。示例代码见文件 2-72。

图 2-98　列表中数据的显示效果

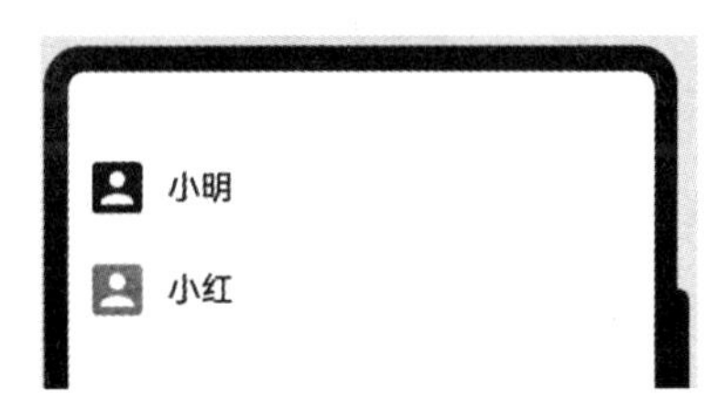

图 2-99　联系人列表项效果

文件 2-72　Demo0806.ets

```
@Entry
@Component
struct Demo03 {
  build() {
    // 列表组件
    List() {
      // 列表项组件
      ListItem() {
        // 通过行容器组件，在一个列表项中显示多个组件
```

```
        Row() {
          Image($r('app.media.contact_male'))
            .width(40).height(40).margin(10)
          Text('小明').fontSize(20)
        }
      }
      // 列表项组件
      ListItem() {
        // 通过行容器组件，在一个列表项中显示多个组件
        Row() {
          Image($r('app.media.contact_female'))
            .width(40).height(40).margin(10)
          Text('小红').fontSize(20)
        }
      }
    }.height('100%').width('100%')
  }
}
```

7. 迭代列表内容

通常，应用通过数据集合动态地创建列表。使用循环渲染可以从数据源中迭代获取数据，并在每次迭代过程中创建对应的组件，从而降低代码复杂度。

ArkTS 通过 ForEach 提供了组件的循环渲染能力。以简单的联系人列表为例，将联系人名称和头像数据以 Contact 类结构存储到 contacts 数组中，使用在 ForEach 中嵌套 ListItem 的形式来代替多个平铺的、内容相似的 ListItem，从而减少重复代码。示例代码见文件 2-73。

文件 2-73 Demo0807.ets

```
import { util } from '@kit.ArkTS'

// 声明类，用于封装通讯录单条信息
class Contact {
  // key
  key: string = util.generateRandomUUID(true);
  // 名称
  name: string;
  // 头像
  icon: Resource;

  // 构造函数
  constructor(name: string, icon: Resource) {
    // 赋值名称
    this.name = name;
    // 赋值头像
    this.icon = icon;
  }
}

@Entry
```

```
@Component
struct Demo04 {
  // 存储联系人信息的数组，通过遍历该数组循环渲染 UI
  private contacts: Array<object> = [
    new Contact('小明', $r("app.media.contact_male")),
    new Contact('小红', $r("app.media.contact_female")),
  ]

  build() {
    // 列表组件
    List() {
      // ForEach 循环渲染
      ForEach(this.contacts, (item: Contact) => {
        // 列表项
        ListItem() {
          // 使用行容器组件在一个列表项中显示多个组件
          Row() {
            // 图片组件显示头像
            Image(item.icon).width(40).height(40).margin(10)
            // 文本显示组件显示名称
            Text(item.name).fontSize(20)
          }.width('100%')
          // 行容器的子组件起始对齐
          .justifyContent(FlexAlign.Start)
        }
      }, (item: Contact) => JSON.stringify(item))
    }.width('100%').height('100%')
  }
}
```

在 List 组件中，ForEach 除了可以用来循环渲染 ListItem 之外，还可以用来循环渲染 ListItemGroup。ListItemGroup 的循环渲染详见下一节内容。

8. 自定义列表样式

1）设置内容间距

在初始化列表时，如需在列表项之间添加间距，可以使用 space 参数。例如，在每个列表项之间沿主轴方向添加 10vp 的间距：

```
List({ space: 10 }) {
  // ...
}
```

2）添加分隔线

List 提供了 divider 属性用于在列表项之间添加分隔线。分隔线用来将界面元素隔开，使单个元素更加容易识别。

在设置 divider 属性时，可以通过 strokeWidth 和 color 属性分别设置分隔线的粗细和颜色。通过 startMargin 和 endMargin 属性分别设置分隔线距离列表起始端的距离和距离列表结束端的距离。示例代码见文件 2-74。

文件 2-74 Demo0808.ets

```
import { util } from '@kit.ArkTS'

// 声明类，用于封装分割线信息
class DividerTmp {
  // 分割线宽度
  strokeWidth: Length = 1
  // 分割线起始外边距
  startMargin: Length = 60
  // 分割线结束外边距
  endMargin: Length = 10
  // 分割线颜色
  color: ResourceColor = '#ffe9f0f0'

  // 构造函数
  constructor(
    strokeWidth: Length, startMargin: Length,
    endMargin: Length, color: ResourceColor) {
    // 设置分割线线宽
    this.strokeWidth = strokeWidth
    // 设置分割线起始外边距
    this.startMargin = startMargin
    // 设置分割线结束外边距
    this.endMargin = endMargin
    // 设置分割线的颜色
    this.color = color
  }
}

// 声明类，用于封装通讯录单条信息
class Contact {
  // key
  key: string = util.generateRandomUUID(true);
  // 名称
  name: string;
  // 头像
  icon: Resource;

  // 构造函数
  constructor(name: string, icon: Resource) {
    // 赋值名称
    this.name = name;
    // 赋值头像
    this.icon = icon;
  }
}

@Entry
```

```
@Component
struct EgDivider {
  // 声明状态变量，初始化为分割线实例
  // 其中，设置分割线的线宽为 1vp，分割线起始外边距为 60vp，结束外边距为 10vp，同时设置颜色
  @State egDivider: DividerTmp = new DividerTmp(1, 36, 5, '#eeeeee')

  build() {
    Column() {
      Text('设置')
        .fontSize(24).width('90%').margin({top: 20, bottom: 12})
      List({ space: 5}) {
        ListItem() {
          Row() {
            Image($r('app.media.wifi')).height(32).width(32)
              .margin({ right: 5 })
            Text('WLAN').fontWeight(FontWeight.Bold).fontSize(15)
            Blank()
            Image($r('app.media.rightarrow')).height(15).width(15)
          }.width('100%').offset({left: 1}).height(40).alignItems(VerticalAlign.Center)
        }
        ListItem() {
          Row() {
            Image($r('app.media.bluetooth')).height(35).width(35)
              .margin({ right: 5 })
            Text('蓝牙').fontWeight(FontWeight.Bold).fontSize(15)
            Blank()
            Image($r('app.media.rightarrow')).height(15).width(15)
          }.width('100%').height(40).alignItems(VerticalAlign.Center)
        }
        ListItem() {
          Row() {
            Image($r('app.media.network')).height(40).width(40)
              .margin({ right: 5 })
            Text('移动网络').fontWeight(FontWeight.Bold).fontSize(15)
            Blank()
            Image($r('app.media.rightarrow')).height(15).width(15)
          }.width('100%').offset({left:
-2}).height(40).alignItems(VerticalAlign.Center)
        }
      }.width('90%').padding(5)
      .backgroundColor(Color.White).borderRadius(10)
      // 设置分割线的具体样式
      .divider(this.egDivider)
    }.width('100%').height('100%').backgroundColor('#f5f5f5')
  }
}
```

说 明

1. 分隔线的宽度会使 ListItem 之间存在一定间隔，当 List 设置的内容间距小于分隔线宽度时，ListItem 之间的间隔会使用分隔线的宽度。
2. 当 List 存在多列时，分割线的 startMargin 和 endMargin 作用于每一列上。
3. List 组件的分隔线画在两个 ListItem 之间，第一个 ListItem 上方和最后一个 ListItem 下方不会绘制分隔线。

显示效果如图 2-100 所示。

图 2-100　设置列表分割线样式

2.8　网格布局

本节将介绍网格布局的相关内容。

1. 网格布局概要

网格布局由行和列组成的单元格构成，开发者可以通过指定项目所在的单元格来实现各种布局。它具备强大的页面均分能力和子组件占比控制能力，是一种重要的自适应布局方案。常见的应用场景包括九宫格图片展示、日历布局、计算器等。

ArkUI 提供了 Grid 容器组件和 GridItem 子组件，用于构建网格布局。Grid 用于设置网格布局相关参数，GridItem 定义子组件相关特征。Grid 组件支持使用条件渲染、循环渲染、懒加载等方式生成子组件。

2. 布局与约束

Grid 组件为网格容器，容器内各条目对应一个 GridItem 组件，如图 2-101 所示。

说 明

Grid 的子组件必须是 GridItem 组件。

网格布局是一种二维布局。Grid 组件支持自定义行列数和每行每列尺寸占比、设置子组件横跨几行或几列，同时提供了垂直和水平布局能力。当网格容器组件尺寸发生变化时，所有子组件及间距会等比例调整，从而实现网格布局的自适应能力。根据 Grid 的这些布局能力，可以构建出不同样式的网格布局，如图 2-102 所示。

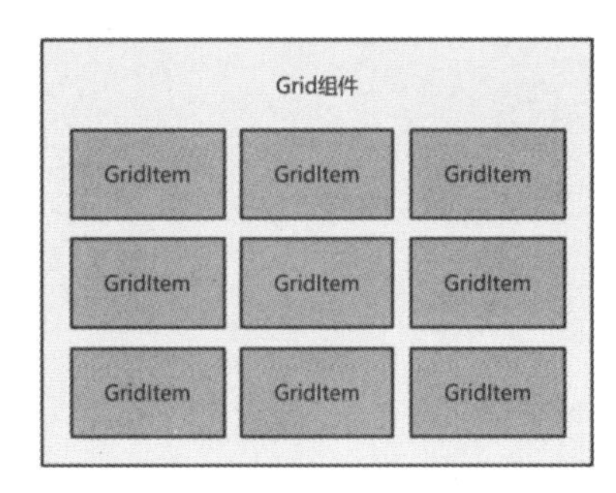

图 2-101　Grid 与 GridItem 组件的关系

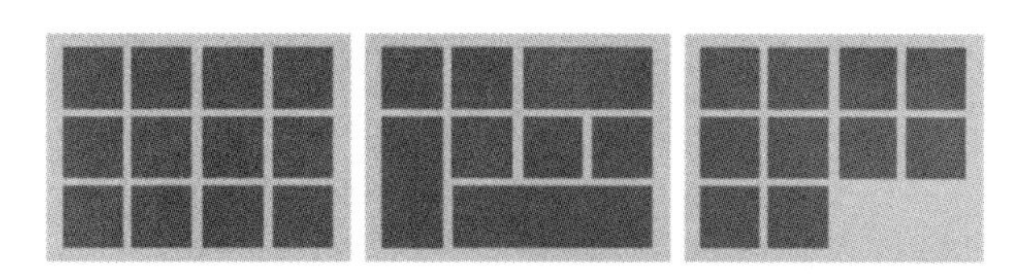
图 2-102　不同样式的网格布局

3. 网格布局

如果 Grid 组件设置了宽高属性，则其尺寸为设置值。如果 Grid 组件没有设置宽高属性，则其尺寸默认适应父组件的尺寸。

Grid 组件根据行列数量与尺寸占比属性的设置，可以分为 3 种布局情况：

（1）行列数量与尺寸占比同时设置：Grid 只展示固定行列数的元素，其余元素不展示，并且 Grid 不可滚动（推荐使用该种布局方式）。

（2）只设置行列数量与尺寸占比中的一个：元素按照设置的方向进行排布，超出的元素可通过滚动的方式展示。

（3）行列数量与尺寸占比都不设置：元素在布局方向上排布，其行列数由布局方向、单个网格的宽高等多个属性共同决定。超出行列容纳范围的元素不展示，并且 Grid 不可滚动。

通过设置行列数量与尺寸占比，可以确定网格布局的整体排列方式。Grid 组件提供了 rowsTemplate 和 columnsTemplate 属性来设置网格布局行列数量与尺寸占比。

rowsTemplate 和 columnsTemplate 属性值是一个由多个空格和'数字+fr'间隔拼接的字符串，其中 fr 的个数即为网格布局的行或列数；fr 前面的数值大小，用于计算该行或列在网格布局宽度上的占比，最终决定该行或列的宽度。行列数量与尺寸占比示例如图 2-103 所示。

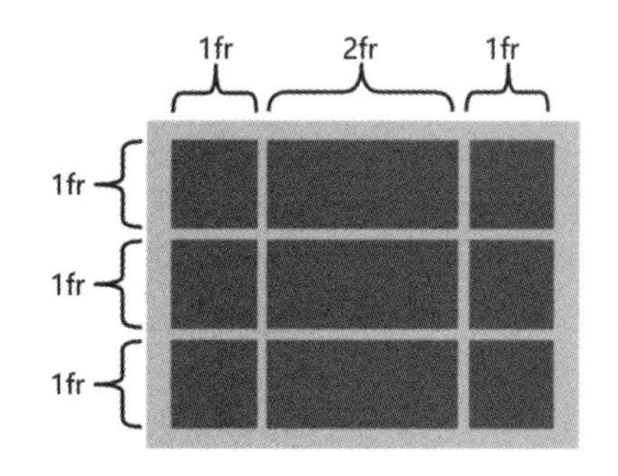

图 2-103　行列数量与尺寸占比示例

在图 2-103 中，构建的是一个 3 行 3 列的网格布局，其在垂直方向上分为 3 等份，每行占 1 份；在水平方向上分为 4 等份，第一列占 1 份，第二列占 2 份，第三列占 1 份。只要将 rowsTemplate 的值设置为'1fr 1fr 1fr'，同时将 columnsTemplate 的值设置为'1fr 2fr 1fr'，即可实现上述网格布局，示例代码见文件 2-75。

文件 2-75　Demo0901.ets

```
// 声明背景色数组
let colors: Color[] = [
  Color.Black, Color.Blue, Color.Brown,
  Color.Gray, Color.Green, Color.Grey,
```

```
  Color.Orange, Color.Pink, Color.Red
]

@Entry
@Component
struct GridSample {
  build() {
    // 网格布局组件
    Grid() {
      ForEach(colors, (color: Color, index: number) => {
        // 网格布局单元组件
        GridItem().backgroundColor(color)
      }, (index: number) => index.toString())
    }
    // 3 行等高划分
    .rowsTemplate('1fr 1fr 1fr')
    // 第一列和第三列占据一个单位的宽度，第二列占据两个单位的宽度
    .columnsTemplate('1fr 2fr 1fr')
  }
}
```

说　明

当 Grid 组件设置了 rowsTemplate 或 columnsTemplate 时，Grid 的 layoutDirection、maxCount、minCount、cellLength 属性不生效。

显示效果如图 2-104 所示。

图 2-104　网格布局显示效果

4. 不均匀网格布局

除了大小相同的等比例网格布局之外，由不同大小的网格组成的不均匀分布的网格布局在实际应用中也十分常见。可以通过在创建 Grid 时传入合适的 GridLayoutOptions，实现如图 2-105 所示的单个网格横跨多行或多列的场景。其中，irregularIndexes 和 onGetIrregularSizeByIndex 用于单独设置 rowsTemplate 或 columnsTemplate 的 Grid，onGetRectByIndex 用于同时设置 rowsTemplate 和 columnsTemplate 的 Grid。

在网格中，可以通过 onGetRectByIndex 返回的[rowStart,columnStart,rowSpan,columnSpan]来实现跨行跨列布局，其中 rowStart 和 columnStart 属性指定当前元素起始行号和起始列号，rowSpan 和 columnSpan 属性指定当前元素的占用行数和占用列数。使用 Grid 构建的网格布局，其行列标号从 0 开始，依次增加。

计算器的按键布局就是常见的不均匀网格布局场景，如图 2-106 所示，按键“0”横跨第一、二两列，按键“=”横跨第五、六两行。

只需将按键“0”对应的 onGetRectByIndex 的 rowStart 和 columnStart 分别设为 5 和 0，rowSpan 和 columnSpan 分别设为 1 和 2，将按键“=”对应的 onGetRectByIndex 的 rowStart 和 columnStart

分别设为 4 和 3，rowSpan 和 columnSpan 分别设为 2 和 1 即可。示例代码见文件 2-76。

图 2-105　子组件跨行列显示效果

图 2-106　不均匀网格布局显示效果示意图

文件 2-76　Demo0902.ets

```
@Entry
@Component
struct GridSample {
  // 布局选项
  layoutOptions: GridLayoutOptions = {
    regularSize: [1, 1], // 绝大多数网格的尺寸，通常是占据 1 行 1 列
    onGetRectByIndex: (index: number) => {
      switch (index) {
        // 返回值格式：[<rowStart>, <columnStart>, <rowSpan>, <columnSpan>]
        case 1: return [1, 0, 1, 1] // 从[1, 0]开始，跨行 1，跨列 1
        case 2: return [1, 1, 1, 1] // 从[1, 1]开始，跨行 1，跨列 1
// ...
}
      }
  }

  // 显示的文本数组
  texts: string[] = [
    'CE', 'C', '/', 'X', '7', '8', '9', '-', '4', '5', '6', '+',
    '1', '2', '3', '=', '0', '.'
  ]

  build() {
    // 设置使用指定的布局选项 layoutOptions
    Grid(undefined, this.layoutOptions) {
      GridItem() {
        Text('0').width('100%').height('100%').backgroundColor('#cccccc')
          .padding(5).fontSize(30).textAlign(TextAlign.End).borderRadius(5)
      }.padding(5)
      ForEach(this.texts, (text: string) => {
        GridItem() {
          Button(text).type(ButtonType.Normal).height('100%').width('100%')
            .backgroundColor('#aaaaaa').borderRadius(5).fontSize(20)
```

```
        }.padding(5)
      }, (index: number) => index.toString())
    }
    // 设置 4 列等宽
    .columnsTemplate("1fr 1fr 1fr 1fr")
    // 设置 6 行，第一行占据两个单位高度，其余每行占据一个单位高度
    .rowsTemplate("2fr 1fr 1fr 1fr 1fr 1fr")
    .height('70%').width('100%').backgroundColor('#eeeeee').padding(5)
  }
}
```

5. 设置主轴方向

使用 Grid 构建网格布局时，若没有设置行列数量与尺寸占比，可以通过 layoutDirection 设置网格布局的主轴方向，决定子组件的排列方式。当 layoutDirection 设置为 Row 时，先从左到右排列，排满一行再排下一行；当 layoutDirection 设置为 RowReverse 时，先从右到左排列，排满一行再排下一行；当 layoutDirection 设置为 Column 时，先从上到下排列，排满一列再排下一列；当 layoutDirection 设置为 ColumnReverse 时，先从下到上排列，排满一列再排下一列。主轴方向的示意图如图 2-107 所示。此时可以结合 minCount 和 maxCount 属性来约束主轴方向上的网格数量。例如将 maxCount 属性设置为 3，表示主轴方向上显示的最大网格单元数量为 3。

默认情况（GridDirection.Row） GridDirection.Column GridDirection.RowReverse GridDirection.ColumnReverse

图 2-107 主轴方向示意图

图 2-107 中的 4 种布局实现的示例代码见文件 2-77。

文件 2-77 Demo0903.ets

```
@Entry
@Component
struct GridSample {
  // 显示的文本数组
  texts: string[] = [
    '1', '2', '3', '4', '5', '6', '7', '8', '9'
  ]

  build() {
    Row() {
      Grid() {
        ForEach(this.texts, (text: string) => {
          GridItem({}) {
            Text(text).height(100).width(100)
```

```
            .backgroundColor('#aaaaaa').borderRadius(5).fontSize(20)
            .fontColor(Color.White).textAlign(TextAlign.Center)
          }.padding(5)
        }, (index: number) => index.toString())
      }
      // 注意，如果设置了多个 layoutDirection，则最后一次设置的生效
      // 设置主轴方向为行的从左向右
      .layoutDirection(GridDirection.Row)
      // 设置主轴方向为从上向下
      .layoutDirection(GridDirection.Column)
      // 设置主轴方向为从右向左
      .layoutDirection(GridDirection.RowReverse)
      // 设置主轴方向为从下向上
      .layoutDirection(GridDirection.ColumnReverse)
      // 设置主轴方向最多显示 3 个网格单元
      .maxCount(3)
    }
    .justifyContent(FlexAlign.Center)
    .backgroundColor('#eeeeee')
    .width('100%').height('50%')
  }
}
```

说　明

1. layoutDirection 属性仅在不设置 rowsTemplate 和 columnsTemplate 时生效，此时元素在 layoutDirection 方向上排列。
2. 仅设置 rowsTemplate 时，Grid 主轴为水平方向，交叉轴为垂直方向。
3. 仅设置 columnsTemplate 时，Grid 主轴为垂直方向，交叉轴为水平方向。

2.9　轮播布局

本节将介绍轮播布局的相关内容。

1. 轮播布局概述

Swiper 组件提供滑动轮播显示的功能。Swiper 本身是一个容器组件，当在 Swiper 中设置了多个子组件后，可以对这些子组件进行轮播显示。

一般情况下，在一些应用首页显示推荐的内容时，需要用到轮播显示的功能。

针对复杂页面场景，可以使用 Swiper 组件的预加载机制，利用主线程的空闲时间来提前构建和布局要绘制的组件，从而优化滑动体验。

2. 布局与约束

如果 Swiper 组件设置了自身尺寸属性，则在轮播过程中均以该尺寸显示。

如果 Swiper 自身尺寸属性未被设置，则分为两种情况：如果设置了 prevMargin 或者 nextMargin

属性，则 Swiper 自身尺寸会跟随其父组件；如果未设置 prevMargin 或者 nextMargin 属性，则会自动根据子组件的大小设置 Swiper 自身的尺寸。

3. 循环播放

Swiper 通过 loop 属性控制是否循环播放，该属性默认值为 true。

如果 loop 为 true，则在显示第一页或最后一页时，可以继续向左滑动切换到最后一页或者向右滑动切换到第一页。如果 loop 为 false，则在显示第一页或最后一页时，无法继续向左或者向右切换页面。

当 loop 为 true 时，示例代码见文件 2-78。

文件 2-78 Demo1001.ets

```
@Entry
@Component
struct SwiperSample {
  build() {
    Row() {
      // 轮播组件
      Swiper() {
        // 子组件
        Text('0')
          .width('90%').height('100%').backgroundColor(Color.Gray)
          .textAlign(TextAlign.Center).fontSize(30)
        Text('1')
          .width('90%').height('100%').backgroundColor(Color.Green)
          .textAlign(TextAlign.Center).fontSize(30)
        Text('2')
          .width('90%').height('100%').backgroundColor(Color.Pink)
          .textAlign(TextAlign.Center).fontSize(30)
      }
      // 设置子组件循环播放
      .loop(true)
    }.height(200).width('100%')
    .justifyContent(FlexAlign.Center)
  }
}
```

显示效果如图 2-108 所示。

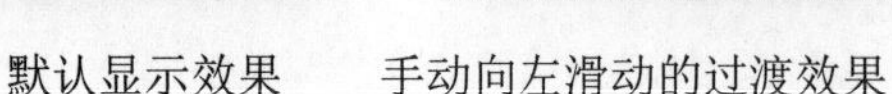

默认显示效果　手动向左滑动的过渡效果　滑动到第二个组件的效果　手动向左滑动的效果

图 2-108 循环轮播显示效果

滑动到第三个组件的效果

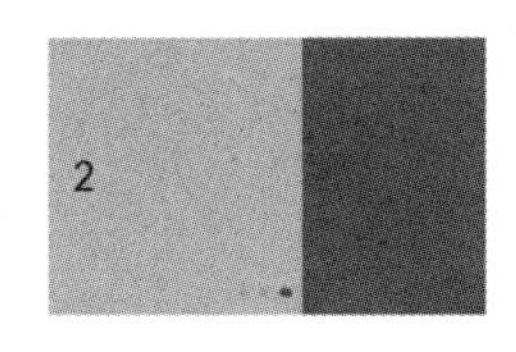

手动向左滑动的过渡效果

循环滑动到第一个组件的效果

手动向右滑动的效果

图 2-108　循环轮播显示效果（续）

当 loop 为 false 时，示例代码见文件 2-79。

文件 2-79　Demo1002.ets

```
@Entry
@Component
struct SwiperSample {
  build() {
    Row() {
      // 轮播组件
      Swiper() {
        // 子组件
        Text('0')
          .width('90%').height('100%').backgroundColor(Color.Gray)
          .textAlign(TextAlign.Center).fontSize(30)
        Text('1')
          .width('90%').height('100%').backgroundColor(Color.Green)
          .textAlign(TextAlign.Center).fontSize(30)
        Text('2')
          .width('90%').height('100%').backgroundColor(Color.Pink)
          .textAlign(TextAlign.Center).fontSize(30)
      }
      // 设置禁止子组件循环播放
      .loop(false)
    }.height(200).width('100%').border({ width: 2 })
    .justifyContent(FlexAlign.Center)
  }
}
```

显示效果如图 2-109 所示，当向右滑动到最后一个子组件时，无法继续滑动。同时从第一个子组件向左也无法滑动，如图 2-110 所示。

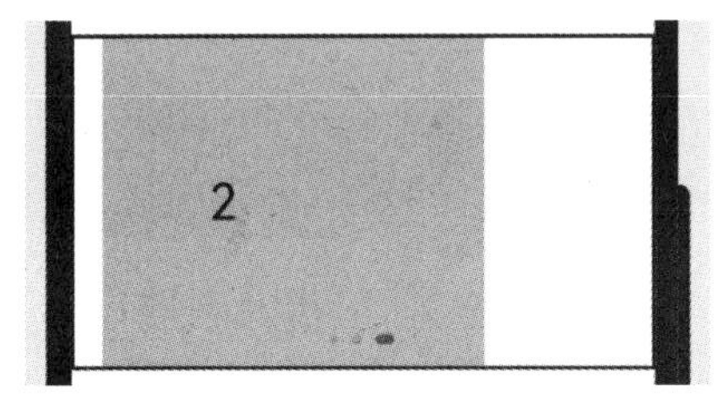

图 2-109　非循环轮播显示效果 1

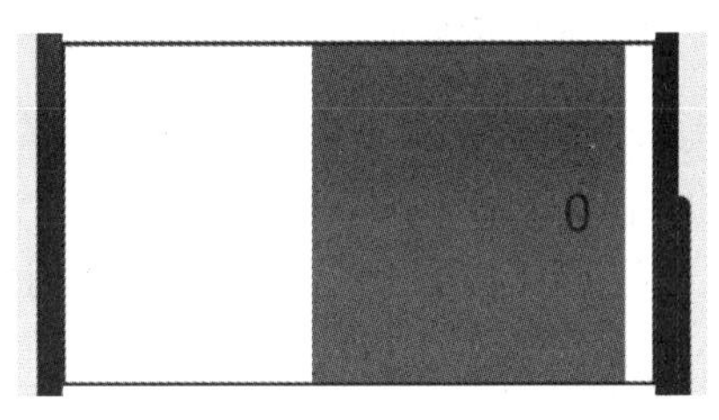

图 2-110　非循环轮播显示效果 2

4. 自动轮播

Swiper 通过设置 autoPlay 属性，控制是否自动轮播子组件。该属性默认值为 false。

当 autoPlay 为 true 时，会自动切换播放子组件，子组件与子组件之间的播放间隔通过 interval 属性设置。interval 属性的默认值为 3000，单位为毫秒。自动轮播的示例代码见文件 2-80。

文件 2-80 Demo1003.ets

```
@Entry
@Component
struct SwiperSample {
  build() {
    Row() {
      // 轮播组件
      Swiper() {
        // 子组件
        Text('0')
          .width('90%').height('100%').backgroundColor(Color.Gray)
          .textAlign(TextAlign.Center).fontSize(30)
        Text('1')
          .width('90%').height('100%').backgroundColor(Color.Green)
          .textAlign(TextAlign.Center).fontSize(30)
        Text('2')
          .width('90%').height('100%').backgroundColor(Color.Pink)
          .textAlign(TextAlign.Center).fontSize(30)
      }
      // 设置循环播放子组件，设置自动播放，设置自动播放的时间间隔为 1000 毫秒
      .loop(true).autoPlay(true).interval(3000)
    }.height(200).width('100%').border({ width: 2 })
    .justifyContent(FlexAlign.Center)
  }
}
```

2.10 选项卡布局

本节将介绍选项卡布局的相关内容。

1. 选项卡布局概述

当页面信息较多时，为了让用户能够聚焦于当前显示的内容，需要对页面的内容进行分类，以提高页面空间利用率。Tabs 组件可以在一个页面内实现快速的视图内容切换，一方面提升了查找信息的效率，另一方面精简了用户获取到的信息量。

2. 基本布局

Tabs 组件的页面由两个部分组成，分别是 TabContent 和 TabBar。TabContent 是内容页，TabBar 是导航页签栏，页面结构如图 2-111 所示。根据不同的导航类型，布局会有区别，通常分为底部导

航、顶部导航和侧边导航，导航栏分别位于底部、顶部和侧边。

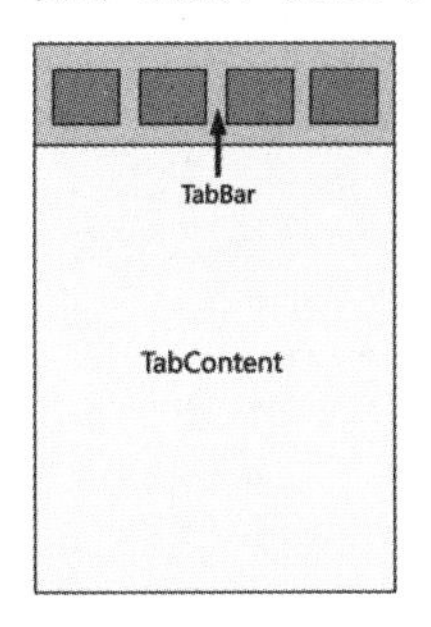

顶部导航

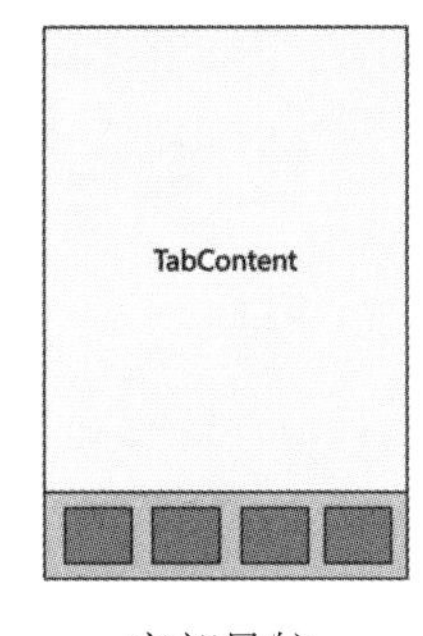

底部导航

侧边导航

图 2-111　Tabs 组件布局示意图

说　明

TabContent 组件不支持设置通用宽度属性，其宽度默认撑满 Tabs 父组件。

TabContent 组件不支持设置通用高度属性，其高度由 Tabs 父组件的高度与 TabBar 组件的高度共同决定。

Tabs 使用花括号包裹 TabContent，如图 2-112 所示，其中 TabContent 显示相应的内容页。

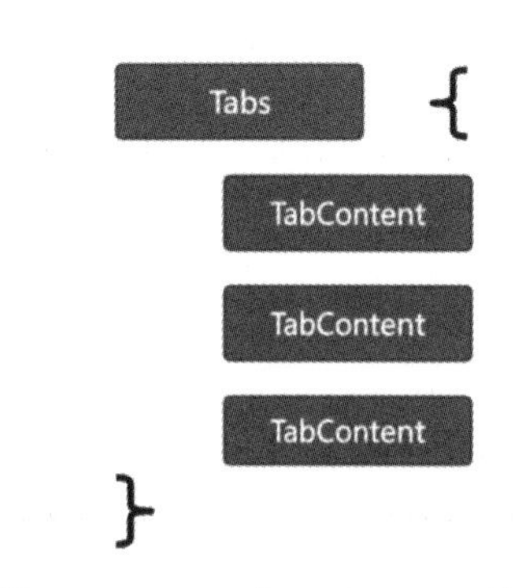

图 2-112　Tabs 与 TabContent 的使用

每一个 TabContent 对应的内容需要有一个页签，可以通过 TabContent 的 tabBar 属性进行配置。在下面的 TabContent 组件上设置 tabBar 属性，可以设置其对应页签中的内容，tabBar 作为内容的页签。

```
TabContent() {
    Text('首页的内容').fontSize(30)
  }.tabBar('首页')
```

设置多个内容时，需要在 Tabs 内按照顺序放置。示例代码见文件 2-81。

文件 2-81　Demo1101.ets

```
@Entry
@Component
struct TabsSample {
  build() {
    // 标签卡组件
    Tabs() {
      // 选项卡内容组件
      TabContent() {
        // 选项卡内容组件的子组件
        Text('首页的内容').fontSize(30)
      }
      // 设置选项卡内容组件的标签
```

```
      .tabBar('首页')

      // 选项卡内容组件
      TabContent() {
        // 选项卡内容组件的子组件
        Text('推荐的内容').fontSize(30)
      }
      // 设置选项卡内容组件的标签
      .tabBar('推荐')

      // 选项卡内容组件
      TabContent() {
        // 选项卡内容组件的子组件
        Text('发现的内容').fontSize(30)
      }
      // 设置选项卡内容组件的标签
      .tabBar('发现')

      // 选项卡内容组件
      TabContent() {
        // 选项卡内容组件的子组件
        Text('我的内容').fontSize(30)
      }
      // 设置选项卡内容组件的标签
      .tabBar("我的")
    }
  }
}
```

显示效果如图 2-113 所示。

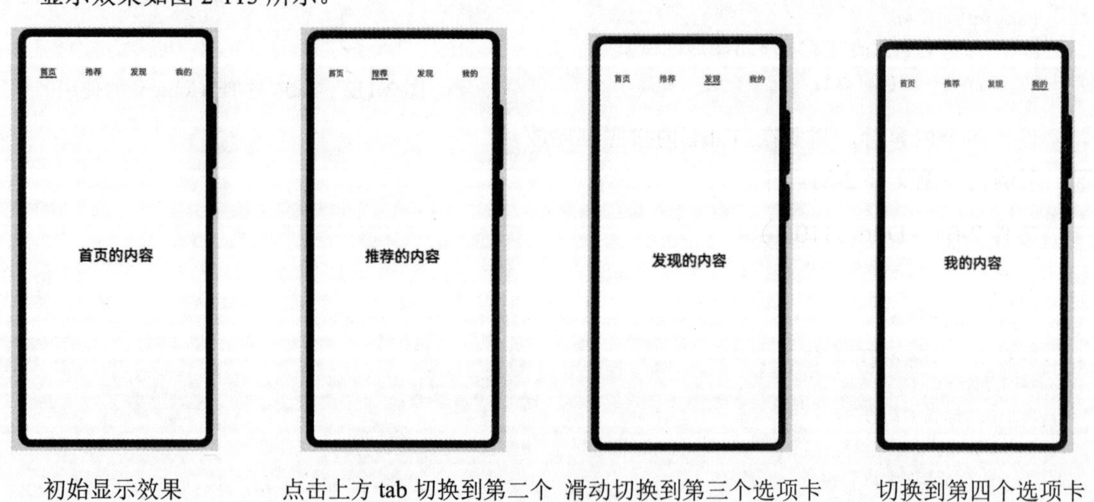

初始显示效果　　点击上方 tab 切换到第二个选项页面　　滑动切换到第三个选项卡页面　　切换到第四个选项卡页面

图 2-113　选项卡布局显示效果

3. 底部导航

底部导航是应用中常见的导航方式之一，通常位于应用一级页面的底部。用户打开应用时，通过底部导航栏可以清晰地识别出应用的功能分类和各页签对应的内容，而且底部的位置也便于用户单手操作。作为应用的主要导航形式，底部导航通过将用户关心的内容按照功能进行分类，迎合用户的使用习惯，便于用户在不同模块之间进行快速切换。

导航栏位置使用 Tabs 的 barPosition 参数进行设置。默认情况下，导航栏位于顶部，此时，barPosition 为 BarPosition.Start。要设置为底部导航时，需要将 barPosition 设置为 BarPosition.End。示例代码见文件 2-82。

文件 2-82　Demo1102.ets

```
@Entry
@Component
struct TabsSample {
  build() {
    // 标签卡组件，设置选项卡组件导航栏的位置为底部
    Tabs({ barPosition: BarPosition.End}) {
      // 选项卡内容组件
      TabContent() {
        // 选项卡内容组件的子组件
        Text('首页的内容').fontSize(30)
      }
      // 设置选项卡内容组件的标签
      .tabBar('首页')

      // 选项卡内容组件
      TabContent() {
        // 选项卡内容组件的子组件
        Text('推荐的内容').fontSize(30)
      }
      // 设置选项卡内容组件的标签
      .tabBar('推荐')

      // 选项卡内容组件
      TabContent() {
        // 选项卡内容组件的子组件
        Text('发现的内容').fontSize(30)
      }
      // 设置选项卡内容组件的标签
      .tabBar('发现')

      // 选项卡内容组件
      TabContent() {
        // 选项卡内容组件的子组件
        Text('我的内容').fontSize(30)
      }
      // 设置选项卡内容组件的标签
      .tabBar("我的")
```

```
      }
    }
  }
```

显示效果如图 2-114 所示。

图 2-114 底部导航显示效果

4. 顶部导航

当内容分类较多，用户对不同内容的浏览概率相差不大，需要经常快速切换时，一般采用顶部导航模式进行设计，作为对底部导航内容的进一步划分。例如，在一些资讯类应用中对内容分类为关注、视频、数码，或者在主题应用中对主题进一步划分为图片、视频、字体等。顶部导航示例代码见文件 2-83。

文件 2-83 Demo1103.ets

```
@Entry
@Component
struct TabsSample {
  build() {
    // 标签卡组件，设置选项卡组件导航栏的位置为顶部（默认情况）
    Tabs({ barPosition: BarPosition.Start}) {
      TabContent() {
        Text('关注的内容').fontSize(40)
      }.tabBar('关注').backgroundColor(Color.Yellow)
      TabContent(){
        Text('视频的内容').fontSize(40)
      }.tabBar('视频').backgroundColor('#ff90f0')
      TabContent() {
        Text('游戏的内容').fontSize(40)
      }.tabBar('游戏').backgroundColor(Color.Orange)
      TabContent(){
        Text('数码的内容').fontSize(40)
      }.tabBar('数码').backgroundColor(Color.Pink)
      TabContent(){
        Text('体育的内容').fontSize(40)
      }.tabBar('体育').backgroundColor('#00ff99')
      TabContent(){
        Text('科技的内容').fontSize(40)
      }.tabBar('科技').backgroundColor('#99fff0')
      TabContent(){
        Text('影视的内容').fontSize(40)
      }.tabBar('影视').backgroundColor('#f0ff99')
    }
  }
}
```

显示效果如图 2-115 所示。

5. 侧边导航

侧边导航是使用较少的一种导航模式，更多适用于横屏界面。由于用户的视觉习惯是从左到右的，侧边导航栏默认为左侧侧边栏，如图 2-116 所示。

图 2-115　顶部导航显示效果

图 2-116　侧边导航栏

实现侧边导航栏需要将 Tabs 的 vertical 属性设置为 true。vertical 的默认值为 false，表明内容页和导航栏垂直方向排列。实现侧边导航的示例代码见文件 2-84。

文件 2-84　Demo1104.ets

```
@Entry
@Component
struct TabsSample {
  build() {
    // 标签卡组件，设置选项卡组件导航栏的位置为顶部（默认情况）
    Tabs({ barPosition: BarPosition.Start }) {
      TabContent() {
        Text('关注的内容').fontSize(40)
      }.tabBar('关注').backgroundColor(Color.Yellow)
      TabContent(){
        Text('视频的内容').fontSize(40)
      }.tabBar('视频').backgroundColor('#ff90f0')
      TabContent() {
        Text('游戏的内容').fontSize(40)
      }.tabBar('游戏').backgroundColor(Color.Orange)
      TabContent(){
        Text('数码的内容').fontSize(40)
      }.tabBar('数码').backgroundColor(Color.Pink)
    }
    // 设置垂直显示导航栏，设置导航栏的宽度为 100vp，高度为 200vp
    .vertical(true).barWidth(100).barHeight(200)
  }
}
```

说 明
1. vertical 为 false 时，tabbar 的宽度默认为撑满屏幕的宽度，需要设置 barWidth 为合适值。
2. vertical 为 true 时，tabbar 的高度默认为实际内容的高度，需要设置 barHeight 为合适值。

显示效果如图 2-117 所示。

图 2-117 侧边导航显示效果

2.11 本章小结

本章详细介绍了 ArkUI 中的多种布局方式及其应用。首先，概述了布局的基本概念，包括布局结构的确定、元素构成的分析以及布局容器组件的选择和使用。接着，详细介绍了线性布局、层叠布局、弹性布局、相对布局、栅格布局、列表布局、网格布局、轮播布局和选项卡布局等常见布局方式的特点和应用场景。

（1）线性布局：通过 Row 和 Column 组件实现，适用于子元素线性排列的场景。其中介绍了主轴和交叉轴的概念，以及如何通过 justifyContent 和 alignItems 等属性控制子元素的对齐方式和间距。

（2）层叠布局：使用 Stack 组件实现，允许子元素重叠显示，适用于需要层叠效果的场景，如广告展示等。其中介绍了对齐方式和 Z 序控制的概念。

（3）弹性布局：通过 Flex 组件实现，适用于需要灵活分配空间的场景。介绍了如何通过 flexDirection、flexWrap、justifyContent 和 alignItems 等属性控制布局方向、换行和对齐方式。

（4）相对布局：使用 RelativeContainer 组件实现，允许子元素相对于父容器或其他子元素进行定位。介绍了锚点和对齐方式的概念，以及如何通过 alignRules 和 offset 属性进行布局设置。

（5）栅格布局：通过 GridRow 和 GridCol 组件实现，适用于需要均匀分割空间的场景。介绍了栅格系统的断点规则、总列数设置、排列方向和子组件间距等概念。

（6）列表布局：通过 List 组件实现，适用于展示大量数据集合的场景。介绍了列表的布局方向、交叉轴布局和数据迭代等概念。

（7）网格布局：通过 Grid 组件实现，适用于需要均匀分割空间的场景。介绍了行列数量与尺寸占比设置、子组件跨行列显示等概念。

（8）轮播布局：通过 Swiper 组件实现，适用于展示推荐内容等场景。介绍了循环播放和自动轮播等概念。

（9）选项卡布局：通过 Tabs 组件实现，适用于需要对页面内容进行分类的场景。其中介绍了顶部导航、底部导航和侧边导航等布局方式。

通过本章的学习，读者可以掌握 ArkUI 中各种布局方式的使用方法和技巧，根据实际需求选择合适的布局方式，实现灵活多样的页面设计。

2.12　本章习题

1. 在 ArkUI 中，布局结构通常采用什么形式？
2. 在相对布局中，如何设置子元素相对于父容器左对齐？
3. 弹性布局中的主轴和交叉轴是什么？
4. 如何在栅格布局中设置子组件横跨多行或多列？
5. List 组件的子组件必须是什么类型的组件？
6. 如何在 Swiper 组件中实现自动轮播？
7. Tabs 组件中的 TabContent 组件的宽度和高度是如何确定的？
8. 在相对布局中，如何设置子元素相对于兄弟元素顶部对齐？
9. 如何在 ArkUI 中实现一个两列的垂直列表？

第3章

ArkUI 中的常用组件

本章将详细介绍 ArkUI 中常用的组件及其应用，包括按钮、单选框、切换按钮、进度条、文本显示、文本输入、图片显示、自定义弹窗和视频播放等组件。每个组件的创建方法、属性设置、事件绑定以及应用场景均进行了详细的讲解和示例演示。

3.1 按钮组件

Button 是用于响应用户点击操作的按钮组件，其类型包括胶囊按钮、圆形按钮、普通按钮。Button 作为容器使用时，可以通过添加子组件来包含文字、图片等元素。

1. 创建按钮

Button 通过调用接口来创建，接口调用有以下两种形式：

（1）创建不包含子组件的按钮：

```
Button(label?: ResourceStr, options?: {
  type?: ButtonType,
  stateEffect?: boolean
})
```

其中，label 用来设置按钮文字，type 用于设置 Button 类型，stateEffect 用于设置 Button 是否开启点击效果。示例如文件 3-1 所示。

文件 3-1　Demo0101.ets

```
@Entry
@Component
struct ButtonSample {
  build() {
    Column() {
      // 按钮组件，第一个参数设置按钮显示的文本
```

```
    // 第二个参数设置按钮的类型为普通按钮，设置点击动效为 true
    Button('Ok', { type: ButtonType.Normal, stateEffect: true })
      // 设置按钮的边框圆角半径
      .borderRadius(8)
      // 设置按钮的背景色
      .backgroundColor(0x317aff)
      // 设置按钮的宽度
      .width(90)
      // 设置按钮的高度
      .height(40)
  }.alignItems(HorizontalAlign.Center)
  .height('100%').width('100%')
 }
}
```

显示效果如图 3-1 所示。

图 3-1　不包含子组件的按钮显示效果

（2）创建包含子组件的按钮：

```
Button(options?: {type?: ButtonType,
stateEffect?: boolean})
```

只支持包含一个子组件，子组件可以是基础组件或者容器组件。示例代码见文件 3-2。

文件 3-2　Demo0102.ets

```
@Entry
@Component
struct ButtonSample {
  build() {
    Column() {
      // 设置按钮的效果为普通按钮
      // 设置带有按钮的点按动效
      Button({ type: ButtonType.Normal, stateEffect: true }) {
        // 按钮的子组件
        Row() {
          // 图片
          Image($r('app.media.loading'))
            // 设置图片的宽度为 20vp，高度为 40vp，左外边距为 12vp
            .width(20).height(20).margin({ left: 10 })
          // 文本显示组件
          Text('loading')
            // 设置文本字号为 12vp，字体颜色为白色，左外边距为 5vp，右外边距为 12vp
            .fontSize(12).fontColor(0xffffff).margin({ left: 5, right: 10 })
        }
        // 行容器组件的子组件垂直方向排列方式为垂直居中
        .alignItems(VerticalAlign.Center)
      }
      // 设置按钮的边框圆角半径为 8vp，背景色为蓝色，宽度为 90vp，高度为 40vp
      .borderRadius(8).backgroundColor(0x317aff).width(90).height(40)
    }
```

```
    // 设置子组件水平方向居中对齐
    .alignItems(HorizontalAlign.Center)
    .height('100%').width('100%')
  }
}
```

显示效果如图 3-2 所示。

图 3-2　包含子组件的按钮显示效果

2. 设置按钮类型

Button 有 3 种可选类型：胶囊类型（Capsule）、圆形按钮（Circle）和普通按钮（Normal），通过 type 属性进行设置，其中胶囊类型为默认类型。

（1）胶囊按钮的圆角自动设置为高度的一半，不支持通过 borderRadius 属性重新设置圆角。示例代码见文件 3-3。

文件 3-3　Demo0103.ets

```
@Entry
@Component
struct ButtonSample {
  build() {
    Column() {
      // 设置按钮显示的文本
      // 设置按钮的样式为胶囊样式，禁用点按动效
      Button('Disable', { type: ButtonType.Capsule, stateEffect: false })
        // 设置背景色，设置宽度为 90vp，高度 40vp
        .backgroundColor(0x317aff).width(90).height(40)
    }
    // 设置子组件水平方向居中对齐
    .alignItems(HorizontalAlign.Center)
    .height('100%').width('100%')
  }
}
```

显示效果如图 3-3 所示。

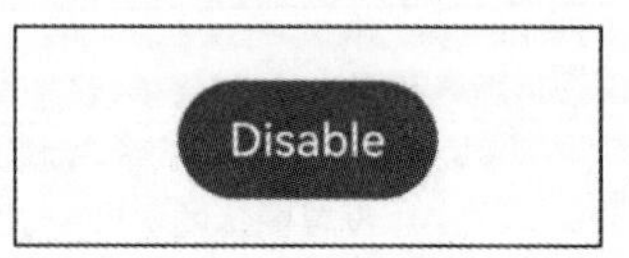

图 3-3　胶囊类型按钮显示效果

（2）圆形按钮不支持通过 borderRadius 属性重新设置圆角。示例代码见文件 3-4。

文件 3-4　Demo0104.ets

```
@Entry
@Component
struct ButtonSample {
  build() {
    Column() {
      // 设置按钮显示的文本
      // 设置按钮的样式为圆形，禁用点按动效
      Button('Circle', { type: ButtonType.Circle, stateEffect: false })
        // 设置按钮的背景色，设置按钮的宽度和高度都是 90vp
```

```
        .backgroundColor(0x317aff).width(90).height(90)
    }
    // 设置子组件水平方向居中对齐
    .alignItems(HorizontalAlign.Center)
    .height('100%').width('100%')
  }
}
```

显示效果如图 3-4 所示。

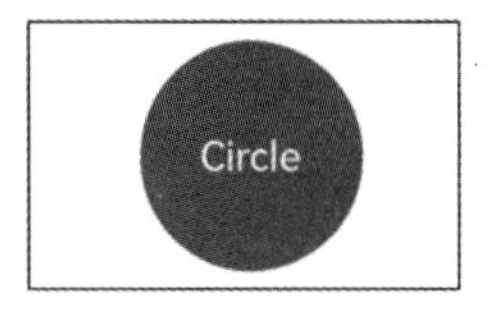

图 3-4　圆形按钮显示效果

（3）普通按钮默认圆角为 0，支持通过 borderRadius 属性重新设置圆角。示例代码见文件 3-5。

文件 3-5　Demo0105.ets

```
@Entry
@Component
struct ButtonSample {
  build() {
    Column() {
      // 设置按钮显示的文本
      // 设置按钮的样式为普通样式
      // 启用点按动效
      Button('Ok', { type: ButtonType.Normal, stateEffect: true })
        // 设置按钮的边框圆角半径
        .borderRadius(8)
        // 设置按钮的背景色
        .backgroundColor(0x317aff)
        // 设置按钮的宽度为 90vp
        .width(90)
        // 设置按钮的高度为 40vp
        .height(40)
    }
    // 设置子组件水平方向居中对齐
    .alignItems(HorizontalAlign.Center)
    .height('100%').width('100%')
  }
}
```

显示效果如图 3-5 所示。

图 3-5　普通按钮显示效果

3. 自定义样式

使用通用属性来自定义按钮样式。

（1）通过 borderRadius 属性设置按钮的边框弧度，示例代码见文件 3-6。

文件 3-6　Demo0106.ets

```
@Entry
@Component
struct ButtonSample {
  build() {
```

```
    Column() {
      // 设置按钮显示的文本
      // 设置按钮的类型为普通样式
      Button('circle border', { type: ButtonType.Normal })
        // 设置按钮的边框圆角半径为 20vp
        // 设置按钮的高度为 40vp
        .borderRadius(20).height(40)
    }
    // 设置子组件水平方向居中对齐
    .alignItems(HorizontalAlign.Center)
    .height('100%').width('100%')
  }
}
```

显示效果如图 3-6 所示。

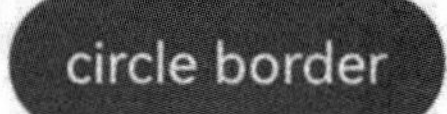

图 3-6　带边框弧度的按钮显示效果

（2）通过添加文本样式设置按钮文本的展示样式，示例代码见文件 3-7。

文件 3-7　Demo0107.ets

```
@Entry
@Component
struct ButtonSample {
  build() {
    Column() {
      // 设置按钮显示的文本
      // 设置按钮的样式为普通样式
      Button('font style', { type: ButtonType.Normal })
        // 设置按钮显示的文本字号为 20vp
        // 设置按钮显示的文本颜色为粉色
        // 设置按钮显示的文本粗细
        .fontSize(20).fontColor(Color.Pink).fontWeight(800)
    }
    // 设置子组件水平方向居中对齐
    .alignItems(HorizontalAlign.Center)
    .height('100%').width('100%')
  }
}
```

显示效果如图 3-7 所示。

图 3-7　设置文本样式后的按钮显示效果

（3）通过添加 backgroundColor 属性设置按钮的背景颜色，示例代码见文件 3-8。

文件 3-8　Demo0108.ets

```
@Entry
@Component
struct ButtonSample {
  build() {
    Column() {
      // 设置按钮显示的文本
```

```
      Button('background color')
        // 设置按钮的背景色
        .backgroundColor(0xF55A42)
    }
    // 设置子组件水平方向居中对齐
    .alignItems(HorizontalAlign.Center)
    .height('100%').width('100%')
  }
}
```

显示效果如图 3-8 所示。

（4）创建功能型按钮。例如，为删除操作创建一个按钮，示例代码见文件 3-9。

图 3-8　设置背景色后的按钮显示效果

文件 3-9　Demo0109.ets

```
// 通过 Record 类型数据设置布局参数
let MarLeft: Record<string, number> = { 'left': 20 }

@Entry
@Component
struct ButtonSample {
  build() {
    Column() {
      // 设置按钮的样式为圆形，启用点按动效
      Button({ type: ButtonType.Circle, stateEffect: true }) {
        // 按钮的子组件为图片组件，将它的宽度和高度都设置为 30vp
        Image($r('app.media.ic_public_delete_filled')).width(30).height(30)
      }
      // 设置按钮的宽度和高度都是 55vp
      .width(55).height(55)
      // 使用 Record 类型的数据设置按钮的外边距，设置按钮的背景色
      .margin(MarLeft).backgroundColor(0xF55A42)
    }
    // 设置子组件水平方向居中对齐
    .alignItems(HorizontalAlign.Center)
    .height('100%').width('100%')
  }
}
```

显示效果如图 3-9 所示。

图 3-9　删除按钮显示效果

4. 添加事件

Button 组件通常用于触发某些操作，可以绑定 onClick 事件来响应点击操作后的自定义行为。

```
Button('Ok', { type: ButtonType.Normal, stateEffect: true })
    // 添加按钮的点击事件处理函数
  .onClick(()=>{
    console.info('Button onClick')
```

```
})
```

5. 应用场景示例

（1）用于启动操作。

可以用按钮启动任何用户界面元素，按钮会根据用户的操作触发相应的事件。例如，在 List 容器里通过点击按钮进行页面跳转，示例代码见文件 3-10~文件 3-13。

文件 3-10 Demo0110.ets

```
// ...

@Entry
@Component
struct ButtonCase1 {
  pathStack: NavPathStack = new NavPathStack();

  @Builder
  PageMap(name: string) {
    if (name === "first_page") {
      pageOneTmp()
    } else if (name === "second_page") {
      pageTwoTmp()
    } else if (name === "third_page") {
      pageThreeTmp()
    }
  }

  build() {
    Navigation(this.pathStack) {
      // 列表组件
      List({ space: 4 }) {
        // 列表子组件
        ListItem() {
          // 设置按钮显示的文本
          Button("First")
            // 设置按钮点击事件处理函数
            .onClick(() => {
              // 当点击的时候切换到页面 1
              this.pathStack.pushPath({ name: "first_page" })
            }).width('100%')
        }

        // 列表子组件
        ListItem() {
          // 设置按钮显示的文本
          Button("Second")
            // 设置按钮点击事件处理函数
```

```
          .onClick(() => {
            // 点击时切换到页面 2
            this.pathStack.pushPath({ name: "second_page" })
          }).width('100%')
        }

        // 列表子组件
        ListItem() {
          // 设置按钮显示的文本
          Button("Third")
            // 设置按钮点击事件处理函数
            .onClick(() => {
              // 点击时切换到页面 3
              this.pathStack.pushPath({ name: "third_page" })
            }).width('100%')
        }
      }.listDirection(Axis.Vertical).backgroundColor(0xDCDCDC).padding(20)
    }
    // 设置导航模式：导航条和内容区在栈中显示
    .mode(NavigationMode.Stack)
    // 设置用户定义的导航终点组件
    .navDestination(this.PageMap)
  }
}
```

文件 3-11　pageOne.ets

```
@Component
export struct pageOneTmp {
  pathStack: NavPathStack = new NavPathStack();

  build() {
    // 导航终点组件
    NavDestination() {
      // 列容器组件
      Column() {
        // 文本组件
        Text("first_page")
      }.width('100%').height('100%')
    }.title("pageOne")
    .onBackPressed(() => {
      // 当点击返回按钮时，弹出路由栈栈顶的元素
      const popDestinationInfo = this.pathStack.pop()
      console.log('pop' + '返回值' + JSON.stringify(popDestinationInfo))
      // 返回 true 表示路由成功
      return true
    }).onReady((context: NavDestinationContext) => {
```

```
      // 当导航终点准备好的时候，设置导航路径栈
      this.pathStack = context.pathStack
    })
  }
}
```

文件 3-12 pageTwo.ets

```
@Component
export struct pageTwoTmp {
  pathStack: NavPathStack = new NavPathStack();

  build() {
    NavDestination() {
      Column() {
        Text("second_page")
      }.width('100%').height('100%')
    }.title("pageTwo").onBackPressed(() => {
      const popDestinationInfo = this.pathStack.pop() // 弹出路由栈栈顶的元素
      console.log('pop' + '返回值' + JSON.stringify(popDestinationInfo))
      return true
    }).onReady((context: NavDestinationContext) => {
      this.pathStack = context.pathStack
    })
  }
}
```

文件 3-13 pageThree.ets

```
@Component
export struct pageThreeTmp {
  pathStack: NavPathStack = new NavPathStack();

  build() {
    NavDestination() {
      Column() {
        Text("third_page")
      }.width('100%').height('100%')
    }.title("pageThree").onBackPressed(() => {
      const popDestinationInfo = this.pathStack.pop() // 弹出路由栈栈顶的元素
      console.log('pop' + '返回值' + JSON.stringify(popDestinationInfo))
      return true
    }).onReady((context: NavDestinationContext) => {
      this.pathStack = context.pathStack
    })
  }
}
```

显示效果如图 3-10 所示。

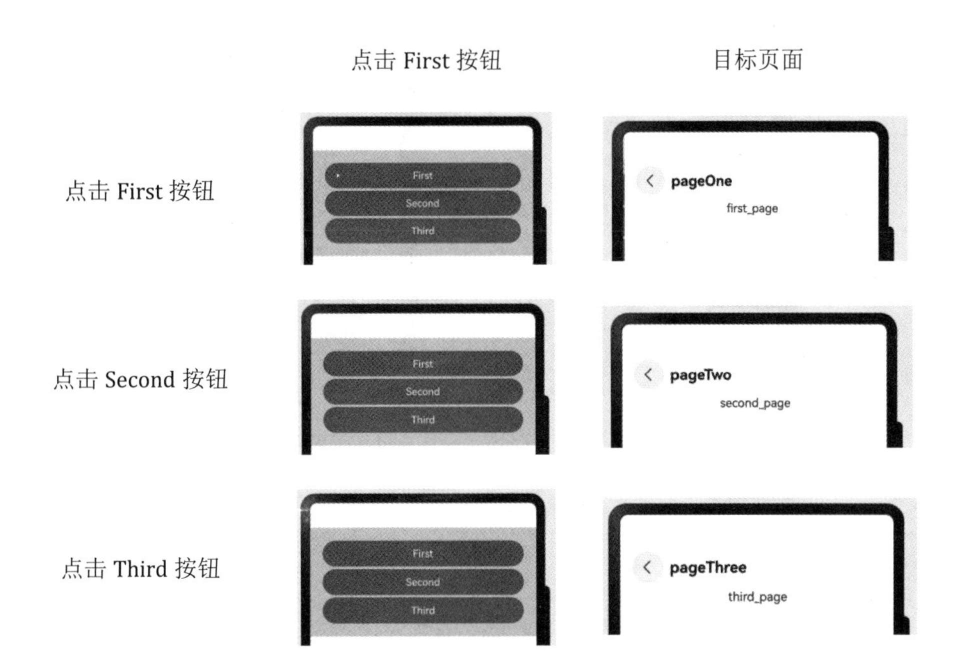

图 3-10 通过点击按钮跳转页面的显示效果

（2）用于提交表单。

在用户登录/注册页面，使用按钮进行登录或注册操作，示例代码见文件 3-14。

文件 3-14 Demo0111.ets

```
@Entry
@Component
struct ButtonCase2 {
  build() {
    Column() {
      // 文本输入组件，设置占位符，顶部外边距为 20vp
      TextInput({ placeholder: 'input your username' }).margin({ top: 20 })
      // 文本输入组件，设置占位符，组件类型为密码框，顶部外边距为 20vp
      TextInput({ placeholder: 'input your
password' }).type(InputType.Password).margin({ top: 20 })
      // 按钮组件，设置显示的文本
      Button('Register')
        // 设置宽度为 300vp，顶部外边距为 20vp
        .width(300).margin({ top: 20 })
        // 设置点击事件的处理函数
        .onClick(() => {
          // 当点击按钮时，执行操作
          // ...
        })
    }.padding(20)
  }
}
```

显示效果如图 3-11 所示。

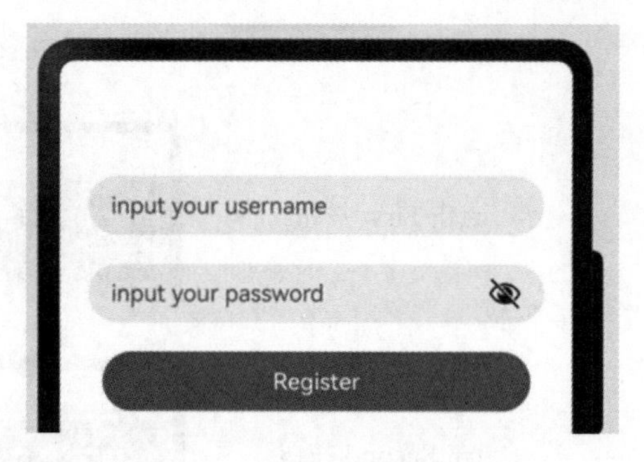

图 3-11 用于提交表单的按钮

（3）悬浮按钮。

在可以滑动的界面中滑动时，按钮始终保持悬浮状态，示例代码见文件 3-15。

文件 3-15 Demo0112.ets

```
@Entry
@Component
struct HoverButtonExample {
  private arr: number[] = [0, 1, 2, 3, 4,
5, 6, 7, 8, 9]

  build() {
    // 层叠布局
    Stack() {
      List({ space: 20, initialIndex: 0 }) {
        // 使用 ForEach 循环渲染列表组件中的列表项组件
        ForEach(this.arr, (item: number) => {
          ListItem() {
            Text('' + item)
              . // ...
          }
        }, (item: number) => item.toString())
      }.width('90%')

      // 按钮组件
      Button() {
        // 按钮组件的子组件为图片组件，设置图片组件要显示的图片，同时设置其宽和高都是 50vp
        Image($r('app.media.ic_public_add')).width(50).height(50)
      }
      .width(60)
      .height(60)
      // 指定该按钮组件所处的位置
      .position({ x: '80%', y: 600 })
      // 阴影效果：边框阴影半径为 10vp
      .shadow({ radius: 10 })
      .onClick(() => {
        // 需要执行的操作
      })
    }.width('100%').height('100%').backgroundColor(0xDCDCDC).padding({ top: 5 })
  }
}
```

显示效果如图 3-12 所示，按钮处于悬浮状态，在列表组件滚动的时候处于原位不动。

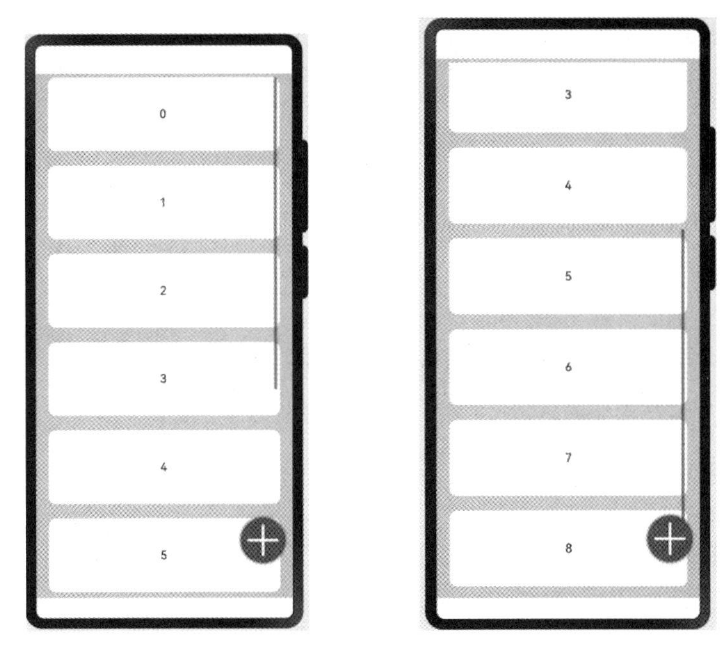

图 3-12　悬浮按钮显示效果

3.2　单选框组件

Radio 是单选框组件，通常用于提供相应的用户交互选择项。同一组的 Radio 中只有一个可以被选中。

1. 创建单选框

Radio 通过调用接口来创建，接口调用形式如下：

```
Radio(options: {value: string, group: string})
```

其中，value 是单选框的名称，group 是单选框所属群组的名称。

通过 checked 属性可以设置单选框的状态。当 checked 的值为 true 时，表示单选框被选中；当 checked 的值为 false 时，表示单选框未被选中。

Radio 支持设置选中状态和非选中状态的样式，但不支持自定义形状。

创建单选框的示例代码见文件 3-16。

文件 3-16　Demo0201.ets

```
@Entry
@Component
struct ButtonSample {
  build() {
    Row() {
      // 单选框组件，设置值，设置所属的组，默认未选中
      Radio({ value: 'Radio1', group: 'radioGroup' }).checked(false)
```

```
      // 单选框组件，设置值，设置所属的组，默认选中
      Radio({ value: 'Radio2', group: 'radioGroup' }).checked(true)
    }.alignItems(VerticalAlign.Center).justifyContent(FlexAlign.SpaceAround)
    .height(30).width(50)
  }
}
```

显示效果如图 3-13 所示。

图 3-13 单选框显示效果

2. 添加事件

Radio 可用于在被选中后触发某些操作，可以绑定 onChange 事件来响应这些操作的自定义行为，示例代码见文件 3-17。

文件 3-17 Demo0202.ets

```
import { promptAction } from '@kit.ArkUI'

@Entry
@Component
struct ButtonSample {
  build() {
    Row() {
      // 单选框组件，设置值和所属的组
      Radio({ value: 'Radio1', group: 'radioGroup' })
        .onChange((isChecked: boolean) => {
          if (isChecked) {
            // 需要执行的操作
            promptAction.showToast({ message: '选中了 Radio1', duration: 2000, bottom:
'80%' })
          }
        })
      // 单选框组件，设置值和所属的组
      Radio({ value: 'Radio2', group: 'radioGroup' })
        .onChange((isChecked: boolean) => {
          if (isChecked) {
            // 需要执行的操作
            promptAction.showToast({ message: '选中了 Radio2', duration: 2000, bottom:
'80%' })
          }
        })
    }.justifyContent(FlexAlign.Center)
    .height(30).width('100%')
  }
}
```

显示效果如图 3-14 所示。

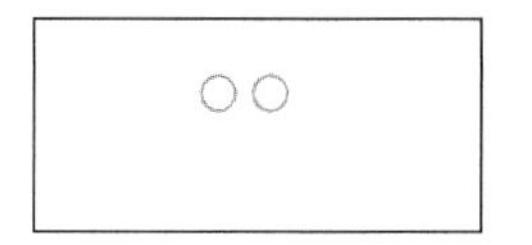

初始显示效果

选中第一个单选框时的效果

选中第二个单选框时的效果

图 3-14 Radio 组件添加事件后的效果

3.3 切换按钮组件

Toggle 是切换按钮组件，通常用于提供状态按钮样式、勾选框样式和开关样式，主要用于两种状态之间切换。

1. 创建切换按钮

Toggle 通过调用接口来创建，接口调用形式如下：

```
Toggle(options: { type: ToggleType, isOn?: boolean })
```

其中，ToggleType 为开关类型，包括 Button、Checkbox 和 Switch；isOn 为切换按钮的状态。从 API version 11 开始，Checkbox 的默认样式由圆角方形变为圆形。

切换按钮的创建有以下两种形式：

（1）创建不包含子组件的 Toggle。当 ToggleType 为 Checkbox 或者 Switch 时，创建不包含子组件的 Toggle，示例代码见文件 3-18 和文件 3-19。

文件 3-18 Demo0301.ets

```
@Entry
@Component
struct ToggleSample {
  build() {
    Row() {
      // 切换按钮，type 设置为复选框样式，isOn 设置为未选中
      Toggle({ type: ToggleType.Checkbox, isOn: false })
      // 切换按钮，type 设置为复选框样式，isOn 设置为选中状态
      Toggle({ type: ToggleType.Checkbox, isOn: true })
    }.width('100%').justifyContent(FlexAlign.Center)
  }
}
```

显示效果如图 3-15 所示。

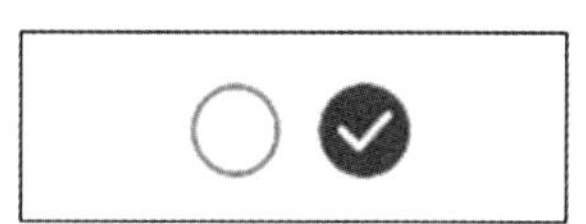

图 3-15 切换按钮的显示效果

文件 3-19 Demo0302.ets

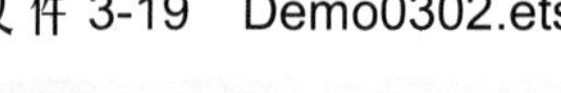

```
@Entry
@Component
```

```
struct ToggleSample {
  build() {
    Row() {
      // 通过 type 将切换按钮设置为开关样式，isOn 设置为未选中
      Toggle({ type: ToggleType.Switch, isOn: false })
      // 通过 type 将切换按钮设置为开关样式，isOn 设置为已选中
      Toggle({ type: ToggleType.Switch, isOn: true })
    }.width('100%').justifyContent(FlexAlign.Center)
  }
}
```

显示效果如图 3-16 所示。

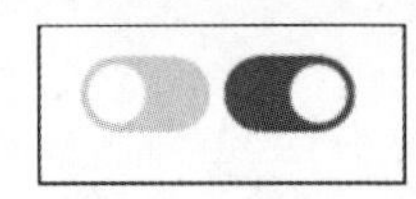

图 3-16　设置是否选中的切换按钮

（2）创建包含子组件的 Toggle。当 ToggleType 为 Button 时，只能包含一个子组件，如果子组件有文本设置，则相应的文本内容会显示在按钮上，示例代码见文件 3-20。

文件 3-20　Demo0303.ets

```
@Entry
@Component
struct ToggleSample {
  build() {
    Row() {
      // 通过 type 将切换按钮设置为按钮的样式，isOn 设置为未选中
      Toggle({ type: ToggleType.Button, isOn: false }) {
        // 切换按钮可以包含子组件，使用 Text 设置切换按钮显示的文本
        Text('status button').fontColor('#182431').fontSize(12)
      }.width(100)
      // 通过 type 将切换按钮设置为按钮的样式，isOn 设置为已选中
      Toggle({ type: ToggleType.Button, isOn: true }) {
        // 切换按钮可以包含子组件，使用 Text 设置切换按钮要显示的文本
        Text('status button').fontColor('#182431').fontSize(12)
      }.width(100)
    }.width('100%').justifyContent(FlexAlign.Center)
  }
}
```

显示效果如图 3-17 所示。

status button　status button

图 3-17　包含子组件的切换按钮

2. 自定义样式

（1）通过 selectedColor 属性设置 Toggle 被选中后的背景颜色。示例代码见文件 3-21。

文件 3-21　Demo0304.ets

```
@Entry
@Component
struct ToggleSample {
  build() {
    Row() {
```

```
      // 使用 type 将切换按钮设置为按钮的样式，isOn 设置为已选中
      Toggle({ type: ToggleType.Button, isOn: true }) {
        // 使用 Text 组件设置要显示的文本及文本样式
        Text('status button').fontColor('#182431').fontSize(12)
      }.width(100).selectedColor(Color.Pink)
      // 将切换按钮设置为复选框样式，isOn 设置为已选中
      Toggle({ type: ToggleType.Checkbox, isOn: true })
        // 设置切换按钮选中后的颜色为粉色
        .selectedColor(Color.Pink)
      // 将切换按钮设置为开关的样式，isOn 设置为已选中
      Toggle({ type: ToggleType.Switch, isOn: true })
        // 设置选中后的颜色为粉色
        .selectedColor(Color.Pink)
    }.width('100%').justifyContent(FlexAlign.Center)
  }
}
```

显示效果如图 3-18 所示。

图 3-18　自定义样式的切换按钮

（2）通过 switchPointColor 属性设置 Switch 类型的圆形滑块颜色，仅当 type 为 ToggleType.Switch 时有效。示例代码见文件 3-22。

文件 3-22　Demo0305.ets

```
@Entry
@Component
struct ToggleSample {
  build() {
    Row() {
      // 通过 type 将切换按钮设置为开关样式，isOn 设置为未选中
      Toggle({ type: ToggleType.Switch, isOn: false })
        // 将切换按钮的圆点设置为粉色
        .switchPointColor(Color.Pink)
      // 通过 type 将切换按钮设置为开关样式，isOn 设置为已选中
      Toggle({ type: ToggleType.Switch, isOn: true })
        // 将切换按钮的圆点设置为粉色
        .switchPointColor(Color.Pink)
    }.width('100%').justifyContent(FlexAlign.Center)
  }
}
```

显示效果如图 3-19 所示。

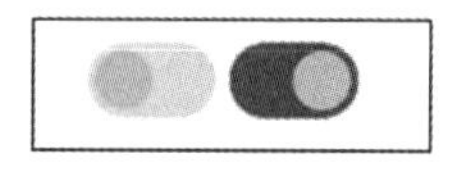

图 3-19　设置了切换按钮滑块颜色的效果

3. 添加事件

Toggle 可用于在被选中和取消选中后触发某些操作，可以绑定 onChange 事件来响应操作的自定义行为。

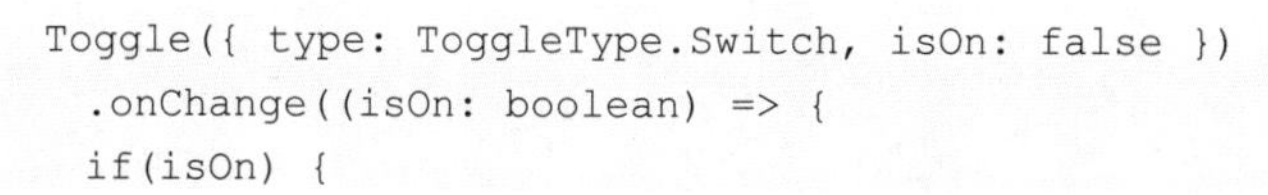

```
Toggle({ type: ToggleType.Switch, isOn: false })
  .onChange((isOn: boolean) => {
  if(isOn) {
```

```
    // 需要执行的操作
  }
})
```

4. 应用场景示例

Toggle 用于切换蓝牙开关状态，示例代码见文件 3-23。

文件 3-23 Demo0306.ets

```
import { promptAction } from '@kit.ArkUI';

@Entry
@Component
struct ToggleExample {
  // 设置当打开蓝牙后弹窗显示的消息
  @State BOnSt: promptAction.ShowToastOptions = { 'message': 'Bluetooth is on.' }
  // 设置当关闭蓝牙后弹窗显示的消息
  @State BOffSt: promptAction.ShowToastOptions = { 'message': 'Bluetooth is off.' }

  build() {
    Column() {
      Row() {
        Text("Bluetooth Mode").height(50).fontSize(16)
      }
      Row() {
        Text("Bluetooth").height(50).padding({ left: 10 })
          .fontSize(16).textAlign(TextAlign.Start)
          .backgroundColor(0xFFFFFF)
        // 切换按钮样式设置为开关样式
        Toggle({ type: ToggleType.Switch })
          .margin({ left: 200, right: 10 })
          // 设置切换按钮状态更改时的事件处理函数
          .onChange((isOn: boolean) => {
            if (isOn) {
              // 如果切换按钮状态切换为已选中，则提示蓝牙已打开
              promptAction.showToast(this.BOnSt)
            } else {
              // 如果切换按钮状态切换为未选中，则提示蓝牙已关闭
              promptAction.showToast(this.BOffSt)
            }
          })
      }.backgroundColor(0xFFFFFF)
    }.padding(10).backgroundColor(0xDCDCDC).width('100%').height('100%')
  }
}
```

显示效果如图 3-20 所示。

当选中切换按钮时

当取消选中切换按钮时

图 3-20　使用切换按钮切换蓝牙状态的显示效果

3.4　进度条组件

Progress 是一种进度条显示组件，用于显示目标操作的当前进度。

1. 创建进度条

Progress 通过调用接口来创建，接口调用形式如下：

```
Progress(options: {value: number, total?: number, type?: ProgressType})
```

其中，value 用于设置初始进度值，total 用于设置进度总长度，type 用于设置 Progress 样式。创建进度条的示例代码见文件 3-24。

文件 3-24　Demo0401.ets

```
@Entry
@Component
struct ProgressSample {
  build() {
    Row() {
      // 创建一个进度总长为 100，初始进度值为 24 的线性进度条
      Progress({ value: 24, total: 100, type: ProgressType.Linear })
    }.margin({ left: 20, right: 20 })
  }
}
```

显示效果如图 3-21 所示。

图 3-21　进度条显示效果

2. 设置进度条样式

通过 ProgressType 可以设置进度条样式，ProgressType 类型包括：ProgressType.Linear（线性样式）、ProgressType.Ring（环形无刻度样式）、ProgressType.ScaleRing（环形有刻度样式）、ProgressType.Eclipse（圆形样式）和 ProgressType.Capsule（胶囊样式）。默认类型为 ProgressType.Linear。

> **说　明**
>
> 从 API version9 开始，当组件的高度大于宽度时，组件会自适应垂直显示；当组件的高度等于宽度时，组件保持水平显示。

（1）线性样式进度条的示例代码见文件 3-25。

文件 3-25　Demo0402.ets

```
@Entry
@Component
struct ProgressSample {
  build() {
    Row() {
      // 进度条组件，设置当前进度值为 20，总进度长度为 100，将进度条样式设置为直线
      // 设置进度条的宽度大于高度，进度条水平显示
      Progress({ value: 20, total: 100, type: ProgressType.Linear }).width(200).height(50)
      // 进度条组件，设置当前进度值为 20，总进度长度为 100，将进度条样式设置为直线
      // 设置进度条的高度大于宽度，进度条垂直显示
      Progress({ value: 20, total: 100, type: ProgressType.Linear }).width(50).height(200)
    }.width('100%').padding({ left: 20, right: 20 })
  }
}
```

显示效果如图 3-22 所示。

（2）环形无刻度样式进度条的示例代码见文件 3-26。

文件 3-26　Demo0403.ets

```
@Entry
@Component
struct ProgressSample {
  build() {
    Row() {
      // 从左往右，1 号环形进度条，默认前景色为蓝色渐变，默认 strokeWidth 进度条宽度为 2vp
      Progress({ value: 40, total: 150, type: ProgressType.Ring }).width(100).height(100)
      // 从左往右，2 号环形进度条
      Progress({ value: 40, total: 150, type: ProgressType.Ring }).width(100).height(100)
        // 进度条前景色为灰色
        .color(Color.Grey)
        // 设置 strokeWidth 进度条宽度为 15vp
        .style({ strokeWidth: 15})
    }
  }
}
```

显示效果如图 3-23 所示。

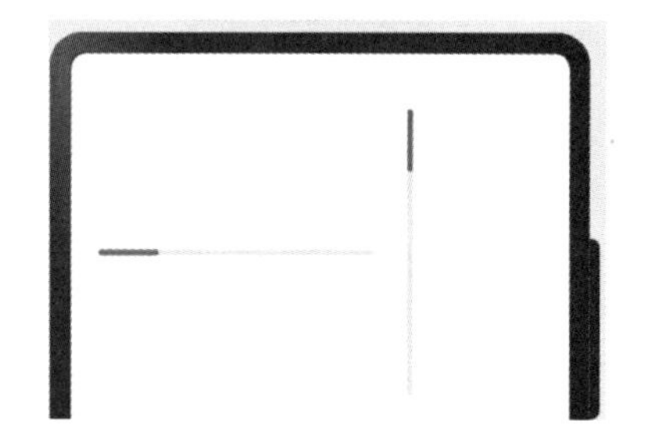

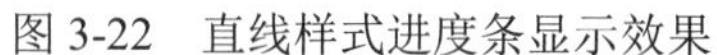

图 3-22　直线样式进度条显示效果

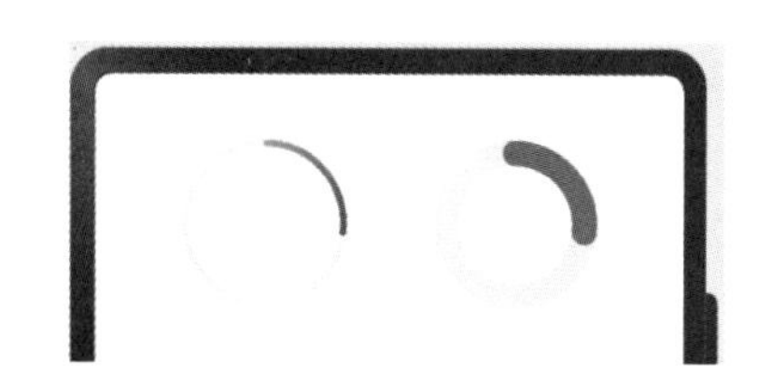

图 3-23　环形无刻度样式进度条显示效果

（3）环形有刻度样式进度条的示例代码见文件 3-27。

文件 3-27　Demo0404.ets

```
@Entry
@Component
struct ProgressSample {
  build() {
    Row() {
      Progress({ value: 20, total: 150, type:
ProgressType.ScaleRing }).width(100).height(100)
        .backgroundColor(Color.Black)
          // 设置环形有刻度进度条总刻度数为 20，刻度宽度为 5vp
        .style({ scaleCount: 20, scaleWidth: 5 })
      Progress({ value: 20, total: 150, type:
ProgressType.ScaleRing }).width(100).height(100)
        .backgroundColor(Color.Black)
          // 设置环形有刻度进度条宽度为 15vp，总刻度数为 20，刻度宽度为 5vp
        .style({ strokeWidth: 15, scaleCount: 20, scaleWidth: 5 })
      Progress({ value: 20, total: 150, type:
ProgressType.ScaleRing }).width(100).height(100)
        .backgroundColor(Color.Black)
          // 设置环形有刻度进度条宽度为 15vp，总刻度数为 20，刻度宽度为 3vp
        .style({ strokeWidth: 15, scaleCount: 20, scaleWidth: 3 })
    }.width('100%').justifyContent(FlexAlign.SpaceEvenly)
  }
}
```

显示效果如图 3-24 所示。

（4）圆形样式进度条的示例代码见文件 3-28。

文件 3-28　Demo0405.ets

```
@Entry
@Component
struct ProgressSample {
  build() {
    Row() {
      // 圆形进度条，默认前景色为蓝色
```

```
      Progress({ value: 10, total: 150, type: ProgressType.Eclipse })
        .width(100).height(100)
      // 圆形进度条，指定前景色为灰色
      Progress({ value: 20, total: 150, type: ProgressType.Eclipse })
        .color(Color.Grey).width(100).height(100)
    }.width('100%').justifyContent(FlexAlign.SpaceEvenly)
  }
}
```

显示效果如图 3-25 所示。

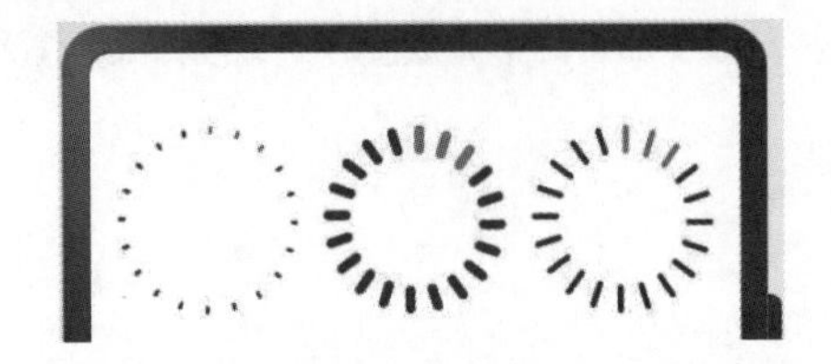

图 3-24　环形有刻度样式进度条显示效果

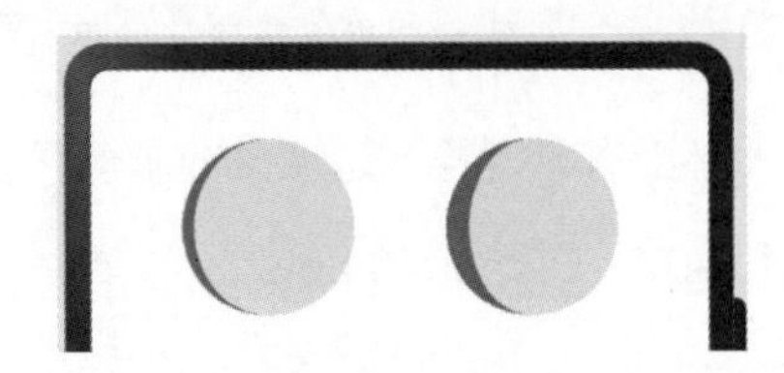

图 3-25　圆形样式进度条显示效果

（5）胶囊样式进度条的示例代码见文件 3-29。

> **说　明**
>
> 胶囊样式进度条头尾两端圆弧处的进度展示效果与 ProgressType.Eclipse 样式相同；中段处的进度展示效果为矩形状长条，与 ProgressType.Linear 线性样式相似。当组件的高度大于宽度时，组件自适应垂直显示。

文件 3-29　Demo0406.ets

```
@Entry
@Component
struct ProgressSample {
  build() {
    Row() {
      Progress({ value: 10, total: 150, type: ProgressType.Capsule })
        .width(100).height(50)
      Progress({ value: 20, total: 150, type: ProgressType.Capsule })
        .width(50).height(100).color(Color.Grey)
      Progress({ value: 50, total: 150, type: ProgressType.Capsule })
        .width(50).height(100).color(Color.Blue).backgroundColor(Color.Black)
    }.width('100%').justifyContent(FlexAlign.SpaceEvenly)
  }
}
```

显示效果如图 3-26 所示。

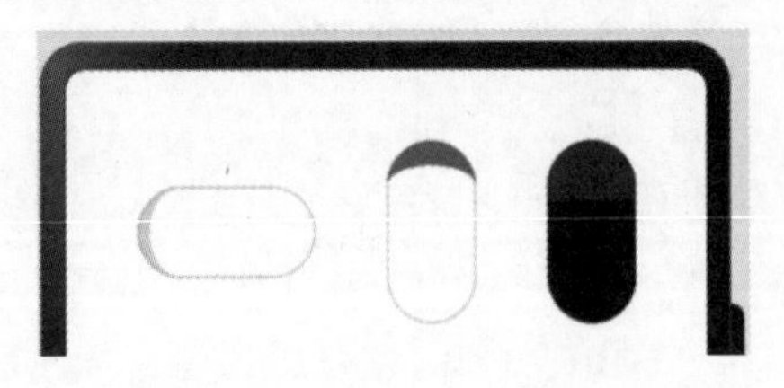

图 3-26　胶囊样式进度条显示效果

3. 场景示例

在文件 3-30 中，实现通过点击按钮更新进度条的值，同时刷新进度条显示效果。该场景一般多用于文件的下载、上传或应用程序的安装。

文件 3-30　Demo0407.ets

```
@Entry
@Component
struct ProgressCase1 {
  @State progressValue: number = 0

  // 设置进度条初始值为 0
  build() {
    Column() {
      Column() {
        Progress({ value: 0, total: 100, type: ProgressType.Capsule })
          .width(200).height(50).value(this.progressValue)
        Row().width('100%').height(5)
        Button("进度条+5")
          .onClick(() => {
            this.progressValue += 5
            if (this.progressValue > 100) {
              this.progressValue = 0
            }
          })
      }
    }.width('100%').height('100%')
  }
}
```

显示效果如图 3-27 所示。

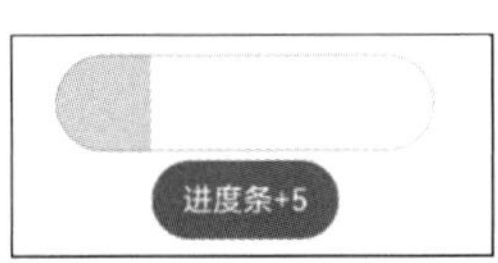

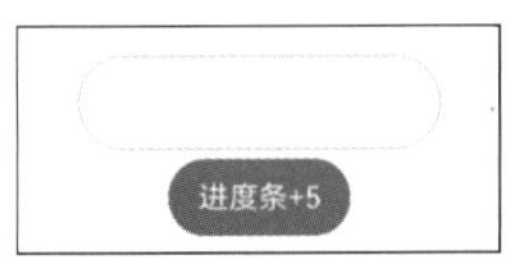

图 3-27　点击按钮更新进度条值的显示效果

3.5　文本组件

Text 是文本组件，通常用于展示用户视图，如显示文章的内容。

1. 创建文本

Text 可通过 string 字符串和引用 Resource（资源）两种方式来创建。

（1）使用 string 字符串创建文本的示例代码见文件 3-31。

文件 3-31　Demo0501.ets

```
@Entry
@Component
struct TextSample {
```

```
  build() {
    Row() {
      Text('我是一段文本')
    }.width('100%').justifyContent(FlexAlign.SpaceEvenly)
  }
}
```

显示效果如图 3-28 所示。

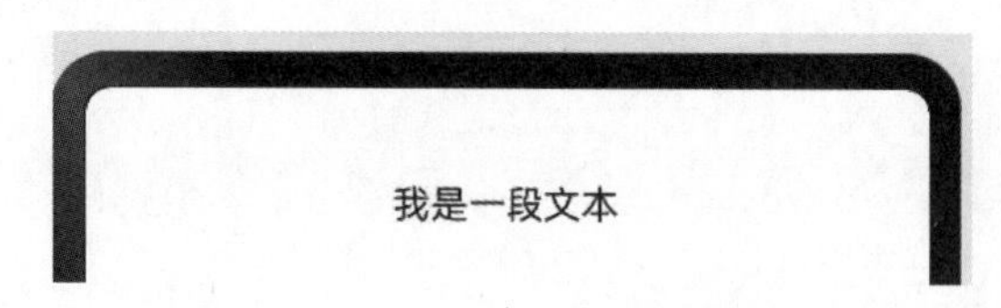

图 3-28　文本组件显示效果

（2）引用 Resource 创建文本的示例代码见文件 3-32。资源引用类型可以通过$r 创建 Resource 类型对象，文件位置为/resources/base/element/string.json。

文件 3-32　Demo0502.ets

```
@Entry
@Component
struct TextSample {
  build() {
    Row() {
      // 通过资源引用设置显示的文本
      Text($r('app.string.module_desc'))
        // 设置基线偏移量为 0
        .baselineOffset(0)
        // 设置字号
        .fontSize(30)
        // 设置边框
        .border({ width: 1 })
        // 设置内边距
        .padding(10)
        // 设置宽度
        .width(300)
    }.width('100%').justifyContent(FlexAlign.SpaceEvenly)
  }
}
```

显示效果如图 3-29 所示。

图 3-29　文本组件引用 Resource 的显示效果

2. 添加子组件 Span

Span 只能作为 Text 和 RichEditor 组件的子组件来显示文本内容。可以在一个 Text 内添加多个 Span 来显示一段信息，例如产品说明书、承诺书等。

（1）创建 Span。Span 组件必须写在 Text 组件内，单独使用 Span 组件不会显示信息。如果 Text 与 Span 同时配置文本内容，Span 内容将覆盖 Text 内容。示例代码见文件 3-33。

文件 3-33 Demo0503.ets

```
@Entry
@Component
struct TextSample {
  build() {
    Row() {
      Text('我是 Text') {
        Span('我是 Span')
      }.padding(10).borderWidth(1)
    }.width('100%').justifyContent(FlexAlign.SpaceEvenly)
  }
}
```

显示效果如图 3-30 所示。

图 3-30 包含子组件的文本组件显示效果

（2）设置文本装饰线及颜色。通过 decoration 设置文本装饰线及颜色，示例代码见文件 3-34。

文件 3-34 Demo0504.ets

```
@Entry
@Component
struct TextSample {
  build() {
    Row() {
      Text() {
        Span('我是 Span1，').fontSize(16).fontColor(Color.Grey)
          // 设置贯穿装饰线，线条颜色为红色
          .decoration({ type: TextDecorationType.LineThrough, color: Color.Red })
        // 设置文本颜色为蓝色，字号为 16
        Span('我是 Span2').fontColor(Color.Blue).fontSize(16)
          // 设置斜体字
          .fontStyle(FontStyle.Italic)
          // 设置下画线，线条颜色为黑色
          .decoration({ type: TextDecorationType.Underline, color: Color.Black })
        // 设置文本颜色为灰色
        Span('，我是 Span3').fontSize(16).fontColor(Color.Grey)
          // 设置上画线，颜色为绿色
          .decoration({ type: TextDecorationType.Overline, color: Color.Green })
      }.borderWidth(1).padding(10)
    }.width('100%').justifyContent(FlexAlign.SpaceEvenly)
```

```
    }
}
```

显示效果如图 3-31 所示。

（3）通过 textCase 设置字母保持大写或小写，示例代码见文件 3-35。

文件 3-35　Demo0505.ets

```
@Entry
@Component
struct TextSample {
  build() {
    Row() {
      Text() {
        Span('I am Upper-span').fontSize(12)
          // 将文本中的英文字母转换为大写字母
          .textCase(TextCase.UpperCase)
      }.borderWidth(1).padding(10)
    }.width('100%').justifyContent(FlexAlign.SpaceEvenly)
  }
}
```

显示效果如图 3-32 所示。

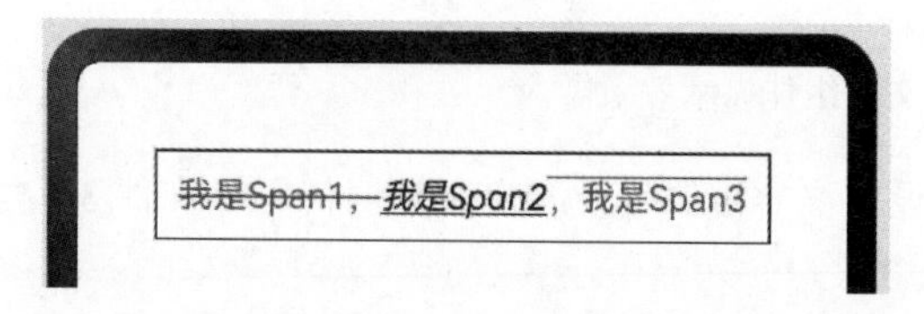

图 3-31　包含装饰线及颜色的文本组件显示效果

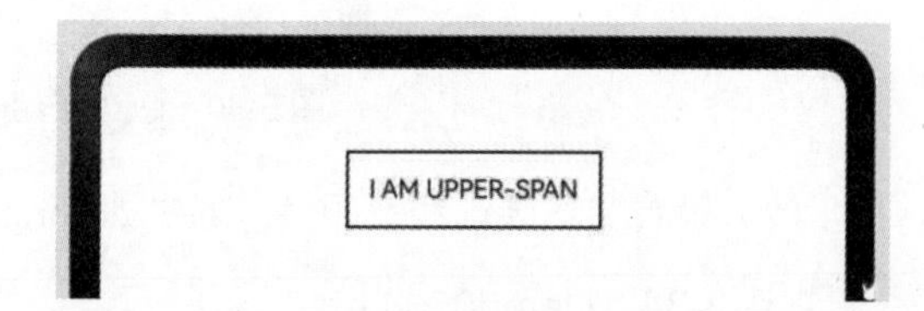

图 3-32　设置大写转换后的文本组件显示效果

（4）添加事件。Span 组件无尺寸信息，仅支持添加 onClick 事件。示例代码见文件 3-36。

文件 3-36　Demo0506.ets

```
Text() {
  Span('I am Upper-span').fontSize(12)
    .textCase(TextCase.UpperCase)
    .onClick(()=>{
    console.info('我是 Span——onClick')
  })
}
```

显示效果如图 3-33 所示。

当点击文本时，控制台输出信息如图 3-34 所示。

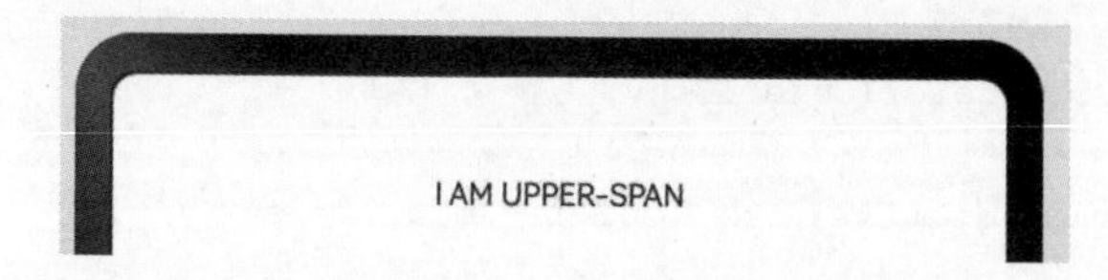

图 3-33　添加了事件处理的文本组件显示效果

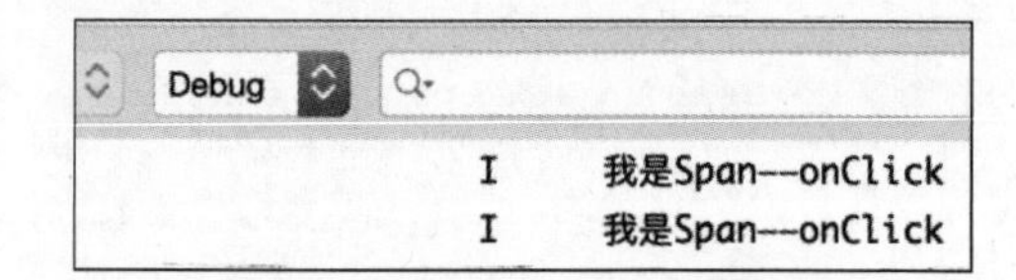

图 3-34　控制台打印的信息

3. 添加事件

Text 组件可以添加通用事件，可以绑定 onClick、onTouch 等事件来响应操作。例如：

```
Text('点我')
  .onClick(()=>{
  console.info('我是 Text 的点击响应事件');
})
```

4. 场景示例

Text 组件的应用场景示例代码见文件 3-37。

文件 3-37　Demo0516.ets

```
@Entry
@Component
struct TextExample {
  build() {
    Column() {
      Row() {
        Text("1").fontSize(14).fontColor(Color.Red).margin({ left: 10, right: 10 })
        Text("我是热搜词条 1")
          .fontSize(12)
          .fontColor(Color.Blue)
          .maxLines(1)
          .textOverflow({ overflow: TextOverflow.Ellipsis })
          .fontWeight(300)
        Text("爆")
          .margin({ left: 6 })
          .textAlign(TextAlign.Center)
          .fontSize(10)
          .fontColor(Color.White)
          .fontWeight(600)
          .backgroundColor(0x770100)
          .borderRadius(5)
          .width(15)
          .height(14)
      }.width('100%').margin(5)
      Row() {
        Text("2").fontSize(14).fontColor(Color.Red).margin({ left: 10, right: 10 })
        Text("我是热搜词条 2 我是热搜词条 2 我是热搜词条 2 我是热搜词条 2 我是热搜词条 2")
          .fontSize(12)
          .fontColor(Color.Blue)
          .fontWeight(300)
          .constraintSize({ maxWidth: 200 })
          .maxLines(1)
          .textOverflow({ overflow: TextOverflow.Ellipsis })
        Text("热")
```

```
          .margin({ left: 6 })
          .textAlign(TextAlign.Center)
          .fontSize(10)
          .fontColor(Color.White)
          .fontWeight(600)
          .backgroundColor(0xCC5500)
          .borderRadius(5)
          .width(15)
          .height(14)
      }.width('100%').margin(5)

      Row() {
        Text("3").fontSize(14).fontColor(Color.Orange).margin({ left: 10, right: 10 })
        Text("我是热搜词条 3")
          .fontSize(12)
          .fontColor(Color.Blue)
          .fontWeight(300)
          .maxLines(1)
          .constraintSize({ maxWidth: 200 })
          .textOverflow({ overflow: TextOverflow.Ellipsis })
        Text("热")
          .margin({ left: 6 })
          .textAlign(TextAlign.Center)
          .fontSize(10)
          .fontColor(Color.White)
          .fontWeight(600)
          .backgroundColor(0xCC5500)
          .borderRadius(5)
          .width(15)
          .height(14)
      }.width('100%').margin(5)

      Row() {
        Text("4").fontSize(14).fontColor(Color.Grey).margin({ left: 10, right: 10 })
        Text("我是热搜词条 4 我是热搜词条 4 我是热搜词条 4 我是热搜词条 4 我是热搜词条 4")
          .fontSize(12)
          .fontColor(Color.Blue)
          .fontWeight(300)
          .constraintSize({ maxWidth: 200 })
          .maxLines(1)
          .textOverflow({ overflow: TextOverflow.Ellipsis })
      }.width('100%').margin(5)
    }.width('100%')
  }
}
```

显示效果如图 3-35 所示。

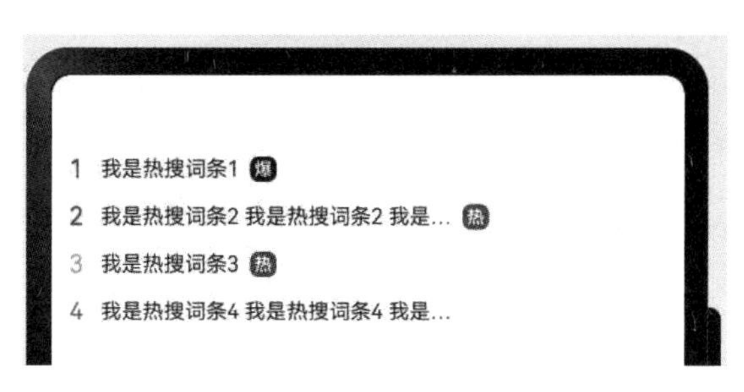

图 3-35　Text 组件的显示效果

3.6　文本输入组件

TextInput、TextArea 是文本输入组件，通常用于响应用户的输入操作，比如评论区的输入、聊天框的输入、表格的输入等；也可以结合其他组件构建功能页面，例如登录和注册页面。

1. 创建输入框

TextInput 为单行输入框，TextArea 为多行输入框，可以通过以下接口来创建：

```
TextInput(value?:{placeholder?: ResourceStr, text?: ResourceStr, controller?: TextInputController})
TextArea(value?:{placeholder?: ResourceStr, text?: ResourceStr, controller?: TextAreaController})
```

（1）单行输入框的创建示例代码见文件 3-38。

文件 3-38　Demo0601.ets

```
@Entry
@Component
struct TextInputSample {
  build() {
    Row() {
      TextInput()
    }.width('100%').justifyContent(FlexAlign.SpaceEvenly)
    .padding({ left: 20, right: 20 })
  }
}
```

显示效果如图 3-36 所示。

（2）多行输入框的创建示例代码见文件 3-39。

文件 3-39　Demo0602.ets

```
@Entry
@Component
struct TextAreaSample {
  build() {
```

```
    Row() {
      TextArea()
    }.width('100%').padding({ left: 20, right: 20 })
  }
}
```

显示效果如图 3-37 所示。

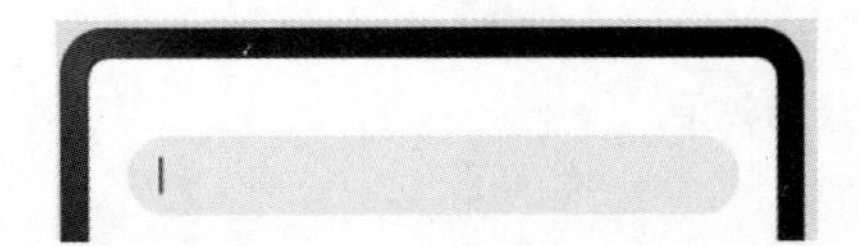

图 3-36　单行输入框显示效果

图 3-37　多行输入框显示效果

多行输入框文字超出一行时会自动折行，示例代码见文件 3-40。

文件 3-40　Demo0603.ets

```
@Entry
@Component
struct TextAreaSample {
  build() {
    Row() {
      TextArea({text:"我是 TextArea 我是 TextArea 我是 TextArea 我是 TextArea"}).width(300)
    }.width('100%').padding({ left: 20, right: 20 })
  }
}
```

显示效果如图 3-38 所示。

2. 设置输入框类型

TextInput 有 9 种可选类型，分别为 Normal（基本输入模式）、Password（密码输入模式）、Email（邮箱地址输入模式）、Number（纯数字输入模式）、PhoneNumber（电话号码输入模式）、USER_NAME（用户名输入模式）、NEW_PASSWORD（新密码输入模式）、NUMBER_PASSWORD（纯数字密码输入模式）、NUMBER_DECIMAL（带小数点的数字输入模式）。默认类型为 Normal。可以通过 type 属性进行设置。下面给出基本输入模式和密码输入模式的示例代码。

（1）基本输入模式的示例代码见文件 3-41。

文件 3-41　Demo0604.ets

```
@Entry
@Component
struct TextInputSample {
  build() {
    Row() {
      TextInput().type(InputType.Normal)
    }.width('100%').padding({ left: 20, right: 20 })
  }
}
```

显示效果如图 3-39 所示。

图 3-38　多行文本输入显示效果

图 3-39　基本输入模式显示效果

（2）密码输入模式的示例代码见文件 3-42。

文件 3-42　Demo0605.ets

```
@Entry
@Component
struct TextInputSample {
  build() {
    Row() {
      TextInput().type(InputType.Password)
    }.width('100%').padding({ left: 20, right: 20 })
  }
}
```

显示效果如图 3-40 所示。

3. 自定义样式

对于文本输入组件，可以自定义样式。

（1）设置无输入时的提示文本，示例代码见文件 3-43。

文件 3-43　Demo0606.ets

```
@Entry
@Component
struct TextInputSample {
  build() {
    Row() {
      TextInput({ placeholder:'请输入用户名' })
    }.width('100%').padding({ left: 20, right: 20 })
  }
}
```

显示效果如图 3-41 所示。

图 3-40　密码型文本输入框显示效果

图 3-41　添加了提示文本的输入框显示效果

（2）设置输入框当前的文本内容，示例代码见文件 3-44。

文件 3-44 Demo0607.ets

```
@Entry
@Component
struct TextInputSample {
  build() {
    Row() {
      TextInput({
        placeholder: '请输入用户名',
        text: '这是默认的用户名'
      })
    }.width('100%').padding({ left: 20, right: 20 })
  }
}
```

显示效果如图 3-42 所示。

（3）添加 backgroundColor 改变输入框的背景颜色，示例代码见文件 3-45。

文件 3-45 Demo0608.ets

```
@Entry
@Component
struct TextInputSample {
  build() {
    Row() {
      TextInput({
        placeholder: '我是提示文本',
        text: '我是当前文本内容'
      }).backgroundColor(Color.Pink)
    }.width('100%').padding({ left: 20, right: 20 })
  }
}
```

显示效果如图 3-43 所示。

图 3-42 包含默认文本的输入框显示效果

图 3-43 设置了背景颜色的输入框显示效果

4. 添加事件

文本输入框主要用于获取用户输入的信息，然后把信息处理成数据并上传。绑定 onChange 事件可以获取输入框内改变的内容。用户还可以使用通用事件进行相应的交互操作。

```
TextInput().onChange((value: string) => {
  console.info(value);
}).onFocus(() => {
  console.info('获取焦点');
})
```

5. 场景示例

文本输入组件的经典应用场景之一是登录/注册页面，用于让用户进行登录或注册。示例代码见文件 3-46。

文件 3-46　Demo0609.ets

```
@Entry
@Component
struct TextInputSample {
  build() {
    Column() {
      TextInput({ placeholder: '请输入用户名' }).margin({ top: 20 })
        .onSubmit((EnterKeyType) => {
          console.info(EnterKeyType + '输入法回车键的类型值')
        })
      TextInput({ placeholder: '请输入密码' }).type(InputType.Password).margin({ top: 20 })
        .onSubmit((EnterKeyType) => {
          console.info(EnterKeyType + '输入法回车键的类型值')
        })
      Button('Sign in').width(150).margin({ top: 20 })
    }.padding(20)
  }
}
```

显示效果如图 3-44 所示。

图 3-44　登录/注册场景的输入框显示效果

3.7　图片组件

开发者经常需要在应用中显示各种图片，例如按钮中的图标（icon）、网络图片、本地图片等。要在应用中显示图片，可以使用图片组件 Image。Image 支持多种图片格式，包括.png、.jpg、.bmp、.svg、.gif 和.heif。

Image 通过调用接口来创建，接口调用形式如下：

```
Image(src: PixelMap | ResourceStr | DrawableDescriptor)
```

该接口通过图片数据源获取图片，支持本地图片和网络图片的渲染展示。其中，src 是图片的数据源。

1. 加载图片资源

Image 支持加载存档图和多媒体像素图两种类型。

2. 存档图类型数据源

存档图类型的数据源可以分为本地资源、网络资源、Resource 资源、媒体库资源和 base64。

1）本地资源

在本地 ets 文件夹下的任意位置放入图片，通过 Image 组件引入本地图片路径，即可显示图片（根目录为 ets 文件夹）。示例代码见文件 3-47。

文件 3-47　Demo0701.ets

```
@Entry
@Component
struct ImageSample {
  build() {
    Row() {
      // 此时需要在 src/main/ets 下有一个 myimgs 文件夹，其中有一幅 view.jpg 的图片
      Image('myimgs/view.jpg').width(200)
    }.width('100%').padding({ left: 20, right: 20 })
  }
}
```

显示效果如图 3-45 所示。

图 3-45　图片组件的显示效果

2）网络资源

引入网络图片需申请权限 ohos.permission.INTERNET。此时，Image 组件的 src 参数为网络图片的链接。

注意，当前 Image 组件仅支持加载简单的网络图片。

在 module.json5 中申请 INTERNET 权限，示例代码见文件 3-48。

文件 3-48　module.json5

```
{
  "module": {
    // 此处仅给出关键代码
    "requestPermissions": [
      {
        name: "ohos.permission.INTERNET"
      }
    ],
    // ...
  }
```

```
}
```

首次加载网络图片时，Image 组件需要请求网络资源；非首次加载时，默认从缓存中直接读取图片。如果需要对缓存进行更全面的控制，可以参考 setImageCacheCount、setImageRawDataCacheSize 和 setImageFileCacheSize 接口。然而，这三个图片缓存接口并不灵活，且后续不继续演进。因此，对于复杂情况，推荐使用 ImageKnife。

加载网络图片的示例代码见文件 3-49。

文件 3-49　Demo0702.ets

```
@Entry
@Component
struct ImageSample {
  build() {
    Row() {
      // 此处填写图片的地址

Image('https://img1.baidu.com/it/u=3144466458,3149536198&fm=253&fmt=auto&app=138&f=JPEG?w
=715&h=475')
        .width(200)
    }.width('100%').padding({ left: 20, right: 20 })
  }
}
```

显示效果如图 3-46 所示。

3）Resource 资源

使用资源格式可以跨包/跨模块引入图片，resources 文件夹下的图片可以通过$r 资源接口读取并转换为 Resource 格式。资源存放位置如图 3-47 所示。

图 3-46　通过网络加载图片的显示效果

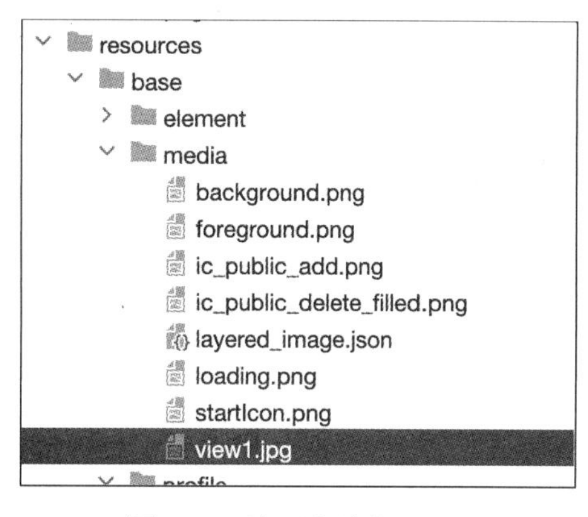

图 3-47　资源存放位置

resources 下的图片调用方式的示例代码见文件 3-50。

文件 3-50　Demo0703.ets

```
@Entry
@Component
struct ImageSample {
```

```
  build() {
    Row() {
      // 设置组件显示的图片
      Image($r('app.media.view1')).width(200)
    }.width('100%').padding({ left: 20, right: 20 })
  }
}
```

显示效果如图 3-48 所示。

还可以将图片放在 rawfile 文件夹下，如图 3-49 所示。

图 3-48 resources 下图片的显示效果

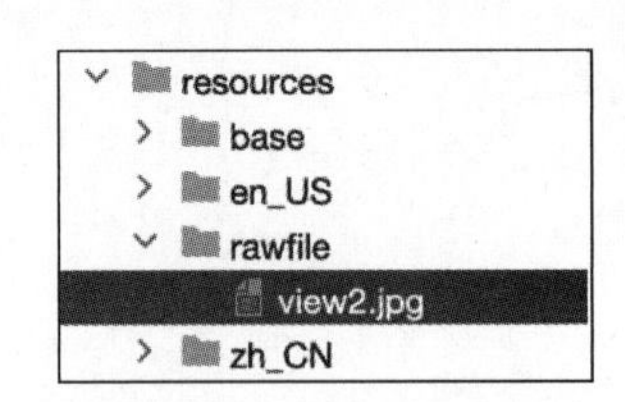

图 3-49 图片存放位置

rawfile 下的图片调用方式的示例代码见文件 3-51。

文件 3-51 Demo0704.ets

```
@Entry
@Component
struct ImageSample {
  build() {
    Row() {
      Image($rawfile('view2.jpg')).width(200)
    }.width('100%').padding({ left: 20, right: 20 })
  }
}
```

显示效果如图 3-50 所示。

媒体库 file://data/storage 示例代码见文件 3-52 所示。支持“file://”路径前缀的字符串，用于访问通过选择器提供的图片路径。需要调用接口获取媒体库的照片 URL。

图 3-50 rawfile 下图片的显示效果

文件 3-52 Demo0705.ets

```
import { photoAccessHelper } from '@kit.MediaLibraryKit';
import { BusinessError } from '@kit.BasicServicesKit';

@Entry
@Component
struct ImageSample {
  // 图片列表
  @State imgDatas: string[] = [];

  // 获取照片 URL 集
```

```
    getAllImg() {
      try {
        // 挑选图片的选项
        let PhotoSelectOptions: photoAccessHelper.PhotoSelectOptions = new
photoAccessHelper.PhotoSelectOptions();
        // 图片类型
        PhotoSelectOptions.MIMEType = photoAccessHelper.PhotoViewMIMETypes.IMAGE_TYPE;
        // 最多选择 5 幅图片
        PhotoSelectOptions.maxSelectNumber = 5;
        // 图片挑选器
        let photoPicker: photoAccessHelper.PhotoViewPicker = new
photoAccessHelper.PhotoViewPicker();
        // 根据条件选择图片
        photoPicker.select(PhotoSelectOptions).then((PhotoSelectResult:
photoAccessHelper.PhotoSelectResult) => {
          // 当读取到图片数据后，获取图片的 uri 字符串集合，并赋值给 imgData 变量
          this.imgDatas = PhotoSelectResult.photoUris;
          // 在控制台打印信息
          console.info('PhotoViewPicker.select successfully, PhotoSelectResult uri: ' +
          JSON.stringify(PhotoSelectResult));
        }).catch((err: Error) => {
          let message = (err as BusinessError).message;
          let code = (err as BusinessError).code;
          // 如果图片挑选失败，则在控制台打印错误信息
          console.error(`PhotoViewPicker.select failed with. Code: ${code}, message:
${message}`);
        });
      } catch (err) {
        let message = (err as BusinessError).message;
        let code = (err as BusinessError).code;
        console.error(`PhotoViewPicker failed with. Code: ${code}, message: ${message}`);
      }
    }

    // 在 aboutToAppear 中调用上述函数，获取媒体库的所有图片 URL，存在 imgDatas 中
    async aboutToAppear() {
      this.getAllImg();
    }

    // 使用 imgDatas 的 URL 加载图片
    build() {
      Column() {
        Grid() {
          ForEach(this.imgDatas, (item: string) => {
            GridItem() {
              Image(item).width(150).height(150).objectFit(ImageFit.Contain)
            }
          }, (item: string): string => JSON.stringify(item))
        }
      }.width('100%').height('100%')
```

```
  }
}
```

显示效果如图 3-51 所示。

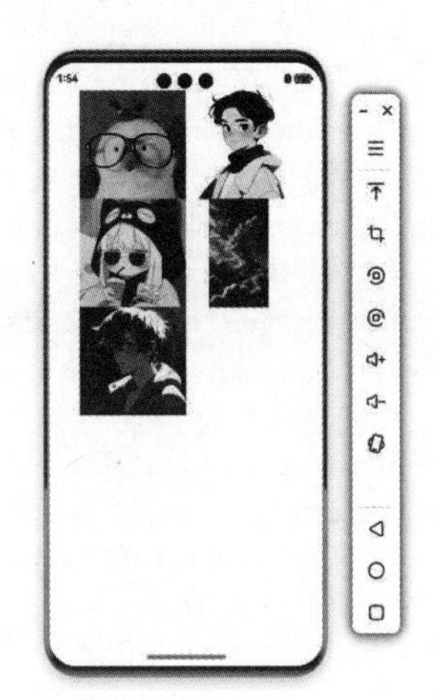

图 3-51　媒体库照片访问及显示效果

从媒体库获取的 URL 格式通常如下：

```
Image('file://media/Photo/2/IMG_1735624071_001/IMG_001.jpg').width(200)
```

4）base64

base64 的路径格式为：

```
data:image/[png|jpeg|bmp|webp|heif];base64,[base64 data]
```

其中[base64 data]为 Base64 字符串数据。Base64 格式字符串常用于存储图片的像素数据，在网页上应用较为广泛。

3. 添加属性

给 Image 组件设置属性，可以使图片显示更加灵活，达到一些自定义的效果。以下是几个常用属性的使用示例。

1）设置图片缩放类型

通过 objectFit 属性使图片缩放到指定的高度和宽度，示例代码见文件 3-53。

文件 3-53　Demo0706.ets

```
@Entry
@Component
struct ImageSample {
  scroller: Scroller = new Scroller()

  build() {
    Scroll(this.scroller) {
      Column() {
```

```
Row() {
  Image($r('app.media.view1'))
    .width(80)
    .height(40)
    .border({ width: 1 })
    // 保持宽高比进行缩小或者放大，使得图片完全显示在显示边界内
    .objectFit(ImageFit.Contain)
    .margin(15)
    .overlay('Contain', { align: Alignment.Bottom, offset: { x: 0, y: 20 } })
  Image($r('app.media.view1'))
    .width(80)
    .height(40)
    .border({ width: 1 })
    // 保持宽高比进行缩小或者放大，使得图片两边都大于或等于显示边界
    .objectFit(ImageFit.Cover)
    .margin(15)
    .overlay('Cover', { align: Alignment.Bottom, offset: { x: 0, y: 20 } })
  Image($r('app.media.view1'))
    .width(80)
    .height(40)
    .border({ width: 1 })
    // 自适应显示
    .objectFit(ImageFit.Auto)
    .margin(15)
    .overlay('Auto', { align: Alignment.Bottom, offset: { x: 0, y: 20 } })
}

Row() {
  Image($r('app.media.view1'))
    .width(80)
    .height(40)
    .border({ width: 1 })
    // 不保持宽高比进行放大或缩小，使得图片充满显示边界
    .objectFit(ImageFit.Fill)
    .margin(15)
    .overlay('Fill', { align: Alignment.Bottom, offset: { x: 0, y: 20 } })
  Image($r('app.media.view1'))
    .width(80)
    .height(40)
    .border({ width: 1 })
    // 保持宽高比显示，图片缩小或者保持不变
    .objectFit(ImageFit.ScaleDown)
    .margin(15)
    .overlay('ScaleDown', { align: Alignment.Bottom, offset: { x: 0, y: 20 } })
  Image($r('app.media.view1'))
    .width(80)
    .height(40)
    .border({ width: 1 })
    // 保持原有尺寸显示
    .objectFit(ImageFit.None)
```

```
          .margin(15)
          .overlay('None', { align: Alignment.Bottom, offset: { x: 0, y: 20 } })
      }
    }
  }
}
```

显示效果如图 3-52 所示。

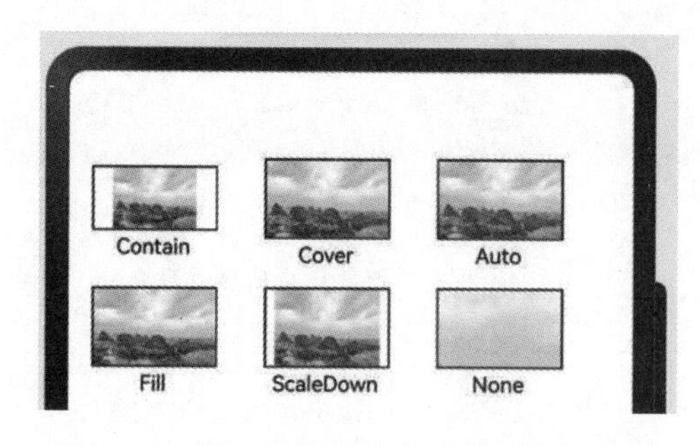

图 3-52 设置图片缩放类型后的显示效果

2）图片插值

当原图分辨率较低并且放大显示时，图片会变模糊且出现锯齿。这时，可以使用 interpolation 属性对图片进行插值，从而使图片显示得更清晰。插值是通过已有的像素值来计算新的像素值。常见的插值方法包括最近邻插值、双线性插值、立方插值等。图片插值示例如文件 3-54 所示。

文件 3-54 Demo0707.ets

```
@Entry
@Component
struct ImageSample {
  build() {
    Column() {
      Row() {
        Image($r('app.media.view3'))
          .width('40%')
          .interpolation(ImageInterpolation.None)  # 禁用图像插值
          .borderWidth(1)
          .overlay("Interpolation.None", { align: Alignment.Bottom, offset: { x: 0, y: 
20 } })
          .margin(10)
        Image($r('app.media.view3'))
          .width('40%')
          .interpolation(ImageInterpolation.Low)  # 使用低质量的插值算法
          .borderWidth(1)
          .overlay("Interpolation.Low", { align: Alignment.Bottom, offset: { x: 0, y: 20 } })
          .margin(10)
      }.width('100%')
      .justifyContent(FlexAlign.Center)

      Row() {
        Image($r('app.media.view3'))
          .width('40%')
          .interpolation(ImageInterpolation.Medium)  # 使用中等质量的插值算法
          .borderWidth(1)
          .overlay("Interpolation.Medium", { align: Alignment.Bottom, offset: { x: 0, y:
```

```
20 } })
          .margin(10)
        Image($r('app.media.view3'))
          .width('40%')
          .interpolation(ImageInterpolation.High)   # 使用高质量的插值算法
          .borderWidth(1)
          .overlay("Interpolation.High", { align: Alignment.Bottom, offset: { x: 0, y:
20 } })
          .margin(10)
      }.width('100%')
      .justifyContent(FlexAlign.Center)
    }
    .height('100%')
  }
}
```

显示效果如图 3-53 所示。

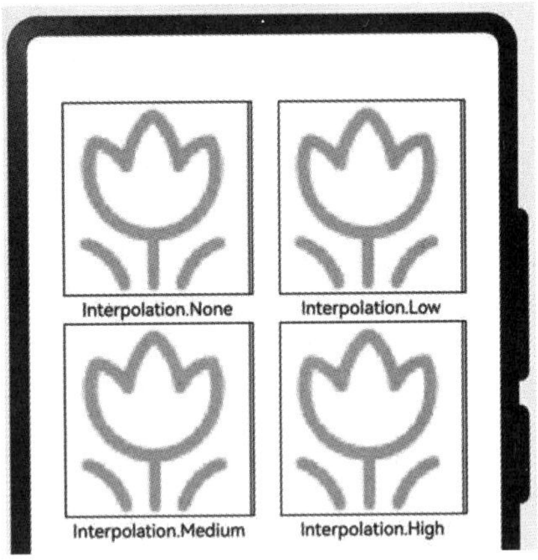

图 3-53　图片插值后的显示效果

3）设置图片重复样式

通过 objectRepeat 属性可以设置图片重复的方式，示例代码见文件 3-55。

文件 3-55　Demo0708.ets

```
@Entry
@Component
struct ImageSample {
  build() {
    Column({ space: 10 }) {
      Row({ space: 5 }) {
        Image($r('app.media.ic_public_favor_filled_1'))
          .width(110)
          .height(115)
          .border({ width: 1 })
            // 在水平轴和竖直轴上同时重复绘制图片
          .objectRepeat(ImageRepeat.XY)
          .objectFit(ImageFit.ScaleDown)
          .overlay('ImageRepeat.XY', { align: Alignment.Bottom, offset: { x: 0, y: 20 } })
        Image($r('app.media.ic_public_favor_filled_1'))
          .width(110)
          .height(115)
          .border({ width: 1 })
            // 只在竖直轴上重复绘制图片
          .objectRepeat(ImageRepeat.Y)
          .objectFit(ImageFit.ScaleDown)
          .overlay('ImageRepeat.Y', { align: Alignment.Bottom, offset: { x: 0, y: 20 } })
        Image($r('app.media.ic_public_favor_filled_1'))
          .width(110)
          .height(115)
          .border({ width: 1 })
            // 只在水平轴上重复绘制图片
```

```
        .objectRepeat(ImageRepeat.X)
        .objectFit(ImageFit.ScaleDown)
        .overlay('ImageRepeat.X', { align: Alignment.Bottom, offset: { x: 0, y: 20 } })
    }
  }.height(150).width('100%').padding(8)
 }
}
```

显示效果如图 3-54 所示。

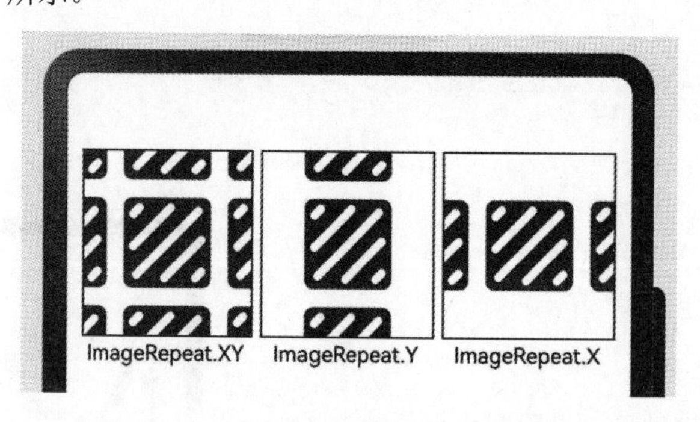

图 3-54　设置图片重复样式后的显示效果

4）设置图片渲染模式

通过 renderMode 属性可以设置图片的渲染模式为原色或黑白，示例代码见文件 3-56。

文件 3-56　Demo0709.ets

```
@Entry
@Component
struct ImageSample {
 build() {
   Column({ space: 10 }) {
     Row({ space: 50 }) {
       Image($r('app.media.startIcon'))
         // 设置图片的渲染模式为原色
         .renderMode(ImageRenderMode.Original)
         .width(100)
         .height(100)
         .border({ width: 1 })
          // overlay 是通用属性，用于在组件上显示说明文字
         .overlay('Original', { align: Alignment.Bottom, offset: { x: 0, y: 20 }
         })
       Image($r('app.media.startIcon'))
         // 设置图片的渲染模式为黑白
         .renderMode(ImageRenderMode.Template)
         .width(100)
         .height(100)
         .border({ width: 1 })
         .overlay('Template', { align: Alignment.Bottom, offset: { x: 0, y: 20 } })
     }
   }.height(150).width('100%').padding({ top: 20,right: 10 })
```

```
    }
  }
```

显示效果如图 3-55 所示。

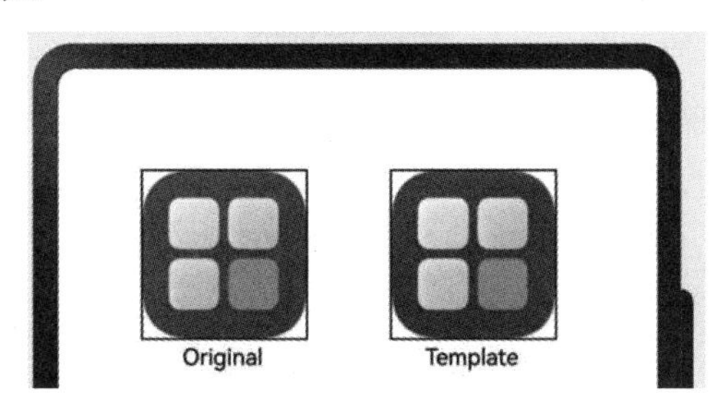

图 3-55　设置渲染模式后的显示效果

5）设置图片解码尺寸

通过 sourceSize 属性可以设置图片解码尺寸，从而降低图片的分辨率。例如，原图尺寸为 1280×960 像素，可以将图片解码为 40×40 像素和 90×90 像素，示例代码见文件 3-57。

文件 3-57　Demo0710.ets

```
@Entry
@Component
struct ImageSample {
  build() {
    Column() {
      Row({ space: 50 }) {
        Image($r('app.media.view4'))
          // 设置图片新的分辨率
          .sourceSize({
            width: 40,
            height: 40
          })
          // 图片比例保持不变，进行缩放以适应 sourceSize 的设置
          .objectFit(ImageFit.ScaleDown)
          .aspectRatio(1)
          .width('25%')
          .border({ width: 1 })
          .overlay('width:40 height:40', { align: Alignment.Bottom, offset: { x: 0, y: 40 }
          })
        Image($r('app.media.view4'))
          // 设置图片新的分辨率
          .sourceSize({
            width: 90,
            height: 90
          })
          // 图片比例保持不变，进行缩放以适应 sourceSize 的设置
          .objectFit(ImageFit.ScaleDown)
          .width('25%')
          .aspectRatio(1)
          .border({ width: 1 })
```

```
        .overlay('width:90 height:90', { align: Alignment.Bottom, offset: { x: 0, y: 40 }
        })
      }.height(150).width('100%').padding(20)
    }
  }
}
```

显示效果如图 3-56 所示。

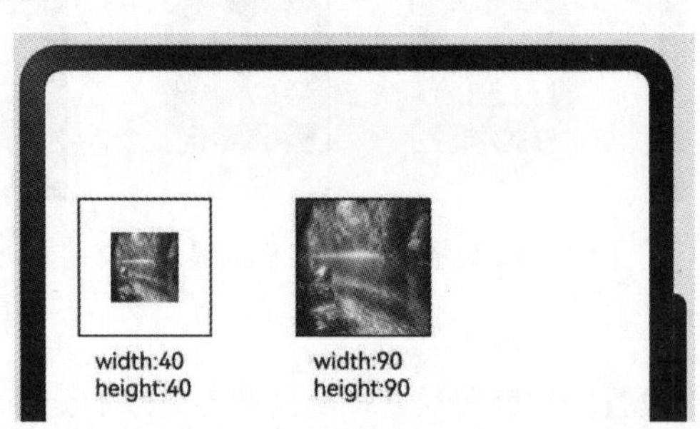

图 3-56 设置图片解码尺寸后的显示效果

6）为图片添加滤镜效果

通过 colorFilter 属性可以修改图片的像素颜色，为图片添加滤镜，示例代码见文件 3-58。

文件 3-58 Demo0711.ets

```
@Entry
@Component
struct ImageSample {
  build() {
    Column() {
      Row() {
        Image($r('app.media.view4'))
          .width('40%')
          .margin(10)
        Image($r('app.media.view4'))
          .width('40%')
          .colorFilter(
            [1, 1, 0, 0, 0,
              0, 1, 0, 0, 0,
              0, 0, 1, 0, 0,
              0, 0, 0, 1, 0]
          )
          .margin(10)
      }.width('100%')
      .justifyContent(FlexAlign.Center)
    }
  }
}
```

显示效果如图 3-57 所示。

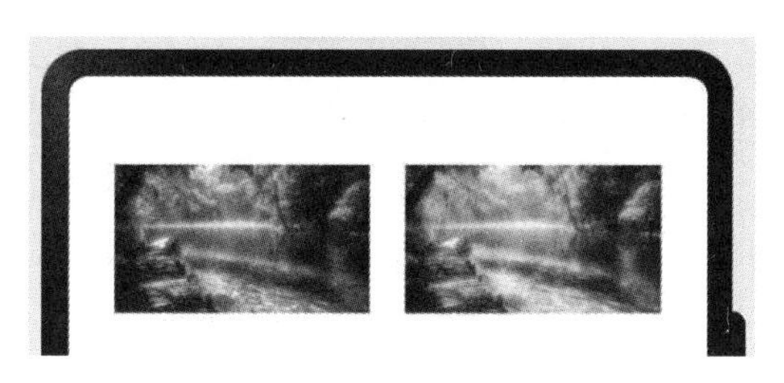

图 3-57　添加滤镜后的显示效果

7）同步加载图片

通常情况下，图片加载是异步进行的，以避免阻塞主线程，影响 UI 交互。然而，在某些情况下，图片刷新时可能会出现闪烁。此时，可以使用 syncLoad 属性使图片同步加载，从而避免出现闪烁。需要注意的是，当图片加载的时间较长时，不建议使用该属性，因为它可能会导致页面无法响应。

```
Image($r('app.media.icon')).syncLoad(true)
```

4. 事件调用

通过在 Image 组件上绑定 onComplete 事件，可以在图片加载成功后获取图片的必要信息。如果图片加载失败，也可以通过绑定 onError 回调来获得错误信息。示例代码见文件 3-59。

文件 3-59　Demo0712.ets

```
@Entry
@Component
struct ImageSample {
  @State widthValue: number = 0
  @State heightValue: number = 0
  @State componentWidth: number = 0
  @State componentHeight: number = 0
  img_path: string = 'fake path'

  build() {
    Column() {
      Row() {
        Image($r('app.media.view4'))
        // Image($r(this.img_path))
          .width(200)
          .height(150)
          .margin(15)
          .onComplete(msg => {
            if(msg){
              this.widthValue = msg.width
              this.heightValue = msg.height
              this.componentWidth = msg.componentWidth
              this.componentHeight = msg.componentHeight
            }
          })
            // 图片获取失败，打印结果
```

```
          .onError(() => {
            console.info('load image fail')
          })
          .overlay('\nwidth: ' + String(this.widthValue) + ', height: ' +
String(this.heightValue) + '\ncomponentWidth: ' + String(this.componentWidth) +
'\ncomponentHeight: ' + String(this.componentHeight), {
            align: Alignment.Bottom,
            offset: { x: 0, y: 60 }
          })
        }
      }
    }
  }
```

正常显示效果如图 3-58 所示。如果图片加载失败，则在控制台输出如图 3-59 所示的信息。

图 3-58　添加事件调用后的图片显示效果

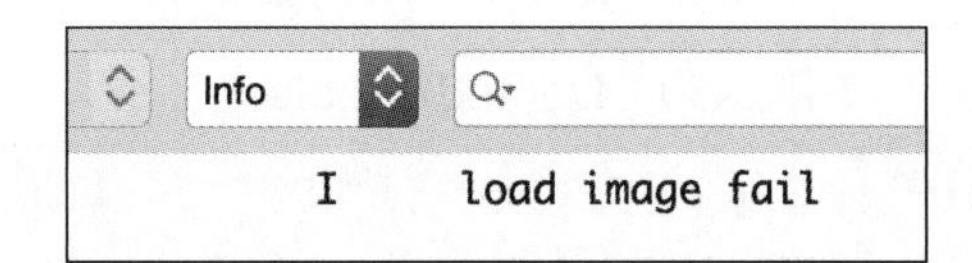

图 3-59　图片加载失败后控制台输出信息

3.8　自定义弹窗

CustomDialog 是自定义弹窗组件，可用于广告、中奖、警告、软件更新等与用户交互响应的操作。开发者可以通过 CustomDialogController 类来显示自定义弹窗。

> **说　明**
>
> 当前，ArkUI 的弹窗均为非页面级弹窗。在页面路由跳转时，如果开发者未调用 close 方法将其关闭，弹窗将不会自动关闭。若需实现在跳转页面时覆盖弹窗，建议使用 Navigation。

由于 CustomDialogController 在使用上存在诸多限制（例如不支持动态创建和刷新），因此在相对复杂的应用场景中，推荐使用从 UIContext 中获取的 PromptAction 对象提供的 openCustomDialog 接口来实现自定义弹窗。

1. 自定义弹窗的打开与关闭

（1）创建 ComponentContent。ComponentContent 用于定义自定义弹窗的内容。

```
private contentNode: ComponentContent<Object> = new ComponentContent(
```

```
    this.ctx,
    wrapBuilder(buildText),
    new Params(this.message)
  );
```

其中，wrapBuilder(buildText)封装了自定义组件；new Params(this.message)是自定义组件的入参，可以省略，也可以传入基础数据类型。

（2）打开自定义弹窗。通过调用 openCustomDialog 接口打开的弹窗默认为 customStyle 为 true 的弹窗，即弹窗内容的样式完全按照 contentNode 自定义样式显示。

```
  this.ctx.getPromptAction().openCustomDialog(this.contentNode, this.options)
    .then(() => {
    console.info('OpenCustomDialog complete.')
  })
    .catch((error: BusinessError) => {
    let message = (error as BusinessError).message;
    let code = (error as BusinessError).code;
    console.error(`OpenCustomDialog args error code is ${code}, message is ${message}`);
  })
```

（3）关闭自定义弹窗。由于closeCustomDialog接口需要传入待关闭的弹窗对应的ComponentContent，因此，如果需要在弹窗中设置关闭方法，则可通过封装静态方法来实现。具体可参考后续的文件 3-60。

关闭弹窗之后，若需要释放对应的 ComponentContent，则需要调用 ComponentContent 的 dispose 方法。

```
  this.ctx.getPromptAction().closeCustomDialog(this.contentNode)
    .then(() => {
    console.info('CloseCustomDialog complete.')
  })
    .catch((error: BusinessError) => {
    let message = (error as BusinessError).message;
    let code = (error as BusinessError).code;
    console.error(`CloseCustomDialog args error code is ${code}, message is ${message}`);
  })
```

2. 更新自定义弹窗的内容

ComponentContent 与 BuilderNode 使用上有相同的限制，不支持自定义组件使用@Reusable、@Link、@Provide、@Consume 等装饰器来同步弹窗弹出的页面与 ComponentContent 中自定义组件的状态。因此，若需要更新弹窗中自定义组件的内容，可以通过 ComponentContent 提供的 update 方法来实现。

```
  this.contentNode.update(new Params('update'))
```

3. 更新自定义弹窗的属性

通过 updateCustomDialog 可以动态更新弹窗的属性。目前支持的属性包括 alignment、offset、autoCancel、maskColor。

```
  this.ctx.getPromptAction().updateCustomDialog(this.contentNode, options)
```

```
    .then(() => {
      console.info('UpdateCustomDialog complete.')
    }).catch((error: BusinessError) => {
      let message = (error as BusinessError).message;
      let code = (error as BusinessError).code;
      console.error(`UpdateCustomDialog args error code is ${code}, message is ${message}`);
    })
```

需要注意的是，在更新属性时，未设置的属性会恢复为默认值。例如，初始设置{ alignment: DialogAlignment.Top, offset: { dx: 0, dy: 50 } }，更新时设置{ alignment: DialogAlignment.Bottom }，则初始设置的 offset: { dx: 0, dy: 50 }不会保留，而会恢复为默认值。

自定义弹窗组件的完整示例代码见文件 3-60 和文件 3-61。

文件 3-60 PromptAction.ets

```
import { BusinessError } from '@kit.BasicServicesKit';
import { ComponentContent, window } from '@kit.ArkUI';
import { UIContext } from '@ohos.arkui.UIContext';

export class PromptAction {
  // UI 上下文
  static ctx: UIContext;
  // 内容节点
  static contentNode: ComponentContent<Object>;
  // 弹窗选项
  static options: Object;

  static setContext(context: UIContext) {
    PromptAction.ctx = context;
  }
  static setContentNode(node: ComponentContent<Object>) {
    PromptAction.contentNode = node;
  }
  static setOptions(options: Object) {
    PromptAction.options = options;
  }

  static openDialog() {
    if (PromptAction.contentNode !== null) {
      // 如果存在内容节点，则打开自定义弹窗
      PromptAction.ctx.getPromptAction().openCustomDialog(PromptAction.contentNode,
PromptAction.options)
        .then(() => {
          console.info('OpenCustomDialog complete.')
        })
        .catch((error: BusinessError) => {
          let message = (error as BusinessError).message;
          let code = (error as BusinessError).code;
          console.error(`OpenCustomDialog args error code is ${code}, message is
${message}`);
```

```
        })
      }
    }

    static closeDialog() {
      if (PromptAction.contentNode !== null) {
        // 关闭自定义弹窗
        PromptAction.ctx.getPromptAction().closeCustomDialog(PromptAction.contentNode)
          .then(() => {
            console.info('CloseCustomDialog complete.')
          })
          .catch((error: BusinessError) => {
            let message = (error as BusinessError).message;
            let code = (error as BusinessError).code;
            console.error(`CloseCustomDialog args error code is ${code}, message is
${message}`);
          })
      }
    }

    static updateDialog(options: Object) {
      if (PromptAction.contentNode !== null) {
        // 更新自定义弹窗选项
        PromptAction.ctx.getPromptAction().updateCustomDialog(PromptAction.contentNode,
options)
          .then(() => {
            console.info('UpdateCustomDialog complete.')
          })
          .catch((error: BusinessError) => {
            let message = (error as BusinessError).message;
            let code = (error as BusinessError).code;
            console.error(`UpdateCustomDialog args error code is ${code}, message is
${message}`);
          })
      }
    }
  }
```

文件 3-61　Demo0901.ets

```
import { ComponentContent, promptAction } from '@kit.ArkUI';
import { PromptAction } from './PromptAction';

// 声明类，用于封装弹窗要显示的文本
class Params {
  text: string = ""
  constructor(text: string) {
    this.text = text;
  }
}
```

```
// 构建函数
@Builder
function buildText(params: Params) {
  Column() {
    Text(params.text).fontSize(50).fontWeight(FontWeight.Bold)
      .margin({ bottom: 36 })
    Button('Close').onClick(() => {
      PromptAction.closeDialog()
    })
  }.backgroundColor('#FFF0F0F0')
}

@Entry
@Component
struct PromptSample {
  @State message: string = "hello"
  private ctx: UIContext = this.getUIContext();
  // 创建组件内容实例，包括了当前 UI 上下文，调用了组件构造器，传递了显示的内容
  private contentNode: ComponentContent<Object> =
   new ComponentContent(this.ctx, wrapBuilder(buildText), new Params(this.message));

  /**
   * 在页面出现之前，设置弹窗的上下文、内容节点和选项
   */
  aboutToAppear(): void {
    PromptAction.setContext(this.ctx);
    PromptAction.setContentNode(this.contentNode);
    // 对齐方式为顶部对齐，偏移量垂直下拉 50vp
    PromptAction.setOptions({ alignment: DialogAlignment.Top, offset: { dx: 0, dy: 50 } }
as promptAction.BaseDialogOptions);
  }

  build() {
    Row() {
      Column() {
        Button("打开弹窗并更新选项").margin({ top: 50 }).onClick(() => {
          PromptAction.openDialog()
          // 1500ms 后修改弹窗的配置信息
          setTimeout(() => {
            // 更新弹窗的选项
            PromptAction.updateDialog({
              // 底部显示
              alignment: DialogAlignment.Bottom,
              // 偏移量
              offset: { dx: 0, dy: -50 }
            } as promptAction.BaseDialogOptions)
          }, 1500) // 1.5s 之后更改
        })
        Button("打开弹窗并更新内容").margin({ top: 50 }).onClick(() => {
          // 打开弹窗
```

```
          PromptAction.openDialog()
          // 1500ms 后，更新显示的内容
          setTimeout(() => {
            this.contentNode.update(new Params('update'))
          }, 1500)
        })
      }.width('100%').height('100%')
    }.height('100%')
  }
}
```

显示效果如图 3-60 所示。

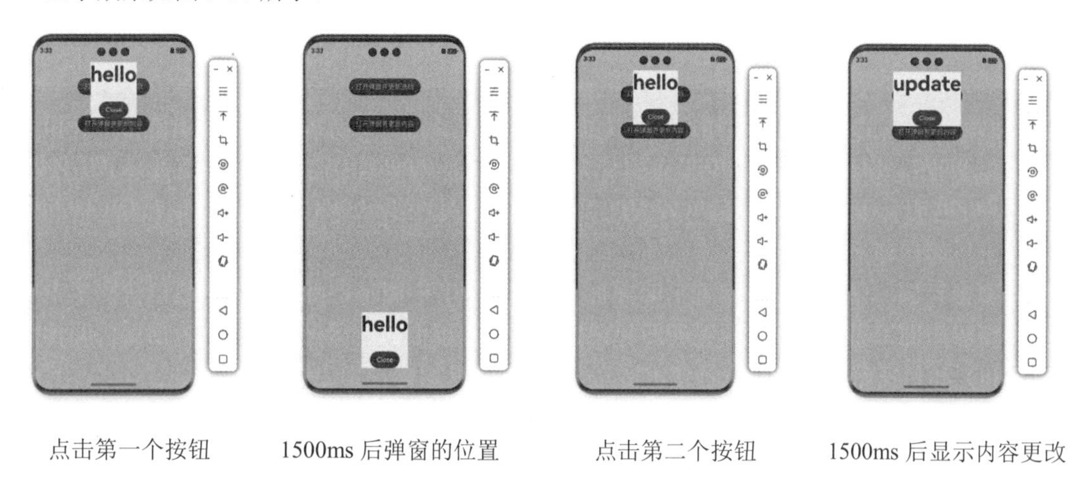

点击第一个按钮　　1500ms 后弹窗的位置　　点击第二个按钮　　1500ms 后显示内容更改

图 3-60　自定义弹窗显示效果

3.9　视频播放组件

Video 组件用于播放视频文件并控制其播放状态，广泛应用于短视频和应用内部视频列表页面。当视频完全加载时，它会自动开始播放；当用户点击视频区域时，视频暂停播放，同时显示播放进度条，用户可以通过拖动进度条来指定视频播放的具体位置。

1. 创建视频组件

Video 组件通过调用接口来创建，接口调用形式如下：

```
Video(value: VideoOptions)
```

VideoOptions 对象包含参数 src、currentProgressRate、previewUri、controller。其中，src 用于指定视频播放源的路径；currentProgressRate 用于设置视频播放倍速；previewUri 用于指定视频未播放时的预览图片路径；controller 用于设置视频控制器，以自定义控制视频。

2. 加载视频资源

Video 组件支持加载本地视频和网络视频。

1）加载本地视频

加载本地视频时，首先在本地 rawfile 目录指定对应的文件，如图 3-61 所示。再使用资源访问符$rawfile()引用视频资源。示例代码见文件 3-62。

文件 3-62　Demo1001.ets

```
@Entry
@Component
struct VideoPlayer{
  private controller:VideoController | undefined;
  private previewUris: Resource = $r ("app.media.preview1");
  private innerResource: Resource = $rawfile('VideoDemo.mp4')
  build(){
    Column() {
      Video({
        src: this.innerResource,
        previewUri: this.previewUris,
        controller: this.controller
      })
    }
  }
}
```

播放页效果如图 3-62 所示。

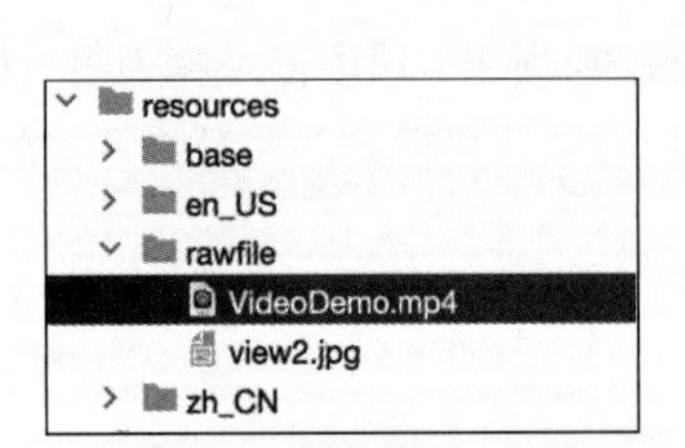

图 3-61　本地视频存放位置

图 3-62　使用资源访问符$rawfile()引用视频资源的播放效果

2）加载网络视频

加载网络视频时，需要申请权限 ohos.permission.INTERNET。此时，Video 的 src 属性为网络视频的链接。示例代码见文件 3-63。

文件 3-63　Demo1002.ets

```
@Entry
@Component
```

```
struct VideoPlayer{
  private controller:VideoController | undefined;
  private previewUris: Resource = $r ('app.media.preview1');
  // 使用时请替换为实际视频加载网址
  private videoSrc: string= 'https://www.w3school.com.cn/i/movie.mp4'
  build(){
    Column() {
      Video({
        src: this.videoSrc,
        previewUri: this.previewUris,
        controller: this.controller
      })
    }
  }
}
```

3. 添加属性

Video 组件的属性主要用于设置视频的播放形式。例如，设置视频播放时是否静音，播放时是否显示控制条等。

```
@Component
export struct VideoPlayer {
  private controller: VideoController | undefined;

  build() {
    Column() {
      Video({
        controller: this.controller
      })
        .muted(false)                        // 设置是否静音
        .controls(false)                     // 设置是否显示默认控制条
        .autoPlay(false)                     // 设置是否自动播放
        .loop(false)                         // 设置是否循环播放
        .objectFit(ImageFit.Contain)         // 设置视频适配模式
    }
  }
}
```

4. 事件调用

Video 组件的回调事件主要包括播放开始、暂停、结束、失败、停止和视频准备以及操作进度条等事件。除此之外，Video 组件还支持通用事件的调用，如点击、触摸等事件的调用。示例代码见文件 3-64。

文件 3-64　Demo1003.ets

```
@Entry
@Component
struct VideoPlayer {
  private controller: VideoController | undefined;
```

```
  private previewUris: Resource = $r("app.media.preview1");
  private innerResource: Resource = $rawfile('VideoDemo.mp4');

  build() {
    Column() {
      Video({
        src: this.innerResource,
        previewUri: this.previewUris,
        controller: this.controller
      }).onUpdate((event) => {
          // 更新事件回调
          console.info("Video update.");
        }).onPrepared((event) => {
          // 准备事件回调
          console.info("Video prepared.");
        }).onError(() => {
          // 失败事件回调
          console.info("Video error.");
        }).onStop(() => {
          // 停止事件回调
          console.info("Video stoped.");
        })
    }
  }
}
```

显示效果如图 3-63 所示。

图 3-63　带事件调用的视频播放

5. Video 控制器的使用

Video 控制器主要用于控制视频的状态，包括播放、暂停、停止以及设置进度等。

1）默认控制器

默认的控制器支持视频开始、视频暂停、进度调整、全屏显示四项基本功能。示例代码见文件 3-65。

文件 3-65　Demo1004.ets

```
@Entry
@Component
struct VideoGuide {
  @State videoSrc: Resource = $rawfile('VideoDemo.mp4')
  @State previewUri: string = 'common/preview.png'
  @State curRate: PlaybackSpeed = PlaybackSpeed.Speed_Forward_1_00_X

  build() {
    Row() {
      Column() {
        Video({
          src: this.videoSrc,
```

```
        previewUri: this.previewUri,
        currentProgressRate: this.curRate
      })
    }
    .width('100%')
  }
  .height('100%')
}
}
```

显示效果如图 3-64 所示。

图 3-64 带视频播放控制的视频播放效果

2）自定义控制器

要使用自定义的控制器，需先将默认控制器关闭，之后使用 button 以及 slider 等组件进行自定义的控制与显示，适合在自定义较强的场景下使用。示例代码见文件 3-66。

文件 3-66 Demo1005.ets

```
@Entry
@Component
struct VideoSample {
  // 设置视频资源
  @State videoSrc: Resource = $rawfile('VideoDemo.mp4')
  // 设置预览图片
  @State previewUri: string = 'common/preview.png'
  // 设置回放速度为 1.0 倍
  @State curRate: PlaybackSpeed = PlaybackSpeed.Speed_Forward_1_00_X
  // 设置是否自动播放：false
  @State isAutoPlay: boolean = true
  // 设置是否显示控制工具：true
  @State showControls: boolean = false
  // 设置当前进度时长
  @State currentTime: number = 0;
  // 设置视频总时长
  @State durationTime: number = 0;
  // 视频控制器
  controller: VideoController = new VideoController()

  build() {
    Row() {
      Column() {
        // 视频组件
        Video({ src: this.videoSrc,                // 设置视频源文件
          previewUri: this.previewUri,             // 设置视频预览的图片
          currentProgressRate: this.curRate,       // 设置视频播放的当前进度
          controller: this.controller              // 设置视频播放控制器实例
        }).controls(this.showControls).autoPlay(this.isAutoPlay)
          .onPrepared((event) => {
```

```
          if (event) {
            // 在 onPrepared 中，读取视频的时长
            this.durationTime = event.duration
          }
        })
        .onUpdate((event) => {
          if (event) {
            // 在 onUpdate 中，读取视频当前播放到的时长
            this.currentTime = event.time
          }
        })
      Row() {
        // 当前播放到的位置
        Text(JSON.stringify(this.currentTime) + 's')
        // 滑块
        Slider({
          // 设置当前滑块的位置
          value: this.currentTime,
          // 设置最小值
          min: 0,
          // 设置最大值
          max: this.durationTime
        }).onChange((value: number, mode: SliderChangeMode) => {
            // 更新播放进度
            this.controller.setCurrentTime(value);
          }).width("90%")
        // 显示结束的时长
        Text(JSON.stringify(this.durationTime) + 's')
      }.opacity(0.8).width("100%")
    }.width('100%')
  }.height('40%')
}
}
```

显示效果如图 3-65 所示。

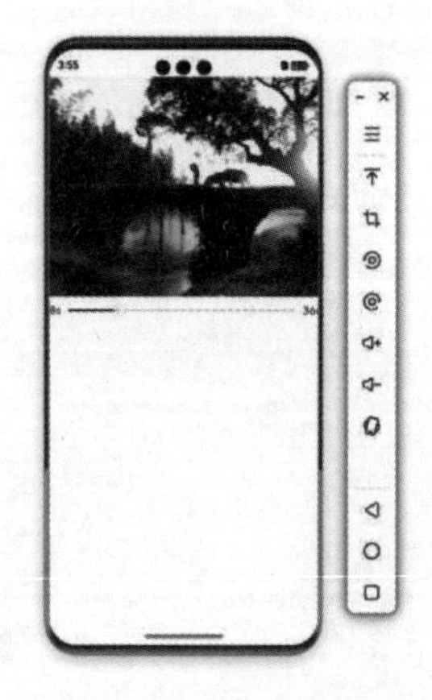

图 3-65　使用自定义控制器的视频播放显示效果

说　明

Video 组件已经封装好了视频播放的基础功能，开发者无须进行视频实例的创建和视频信息的获取，只需设置数据源以及基础信息即可播放视频。因此其相对扩展能力较弱。

3.10　本章小结

本章详细介绍了 ArkUI 框架中多种常用组件的使用方法和应用场景。首先，深入讲解了按钮组件的使用，包括不同类型的按钮（如胶囊按钮、圆形按钮、普通按钮）的创建和样式设置，并介绍了如何为按钮添加事件处理函数。接着，介绍了单选框、切换按钮、进度条等组件的创建和使用技巧，展示了如何通过不同的属性和事件来实现丰富的交互效果。此外，还详细讲解了文本组件、文本输入组件、图片组件的使用方法，包括文本样式设置、输入框类型设置和图片属性的调整等。最后，探讨了自定义弹窗的创建和使用，特别是如何实现复杂的弹窗交互和动画效果。

通过本章的学习，读者可以掌握 ArkUI 中各种组件的使用方法，提升界面设计和交互实现能力，为开发丰富的用户界面打下坚实的基础。

3.11　本章习题

1. 在 ArkUI 中，如何创建一个普通按钮并将它的背景颜色设置为蓝色？
2. 如何为按钮组件添加点击事件处理函数？
3. 在 ArkUI 中，单选框组件如何设置选中状态？
4. 如何创建一个圆形的切换按钮并设置其初始状态为选中？
5. 如何设置进度条的初始进度值和总长度？
6. 如何为文本组件添加点击事件？
7. 在 ArkUI 中，如何创建一个单行输入框并设置其类型为密码输入模式？
8. 如何加载本地图片资源并在 Image 组件中显示？
9. 如何为自定义弹窗添加动画效果？
10. 在 ArkUI 中，如何创建一个视频播放组件并设置其自动播放？

第 4 章

组件导航和页面路由

本章将详细介绍如何在应用程序中设置组件导航和页面路由。首先，将探讨 Navigation 组件的基本概念和使用方法。Navigation 组件能够实现模块内和跨模块的路由切换，提供流畅的转场体验和多种标题栏样式。接着，介绍导航转场，包括如何创建导航页和导航子页，并通过 NavPathStack 实现页面之间的跳转和返回。然后，介绍页面路由的概念和实现方法，包括如何使用 Router 模块进行页面跳转和数据传递。最后，介绍如何将 Router 切换为 Navigation。

4.1 组件导航

Navigation 是路由导航的根视图容器，通常作为页面（@Entry）的根容器，支持单栏（Stack）、分栏（Split）和自适应（Auto）三种显示模式。Navigation 组件适用于模块内和跨模块的路由切换，通过组件级路由能力实现更加自然流畅的转场体验，并提供多种标题栏样式，以呈现更好的标题和内容联动效果。在一次开发、多端部署的场景下，Navigation 组件能够自动适配窗口显示大小，在较大窗口下自动切换为分栏展示效果。

Navigation 组件主要包含导航页（NavBar）和子页（NavDestination）。导航页由标题栏（Titlebar，包含菜单栏 menu）、内容区（Navigation 子组件）和工具栏（Toolbar）组成。导航页可以通过 hideNavBar 属性进行隐藏。导航页不存在页面栈中。导航页和子页，以及子页之间可以通过路由操作进行切换。

说　明
在 API Version 9 上，Navigation 需要配合 NavRouter 组件实现页面路由。从 API Version 10 开始，推荐使用 NavPathStack 实现页面路由。

1. 设置页面显示模式

Navigation 组件通过 mode 属性设置页面的显示模式。默认情况下，Navigation 组件使用自适应模式，此时 mode 属性为 NavigationMode.Auto。自适应模式下，当页面宽度大于或等于一定阈值（API version 9

及以前是 520vp，API version 10 及以后是 600vp）时，Navigation 组件采用分栏模式；否则，采用单栏模式。

```
Navigation() {
  // ...
}.mode(NavigationMode.Auto)
```

将 mode 属性设置为 NavigationMode.Stack，则 Navigation 组件为单页面显示模式，如图 4-1 所示。

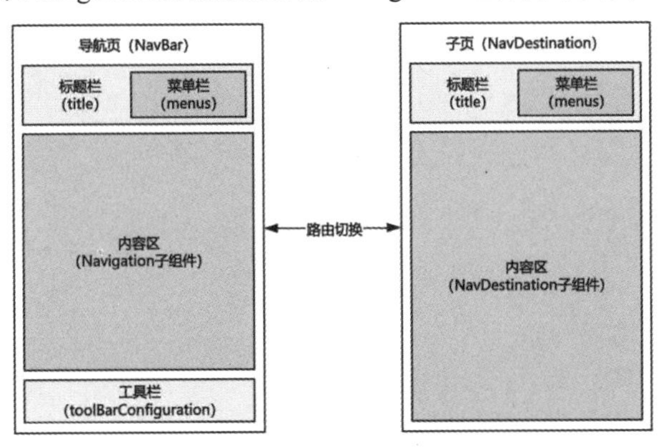

图 4-1　单页面布局示意图

将 mode 属性设置为 NavigationMode.Split，则 Navigation 组件为分栏显示模式，如图 4-2 所示。

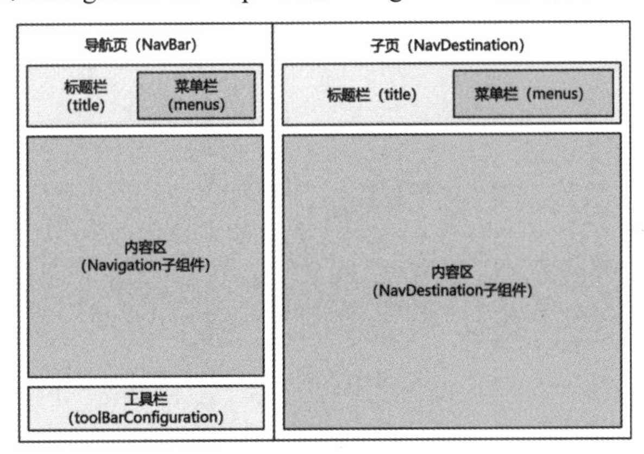

图 4-2　分栏布局示意图

分栏模式组件导航的完整示例代码见文件 4-1~文件 4-4。

文件 4-1　Demo0101.ets

```
// 此处仅给出关键代码

@Entry
@Component
struct NavigationExample {

  // 指定工具栏项目
  @State toolTmp: ToolbarItem = {
```

```
    'value': "func",                    // 按钮的名称
    'icon': "image/highlight.png",   // 按钮的图标
    'action': () => {                  // 按钮点击后指定的操作
    }
  }
  // Navigation 的路由栈，页面通过压栈的方式显示，同时该类提供了控制栈中页面的方法
  // 只有栈顶的页面是当前显示的页面
  // 同时与子组件共享 NavPathStack 状态
  @Provide('pageInfos') pageInfos: NavPathStack = new NavPathStack()
  private arr: number[] = [1, 2, 3];

  /**
   * 根据传递名称的不同，创建和显示不同子页
   * @param name 页面名称
   */
  @Builder
  pageMap(name: string) {
    if (name === "NavDestinationTitle1") {
      PageOne()
    } else if (name === "NavDestinationTitle2") {
      PageTwo()
    } else if (name === "NavDestinationTitle3") {
      PageThree()
    }
  }

  build() {
    Column() {
      // 导航组件，设置路由栈
      Navigation(this.pageInfos) {
        TextInput({ placeholder: 'search...' })
          .width("90%").height(40).backgroundColor('#FFFFFF')
        List({ space: 12 }) {
          // 使用 ForEach 的方式为页面添加跳转的按钮
          ForEach(this.arr, (item: number) => {
            ListItem() {
              Text("NavRouter" + item)
                .width("100%")
                .height(72)
                .backgroundColor('#FFFFFF')
                .borderRadius(24)
                .fontSize(16)
                .fontWeight(500)
                .textAlign(TextAlign.Center)
                .onClick(() => {
                  // 当点击按钮时，将对应子页 NavPathInfo 实例压栈。此处在 NavPathInfo 中仅指定了子
```

```
页的名称
                // pushPath 还有第二个参数，表示是否使用动画展示对应的子页，默认值为 true，表示使用
动画
                this.pageInfos.pushPath({ name: "NavDestinationTitle" + item })
              })
          }
        }, (item: number) => item.toString())
      }.width("90%").margin({ top: 12 })
    }
    // 设置主标题
    .title("主标题")
    // 设置显示模式为分栏模式
    .mode(NavigationMode.Split)
    // 设置用户定义的子页组件，其中 pageMap 为分支判断结构
    // 通过页面栈的栈顶元素的值从该 pageMap 中构建对应的子页
    // 此处使用的是子页 NavPathInfo 中的 name 属性进行分支判断
    .navDestination(this.pageMap)
    // 设置菜单
    .menus([
      // 单独呈现的搜索按钮，value 表示按钮的名称，icon 是图标，action 表示事件处理的回调函数
      { value: "", icon: "image/search.png", action: () => { } },
      // 单独呈现的添加按钮
      { value: "", icon: "image/add.png", action: () => { } },
      // 折叠起来的添加按钮
      { value: "", icon: "image/add.png", action: () => { } },
      // 折叠起来的添加按钮
      { value: "", icon: "image/add.png", action: () => { } },
      // 折叠起来的添加按钮
      { value: "", icon: "image/add.png", action: () => { } }
    ])
    // 在配置工具栏的时候，直接使用了 3 个 toolTmp 项目，当然也可以使用 4 个
    // 在真正的应用场景中，工具栏项目肯定不会是相同的 3 个项目
    // 图标、标题以及功能一般都会不同
    .toolbarConfiguration([this.toolTmp, this.toolTmp, this.toolTmp])
  }.height('100%').width('100%').backgroundColor('#F1F3F5')
 }
}
```

文件 4-2 PageOne.ets

```
@Component
export struct PageOne {

  // 与父组件共享 NavPathStack 状态
  @Consume('pageInfos') pageInfos: NavPathStack;

  build() {
```

```
    NavDestination() {
      Column() {
        Text("NavDestinationContent1")
      }.width('100%').height('100%')
    }.title("NavDestinationTitle1")
    .onBackPressed(() => {
      // 当与 Navigation 绑定的页面栈中存在内容时，此回调生效。当点击返回键时，触发该回调
      // 返回值为 true 时，表示重写返回键逻辑；返回值为 false 时，表示回退到上一个页面
      // 此处之所以返回 true，是因为此处页面要退回到由 NavPathStack 指定的页面
      // 弹出路由栈的栈顶元素
      const popDestinationInfo = this.pageInfos.pop()
      console.log('pop' + '返回值' + JSON.stringify(popDestinationInfo))
      return true
    })
  }
}
```

文件 4-3　PageTwo.ets

```
@Component
export struct PageTwo {

  // 与父组件共享 NavPathStack 状态
  @Consume('pageInfos') pageInfos: NavPathStack;

  build() {
    NavDestination() {
      Column() {
        Text("NavDestinationContent2")
      }.width('100%').height('100%')
    }.title("NavDestinationTitle2")
    .onBackPressed(() => {
      // 当与 Navigation 绑定的页面栈中存在内容时，此回调生效。当点击返回键时，触发该回调
      // 返回值为 true 时，表示重写返回键逻辑；返回值为 false 时，表示回退到上一个页面
      // 此处之所以返回 true，是因为此处页面要退回到由 NavPathStack 指定的页面
      // 弹出路由栈的栈顶元素
      const popDestinationInfo = this.pageInfos.pop()
      console.log('pop' + '返回值' + JSON.stringify(popDestinationInfo))
      return true
    })
  }
}
```

文件 4-4　PageThree.ets

```
@Component
export struct PageThree {

  // 与父组件共享 NavPathStack 状态
  @Consume('pageInfos') pageInfos: NavPathStack;
```

```
  build() {
    NavDestination() {
      Column() {
        Text("NavDestinationContent3")
      }.width('100%').height('100%')
    }.title("NavDestinationTitle3")
    .onBackPressed(() => {
      // 当与 Navigation 绑定的页面栈中存在内容时，此回调生效。当点击返回键时，触发该回调
      // 返回值为 true 时，表示重写返回键逻辑；返回值为 false 时，表示回退到上一个页面
      // 此处之所以返回 true，是因为此处页面要退回到由 NavPathStack 指定的页面
      // 弹出路由栈的栈顶元素
      const popDestinationInfo = this.pageInfos.pop()
      console.log('pop' + '返回值' + JSON.stringify(popDestinationInfo))
      //
      return true
    })
  }
}
```

显示效果如图 4-3 所示。

2. 设置标题栏模式

标题栏在界面顶部，用于呈现界面名称和操作入口。Navigation 组件通过 titleMode 属性设置标题栏模式。标题栏模式有两种：Mini 模式和 Full 模式。

Mini 模式表示普通型标题栏，适用于一级页面不需要突出标题的场景。Mini 模式标题栏显示效果如图 4-4 所示。

图 4-3　分栏模式组件导航的显示效果

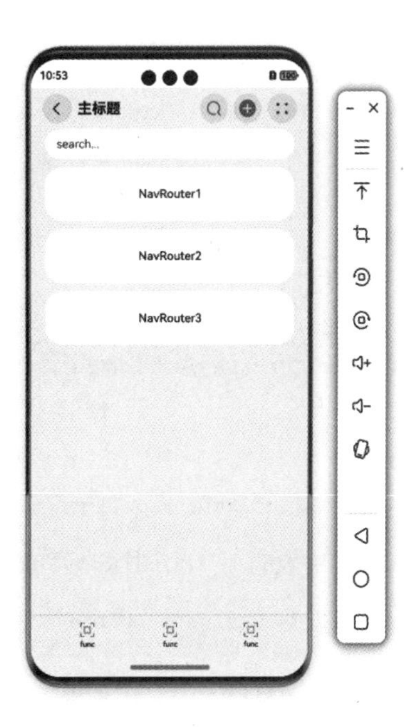

图 4-4　Mini 模式标题栏显示效果

Mini 模式标题栏示例如下：

```
Navigation() {
  // ...
}.titleMode(NavigationTitleMode.Mini)
```

Full 模式表示强调型标题栏，适用于一级页面需要突出标题的场景。Full 模式标题栏显示效果如图 4-5 所示。

Full 模式标题栏示例代码如下：

```
Navigation() {
  // ...
}.titleMode(NavigationTitleMode.Full)
```

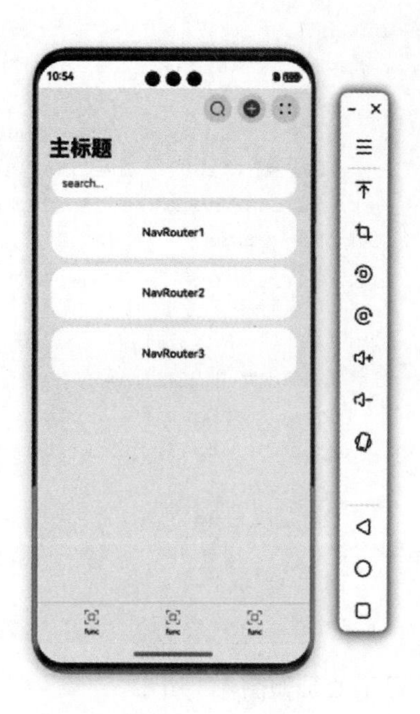

图 4-5 Full 模式标题栏显示效果

3. 设置菜单栏

菜单栏位于 Navigation 组件的右上角，开发者可以通过 menus 属性进行设置。menus 支持 Array<NavigationMenuItem>和 CustomBuilder 两种参数类型。使用 Array<NavigationMenuItem>类型时，竖屏最多显示 3 个图标（见图 4-6），横屏最多显示 5 个图标，多余的图标会被放入自动生成的“更多”图标中。

图 4-6 设置了 3 个图标的菜单栏

设置了 3 个图标的菜单栏的示例代码如下：

```
let toolTmp: NavigationMenuItem = {'value': "", 'icon': "image/highlight.png", 'action': ()=> {}}
Navigation() {
  // ...
}.menus([toolTmp, toolTmp, toolTmp])
```

图片也可以引用 resources 中的资源：

```
let toolTmp: NavigationMenuItem = {'value': "", 'icon': "resources/base/media/highlight.png", 'action': ()=> {}}
Navigation() {
  // ...
}.menus([toolTmp, toolTmp, toolTmp])
```

在竖屏中设置了 4 个图标的菜单栏的示例代码如下：

```
let TooTmp: NavigationMenuItem = {'value': "", 'icon': "./image/ic_public_highlights.svg", 'action': ()=> {}}
Navigation() {
  // ...
}.menus([TooTmp, TooTmp, TooTmp, TooTmp])
```

显示效果如图 4-7 所示。

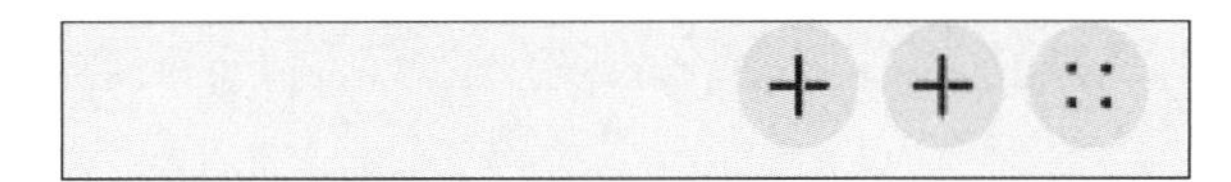

图 4-7　在竖屏中设置了 4 个图标的菜单栏显示效果

4. 设置工具栏

工具栏位于 Navigation 组件的底部，开发者可以通过 toolbarConfiguration 属性进行设置。设置了 3 个图标的工具栏显示效果如图 4-8 所示。

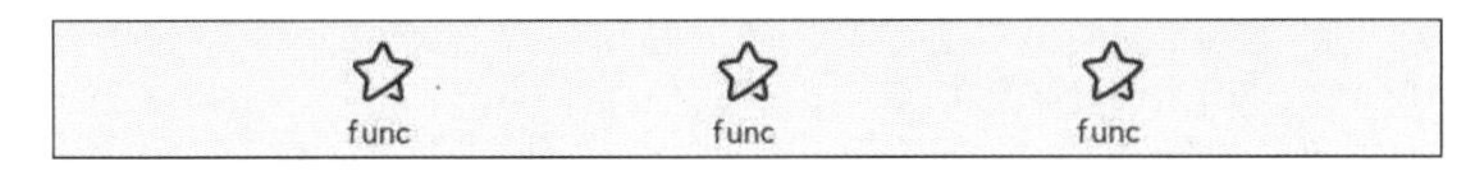

图 4-8　设置了 3 个图标的工具栏显示效果

工具栏的示例代码如下：

```
let toolTmp: ToolbarItem = {'value': "func", 'icon': "image/highlight.png", 'action': ()=>
{}}
let toolBar: ToolbarItem[] = [toolTmp,toolTmp,toolTmp]
Navigation() {
  // ...
}.toolbarConfiguration(TooBar)
```

4.2　导航转场

导航转场是页面的路由转场方式，也就是一个界面消失，另外一个界面出现的动画效果。开发者也可以自定义导航转场的动画效果。

推荐使用 Navigation 组件来实现导航转场，可搭配 NavDestination 组件实现导航功能。

1. 创建导航页

创建导航页的步骤如下：

步骤 01 使用 Navigation 创建导航主页，并创建路由栈 NavPathStack，以实现不同页面之间的跳转。

步骤 02 在 Navigation 中增加 List 组件，定义导航主页中不同的一级界面。

步骤 03 为 List 内的组件添加 onClick 方法，并使用路由栈 NavPathStack 的 pushPathByName 方法，实现点击组件后从当前页面跳转到输入参数 name 在路由表内对应的页面。

创建导航页的代码实现如文件 4-5 所示。

文件 4-5　Demo0201.ets

```
@Entry
@Component
struct NavigationDemo {
  // 路由栈
```

```
  @Provide('pathInfos') pathInfos: NavPathStack = new NavPathStack();
  // 列表数组
  private listArray: Array<string> = ['WLAN', 'Bluetooth', 'Personal Hotpot', 'Connect
& Share'];

  build() {
    Column() {
      // 导航组件，设置路由栈
      Navigation(this.pathInfos) {
        TextInput({ placeholder: '输入关键字搜索' }).placeholderFont({ size: 24 })
          .width('90%').height(40).margin({ bottom: 10 })

        // 通过 List 定义导航的一级界面
        List({ space: 12, initialIndex: 0 }) {
          ForEach(this.listArray, (item: string) => {
            ListItem() {
              Row() {
                Row() {
                  Text(`${item.slice(0, 1)}`).fontColor(Color.White)
                    .fontSize(24).fontWeight(FontWeight.Bold)
                }.width(30).height(30).backgroundColor('#a8a8a8')
                .margin({ right: 20 }).borderRadius(20)
                .justifyContent(FlexAlign.Center)

                Column() {
                  Text(item).fontSize(24)
                }.alignItems(HorizontalAlign.Start)

                Blank()
                Row().width(12).height(12).margin({ right: 15 }).border({
                    width: { top: 2, right: 2 },
                    color: 0xcccccc
                  }).rotate({ angle: 45 })
              }.borderRadius(15).shadow({ radius: 100, color: '#ededed' })
              .width('90%').alignItems(VerticalAlign.Center)
              .padding({ left: 15, top: 15, bottom: 15 })
              .backgroundColor(Color.White)
            }.width('100%').onClick(() => {
              // 将 name 指定的 NaviDestination 页面信息入栈，传递的参数为 param
              this.pathInfos.pushPathByName(`${item}`, '详情页面参数')
            })
          }, (item: string): string => item)
        }.listDirection(Axis.Vertical).edgeEffect(EdgeEffect.Spring)
        .sticky(StickyStyle.Header).chainAnimation(false).width('100%')
      }.width('100%').mode(NavigationMode.Auto).title('设置') // 设置标题文字
    }.size({ width: '100%', height: '100%' }).backgroundColor(0xf4f4f5)
  }
}
```

2. 创建导航子页

导航子页 1 的实现步骤如下：

步骤 01 使用 NavDestination 创建导航子页 CommonPage。

步骤 02 创建路由栈 NavPathStack，并在 onReady 时初始化，获取当前所在的页面栈，以实现不同页面之间的跳转。

步骤 03 为子页面内的组件添加 onClick，并使用路由栈 NavPathStack 的 pop 方法，使组件可以在被点击之后弹出路由栈的栈顶元素，实现页面的返回。

实现代码见文件 4-6。

文件 4-6　Demo0201PageOne.ets

```
@Builder
export function MyCommonPageBuilder(name: string, param: string) {
  MyCommonPage({ name: name, value: param })
}

@Component
export struct MyCommonPage {
  // 路由栈
  pathInfos: NavPathStack = new NavPathStack();
  name: String = '';
  @State value: String = '';

  build() {
    NavDestination() {
      Column() {
        Text(`${this.name}设置页面`).width('100%').fontSize(24)
          .fontColor(0x333333).textAlign(TextAlign.Center).textShadow({
            radius: 2,
            offsetX: 4,
            offsetY: 4,
            color: 0x909399
          }).padding({ top: 30 })
        Text(`${JSON.stringify(this.value)}`).width('100%').fontSize(22)
          .fontColor(0x666666).textAlign(TextAlign.Center).padding({ top: 45 })
        Button('返回').width('50%').height(40).margin({ top: 50 })
          .onClick(() => {
            // 弹出路由栈的栈顶元素，返回上一个页面
            this.pathInfos.pop();
          })
      }.size({ width: '100%', height: '100%' })
    }.title(`${this.name}`).onReady((ctx: NavDestinationContext) => {
      //NavDestinationContext 获取当前所在的页面栈
      this.pathInfos = ctx.pathStack;
    })
  }
}
```

导航子页 2 的实现步骤如下：

步骤01 使用 NavDestination 创建导航子页 SharePage。

步骤02 创建路由栈 NavPathStack，并在 onReady 时初始化，获取当前所在的页面栈，以实现不同页面之间的跳转。

步骤03 为子页面内的组件添加 onClick，并使用路由栈 NavPathStack 的 pushPathByName 方法，实现点击组件后从当前页面跳转到输入参数 name 在路由表内对应的页面。

实现代码见文件 4-7。

文件 4-7 Demo0201PageTwo.ets

```
@Builder
export function MySharePageBuilder(name: string, param: string) {
  MySharePage({ name: name })
}

@Component
export struct MySharePage {
  // 路由栈
  pathInfos: NavPathStack = new NavPathStack();
  name: String = '';
  // 项目列表
  private listArray: Array<string> = ['Projection', 'Print', 'VPN', 'Private DNS', 'NFC'];

  build() {
    NavDestination() {
      Column() {
        List({ space: 12, initialIndex: 0 }) {
          ForEach(this.listArray, (item: string) => {
            ListItem() {
              Row() {
                Row() {
                  Text(`${item.slice(0, 1)}`).fontColor(Color.White)
                    .fontSize(24).fontWeight(FontWeight.Bold)
                }.width(30).height(30).backgroundColor('#a8a8a8')
                .margin({ right: 20 }).borderRadius(20)
                .justifyContent(FlexAlign.Center)

                Column() {
                  Text(item).fontSize(24)
                }.alignItems(HorizontalAlign.Start)

                Blank()
                Row().width(12).height(12).margin({ right: 15 })
                  .border({
                    width: { top: 2, right: 2 },
                    color: 0xcccccc
                  }).rotate({ angle: 45 })
              }.borderRadius(15).shadow({ radius: 100, color: '#ededed' })
```

```
          .width('90%').alignItems(VerticalAlign.Center)
          .padding({ left: 15, top: 15, bottom: 15 })
          .backgroundColor(Color.White)
        }.width('100%').onClick(() => {
          this.pathInfos.pushPathByName(`${item}`, '页面设置参数')
        })
      }, (item: string): string => item)
    }.listDirection(Axis.Vertical).edgeEffect(EdgeEffect.Spring)
    .sticky(StickyStyle.Header).width('100%')
  }.size({ width: '100%', height: '100%' })
}.title(`${this.name}`).onReady((ctx: NavDestinationContext) => {
  //NavDestinationContext 获取当前所在的页面栈
  this.pathInfos = ctx.pathStack;
})
  }
}
```

3. 创建路由跳转

路由跳转的实现步骤如下：

步骤 01 在工程配置文件 module.json5 中配置 {"routerMap": "$profile:route_map"}。

步骤 02 在 main_pages.json 中配置"pages/Demo0201"。

步骤 03 在 route_map.json 中配置全局路由表，路由栈 NavPathStack 可根据路由表中的 name 将对应页面信息入栈。

实现代码见文件 4-8。

文件 4-8 route_map.json

```
{
  "routerMap": [
    {
      "name" : "WLAN",
      "pageSourceFile": "src/main/ets/pages/Demo0201PageOne.ets",
      "buildFunction": "MyCommonPageBuilder"
    },
    {
      "name" : "Bluetooth",
      "pageSourceFile": "src/main/ets/pages/Demo0201PageOne.ets",
      "buildFunction": "MyCommonPageBuilder"
    },
    {
      "name" : "Personal Hotpot",
      "pageSourceFile"  : "src/main/ets/pages/Demo0201PageOne.ets",
      "buildFunction" : "MyCommonPageBuilder"
    },
    {
      "name" : "Connect & Share",
      "pageSourceFile"  : "src/main/ets/pages/Demo0201PageTwo.ets",
      "buildFunction" : "MySharePageBuilder"
```

```
    },
    {
      "name" : "Projection",
      "pageSourceFile"  : "src/main/ets/pages/Demo0201PageOne.ets",
      "buildFunction" : "MyCommonPageBuilder"
    },
    {
      "name" : "Print",
      "pageSourceFile"  : "src/main/ets/pages/Demo0201PageOne.ets",
      "buildFunction" : "MyCommonPageBuilder"
    },
    {
      "name" : "VPN",
      "pageSourceFile"  : "src/main/ets/pages/Demo0201PageOne.ets",
      "buildFunction" : "MyCommonPageBuilder"
    },
    {
      "name" : "Private DNS",
      "pageSourceFile"  : "src/main/ets/pages/Demo0201PageOne.ets",
      "buildFunction" : "MyCommonPageBuilder"
    },
    {
      "name" : "NFC",
      "pageSourceFile"  : "src/main/ets/pages/Demo0201PageOne.ets",
      "buildFunction" : "MyCommonPageBuilder"
    }
  ]
}
```

显示效果如图 4-9 所示。

图 4-9　导航组件的运行效果

图 4-9　导航组件的运行效果（续）

4.3　页面路由

页面路由是指在应用程序中实现不同页面之间的跳转和数据传递。Router 模块通过不同的 URL 地址，可以方便地进行页面路由，轻松地访问不同的页面。

本节将介绍如何通过 Router 模块实现页面路由。

说　明
Navigation 具有更强的功能和自定义能力，推荐使用该组件作为应用的路由框架。

1. 页面跳转

在使用应用程序时，通常需要在不同的页面之间跳转，有时还需要将数据从一个页面传递到另一个页面。因此，页面跳转是开发过程中的一个重要组成部分。

Router 模块提供了两种跳转模式，分别是 router.pushUrl 和 router.replaceUrl。这两种模式决定了目标页面是否会替换当前页。

- router.pushUrl：目标页面不会替换当前页，而是将当前页压入页面栈。这样可以保留当前页的状态，并且可以通过返回键或者调用 router.back 方法返回到当前页。
- router.replaceUrl：目标页面会替换当前页，并销毁当前页。这样可以释放当前页的资源，且无法返回到当前页。

说　明
页面栈的最大容量为 32 个页面。如果超过这个限制，可以调用 router.clear 方法清空历史页面栈，释放内存空间。

同时，Router模块提供了两种实例模式，分别是Standard和Single。这两种模式决定了目标URL是否会对应多个实例。

- Standard：多实例模式，也是默认情况下的跳转模式。目标页面会被添加到页面栈顶，无论栈中是否存在相同URL的页面。
- Single：单实例模式。如果目标页面的URL已存在于页面栈中，则会将离栈顶最近的同URL页面移动到栈顶，该页面成为新建页。如果在页面栈中不存在与目标页面的URL相同的页面，则按照默认的多实例模式进行跳转。

在使用Router相关功能之前，需要在代码中导入Router模块：

```
import { promptAction, router } from '@kit.ArkUI';
import { BusinessError } from '@kit.BasicServicesKit';
```

下面给出页面跳转的应用场景示例。

场景一：有一个主页（Home）和一个详情页（Detail），希望从主页点击一个商品跳转到详情页。同时，需要将主页保留在页面栈中，以便返回时恢复状态。这种场景下，可以使用pushUrl方法，并且使用Standard实例模式（或者省略）。

```
import { router } from '@kit.ArkUI';
// 在Home页面中
function onJumpClick(): void {
  router.pushUrl({
    url: 'pages/Detail' // 目标URL
  }, router.RouterMode.Standard, (err) => {
    if (err) {
      console.error(`Invoke pushUrl failed, code is ${err.code}, message is
${err.message}`);
      return;
    }
    console.info('Invoke pushUrl succeeded.');
  });
}
```

说　明
多实例模式下，router.RouterMode.Standard参数可以省略。

完整代码见文件4-9~文件4-13。

文件4-9　Demo0301.ets

```
import { router } from '@kit.ArkUI';

// 页面跳转函数
function onJumpClick(): void {
  router.pushUrl({
    url: 'pages/Demo0301Detail' // 目标URL
```

```
  }, router.RouterMode.Standard, (err) => {
    if (err) {
      console.error(`调用 pushUrl 方法失败，错误码：${err.code}，错误消息：${err.message}`);
      return;
    }
    console.info('成功调用 pushUrl 方法');
  });
}

@Entry
@Component
struct Index {
  @State message: string = 'Hello World';

  build() {
    Row() {
      Column() {
        Text(this.message).fontSize(50).fontWeight(FontWeight.Bold)
        Button('到详情页', { stateEffect: true, type: ButtonType.Capsule })
          .width('80%').height(40).margin(20).onClick(() => {
            onJumpClick()
        })
      }.width('100%')
    }.height('100%')
  }
}
```

文件 4-10　Demo0301Detail.ets

```
import { router } from '@kit.ArkUI';

@Entry
@Component
struct pageOne {
  // 持有标题的状态变量
  @State message: string = 'Demo0301 的详情页';

  build() {
    Row() {
      Column()
      // 展示标题
        Text(this.message).fontSize(50).fontWeight(FontWeight.Bold)
      // 返回按钮，点击时返回到上一页
        Button('router back to Demo0301', { stateEffect: true, type: ButtonType.Capsule })
          .width('80%').height(40).margin(20).onClick(() => {
          // 调用 router 的方法返回上一个页面
          router.back();
```

```
        })
      }.width('100%')
    }.height('100%')
  }
}
```

文件 4-11 main_pages.json

```
{
  "src": [
    "pages/Demo0301",            // 将页面路径添加到该配置文件中
    "pages/Demo0301Detail"       // 将页面路径添加到该配置文件中
  ]
}
```

文件 4-12 EntryAbility0301.ets

```
// 此处仅列出关键代码
export default class EntryAbility extends UIAbility {
  // 此处仅列出关键代码
  onWindowStageCreate(windowStage: window.WindowStage): void {
    // 此处仅列出关键代码
    // 设置窗口阶段加载的页面路径
    windowStage.loadContent('pages/Demo0301', (err) => {
      // ...
    });
  }
  // ...
}
```

文件 4-13 module.json5

```
{
  "module": {
    // 此处仅列出关键代码
    "abilities": [
      {
        "name": "EntryAbility",
      // 在该文件中指定入口能力文件路径
        "srcEntry": "./ets/entryability/EntryAbility0301.ets",
        // ...
      }
    ],
    // ...
  }
}
```

显示效果如图 4-10 所示。

图 4-10　页面跳转的运行效果

场景二：有一个登录页（Login）和一个个人中心页（Profile），希望从登录页成功登录后跳转到个人中心页。同时，销毁登录页，在返回时直接退出应用。这种场景下，可以使用 replaceUrl 方法，并且使用 Standard 实例模式（或者省略）。

```
import { router } from '@kit.ArkUI';
// 在 Login 页面中
function onJumpClick(): void {
  router.replaceUrl({
    url: 'pages/Profile' // 目标 URL
  }, router.RouterMode.Standard, (err) => {
    if (err) {
      console.error(`Invoke replaceUrl failed, code is ${err.code}, message is
${err.message}`);
      return;
    }
    console.info('Invoke replaceUrl succeeded.');
  })
}
```

场景三：有一个设置页（Setting）和一个主题切换页（Theme），希望从设置页点击主题选项，跳转到主题切换页。同时，需要保证每次只有一个主题切换页存在于页面栈中，在返回时直接回到设置页。在这种场景下，可以使用 pushUrl 方法，并且使用 Single 实例模式。

```
import { router } from '@kit.ArkUI';
// 在 Setting 页面中
function onJumpClick(): void {
  router.pushUrl({
    url: 'pages/Theme' // 目标 URL
  }, router.RouterMode.Single, (err) => {
    if (err) {
      console.error(`Invoke pushUrl failed, code is ${err.code}, message is
${err.message}`);
      return;
    }
```

```
    console.info('Invoke pushUrl succeeded.');
  });
}
```

场景四：有一个搜索结果列表页（SearchResult）和一个搜索结果详情页（SearchDetail），希望从搜索结果列表页点击某一项结果，跳转到搜索结果详情页。同时，如果该结果已经被查看过，则不需要再新建一个详情页，而是直接跳转到已经存在的详情页。在这种场景下，可以使用 replaceUrl 方法，并且使用 Single 实例模式。

```
import { router } from '@kit.ArkUI';
// 在 SearchResult 页面中
function onJumpClick(): void {
  router.replaceUrl({
    url: 'pages/SearchDetail' // 目标 URL
  }, router.RouterMode.Single, (err) => {
    if (err) {
      console.error(`Invoke replaceUrl failed, code is ${err.code}, message is ${err.message}`);
      return;
    }
    console.info('Invoke replaceUrl succeeded.');
  })
}
```

以上都是不带参数传递的场景。如果需要在跳转时传递一些数据给目标页面，则可以在调用 Router 模块的方法时，添加一个 params 属性，并指定一个对象作为参数。示例代码见文件 4-14。

文件 4-14 Demo0302.ets

```
import { router } from '@kit.ArkUI';
class DataModelInfo {
  age: number = 0
}

class DataModel {
  id: number = 0
  info: DataModelInfo | null = null
}

function onJumpClick(): void {
  // 在 Home 页面中
  let paramsInfo: DataModel = {
    id: 123,
    info: {
      age: 20
    }
  };

  router.pushUrl({
    url: 'pages/Demo0302Detail', // 目标 URL
    params: paramsInfo // 添加 params 属性，传递自定义参数
```

```
    }, (err) => {
      if (err) {
        console.error(`调用 pushUrl 失败，错误码：${err.code}，错误消息：${err.message}`);
        return;
      }
      console.info('成功调用 pushUrl 方法');
    })
  }

  @Entry
  @Component
  struct Index {
    @State message: string = 'Hello World';

    build() {
      Row() {
        Column() {
          Text(this.message).fontSize(50).fontWeight(FontWeight.Bold)
          Button('到详情页', { stateEffect: true, type: ButtonType.Capsule })
            .width('80%').height(40).margin(20).onClick(() => {
            onJumpClick()
          })
        }.width('100%')
      }.height('100%')
    }
  }
```

在目标页面中，可以通过调用 Router 模块的 getParams 方法来获取传递过来的参数，示例代码见文件 4-15。

文件 4-15　Demo0302Detail.ets

```
import { router } from '@kit.ArkUI';

class InfoTmp {
  age: number = 0
}

class RouTmp {
  id: object = () => {  }
  info: InfoTmp = new InfoTmp()
}

// 获取传递过来的参数对象
const params: RouTmp = router.getParams() as RouTmp;
// 获取 id 属性的值
const id: object = params.id
// 获取 age 属性的值
const age: number = params.info.age

@Entry
```

```
@Component
struct pageOne {
  @State message: string = 'Demo0302 的详情页';

  build() {
    Row() {
      Column() {
        Text(this.message).fontSize(50).fontWeight(FontWeight.Bold)
        Text(`接收到的参数: id = ${id}, age = ${age}`).fontSize(50)
        Button('router back to Demo0302', { stateEffect: true, type: ButtonType.Capsule })
          .width('80%').height(40).margin(20).onClick(() => {
          // 调用 router 的方法返回上一个页面
          router.back();
        })
      }.width('100%')
    }.height('100%')
  }
}
```

显示效果如图 4-11 所示。

图 4-11　页面跳转时传递参数的运行效果

2. 页面返回

当用户在一个页面完成操作后，通常需要返回到上一个页面或者指定页面，这就需要用到页面返回功能。在返回的过程中，可能需要将数据传递给目标页面，这就需要用到数据传递功能。

可以使用以下几种方式返回页面：

方式一：返回到上一个页面：

```
import { router } from '@kit.ArkUI';
router.back();
```

上一个页面必须存在于页面栈中才能够返回，否则该方法将无效。

方式二：返回到指定页面。

①返回普通页面：

```
import { router } from '@kit.ArkUI';
router.back({
 url: 'pages/Home'
});
```

②返回命名路由页面：

```
import { router } from '@kit.ArkUI';
router.back({
 url: 'myPage' // myPage 为返回的命名路由页面别名
});
```

这种方式需要指定目标页面的路径。目标页面必须存在于页面栈中才能够返回。

方式三：返回到指定页面，并传递自定义参数信息。

①返回普通页面：

```
import { router } from '@kit.ArkUI';
router.back({
 url: 'pages/Home',
 params: {
   info: '来自 Home 页'
 }
});
```

②返回命名路由页面：

```
import { router } from '@kit.ArkUI';
router.back({
 url: 'myPage', //myPage 为返回的命名路由页面别名
 params: {
   info: '来自 Home 页'
 }
});
```

说　明

直接使用 router 可能导致实例不明确的问题，建议使用 getUIContext 获取 UIContext 实例，并使用 getRouter 获取绑定实例的 router。

传递的自定义参数信息，可以在目标页面中在需要获取参数的位置调用 router.getParams 方法进行获取和解析。例如，在 onPageShow 生命周期回调中：

```
@Entry
@Component
struct Home {
 @State message: string = 'Hello World';

 onPageShow() {
   const params = this.getUIContext().getRouter().getParams() as Record<string, string>;
// 获取传递过来的参数对象
   if (params) {
```

```
      const info: string = params.info as string; // 获取 info 属性的值
    }
  }
  ...
}
```

说 明

当使用 router.back 方法返回到指定页面时，原栈顶页面（包括）到指定页面（不包括）之间的所有页面栈都将从栈中弹出并销毁。

另外，如果使用 router.back 方法返回原来的页面，原页面不会被重复创建，因此使用@State 声明的变量不会重复声明，也不会触发页面的 aboutToAppear 生命周期回调。如果需要在原页面中使用返回页面传递的自定义参数，可以在需要的位置进行参数解析。例如，在 onPageShow 生命周期回调中进行参数解析。案例具体代码见文件 4-16~文件 4-19。

文件 4-16　Demo0303.ets

```
import { router } from '@kit.ArkUI';

// 页面跳转函数
function onJumpClick(): void {
  router.pushUrl({
    url: 'pages/Demo0303Detail' // 目标 URL
  }, router.RouterMode.Standard, (err) => {
    if (err) {
      console.error(`调用 pushUrl 方法失败，错误码：${err.code}，错误消息：${err.message}`);
      return;
    }
    console.info('成功调用 pushUrl 方法');
  });
}

@Entry
@Component
struct Index {
  @State message: string = 'Hello World';
  @State backMsg: string | undefined = undefined

  onPageShow(): void {
    // 获取传递过来的参数对象
    const params = this.getUIContext().getRouter().getParams() as Record<string, string>
    if (params) {
      this.backMsg = params.info as string; // 获取 info 属性的值
    }
  }

  build() {
```

```
    Row() {
      Column() {
        if (this.backMsg) {
          Text(`页面返回的信息：${this.backMsg}}`).fontSize(50)
        }
        Text(this.message).fontSize(50).fontWeight(FontWeight.Bold)
        Button('到详情页', { stateEffect: true, type: ButtonType.Capsule })
          .width('80%').height(40).margin(20).onClick(() => {
            onJumpClick()
        })
      }.width('100%')
    }.height('100%')
  }
}
```

文件 4-17　Demo0303Detail.ets

```
import { router } from '@kit.ArkUI';

@Entry
@Component
struct pageOne {
  @State message: string = 'Demo0303 的详情页';

  build() {
    Row() {
      Column() {
        Text(this.message).fontSize(50).fontWeight(FontWeight.Bold)
        Button('router back to Demo0303', { stateEffect: true, type: ButtonType.Capsule })
          .width('80%').height(40).margin(20).onClick(() => {
          // 调用 router 的方法返回上一个页面并携带返回参数
          router.back(
            {
              url: 'pages/Demo0303',
              params: {
                info: 'Hello Demo0303'
              }
            }
          );
        })
      }.width('100%')
    }.height('100%')
  }
}
```

文件 4-18　main_pages.json

```
{
```

```
  "src": [
    "pages/Demo0303",
    "pages/Demo0303Detail"
  ]
}
```

文件 4-19 module.json5

```
{
  "module": {
    // ...
    "abilities": [
      {
        "name": "EntryAbility",
        "srcEntry": "./ets/entryability/EntryAbility0303.ets",
        // ...
      }
    ],
    // ...
  }
}
```

显示效果如图 4-12 所示。

图 4-12 在 onPageShow 生命周期函数中解析参数

4.4 从 Router 切换到 Navigation

Navigation 支持更丰富的动效，具有一次开发多端部署的能力以及更灵活的栈操作。本节将介绍如何从 Router 切换到 Navigation。首先介绍 Router 和 Navigation 的架构差异，然后进行切换指导。

1. 架构差异

从 ArkUI 组件树层级上来看，原先由 Router 管理的 page 在页面栈管理节点 stage 的下面。

Navigation 作为导航容器组件，可以挂载在单个 page 节点下，也可以叠加、嵌套。Navigation 管理了标题栏、内容区和工具栏，内容区用于显示用户自定义页面的内容，并支持页面的路由能力。Router 和 Navigation 的架构差异如图 4-13 所示。

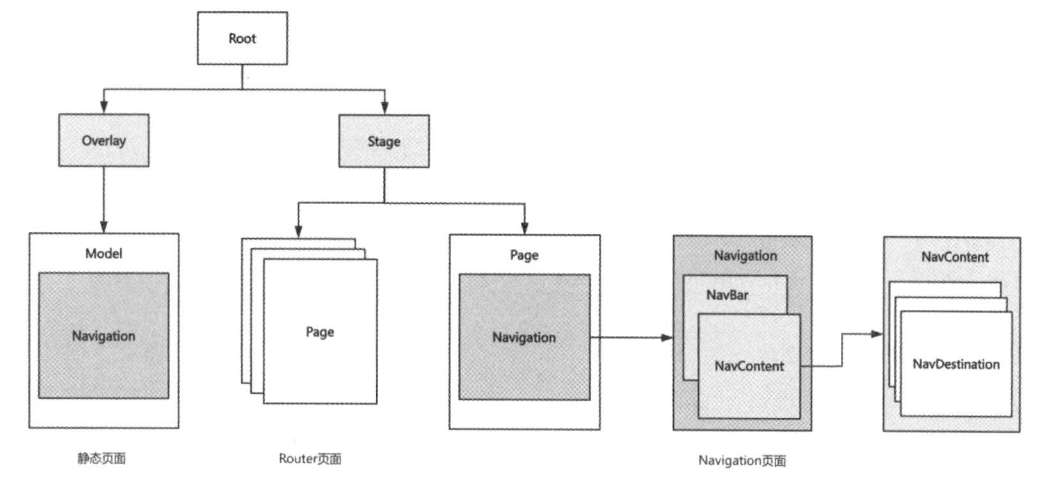

图 4-13　Router 和 Navigation 的架构差异

Navigation 的这种设计有如下优势：

（1）接口上显式区分标题栏、内容区和工具栏，实现更加灵活的管理和 UX（用户体验）动效能力。

（2）显式提供路由容器概念，由开发者决定路由容器的位置，支持在全模态、半模态、弹窗中显示。

（3）整合 UX 设计和一多能力，默认提供统一的标题显示、页面切换和单双栏适配能力。

（4）基于通用 UIBuilder 能力，由开发者决定页面别名和页面 UI 对应关系，提供更加灵活的页面配置能力。

（5）基于组件属性动效和共享元素动效能力，将页面切换动效转换为组件属性动效实现，提供更加丰富和灵活的切换动效。

（6）开放了页面栈对象，允许开发者继承，以更好地管理页面显示。

Router 与 Navigation 的能力对比如表 4-1 所示。

表 4-1　Router 与 Navigation 的能力对比

业务场景	Navigation	Router
一多能力	支持，Auto 模式自适应单栏跟双栏显示	不支持
跳转指定页面	pushPath & pushDestination	pushUrl & pushNameRoute
跳转 HSP 中页面	支持	支持
跳转 HAR 中页面	支持	支持
跳转传参	支持	支持
获取指定页面参数	支持	不支持
传参类型	传参为对象形式	传参为对象形式，对象中暂不支持方法变量

（续表）

业务场景	Navigation	Router
跳转结果回调	支持	支持
跳转单例页面	支持	支持
页面返回	支持	支持
页面返回传参	支持	支持
返回指定路由	支持	支持
页面返回弹窗	支持，通过路由拦截实现	showAlertBeforeBackPage
路由替换	replacePath & replacePathByName	replaceUrl & replaceNameRoute
路由栈清理	clear	clear
清理指定路由	removeByIndexes & removeByName	不支持
转场动画	支持	支持
自定义转场动画	支持	支持，动画类型受限
屏蔽转场动画	支持全局和单次	支持设置 pageTransition 方法 duration 为 0
geometryTransition 共享元素动画	支持（NavDestination 之间共享）	不支持
页面生命周期监听	UIObserver.on('navDestinationUpdate')	UIObserver.on('routerPageUpdate')
获取页面栈对象	支持	不支持
路由拦截	支持通过 setInercption 做路由拦截	不支持
路由栈信息查询	支持	getState() & getLength()
路由栈 move 操作	moveToTop & moveIndexToTop	不支持
沉浸式页面	支持	不支持，需通过 window 配置
设置页面标题栏和工具栏	支持	不支持
模态嵌套路由	支持	不支持

2. 切换指导

Router 路由的页面是一个被@Entry 修饰的 Component，每一个页面都需要在 main_page.json 中声明，示例代码见文件 4-20。

文件 4-20 main_page.json

```
{
  "src": [
    "pages/Index",
    "pages/pageOne",
    "pages/pageTwo"
  ]
}
```

基于 Router 的页面切换的示例代码见文件 4-21 和文件 4-22。

文件 4-21 Demo0401.ets

```
import { router } from '@kit.ArkUI';
```

```
@Entry
@Component
struct Index {
  @State message: string = 'Hello World';

  build() {
    Row() {
      Column() {
        Text(this.message).fontSize(50).fontWeight(FontWeight.Bold)
        Button('router to PageOnePlus', { stateEffect: true, type: ButtonType.Capsule })
          .width('80%').height(40).margin(20).onClick(() => {
          // 当点击按钮时，使用 router 的 pushUrl 切换到目标页面
            router.pushUrl({
              url: 'pages/PageOnePlus' // 目标 URL
            }, router.RouterMode.Standard, (err) => {
              if (err) {
                console.error(`Invoke pushUrl failed, code is ${err.code}, message is
${err.message}`);
                return;
              }
              console.info('Invoke pushUrl succeeded.');
            })
          })
      }.width('100%')
    }.height('100%')
  }
}
```

文件 4-22 PageOnePlus.ets

```
import { router } from '@kit.ArkUI';

@Entry
@Component
struct pageOne {
  @State message: string = 'This is PageOnePlus';

  build() {
    Row() {
      Column() {
        Text(this.message).fontSize(50).fontWeight(FontWeight.Bold)
        Button('router back to Index', { stateEffect: true, type: ButtonType.Capsule })
          .width('80%').height(40).margin(20).onClick(() => {
            // 调用 router 的方法返回上一个页面
            router.back();
          })
      }.width('100%')
    }.height('100%')
  }
}
```

显示效果如图 4-14 所示。

初始页面　　点击按钮后跳转到第二个页面　　返回到上一个页面

图 4-14　基于 Router 的页面切换运行效果

而基于 Navigation 的路由页面分为导航页和子页，导航页又叫 Navbar，是 Navigation 包含的子组件，子页是 NavDestination 包含的子组件。Navigation 导航页的示例代码见文件 4-23。

文件 4-23　Demo0402.ets

```
@Entry
@Component
struct Demo0402 {
  // 路由栈
  pathStack: NavPathStack = new NavPathStack()

  build() {
    // 导航组件，设置路由栈
    Navigation(this.pathStack) {
      Column() {
        Button('Push PageOne', { stateEffect: true, type: ButtonType.Capsule })
          .width('80%').height(40).margin(20).onClick(() => {
            // 当点击按钮时，通过名称将子页入栈，即展示指定的子页
            this.pathStack.pushPathByName('Demo0402PageOne', null)
          })
      }.width('100%').height('100%')
    }.title("Navigation").mode(NavigationMode.Stack)
  }
}
```

Navigation 子页的示例代码见文件 4-24 和文件 4-25。

文件 4-24　Demo0402PageOne.ets

```
@Builder
export function PageOneBuilder() {
  PageOne()
```

```
}

@Component
export struct PageOne {
  // 路由栈
  pathStack: NavPathStack = new NavPathStack()

  build() {
    // 导航目的地
    NavDestination() {
      Column() {
        Button('回到首页', { stateEffect: true, type: ButtonType.Capsule })
          .width('80%').height(40).margin(20).onClick(() => {
            // 当点击按钮时清空路由栈
            this.pathStack.clear()
          })
      }.width('100%').height('100%')
    }.title('PageOne').onReady((context: NavDestinationContext) => {
      // 当组件准备好时，接收传递来的路由栈实例
      this.pathStack = context.pathStack
    })
  }
}
```

文件 4-25　module.json5

```
{
  "module": {
    // 此处仅列出关键代码
    "abilities": [
      {
        "name": "EntryAbility",
      // 设置对应的入口能力文件路径
        "srcEntry": "./ets/entryability/EntryAbility0402.ets",
        // ...
      }
    ],
   // 指定对应的路由映射文件，即 route_map.json 文件路径
    "routerMap": "$profile:route_map",
    // ...
  }
}
```

在 module.json5 中配置入口能力文件的路径，同时每个子页也需要配置到系统配置文件 route_map.json 中。示例代码见文件 4-26。

文件 4-26　route_map.json

```
// src/main/resources/base/profile/route_map.json
{
  "routerMap": [
    {
```

```
      "name": "Demo0402PageOne",
      "pageSourceFile": "src/main/ets/pages/Demo0402PageOne.ets",
      "buildFunction": "PageOneBuilder",
      "data": {
        "description": "this is Demo0402PageOne"
      }
    }
  ]
}
```

显示效果如图 4-15 所示。

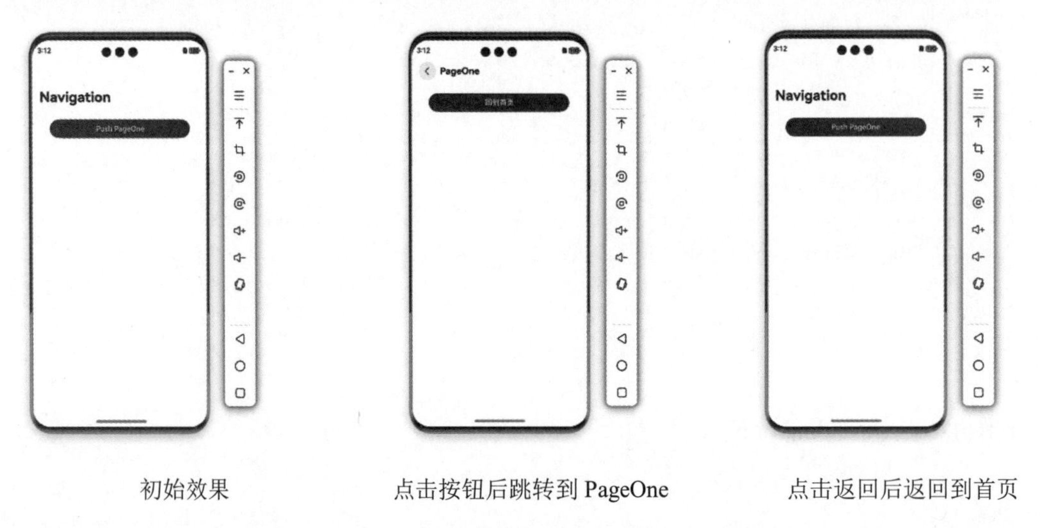

初始效果　　点击按钮后跳转到 PageOne　　点击返回后返回到首页

图 4-15　基于 Navigation 的页面切换运行效果

4.5　本章小结

本章首先探讨了 Navigation 组件的基本概念和功能。它作为路由导航的根视图容器，支持单栏、分栏和自适应 3 种显示模式。通过设置 mode 属性，可以灵活地调整页面的显示模式，以适应不同的窗口大小和布局需求；通过设置 titleMode 属性，可以调整标题栏的模式，以满足不同的设计需求。通过设置 menus 和 toolbarConfiguration 属性，可以调整菜单栏和工具栏，以增强页面的交互性和用户体验。

在导航转场部分，介绍了如何使用 Navigation 组件实现页面的路由转场效果，并提供了自定义动画效果的选项。通过创建导航页和子页，可以实现复杂的页面跳转逻辑，提升应用的流畅性和一致性。

在页面路由部分，介绍了 Router 模块的使用方法，它通过不同的 URL 地址实现页面路由，支持页面跳转和数据传递。Router 模块提供了多种跳转模式和实例模式，可以灵活地控制页面的跳转和显示。

最后，介绍了如何从 Router 切换到 Navigation。

通过学习本章内容，读者可以掌握如何在应用程序中实现复杂的导航和路由功能，提升应用的用户体验和开发效率。

4.6　本章习题

1. 什么是 Navigation 组件？
2. Navigation 组件的 3 种显示模式是什么？
3. Navigation 组件中导航页和子页之间的关系是什么？
4. Navigation 组件的菜单栏支持哪两种参数类型？
5. 如何在 Navigation 组件中实现页面跳转？

第 5 章

交互事件

本章将深入探讨 HarmonyOS 中的交互事件处理机制，详细讲解触屏事件、键鼠事件、焦点事件、拖曳事件和手势事件这五大类事件的分类、触发机制及响应方法。HarmonyOS 通过严格的事件分发机制，确保了事件能够被正确地识别和处理，从而为用户提供流畅的交互体验。

5.1 交互事件介绍

在 HarmonyOS 操作系统中，事件主要分为以下五大类：

（1）触屏事件：这类事件涉及用户使用手指或手写笔在触控屏幕上直接交互，包括单指或单笔的点击、滑动、长按等操作。

（2）键鼠事件：这类事件包括两个子类别：

- 鼠标事件：指的是用户通过外接鼠标或触控板进行操作时产生的响应，如点击、移动、滚动等。
- 键盘事件：涉及用户使用外接键盘进行按键操作时触发的响应。

（3）焦点事件：这类事件关注组件焦点的获取与失去，以及由此引发的相关操作响应。

（4）拖曳事件：这类事件由触屏或键鼠操作启动，包括用户通过手指/手写笔长按组件并拖动，或是使用鼠标进行的拖曳操作。

（5）手势事件：手势事件的构成包括手势识别方法和所绑定手势的定义，分为以下两种类型：

- 单一手势：作为手势识别的基本单位，是构建更复杂手势识别逻辑的基础元素。
- 组合手势：这类手势由多个单一手势按照既定规则组合而成，可以根据预定义的类型将单一手势整合为更复杂的手势动作，以供用户交互使用。绑定的手势方法允许开发者在组件上指定手势响应逻辑，并明确手势识别的优先级顺序。

5.2　事件分发

事件分发机制详细描述了触控类事件（不包括键盘和焦点事件）在应用界面元素中的传递和响应链路，确保事件能够被正确地识别和处理。

5.2.1　概述

根据输入源的不同，ArkUI 触控事件主要分为 touch 类与 mouse 类。其中 touch 类的输入源包含 finger、pen，而 mouse 类的输入源包含 mouse、touchpad、joystick。由这两类输入源可以触发如表 5-1 所示的事件。

表 5-1　touch 和 mouse 输入源可触发的事件

touch	mouse
触摸事件	触摸事件
点击事件	鼠标事件
拖曳事件	点击事件
手势事件	拖曳事件
	手势事件

无论是 touch 类事件还是 mouse 类事件，在 ArkUI 框架上均由触摸测试发起，触摸测试直接决定了 ArkUI 事件响应链的生成及事件的分发。

5.2.2　触摸测试

触摸测试是指当手指或者鼠标光标按下时，基于当前触点所在位置测试命中了哪些组件，并收集整个事件响应链的过程。对触摸测试结果影响较大的因素有以下几类：

- TouchTest：触摸测试入口方法，此方法无外部接口。
- hitTestBehavior：触摸测试控制。
- interceptTouch：事件自定义拦截。
- enabled：禁用控制。
- responseRegion：触摸热区设置。
- 安全组件。
- 其他属性设置：透明度/组件下线。

1. TouchTest

TouchTest 的触发时机由每次点按的按下动作发起，默认由组件树根节点的 TouchTest 方法作为入口。hitTestBehavior 可以由 InterceptTouch 事件变更。如果触摸热区、禁用控制等不满足组件事件交互诉求，会导致立即返回父节点。TouchTest 的工作流程如图 5-1 所示。

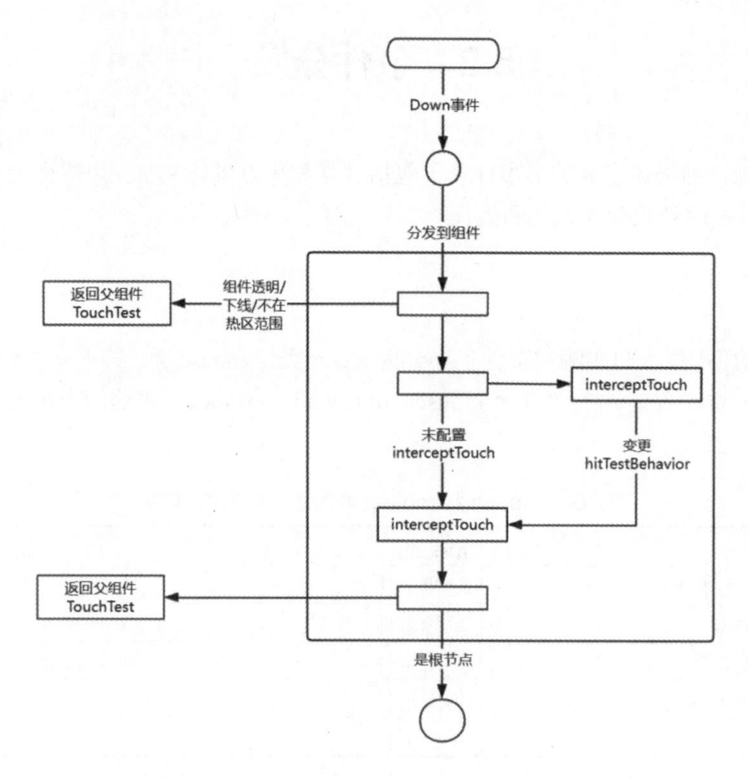

图 5-1 TouchTest 工作流程

2. 触摸测试控制

触摸测试成功，收集到当前组件/子组件的事件，这一过程叫作命中。子组件对父组件触摸测试的影响，取决于最后一个没有被阻塞触摸测试的子组件。HitTestMode 有以下几个取值：

- HitTestMode.Default：默认不配置 hitTestBehavior 属性的效果，如果自身事件命中，就会阻塞兄弟组件的触摸测试，但不阻塞子组件的触摸测试。HitTestMode.Default 的工作原理如图 5-2 所示。

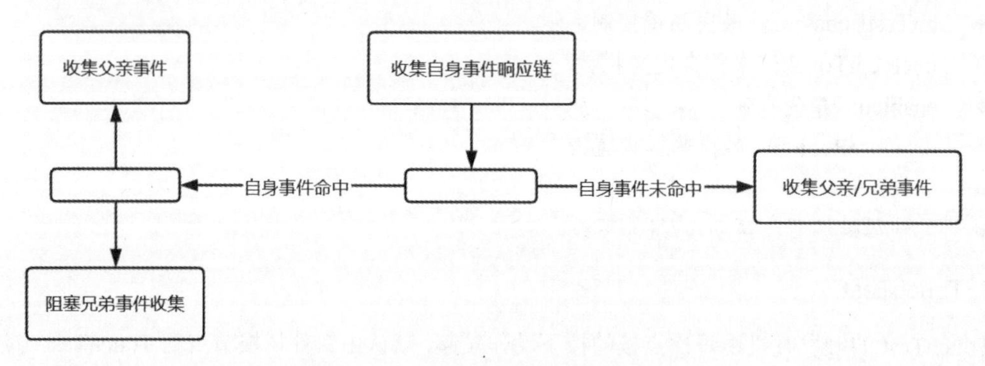

图 5-2 HitTestMode.Default 工作原理

- HitTestMode.None：自身不接收事件，但不会阻塞兄弟组件/子组件继续做触摸测试。
- HitTestMode.Block：阻塞子组件的触摸测试，如果自身触摸测试命中，会阻塞兄弟组件及父组件的触摸测试。

- HitTestMode.Transparent：自身进行触摸测试，但不阻塞兄弟组件及父组件的触摸测试。

3. 自定义事件拦截

触发自定义事件拦截时，可以根据业务状态动态改变组件的 hitTestBehavior 属性。

4. 禁用控制

设置禁用控制的组件（包括其子组件）不会发起触摸测试过程，直接返回到父节点进行触摸测试。

5. 触摸热区设置

触摸热区设置会影响触屏/鼠标类的触摸测试。如果设置为 0，或是不可触控区域，则事件直接返回到父节点进行触摸测试。

6. 安全组件

ArkUI 包含的安全组件有：使用位置组件、使用粘贴组件、使用保存组件等。当前安全组件对触摸测试影响：如果有组件的 z 序比安全组件的 z 序靠前，且遮盖安全组件，则安全组件事件直接返回到父节点继续做触摸测试。

5.3 触屏事件

触屏事件指当手指或手写笔在组件上按下、滑动、抬起时触发的回调事件，主要包括点击事件、拖曳事件和触摸事件 3 种。触屏事件的原理如图 5-3 所示。

本节重点介绍实际开发中常用的点击事件和触摸事件。

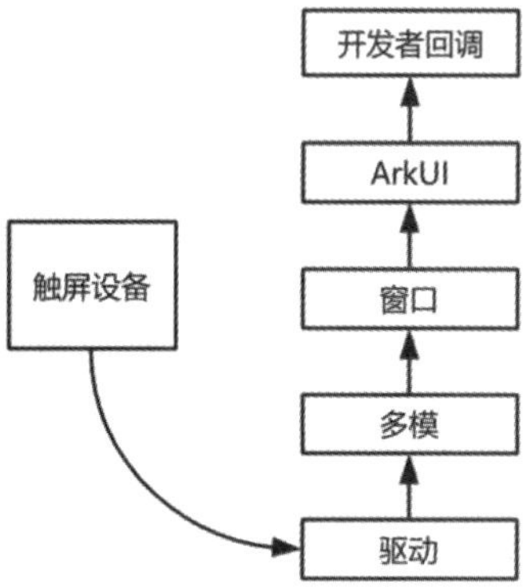

图 5-3 触屏事件原理

5.3.1 点击事件

点击事件是指通过手指或手写笔做出一次完整的按下和抬起动作。当发生点击事件时，会触发以下回调函数：

```
onClick(event: (event?: ClickEvent) => void)
```

其中，event 参数提供点击事件相对于窗口或组件的坐标位置，以及发生点击的事件源。我们可以通过按钮的点击事件来控制图片的显示和隐藏，示例代码见文件 5-1。

文件 5-1 Demo0301.ets

```
@Entry
```

```
@Component
struct Demo0301{
  // 标记显示的状态
  @State flag: boolean = true;
  // 按钮的文本内容
  @State btnMsg: string = '显示';

  build() {
    Column(){
      // 设置按钮
      Button(this.btnMsg)
        .onClick(() => {
          // 设置点击事件函数
          if (this.flag) {
            this.btnMsg = '隐藏';
          } else {
            this.btnMsg = '显示';
          }
          // 点击 Button 控制 Image 的显示和消失
          this.flag = !this.flag;
        }).width("50%").margin(10)

      if (this.flag) {
        Image($r('app.media.startIcon')).width(200).height(200)
      }
    }.width('100%')
  }
}
```

显示效果如图 5-4 所示。

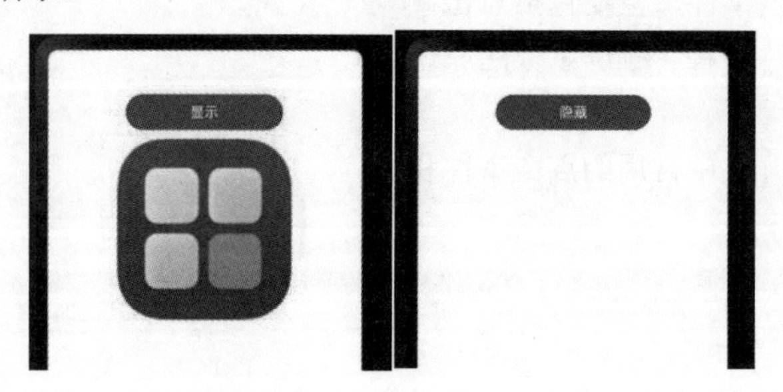

图 5-4 通过按钮的点击事件控制图片的显示和隐藏

5.3.2 触摸事件

当手指或手写笔在组件上触碰时，会触发不同动作所对应的事件响应，包括按下、滑动、抬起事件，事件的语法格式如下：

```
onTouch(event: (event?: TouchEvent) => void)
```

其中，event 有个 type 属性，可以清晰获取到目前触摸事件的具体类型：

- 当 event.type 为 TouchType.Down 时，表示手指按下。
- 当 event.type 为 TouchType.Up 时，表示手指抬起。
- 当 event.type 为 TouchType.Move 时，表示手指按住移动。
- 当 event.type 为 TouchType.Cancel 时，表示取消当前手指操作。

触摸事件可以同时多指触发，通过 event 参数可获取触发的手指位置、手指唯一标志、当前发生变化的手指和输入的设备源等信息。示例代码见文件 5-2。

文件 5-2　Demo0302.ets

```
@Entry
@Component
struct Demo0302{
// 记录触摸类型显示信息
@State text: string = '';
// 记录触摸类型
  @State eventType: string = '';
  build() {
    Column() {
      // 创建按钮，设置按钮的触摸事件
      Button('触摸事件类型')
        .onTouch((event?: TouchEvent) => {
          if(event){
            // 判断对应的触摸类型
            if (event.type === TouchType.Down) {
              this.eventType = '按下';
            }
            if (event.type === TouchType.Up) {
              this.eventType = '抬起';
            }
            if (event.type === TouchType.Move) {
              this.eventType = '按住移动';
            }
            // 设置显示的文本信息
            this.text = '触摸类型为: ' + this.eventType + '\n 触摸点到触摸组件的距离:\nx: '
              + event.touches[0].x + '\n' + 'y: ' + event.touches[0].y
          }
        }).height(50).width("50%").margin(10)
      Text(this.text)
    }.width('100%')
  }
}
```

显示效果如图 5-5 所示。

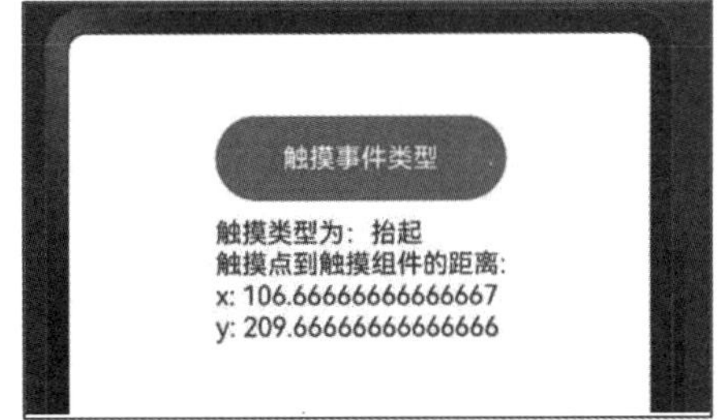

图 5-5　触摸事件类型演示

5.3.3 事件响应链的收集

在 ArkUI 中，事件响应链（Event Response Chain）是一种用于处理用户交互事件的机制。它定义了事件从发生到被处理的传递路径，确保事件能够被正确地分发到合适的组件或对象中进行处理。

事件响应链是多个能够响应事件的对象（视图组件）按照它们在视图中的布局嵌套关系组成的树状结构。该树状结构反映了组件之间的层级关系，同时也定义了事件在组件之间传递的路径。ArkUI 事件响应链的收集按照右子树优先的后序遍历流程来遍历事件响应链，这个过程涉及多个阶段，并且事件的传递可以根据开发者的需求进行阻止或修改。例如，一棵组件树如图 5-6 所示，所有组件的 hitTestBehavior 属性均为 Default。如果用户点按的动作发生在组件 5 上，则最终收集到的响应链及其先后关系是 5，3，1。因为组件 3 收集到事件后会阻塞兄弟节点，所以没有收集组件 1 的左子树。

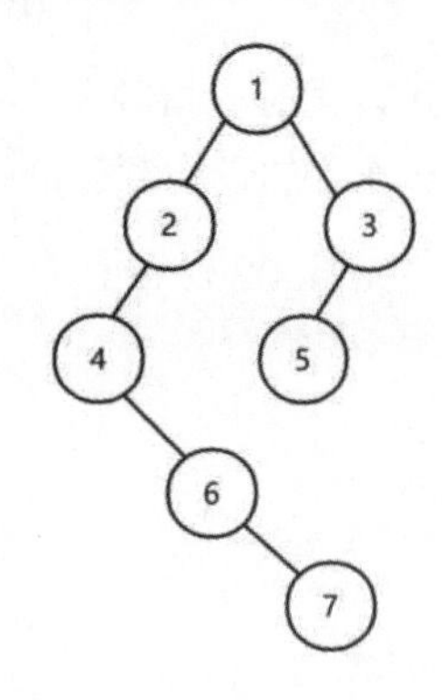

图 5-6 模拟事件响应链的树

5.4 焦点事件

本节将介绍焦点事件的相关内容。

5.4.1 基础概念

（1）焦点：指向当前应用界面上唯一的可交互元素，当用户使用键盘、电视遥控器、车机摇杆/旋钮等非指向性输入设备与应用程序进行间接交互时，基于焦点的导航和交互是重要的输入手段。

（2）焦点链：在应用的组件树形结构中，当一个组件获得焦点时，从根节点到该组件节点的整条路径上的所有节点都会被视为处于焦点状态，形成一条连续的焦点链。

（3）走焦：指焦点在应用内的组件之间转移的行为。这一过程对用户是透明的，但开发者可以通过监听 onFocus（焦点获取）和 onBlur（焦点失去）事件来捕捉这些变化。

（4）焦点态：用来指向当前获焦组件的样式。默认情况下，焦点态不会显示，只有当应用进入激活态后，焦点态才会显示。因此，虽然获得焦点的组件不一定显示焦点态（取决于是否处于激活态），但显示焦点态的组件必然是获得焦点的。大部分组件内置了焦点态样式，开发者同样可以使用样式接口进行自定义，一旦自定义，组件将不再显示内置的焦点态样式。在焦点链中，若多个组件同时拥有焦点态，系统将采用子组件优先的策略，优先显示子组件的焦点态，并且仅显示一个焦点态。

（5）层级页面：是焦点框架中特定容器组件的统称，涵盖 Page、Dialog、SheetPage、ModalPage、Menu、Popup、NavBar、NavDestination 等。在一个应用程序中，任何时候都至少存在一个层级页面组件，并且该组件会持有当前焦点。当该层级页面关闭或不再可见时，焦点会自动转移到下一个可用的层级页面组件上，确保用户交互的连贯性和一致性。

（6）根容器：是层级页面内的概念。当某个层级页面首次创建并展示时，根据层级页面的特性，焦点会立即被该页面抢占。此时，该层级页面所在焦点链的末端节点将成为默认焦点，而这个默认焦点通常位于该层级页面的根容器上。在默认状态下，层级页面的默认焦点位于其根容器上，但开发者可以通过 defaultFocus 属性来自定义这一行为。

（7）走焦规范：根据走焦的触发方式，可以分为主动走焦和被动走焦。

- 主动走焦，指开发者/用户主观行为导致的焦点移动，包括使用外接键盘的按键走焦（如 TAB 键/Shift+TAB 键/方向键），使用 requestFocus 申请焦点、clearFocus 清除焦点、focusOnTouch 点击申请焦点等接口导致的焦点转移。
- 被动走焦，是指组件焦点因系统或其他操作而自动转移，无须开发者直接干预，这是焦点系统的默认行为。

（8）焦点算法：在焦点管理系统中，每个可获焦的容器都配备有特定的走焦算法，这些算法定义了当使用 Tab 键、Shift+Tab 快捷键或方向键时，焦点如何从当前获焦的子组件转移到下一个可获焦的子组件。容器采用何种走焦算法取决于其 UX（用户体验）规格，并由容器组件进行适配。目前，焦点框架支持 3 种走焦算法：线性走焦、投影走焦和自定义走焦。

- 线性走焦算法：是默认的走焦策略，它基于容器中子节点在节点树中的挂载顺序进行走焦，常用于单方向布局的容器，如 Row、Column 和 Flex。
- 投影走焦算法：基于当前获焦组件在走焦方向上的投影，结合子组件与投影的重叠面积和中心点距离进行胜出判定。该算法特别适用于子组件大小不一的容器，目前仅支持配置了 wrap 属性的 Flex 组件。
- 由组件自定义的走焦算法：规格由组件定义。

5.4.2 获焦/失焦事件

焦点事件的语法格式如下：

（1）获焦事件回调：绑定该接口的组件获焦时，回调响应：

```
onFocus(event: () => void)
```

（2）失焦事件回调，绑定该接口的组件失焦时，回调响应：

```
onBlur(event:() => void)
```

因此，onFocus 和 onBlur 两个接口通常成对使用，来监听组件的焦点变化。示例代码见文件 5-3。

文件 5-3 Demo0501.ets

```
@Entry
@Component
struct Demo0501{
  // 第一个按钮的默认背景色
  @State oneButtonColor: Color = Color.Gray;
  // 第二个按钮的默认背景色
```

```
  @State twoButtonColor: Color = Color.Gray;
  // 第三个按钮的默认背景色
  @State threeButtonColor: Color = Color.Gray;

  build() {
    Column({ space: 20 }) {
      // 通过键盘的上下方向键可以让焦点在 3 个按钮间移动，按钮获焦时颜色变化，失焦时变回原背景色
      Button('第一个按钮-黄色')
        .width("50%").height(70)
        .backgroundColor(this.oneButtonColor)
        .fontColor(Color.Black)
          // 监听第一个组件的获焦事件，获焦后改变组件颜色
        .onFocus(() => {
          this.oneButtonColor = Color.Yellow;
        })
          // 监听第一个组件的失焦事件，失焦后改变组件颜色
        .onBlur(() => {
          this.oneButtonColor = Color.Gray;
        })

      Button('第二个按钮-红色')
        .width("50%").height(70)
        .backgroundColor(this.twoButtonColor)
        .fontColor(Color.Black)
          // 监听第二个组件的获焦事件，获焦后改变组件颜色
        .onFocus(() => {
          this.twoButtonColor = Color.Red;
        })
          // 监听第二个组件的失焦事件，失焦后改变组件颜色
        .onBlur(() => {
          this.twoButtonColor = Color.Grey;
        })

      Button('第三个按钮-绿色')
        .width("50%").height(70)
        .backgroundColor(this.threeButtonColor)
        .fontColor(Color.Black)
          // 监听第三个组件的获焦事件，获焦后改变组件颜色
        .onFocus(() => {
          this.threeButtonColor = Color.Green;
        })
          // 监听第三个组件的失焦事件，失焦后改变组件颜色
        .onBlur(() => {
          this.threeButtonColor = Color.Gray ;
        })
    }.width('100%').margin({ top: 20 })
  }
}
```

显示效果如图 5-7 所示。

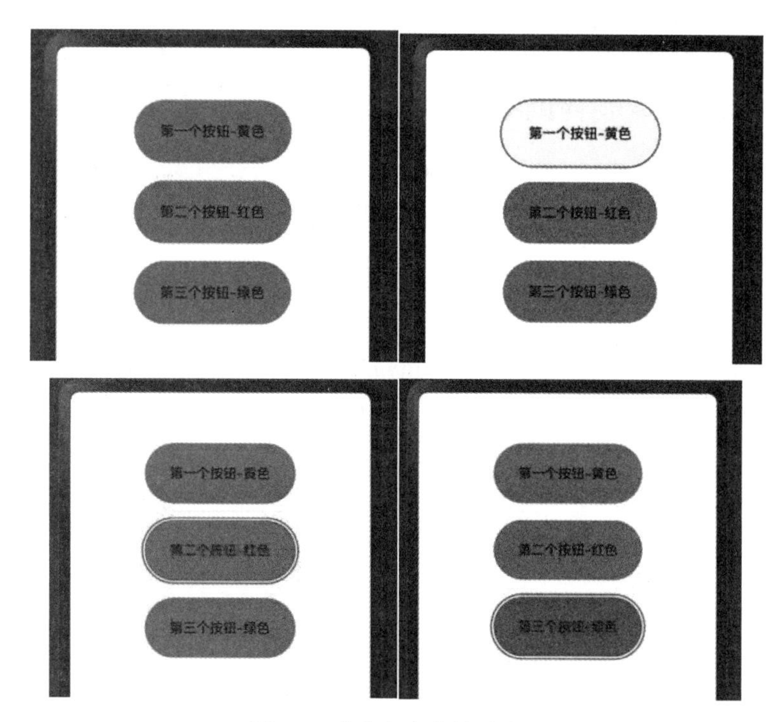

图 5-7 获焦和失焦效果演示

上述示例包含以下 3 步：

（1）打开应用，按下 Tab 键激活走焦，第一个按钮显示焦点态样式：组件外围有一个蓝色的闭合框，onFocus 回调响应，背景色变成绿色。

（2）按下 Tab 键，触发走焦，第二个按钮获焦，onFocus 回调响应，背景色变成绿色；第一个按钮失焦，onBlur 回调响应，背景色变回灰色。

（3）按下 Tab 键，触发走焦，第三个按钮获焦，onFocus 回调响应，背景色变成绿色；第二个按钮失焦，onBlur 回调响应，背景色变回灰色。

5.4.3 设置组件是否可获焦

我们可以使用 focusable 属性设置组件是否可以获焦，格式如下：

```
focusable(value: boolean)
```

组件按照获焦能力可大致分为以下 3 类：

（1）默认可获焦的组件，通常是有交互行为的组件，例如 Button、Checkbox、TextInput 组件。此类组件无须设置任何属性，默认即可获焦。

（2）有获焦能力，但默认不可获焦的组件，典型的是 Text、Image 组件。此类组件若需获焦，可使用通用属性 focusable(true)启用。对于没有配置 focusable 属性、有获焦能力但默认不可获焦的组件，为其配置 onClick 或单指单击的 Tap 手势，该组件会隐式地成为可获焦组件。如果其 focusable 属性被设置为 false，那么即使配置了上述事件，该组件依然不可获焦。

（3）无获焦能力的组件，通常是无任何交互行为的展示类组件，例如 Blank、Circle 组件。此类组件即使使用 focusable 属性也无法获焦。

使用 enabled 属性可设置组件的可交互性，格式如下：

```
enabled(value: boolean)
```

当 enabled 属性为 false 时，组件不可交互，无法获焦。

使用 visibility 属性可设置组件的可见性，格式如下：

```
visibility(value: Visibility)
```

当 visibility 属性为 Visibility.None 或 Visibility.Hidden 时，组件不可见，无法获焦。

使用 focusOnTouch 属性可设置当前组件是否支持点击获焦能力，格式如下：

```
focusOnTouch(value: boolean)
```

当某组件处于获焦状态时，将其 focusable 属性或 enabled 属性设置为 false，会自动使该组件失焦，然后根据走焦规范将焦点转移给其他组件。示例代码见文件 5-4。

文件 5-4　Demo0502.ets

```
@Entry
@Component
struct FocusableExample {
  @State textFocusable: boolean = true;
  @State textEnabled: boolean = true;
  @State color1: Color = Color.Yellow;
  @State color2: Color = Color.Yellow;
  @State color3: Color = Color.Yellow;

  build() {
    Column({ space: 5 }) {
      Text('Default Text')
      // 第一个 Text 组件未设置 focusable 属性，默认不可获焦
        .borderColor(this.color1)
        .borderWidth(2)
        .width(300)
        .height(70)
        .onFocus(() => {
        this.color1 = Color.Blue;
      })
        .onBlur(() => {
        this.color1 = Color.Yellow;
      })
      Divider()

      Text('focusable: ' + this.textFocusable)
      // 第二个 Text 组件的 focusable 初始为 true，focusableOnTouch 为 true
        .borderColor(this.color2)
        .borderWidth(2)
        .width(300)
        .height(70)
```

```
          .focusable(this.textFocusable)
          .focusOnTouch(true)
          .onFocus(() => {
          this.color2 = Color.Blue;
        })
          .onBlur(() => {
          this.color2 = Color.Yellow;
        })

        Text('enabled: ' + this.textEnabled)
        // 第三个 Text 组件的 focusable 为 true，enabled 初始为 true
          .borderColor(this.color3)
          .borderWidth(2)
          .width(300)
          .height(70)
          .focusable(true)
          .enabled(this.textEnabled)
          .focusOnTouch(true)
          .onFocus(() => {
          this.color3 = Color.Blue;
        })
          .onBlur(() => {
          this.color3 = Color.Yellow;
        })

        Divider()
        Row() {
          Button('Button1')
            .width(140).height(70)
          Button('Button2')
            .width(160).height(70)
        }
        Divider()
        Button('Button3')
          .width(300).height(70)
        Divider()
      }.width('100%').justifyContent(FlexAlign.Center)
        .onKeyEvent((e) => {
        // 绑定 onKeyEvent，在该 Column 组件获焦时，按'F'键，可将第二个 Text 的 focusable 置反
        if (e.keyCode === 2022 && e.type === KeyType.Down) {
          this.textFocusable = !this.textFocusable;
        }
        // 绑定 onKeyEvent，在该 Column 组件获焦时，按'G'键，可将第三个 Text 的 enabled 置反
        if (e.keyCode === 2023 && e.type === KeyType.Down) {
          this.textEnabled = !this.textEnabled;
        }
      })
    }
  }
```

运行效果如图 5-8 所示。

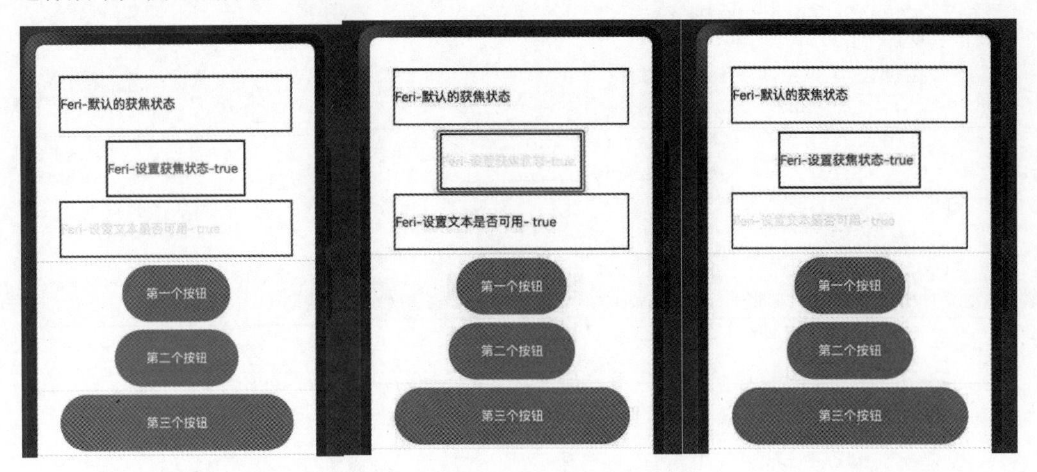

图 5-8 设置组件是否可获取焦点

上述示例包含以下 3 步：

（1）第一个 Text 组件没有设置 focusable(true)属性，该 Text 组件无法获焦。

（2）点击第二个 Text 组件，由于设置了 focusOnTouch(true)，第二个组件获焦。按下 Tab 键，触发走焦，仍然是第二个 Text 组件获焦。按下 F 键，触发 onKeyEvent，focusable 置为 false，第二个 Text 组件变成不可获焦，会自动从 Text 组件寻找下一个可获焦组件，焦点自动转移到第三个 Text 组件上。

（3）按下 G 键，触发 onKeyEvent，enabled 置为 false，第三个 Text 组件变成不可获焦，焦点自动转移到 Row 容器上。容器中使用的是默认配置，焦点又会转移到 Button1 上。

5.4.4 默认焦点

默认焦点主要包括页面的默认焦点和容器的默认焦点，其中页面的默认焦点是通过 defaultFocus 函数来验证是否获取默认焦点：

```
defaultFocus(value: boolean)
```

例如，可以通过文件 5-5 的代码，来设置当前组件是否为当前页面上的默认焦点。

文件 5-5 Demo0503.ets

```
@Entry
@Component
struct Demo0503{
  // 第一个按钮的初始颜色
  @State oneButtonColor: Color = Color.Gray;
  // 第二个按钮的初始颜色
  @State twoButtonColor: Color = Color.Gray;
  // 第三个按钮的初始颜色
  @State threeButtonColor: Color = Color.Gray;
  build() {
```

```
    Column({ space: 20 }) {
      // 通过外接键盘的上下键(或 Tab 键)可以让焦点在 3 个按钮间移动
      // 按钮获焦时颜色变化，失焦时变回原背景色
      Button('第一个按钮')
        .width("50%")
        .backgroundColor(this.oneButtonColor)
        .fontColor(Color.Black)
        .onFocus(() => {     // 监听第一个组件的获焦事件，获焦后改变组件颜色
          this.oneButtonColor = Color.Red;
        })
        .onBlur(() => {      // 监听第一个组件的失焦事件，失焦后改变组件颜色
          this.oneButtonColor = Color.Gray;
        })
      Button('第二个按钮')
        .width("50%")
        .backgroundColor(this.twoButtonColor)
        .fontColor(Color.Black)
        .onFocus(() => {     // 监听第二个组件的获焦事件，获焦后改变组件颜色
          this.twoButtonColor = Color.Red;
        })
        .onBlur(() => {      // 监听第二个组件的失焦事件，失焦后改变组件颜色
          this.twoButtonColor = Color.Grey;
        })
      Button('第三个按钮')
        .width("50%")
        .backgroundColor(this.threeButtonColor)
        .fontColor(Color.Black)
        .defaultFocus(true) // 设置默认焦点
        .onFocus(() => {     // 监听第三个组件的获焦事件，获焦后改变组件颜色
          this.threeButtonColor = Color.Red;
        })
        .onBlur(() => {      // 监听第三个组件的失焦事件，失焦后改变组件颜色
          this.threeButtonColor = Color.Gray ;
        })
    }.width('100%').margin(10)
  }
}
```

运行效果如图 5-9 所示。

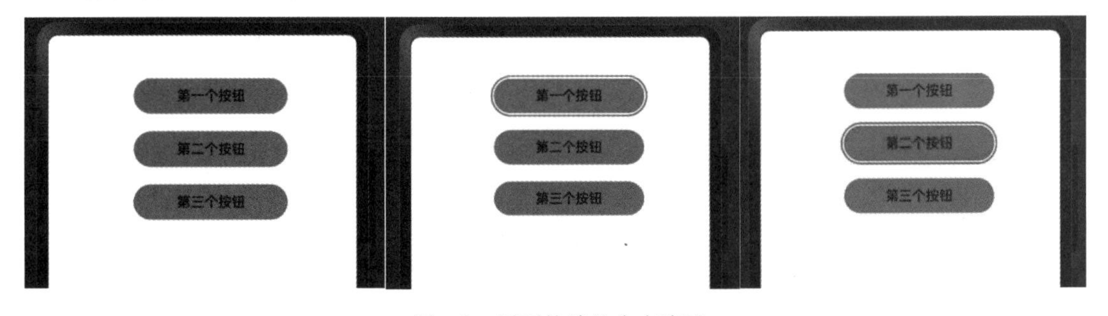

图 5-9　页面的默认焦点演示

上述示例包含以下两步：

（1）在第三个 Button 组件上设置了 defaultFocus(true)，页面加载后第三个 Button 默认获焦，背景色显示为红色。

（2）按下 Tab 键，触发走焦，第三个 Button 仍处于获焦状态，会出现焦点框。容器的默认焦点会受到获焦优先级的影响。关于 defaultFocus 与 FocusPriority 的区别：defaultFocus 用于指定页面首次展示时的默认获焦节点，而 FocusPriority 用于指定容器首次获焦时，其子节点的获焦优先级。

5.4.5 整体获焦

整体获焦是页面/容器自身作为焦点链的叶节点获焦，获焦后再把焦点链叶节点转移到子孙组件。例如，页面切换、Navigation 组件中的路由切换、焦点组走焦、容器组件主动调用 requestFocusById 等。非整体获焦是某个组件作为焦点链叶节点获焦，导致其祖先节点跟着获焦。例如，TextInput 组件主动获取焦点、Tab 键在非焦点组场景下走焦等。

整体获焦的焦点链形成说明如下：

- 页面首次获焦：焦点链叶节点为配置了 defaultFocus 的节点；当未配置 defaultFocus 时，焦点停留在页面的根容器上。
- 页面非首次获焦：由上次获焦的节点获焦。
- 获焦链上存在配置了获焦优先级的组件和容器：如果容器内存在优先级大于 PREVIOUS 的组件，则由优先级最高的组件获焦；如果容器内不存在优先级大于 PREVIOUS 的组件，则由上次获焦的节点获焦。例如，窗口失焦后重新获焦。

当然，我们也可以通过 focusBox 函数设置焦点样式：

```
focusBox(style: FocusBoxStyle)
```

例如，设置当前组件焦点框样式，示例代码见文件 5-6。

文件 5-6　Demo0504

```
import { ColorMetrics, LengthMetrics } from '@kit.ArkUI'
import { ColorMetrics, LengthMetrics } from '@kit.ArkUI'
@Entry
@Component
struct Demo0504{
  build() {
    Column() {
      // 第一个按钮，演示小的获焦样式
      Button("获焦样式-小点的")
        .focusBox({
         margin: new LengthMetrics(0),
         strokeColor: ColorMetrics.rgba(0, 0, 0),
        }).margin(10)
      // 第二个按钮，演示大的获焦样式
      Button("获焦样式-大点的")
        .focusBox({
         margin: LengthMetrics.px(30),
```

```
          strokeColor: ColorMetrics.rgba(255, 0, 0),
          strokeWidth: LengthMetrics.px(15)
        })
      }
      .width('100%')
    }
}
```

上述示例包含以下两步：

（1）进入页面，按下 Tab 触发走焦，第一个 Button 获焦，焦点框样式为紧贴边缘的蓝色细框。

（2）按下 Tab 键，走焦到第二个 Button，焦点框样式为远离边缘的红色粗框。

5.4.6　主动获焦/失焦

ArkUI 目前提供了两种方式来实现组件的主动获焦/失焦，分别是 FocusController 和 focusControl。推荐使用 FocusController，其优势如下：

- 当前帧生效，避免被下一帧组件树的变化影响。
- 有异常值返回，便于排查主动获取焦点失败的原因。
- 避免在多实例场景中取到错误实例。

1. FocusController 使用方式

（1）使用 UIContext 中的 getFocusController()方法获取 FocusController 实例。

```
this.getUIContext().getFocusController()
```

（2）以需要主动获取焦点的组件的 id 作为参数，调用下列函数，将焦点移到组件树中对应的组件，生效时间为当前帧。

```
requestFocus(key: string): void
```

（3）调用 FocusController 的如下函数，清除目标组件的焦点，将焦点强制转移到页面根容器节点，同时焦点链路上的其他节点也失焦。

```
clearFocus(): void
```

2. focusControl 使用方式

调用下列接口可以主动让焦点转移至参数指定的组件上。与 FocusController 方式不同的是，焦点转移生效时间为下一个帧信号。

```
requestFocus(value: string): boolean
```

具体可以参考文件 5-7 所示的代码示例。

文件 5-7　Demo0505.ets

```
@Entry
@Component
struct Demo0505{
```

```
// 设置第一个按钮的背景颜色
@State btColor1: Color = Color.Black
// 设置第二个按钮的背景颜色
@State btColor2: Color = Color.Gray

build() {
  Column() {
    Column() {
      // 演示获焦和取消获焦
      Button('第一个按钮')
        .width("50%")
        .fontColor(Color.White)
        .focusOnTouch(true)
        .backgroundColor(this.btColor1)
        .onFocus(() => {
          this.btColor1 = Color.Red
        }).onBlur(() => {
          this.btColor1 = Color.Black
        }).id("btn1").margin(10)
      // 演示获焦和取消获焦
      Button('第二个按钮')
        .width("50%")
        .fontColor(Color.White)
        .focusOnTouch(true)
        .backgroundColor(this.btColor2)
        .onFocus(() => {
          this.btColor2 =Color.Green
        }).onBlur(() => {
          this.btColor2 = Color.Gray
        }).id("btn2").margin(10)
      Divider().margin(10)
      // 演示使用 getUIContext 设置第一个按钮获焦
      Button('第一个按钮获焦')
        .width("50%").fontColor(Color.White)
        .onClick(() => {
          this.getUIContext().getFocusController().requestFocus("btn1")
        }).backgroundColor(Color.Blue).margin(10)
      // 演示使用 requestFocus 设置第二个按钮获焦
      Button("第二个按钮获焦")
        .width("50%").fontColor(Color.White)
        .onClick(() => {
          focusControl.requestFocus("btn2")
        }).backgroundColor(Color.Blue).margin(10)
      // 演示使用 clearFocus 方法清空获焦状态
      Button("取消第二个按钮获焦")
        .width("50%").fontColor(Color.White)
        .onClick(() => {
          this.getUIContext().getFocusController().clearFocus()
        }).backgroundColor(Color.Blue).margin(10)
    }
```

```
    }
    .width('100%')
  }
}
```

效果如图 5-10 所示。

图 5-10　主动获焦和失焦的效果演示

上述示例包含以下 3 步：

（1）点击 FocusController.requestFocus 按钮，第一个按钮获焦。

（2）点击 focusControl.requestFocus 按钮，第二个按钮获焦。

（3）点击 clearFocus 按钮，第二个按钮失焦。

5.4.7　焦点组与获焦优先级

我们不仅可以设置获焦的优先级，还可以把容器设置到一个焦点组里。设置获焦的优先级的方法如下：

```
focusScopePriority(scopeId: string, priority?: FocusPriority)
```

该方法设置当前组件在指定容器内获焦的优先级，需要配合 focusScopeId 一起使用。

```
focusScopeId(id: string, isGroup?: boolean)
```

其中，id 是当前容器组件的 id 标识，isGroup?用于设置当前容器组件是否为焦点组，焦点组与 tabIndex 不能混用。下面来看具体的示例代码（见文件 5-8）。

文件 5-8　Demo0506.ets

```
@Entry
@Component
struct Demo0506 {
  // 文本输入框的内容
  @State msg: string = '请输入内容'

  build() {
    Column() {
      Row({ space: 20 }) {
        // 标记为第一组
```

```
      Column({ space: 5 }) {
        Button('第一组').width(165).fontColor(Color.White)
        Row({ space: 5 }) {
          Button().width(80).fontColor(Color.White)
          Button().width(80).fontColor(Color.White)
        }
        Row({ space: 5 }) {
          Button().width(80).fontColor(Color.White)
          Button("第一组获焦").width(80).fontColor(Color.White)
            .focusScopePriority('RowScope1', FocusPriority.PRIOR)
        }
        Row({ space: 5 }) {
          Button().width(80).height(40).fontColor(Color.White)
          Button().width(80).height(40).fontColor(Color.White)
        }
      }
      .// ...
    }.focusScopeId('RowScope1').margin(20)
    // 标记为第二组
    Row({ space: 20 }) {
      Column({ space: 5 }) {
        TextInput({ placeholder: 'input', text: this.msg })
          .onChange((value: string) => {
            this.msg = value
          }).width("90%").margin(10)
        // 第二组按钮组合
        Button('第二组').width(165).fontColor(Color.White)
        Row({ space: 5 }) {
          Button().width(80).fontColor(Color.White)
          Button().width(80).fontColor(Color.White)
        }

        Button("第二组获焦").width(165).fontColor(Color.White)
          .focusScopePriority('RowScope2', FocusPriority.PREVIOUS)
        Row({ space: 5 }) {
          Button().width(80).fontColor(Color.White)
          Button().width(80).fontColor(Color.White)
        }

        Button().width(165).fontColor(Color.White)
        Row({ space: 5 }) {
          Button().width(80).fontColor(Color.White)
          Button().width(80).fontColor(Color.White)
        }
      }.borderWidth(2).borderColor(Color.Orange)
  .borderStyle(BorderStyle.Dashed)
    }.focusScopeId('RowScope2', true)
  }.width("100%")
 }
}
```

运行效果如图 5-11 所示。

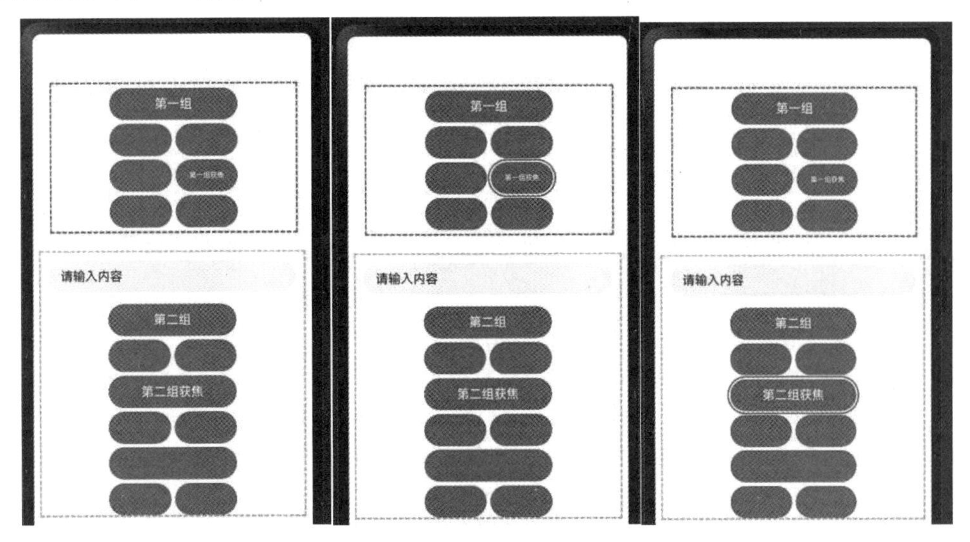

图 5-11　焦点组和获焦优先级效果演示

上述示例包含以下两步：

（1）输入框方框内设置了焦点组，因此按下 Tab 键后焦点会快速从输入框中走出去，而按下方向键后可以在输入框内走焦。

（2）上方红框中的组件没有设置焦点组，因此只能通过 Tab 键一个一个地走焦。

5.4.8　焦点与按键事件

当组件获焦且存在点击事件（onClick）或单指单击事件（TapGesture）时，按回车键和空格键会触发对应的事件回调。点击事件或单指单击事件在按回车键或空格键触发对应事件回调时，默认不冒泡传递，即父组件对应按键事件不会被同步触发。按键事件（onKeyEvent）则默认冒泡传递，即同时会触发父组件的按键事件回调。如果组件内同时存在点击事件和按键事件，则在按回车键或空格键触发对应事件回调时，两者都会响应。获焦组件响应点击事件，与焦点激活态无关。

不同的组件能否获焦，如表 5-2~表 5-4 所示。

表 5-2　基础组件是否可获焦点

基础组件	是否可获焦	focusable 默认值
AlphabetIndexer	是	true
Blank	否	false
Button	是	true
CalendarPicker	是	true
Checkbox	是	true
CheckboxGroup	是	true
ContainerSpan	否	false

（续表）

基础组件	是否可获焦	focusable 默认值
DataPanel	是	false
DatePicker	是	true
Divider	是	false
Gauge	是	false
Image	是	false
ImageAnimator	否	false
ImageSpan	否	false
LoadingProgress	是	true
Marquee	否	false
Menu	是	true
MenuItem	是	true
MenuItemGroup	否	false
Navigation	是	true
NavRouter	否	false
NavDestination	是	true
PatternLock	是	true
Progress	是	true
QRCode	是	true
Radio	是	true
Rating	是	true
RichEditor	是	true
RichText	否	false
ScrollBar	否	false
Search	是	true
Select	是	true
Slider	是	true
Span	否	false
Stepper	是	true
StepperItem	是	true
SymbolSpan	否	false
SymbolGlyph	否	false
Text	是	false
TextArea	否	false
TextClock	否	false
TextInput	是	true
TextPicker	是	true
TextTimer	否	false
TimePicker	否	false
Toggle	是	true
XComponent	是	false

表 5-3　容器组件是否可获焦

容器组件	是否可获焦	focusable 默认值
Badge	否	false
Column	是	true
ColumnSplit	是	true
Counter	是	false
EmbeddedComponent	否	false
Flex	是	true
FlowItem	是	true
FolderStack	是	true
FormLink	否	false
GridCol	是	true
GridRow	是	true
Grid	是	true
GridItem	是	true
Hyperlink	是	true
List	是	true
ListItem	是	true
ListItemGroup	是	true
Navigator	是	true
Refresh	是	true
RelativeContainer	否	false
Row	是	true
RowSplit	是	true
Scroll	是	true
SideBarContainer	是	true
Stack	是	true
Swiper	是	true
Tabs	是	true
TabContent	是	true
WaterFlow	否	false
WithTheme	是	true

表 5-4　媒体组件是否可获焦

媒体组件	是否可获焦	focusable 默认值
Video	是	true

5.5　拖曳事件

本节将介绍拖曳事件的相关内容。

5.5.1 拖曳事件概述

拖曳框架提供了一种通过鼠标或手势触屏传递数据的方式，即从一个组件位置拖出数据，并将它拖入另一个组件位置上进行响应。拖出一方提供数据，拖入一方接收和处理数据。该操作可以让用户方便地移动、复制或删除指定内容。拖曳事件主要包括以下几个概念：

- 拖曳操作：在某个能够响应拖出的组件上长按并滑动触发的拖曳行为，当用户释放时，拖曳操作结束。
- 拖曳背景：用户所拖动数据的形象化表示，开发者可通过 onDragStart 的 CustomerBuilder 或 DragItemInfo 设置，也可以通过 dragPreview 通用属性设置。
- 拖曳内容：拖动的数据，使用 UDMF（Unified Data Management Framework，统一数据管理框架 ）统一 API UnifiedData 进行封装。
- 拖出对象：触发拖曳操作并提供数据的组件。
- 拖入目标：可接收并处理拖动数据的组件。
- 拖曳点：鼠标或手指等与屏幕的接触位置，是否进入组件范围的判定是以接触点是否进入范围来判断的。

5.5.2 手势拖曳

对于手势长按触发拖曳的场景，在发起拖曳前，框架会对当前组件是否可拖曳进行校验：针对默认可拖曳的组件（Search、TextInput、TextArea、RichEditor、Text、Image、Hyperlink），需要判断其是否已将 draggable 属性设置为 true（若系统启用分层参数，则 draggable 默认为 true）；其他组件则需额外判断是否设置了 onDragStart 回调函数。当满足上述可拖曳条件时，长按大于或等于 500ms 即可触发拖曳，长按 800ms 后开始进行预览图的浮起动效。当拖曳操作与菜单功能一起使用，并通过 isShow 方式控制菜单显隐时，不建议在用户操作了 800ms 后再控制菜单显示，因为这可能会导致非预期的行为。

手势拖曳（手指/手写笔）触发拖曳的流程如图 5-12 所示。

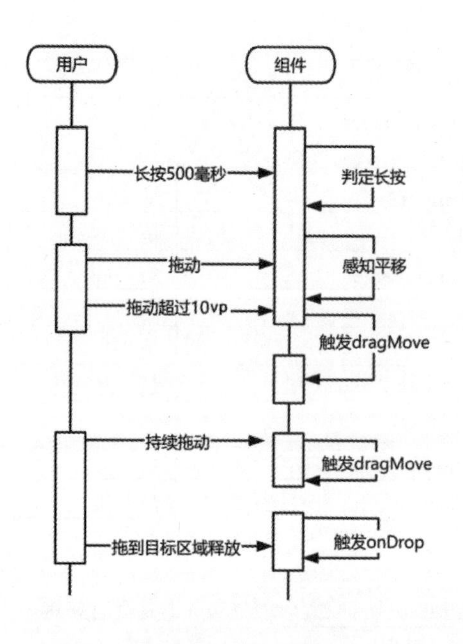

图 5-12　手势拖曳触发拖曳流程

5.5.3 鼠标拖曳

鼠标拖曳属于即拖即走，只要鼠标左键在可拖曳的组件上按下并移动大于 1vp，即可触发拖曳。当前支持应用内和跨应用的鼠标拖曳，提供了多个回调事件供开发者感知拖曳状态，并干预系统默认的拖曳行为，具体如表 5-5 所示。

表5-5 应用内和跨应用鼠标拖曳的事件回调

回调事件	说　明
onDragStart	当可拖曳的组件产生拖曳动作时触发。该回调可以感知拖曳行为的发起，开发者可在onDragStart 方法中设置拖曳所传递的数据以及自定义拖曳背板图。推荐开发者使用 pixelmap 的方式返回背板图，不推荐使用 customBuilder 的方式，因为后者会有额外的性能开销
onDragEnter	当拖曳活动的拖曳点进入组件范围内时触发，只有在该组件监听了 onDrop 事件时，此回调才会被触发
onDragMove	当拖曳点在组件范围内移动时触发；只有在该组件监听了 onDrop 事件时，此回调才会被触发。在此过程中可通过 DragEvent 中的 setResult 方法影响系统在部分场景下的外观。 当在此事件中将 DragEvent 的结果设置为 DragResult.DROP_ENABLED 时，表示当前组件可以接收被拖曳的元素；将 DragEvent 的结果设置为 DragResult.DROP_DISABLED 时，表示当前组件不允许接收被拖曳的元素
onDragLeave	当拖曳点离开组件范围时触发；只有在该组件监听了 onDrop 事件时，此回调才会被触发。针对以下两种情况默认不会发送 onDragLeave 事件： ①父组件移动到子组件；②目标组件与当前组件布局有重叠。 从 API version 12 开始，可通过 UIContext 中的 setDragEventStrictReportingEnabled 方法严格触发 onDragLeave 事件
onDrop	当用户在组件范围内释放拖曳的内容时触发。需在此回调中通过 DragEvent 中的 setResult 方法设置拖曳结果，否则在拖出方组件的 onDragEnd 方法中通过 getResult 方法只能拿到默认的处理结果 DragResult.DRAG_FAILED。该回调也是开发者干预系统默认拖入处理行为的地方，系统会优先执行开发者的 onDrop 回调，并通过在该回调中执行 setResult 方法来告知系统该如何处理所拖曳的数据： ①DragResult.DRAG_SUCCESSFUL：数据完全由开发者处理，系统不进行处理。 ②DragResult.DRAG_FAILED：系统不再继续处理拖曳的数据，处理过程结束。 ③DragResult.DRAG_CANCELED：表示取消此次拖曳，系统无须进行任何数据处理。 ④DragResult.DROP_ENABLED 或 DragResult.DROP_DISABLED：系统会忽略该设置，视同 DragResult.DRAG_FAILED 处理
onDragEnd	当用户释放拖曳时，拖曳活动结束，发起拖出动作的组件会触发该回调
onPreDrag	绑定此事件的组件，在拖曳开始前的不同阶段，会触发该回调。开发者可以使用该回调监听 PreDragStatus 类型参数值，在发起拖曳前的不同阶段准备不同的数据。 ①ACTION_DETECTING_STATUS：拖曳手势启动阶段（按下 50ms 时触发）。 ②READY_TO_TRIGGER_DRAG_ACTION：拖曳准备完成，可发起拖曳阶段（按下 500ms 时触发）。 ③PREVIEW_LIFT_STARTED：拖曳浮起动效发起阶段（按下 800ms 时触发）。 ④PREVIEW_LIFT_FINISHED：拖曳浮起动效结束阶段（浮起动效完全结束时触发）。 ⑤PREVIEW_LANDING_STARTED：拖曳落回动效发起阶段（落回动效发起时触发）。 ⑥PREVIEW_LANDING_FINISHED：拖曳落回动效结束阶段（落回动效结束时触发）。 ⑦ ACTION_CANCELED_BEFORE_DRAG：拖曳浮起落回动效中断（已满足 READY_TO_TRIGGER_DRAG_ACTION 状态后，未达到动效阶段，手指抬手时触发）

DragEvent 支持 get 方法获取拖曳行为的相关信息，表 5-6 列出了 get 方法在对应拖曳回调中是否能返回有效数据。

表 5-6 get 方法获取拖曳行为的相关信息列表

回调事件	onDragStart	onDragEnter	onDragMove	onDragLeave	onDrop	onDragEnd
getData					支持	
getSummary		支持	支持	支持	支持	
getResult						支持
getPreviewRect					支持	
getVelocity/X/Y		支持	支持	支持	支持	
getWindowX/Y	支持	支持	支持	支持	支持	
getDisplayX/Y	支持	支持	支持	支持	支持	
getX/Y	支持	支持	支持	支持	支持	
behavior						支持

DragEvent 支持 set 方法向系统传递信息，这些信息部分会影响系统对 UI 或数据的处理方式。表 5-7 列出了 set 方法应该在回调的哪个阶段执行才会被系统接收并处理。

表 5-7 set 方法在各阶段执行效果

回调事件	onDragStart	onDragEnter	onDragMove	onDragLeave	onDrop
useCustomDropAnimation					支持
setData	支持				
setResult	支持，可通过 set failed 或 cancel 来阻止拖曳的发起	支持，不作为最终结果传递给 onDragEnd	支持，不作为最终结果传递给 onDragEnd	支持，不作为最终结果传递给 onDragEnd	支持，作为最终结果传递给 onDragEnd
behavior		支持	支持	支持	支持

5.5.4 拖曳背板图

拖曳移动过程中显示的拖曳背板图，并非组件本身，而是用户拖动数据的表示，开发者可以将其设置为任意可显示的图像。onDragStart 回调返回的 customBuilder 或 pixelmap 可以设置拖曳移动过程中的背板图，浮起图默认使用组件本身的截图；dragpreview 属性设置的 customBuilder 或 pixelmap 可以设置浮起和拖曳过程的背板图。如果开发者没有配置背板图，则系统会默认取组件本身的截图作为浮起及拖曳过程中的背板图。拖曳背板图当前支持设置透明度、圆角、阴影和模糊效果。

对于容器组件，如果内部内容通过 position、offset 等手段使得绘制区域超出了容器组件范围，那么系统无法截取到范围之外的内容。在此情况下，如果一定要让浮起及拖曳背板包含范围之外的内容，则可考虑通过扩大容器范围或使用自定义方式。不管是使用自定义 builder 还是系统默认的截图方式，截图都暂时无法应用 scale、rotate 等图形变换效果。

5.5.5 通用拖曳适配

要启用组件的拖曳功能，需把 draggable 属性设置为 true，并设置 onDragStart 回调，回调中可以通过 UDMF 设置拖曳的数据，并返回自定义拖曳背板图。手势场景触发拖曳依赖底层绑定的长按手势，若开发者在被拖曳组件上也绑定了长按手势，则会与底层的长按手势发生竞争，导致拖曳失败。开发者可以使用并行手势来解决此类问题。

自定义拖曳背板图的 pixmap 可以通过 onPreDrag 回调函数来设置。该回调函数会在长按 50ms 时触发，开发者可以在此时准备拖曳时所需的背板图和其他相关数据。

如果开发者希望严格控制 onDragLeave 事件的触发，则可以通过调用 setDragEventStrictReportingEnabled 方法来启用此功能。启用后，onDragLeave 事件会在拖曳元素离开目标区域时准确触发。通过设置 allowDrop 属性，开发者可以定义组件允许接收的数据类型，并据此控制拖曳时的角标显示：

- 当拖曳数据是定义允许落入的数据类型时，显示 COPY 角标。
- 当拖曳数据不是定义允许落入的数据类型时，显示 FORBIDDEN 角标。
- 未设置 allowDrop 时，显示 MOVE 角标。

此外，在实现 onDrop 回调的情况下，还可以通过在 onDragMove 中设置 DragResult 为 DROP_ENABLED，并设置 DragBehavior 为 COPY 或 MOVE，来控制角标的显示。

要处理拖曳数据，开发者需要设置 onDrop 回调，并在该回调中处理接收到的拖曳数据，同时显示设置拖曳结果。

数据的传递是通过 UDMF 实现的，在数据较大时可能存在时延，因此在首次获取数据失败时建议加 1500ms 的延迟重试机制，拖曳发起方可以通过设置 onDragEnd 回调感知拖曳结果。具体的代码实现见文件 5-9。

文件 5-9 Demo0601.ets

```
// ...
@Entry
@Component
struct Demo0601 {
  // 目标图片
  @State targetImage: string = '';
  // 图片大小
  @State imageSize: number = 100;
  // 图片状态是否可见
  @State imgState: Visibility = Visibility.Visible;
  // 图片的像素对象
  @State pixmap: image.PixelMap | undefined = undefined
  @Builder
  pixelMapBuilder() {
    Column() {
      Image($r('app.media.background')).width(120)
        .height(120).backgroundColor(Color.Yellow)
    }
  }
```

```
// 通过 UDMF 获取数据
getDataFromUdmfRetry(event: DragEvent, callback: (data: DragEvent) => void) {
  try {
    let data: UnifiedData = event.getData();
    if (!data) {
      return false;
    }
    let records: Array<unifiedDataChannel.UnifiedRecord> = data.getRecords();
    if (!records || records.length <= 0) {
      return false;
    }
    callback(event);
    return true;
  } catch (e) {
    console.log("获取数据异常，" + (e as BusinessError).message);
    return false;
  }
}
// 获取 UDMF 数据，首次获取失败后添加 1500ms 延迟重试机制
getDataFromUdmf(event: DragEvent, callback: (data: DragEvent) => void) {
  if (this.getDataFromUdmfRetry(event, callback)) {
    return;
  }
  setTimeout(() => {
    this.getDataFromUdmfRetry(event, callback);
  }, 1500);
}
// 调用 createFromBuilder 接口获取自定义 builder 的截图
private getComponentSnapshot(): void {
  this.getUIContext().getComponentSnapshot().createFromBuilder(() => {
    this.pixelMapBuilder()
  }, (error: Error, pixmap: image.PixelMap) => {
    if (error) {
      return;
    }
    this.pixmap = pixmap;
  })
}
// 长按 50ms 时提前准备自定义截图的 pixmap
private PreDragChange(preDragStatus: PreDragStatus): void {
  if (preDragStatus == PreDragStatus.ACTION_DETECTING_STATUS) {
    this.getComponentSnapshot();
  }
}
build() {
  Row() {
    Column() {
      Text('开始进行拖曳')
        . // ...
      Row() {
```

```
  Image($r('app.media.background'))
    . // ...
    .visibility(this.imgState)
    .parallelGesture(LongPressGesture().onAction(() => {
      // 绑定平行手势，可同时触发应用自定义长按手势
      promptAction.showToast({ duration: 100, message: '长按手势进行拖曳' });
    }))
    .onDragStart((event) => {
      // 开始监听拖曳事件
      let data: unifiedDataChannel.Image = new unifiedDataChannel.Image();
      data.imageUri = 'common/harmonyos.jpg';
      let unifiedData = new unifiedDataChannel.UnifiedData(data);
      event.setData(unifiedData);
      let dragItemInfo: DragItemInfo = {
        pixelMap: this.pixmap,
        extraInfo: "额外信息",
      };
      return dragItemInfo;
    })
    .onPreDrag((status: PreDragStatus) => {
      // 提前准备拖曳自定义背板图
      this.PreDragChange(status);
    })
    .onDragEnd((event) => {
      // onDragEnd 里取到的 result 值在接收方 onDrop 里设置
      if (event.getResult() === DragResult.DRAG_SUCCESSFUL) {
        promptAction.showToast({ duration: 100, message: '拖曳成功' });
      } else if (event.getResult() === DragResult.DRAG_FAILED) {
        promptAction.showToast({ duration: 100, message: '拖曳失败' });
      }
    })
}
Text('拖曳的目标区域')
  . // ...
Row() {
  Image(this.targetImage)
    .width(this.imageSize)
    .height(this.imageSize)
    .draggable(true)
    .margin({ left: 15 })
    .border({ color: Color.Black, width: 1 })
    .onDragMove((event) => {
      // 控制角标显示类型为 MOVE，即不显示角标
      event.setResult(DragResult.DROP_ENABLED)
      event.dragBehavior = DragBehavior.MOVE
    })
    .allowDrop([uniformTypeDescriptor.UniformDataType.IMAGE])
    .onDrop((dragEvent?: DragEvent) => {
      // 获取拖曳数据
      this.getDataFromUdmf((dragEvent as DragEvent), (event: DragEvent) => {
```

```
                let records: Array<unifiedDataChannel.UnifiedRecord> =
                  event.getData().getRecords();
                let rect: Rectangle = event.getPreviewRect();
                this.imageSize = Number(rect.width);
                this.targetImage = (records[0] as unifiedDataChannel.Image).imageUri;
                this.imgState = Visibility.None;
                // 显式设置 result 为 successful，则
将该值传递给拖出方的 onDragEnd

event.setResult(DragResult.DRAG_SUCCESSFUL);
              })
            })
        }
      }.width('100%')
    }
  }
}
```

图 5-13　通用拖曳适配效果

代码运行效果如图 5-13 所示。

5.6　手势事件

手势事件由手势绑定方法和绑定的手势组成。绑定的手势可以分为单一手势和组合手势两种类型，根据手势的复杂程度进行区分。

5.6.1　手势绑定方法

通过为各个组件绑定不同的手势事件，并设计相应的事件响应方法，开发者可以控制组件如何处理各种手势。当手势识别成功时，ArkUI 框架将通过事件回调通知组件手势识别的结果。手势绑定方法有如下 3 种：

1）gesture

gesture 为通用的一种手势绑定方法，可以将手势绑定到对应的组件上，该方法格式如下：

```
.gesture(gesture: GestureType, mask?: GestureMask)
```

2）priorityGesture

priorityGesture 是带优先级的手势绑定方法，可以在组件上绑定优先识别的手势，该方法格式如下：

```
.priorityGesture(gesture: GestureType, mask?: GestureMask)
```

在默认情况下，当父组件和子组件使用 gesture 绑定同类型的手势时，子组件优先识别通过 gesture 绑定的手势。当父组件使用 priorityGesture 绑定与子组件同类型的手势时，父组件优先识别通过 priorityGesture 绑定的手势。对于长按手势，触发长按的最短时间较小的组件会优先响应，会忽略 priorityGesture 设置。比如当父组件 Column 和子组件 Text 同时绑定 TapGesture 手势，并且父

组件以 priorityGesture 的形式进行绑定时，优先响应父组件绑定的 TapGesture。示例代码见文件 5-10。

文件 5-10　Demo0701.ets

```
@Entry
@Component
struct Demo0701 {
  build() {
    Column() {
      Text('绑定手势事件-演示').fontSize(35)
        // 通过 gesture 绑定 TapGesture 手势
        .gesture(
          TapGesture()
            .onAction(() => {
              console.info('文本组件的手势-触发中');
            }))
    }.width("100%").margin(10)
    // 设置为 priorityGesture 时
    // 点击文本区域会忽略 Text 组件的 TapGesture 手势事件
    // 优先响应父组件 Column 的 TapGesture 手势事件
    .priorityGesture(
      TapGesture()
        .onAction(() => {
          console.info('容器的手势-触发中');
        }),
      // 忽略内部，仅响应当前组件的手势事件
      GestureMask.IgnoreInternal
    )
  }
}
```

运行效果如图 5-14 所示。

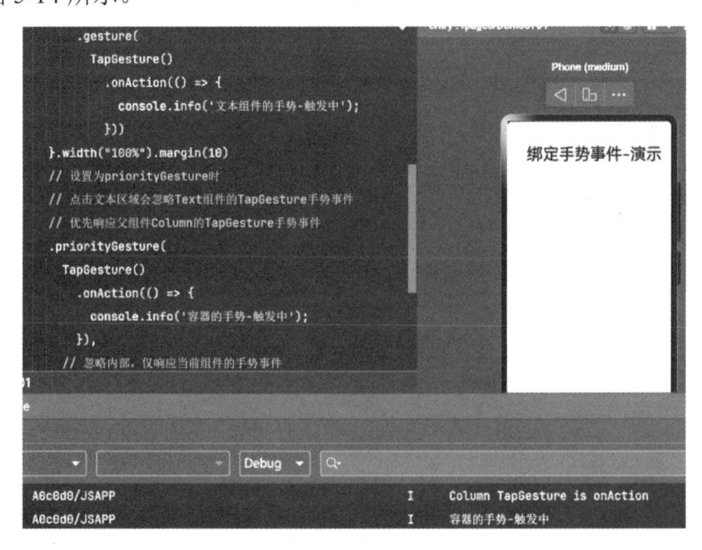

图 5-14　演示手势绑定方法

3）parallelGesture

parallelGesture 是并行的手势绑定方法，可以在父子组件上绑定能同时响应的相同手势。该方法格式如下：

```
.parallelGesture(gesture: GestureType, mask?: GestureMask)
```

在默认情况下，手势事件为非冒泡事件。当父、子组件绑定相同的手势时，父、子组件绑定的手势事件会发生竞争，最多只有一个组件的手势事件能够获得响应。当父组件绑定了并行手势 parallelGesture 时，父、子组件相同的手势事件都可以触发，实现类似冒泡的效果。

5.6.2 单一手势

常见的单一手势有以下几种。

1）点击手势（TapGesture）

点击手势支持单次点击和多次点击，拥有两个可选参数：

- count：声明该点击手势识别的连续点击次数，默认值为 1。若设置小于 1 的非法值，会被转换为默认值。如果配置多次点击，则上一次抬起和下一次按下的超时时间为 300ms。
- fingers：用于声明触发点击的手指数量，最小值为 1，最大值为 10，默认值为 1。当配置多指时，若第一根手指按下 300ms 内未有足够的手指数按下，则手势识别失败。

点击手势方法格式如下：

```
TapGesture(value?:{count?:number, fingers?:number})
```

2）长按手势（LongPressGesture）

长按手势用于触发长按手势事件，拥有 3 个可选参数：

- fingers：用于声明触发长按手势所需的最少手指数量，最小值为 1，最大值为 10，默认值为 1。
- repeat：用于声明是否连续触发事件回调，默认值为 false。
- duration：用于声明触发长按所需的最短时间，单位为毫秒，默认值为 500。

长按手势方法格式如下：

```
LongPressGesture(value?:{fingers?:number, repeat?:boolean, duration?:number})
```

下面以在 Text 组件上绑定可以重复触发的长按手势为例，演示长按手势，示例代码见文件 5-11。

文件 5-11 Demo0702.ets

```
@Entry
@Component
struct Demo0702 {
  // 记录手势的触发次数
  @State count: number = 0;
  build() {
    Column() {
      Text('长按手势-触发次数=' + this.count).fontSize(28)
```

```
        .gesture(
          // 绑定可以重复触发的 LongPressGesture
          LongPressGesture({ repeat: true })
            .onAction((event: GestureEvent | undefined) => {
              if (event) {
                // 如果是可重复的长按手势，则 count 值一直递增
                if (event.repeat) {
                  this.count++;
                  console.log("长按手势，触发次数=",this.count)
                }
              }
            })
            .onActionEnd(() => {
              // 当长按手势结束时，将 count 重置为 0
              console.log("长按手势，触发结束！")
            })
        ).width("90%")
      }
      .padding(10)
      .border({ width: 3 })
      .width("100%")
    }
  }
```

3）拖动手势（PanGesture）

拖动手势用于触发拖动手势事件，当滑动达到最小滑动距离（默认值为 5vp）时，拖动手势识别成功。拖动手势拥有 3 个可选参数：

- fingers：用于声明触发拖动手势所需的最少手指数量，最小值为 1，最大值为 10，默认值为 1。
- direction：用于声明触发拖动的手势方向，此枚举值支持逻辑与（&）和逻辑或（|）运算。默认值为 Pandirection.All。
- distance：用于声明触发拖动的最小拖动识别距离，单位为 vp，默认值为 5。

拖动手势方法格式如下：

```
PanGesture(value?:{ fingers?:number, direction?:PanDirection, distance?:number})
```

下面以在 Text 组件上绑定拖动手势为例，演示拖动手势可以通过在拖动手势的回调函数中修改组件的布局位置信息来实现组件的拖动，实现代码见文件 5-12。

文件 5-12 Demo0703.ets

```
@Entry
@Component
struct Demo0703 {
  // 记录当前 x 轴偏移量
  @State offsetX: number = 0;
  // 记录当前 y 轴偏移量
  @State offsetY: number = 0;
```

```
  // 记录上一次 x 轴偏移量
  @State positionX: number = 0;
  // 记录上一次 y 轴偏移量
  @State positionY: number = 0;
  build() {
    Column() {
      Text('拖动手势,坐标:\nX: ' + this.offsetX + '\n' + 'Y: ' + this.offsetY)
        .height(100).padding(10)
        .fontColor(Color.White).backgroundColor(Color.Red)
        .border({ width: 3 })    // 在组件上绑定布局位置信息
        .translate({ x: this.offsetX, y: this.offsetY, z: 0 })
        .gesture(                // 绑定拖动手势
          PanGesture()
            .onActionStart((event: GestureEvent | undefined) => {
              console.info('开始拖动手势');
            })// 当触发拖动手势时，根据回调函数修改组件的布局位置信息
            .onActionUpdate((event: GestureEvent | undefined) => {
              if (event) {
                // 当前位置累加当前事件记录的偏移量，得到 x 轴总偏移量
                this.offsetX = this.positionX + event.offsetX;
                // 当前位置累加当前事件记录的偏移量，得到 y 轴总偏移量
                this.offsetY = this.positionY + event.offsetY;
              }
            }).onActionEnd(() => {
              // 当手势结束时记录当前偏移量
              this.positionX = this.offsetX;
              // 当手势结束时记录当前偏移量
              this.positionY = this.offsetY;
            })
        )
    }.width("100%")
  }
}
```

运行效果如图 5-15 所示。

大部分可滑动组件，如 List、Grid、Scroll、Tab 等，是通过 PanGesture 实现滑动的。在组件内部的子组件上绑定拖动手势（PanGesture）或者滑动手势（SwipeGesture）时，会导致手势竞争。

当在子组件上绑定 PanGesture 手势时，滑动操作仅会触发子组件的 PanGesture。如果需要父组件也响应此手势，可以通过以下方式实现：

- 修改手势绑定方法，使父组件能够响应子组件的滑动。
- 通过子组件向父组件传递消息，让父组件处理滑动操作。
- 调整父子组件的 PanGesture 参数（如 distance），以增强拖动灵敏度。

当在子组件上绑定 SwipeGesture 时，由于 PanGesture 和 SwipeGesture 触发条件不同，则需要修改 PanGesture 和 SwipeGesture 的参数以达到所需效果。不合理的阈值设置会导致滑动操作不够灵敏，出现响应延迟或不流畅的情况。

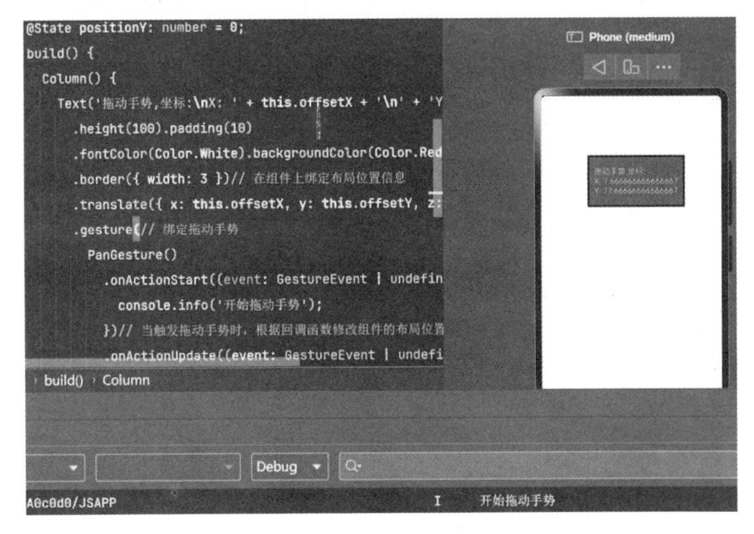

图 5-15　拖动手势效果演示

4）捏合手势（PinchGesture）

捏合手势用于触发捏合手势事件，拥有两个可选参数：

- fingers：用于声明触发捏合手势所需的最少手指数量，最小值为 2，最大值为 5，默认值为 2。
- distance：用于声明触发捏合手势的最小距离，单位为 vp，默认值为 5。

捏合手势方法格式如下：

```
PinchGesture(value?:{fingers?:number, distance?:number})
```

下面在 Column 组件上绑定三指捏合手势，通过在捏合手势的函数回调中获取缩放比例，实现对组件的缩小或放大，示例代码见文件 5-13。

文件 5-13　Demo0704.ets

```
@Entry
@Component
struct Index {
  @State scaleValue: number = 1;
  @State pinchValue: number = 1;
  @State pinchX: number = 0;
  @State pinchY: number = 0;
  build() {
    Column() {
      Column() {
        Text('PinchGesture scale:\n' + this.scaleValue)
        Text('PinchGesture center:\n(' + this.pinchX + ',' + this.pinchY + ')')
      }
      .height(200)
        .width(300)
        .border({ width: 3 })
        .margin({ top: 100 })
```

```
      // 在组件上绑定缩放比例，可以通过修改缩放比例来实现组件的缩小或者放大
        .scale({ x: this.scaleValue, y: this.scaleValue, z: 1 })
        .gesture(
        // 在组件上绑定三指触发的捏合手势
        PinchGesture({ fingers: 3 })
        .onActionStart((event: GestureEvent|undefined) => {
          console.info('Pinch start');
        })
        // 当捏合手势触发时，可以通过回调函数获取缩放比例，从而修改组件的缩放比例
        .onActionUpdate((event: GestureEvent|undefined) => {
          if(event){
            this.scaleValue = this.pinchValue * event.scale;
            this.pinchX = event.pinchCenterX;
            this.pinchY = event.pinchCenterY;
          }
        })
        .onActionEnd(() => {
          this.pinchValue = this.scaleValue;
          console.info('Pinch end');
        })
      )
    }
  }
}
```

5）旋转手势（RotationGesture）

旋转手势用于触发旋转手势事件，拥有两个可选参数：

- fingers：用于声明触发旋转手势所需的最少手指数量，最小值为 2，最大值为 5，默认值为 2。
- angle：用于声明触发旋转手势的最小改变度数，单位为 deg，默认值为 1。

旋转手势方法格式如下：

```
RotationGesture(value?:{fingers?:number, angle?:number})
```

下面在 Text 组件上绑定旋转手势，通过在旋转手势的回调函数中获取旋转角度，实现组件的旋转，示例代码见文件 5-14。

文件 5-14 Demo0705.ets

```
@Entry
@Component
struct Demo0705 {
  // 记录组件需要旋转的角度
  @State angle: number = 0;
  // 记录旋转手势的角度值
  @State rotateValue: number = 0;
  build() {
    Column() {
      Text('旋转手势演示-旋转角度-' + this.angle).
```

```
        fontSize(20).width("80%").margin(20).
        borderWidth(1).padding(10)
          // 在组件上绑定旋转布局，可以通过修改旋转角度来实现组件的旋转
          .rotate({ angle: this.angle })
          .gesture(
            RotationGesture()
              .onActionStart((event: GestureEvent|undefined) => {
                console.info('开始旋转');
              })
                // 当旋转手势生效时，通过旋转手势的回调函数获取旋转角度，从而修改组件的旋转角度
              .onActionUpdate((event: GestureEvent|undefined) => {
                if(event){
                  this.angle = this.rotateValue + event.angle;
                }
                console.info('结束旋转');
              })
                // 当旋转结束抬手时，固定组件在旋转结束时的角度
              .onActionEnd(() => {
                this.rotateValue = this.angle;
                console.info('获取旋转角度');
              })
              .onActionCancel(() => {
                console.info('旋转取消');
              })
          )
      }.width("100%")
    }
  }
```

运行效果如图 5-16 所示。

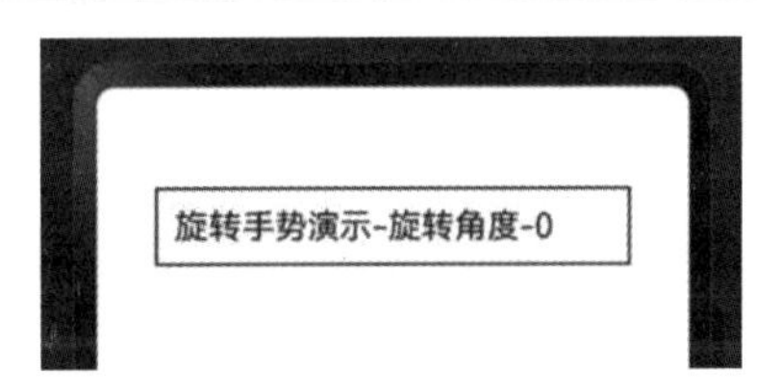

图 5-16　旋转手势效果演示

6）滑动手势（SwipeGesture）

滑动手势用于触发滑动事件，当滑动速度大于 100vp/s 时可以识别成功。它拥有 3 个可选参数：

- fingers：用于声明触发滑动手势所需的最少手指数量，最小值为 1，最大值为 10，默认值为 1。
- direction：用于声明触发滑动手势的方向，此枚举值支持逻辑与（&）和逻辑或（|）运算。默认值为 SwipeDirection.All。
- speed：用于声明触发滑动的最小滑动识别速度，单位为 vp/s，默认值为 100。

滑动手势方法格式如下：

```
SwipeGesture(value?:{fingers?:number, direction?:SwipeDirection, speed?:number})
```

下面在 Column 组件上绑定滑动手势，实现组件的旋转，示例代码见文件 5-15。

文件 5-15 Demo0706.ets

```
@Entry
@Component
struct Demo0706 {
  // 记录旋转角度
  @State rotateAngle: number = 0;
  // 记录滑动速度
  @State speed: number = 1;
  build() {
    Column() {
      Column() {
        Text("滑动手势的速度：" + this.speed)
        Text("滑动手势的角度：" + this.rotateAngle)
      }
      .border({ width: 3 })
      .width("70%").padding(10).margin(20)
      // 在 Column 组件上绑定旋转，通过滑动手势的滑动速度和角度修改旋转的角度
      .rotate({ angle: this.rotateAngle })
      .gesture(
        // 绑定滑动手势且限制仅在竖直方向滑动时触发
        SwipeGesture({ direction: SwipeDirection.Vertical })
          // 当滑动手势触发时，获取滑动的速度和角度，实现对组件的布局参数的修改
          .onAction((event: GestureEvent|undefined) => {
            if(event){
              this.speed = event.speed;
              this.rotateAngle = event.angle;
            }
          })
      )
    }.width("100%")
  }
}
```

运行效果如图 5-17 所示。

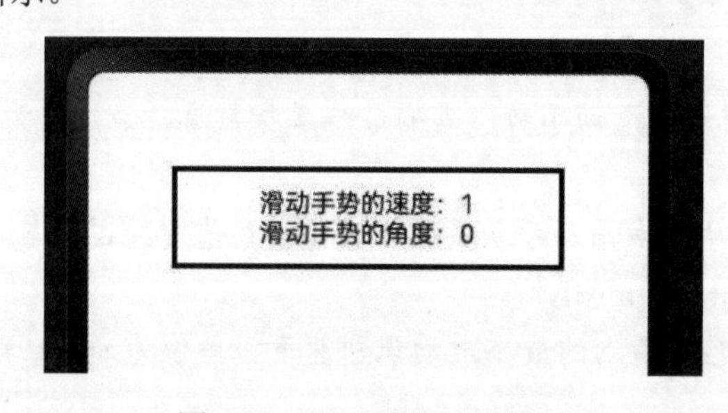

图 5-17　滑动手势效果演示

当 SwipeGesture 和 PanGesture 同时绑定时，若二者是以默认方式或者互斥方式进行绑定的，则会发生竞争。SwipeGesture 的触发条件为滑动速度达到 100vp/s，而 PanGesture 的触发条件为滑动距离达到 5vp，先达到触发条件的手势先触发。可以通过修改 SwipeGesture 和 PanGesture 的参数以达到不同的效果。

5.6.3 组合手势

组合手势由多种单一手势组合而成，通过在 GestureGroup 中使用不同的 GestureMode 来声明该组合手势的类型。GestureGroup 方法主要包括以下 2 个参数：

- mode：为 GestureMode 枚举类，用于声明该组合手势的类型，取值为顺序识别、并行识别和互斥识别 3 种类型。
- gesture：由多个手势组合而成的数组，用于声明组合成该组合手势的各个手势。

GestureGroup 方法具体格式如下：

```
GestureGroup(mode:GestureMode, gesture:GestureType[])
```

1. 顺序识别

顺序识别组合手势对应的 GestureMode 为 Sequence。顺序识别组合手势将按照手势的注册顺序识别手势，直到所有的手势识别成功。当顺序识别组合手势中有一个手势识别失败时，后续手势识别均失败。顺序识别手势组仅有最后一个手势可以响应 onActionEnd。

下面以一个由长按手势和拖动手势组合而成的连续手势为例。首先在一个 Column 组件上绑定 translate 属性，通过修改该属性可以设置组件的位置移动。然后在该组件上绑定由 LongPressGesture 和 PanGesture 组合而成的 Sequence 手势。当触发 LongPressGesture 时，更新显示的数字；当长按后进行拖动时，根据拖动手势的回调函数实现组件的拖动。实现代码见文件 5-16。

文件 5-16　Demo0707.ets

```
@Entry
@Component
struct Demo0707 {
  // x 坐标偏移量
  @State offsetX: number = 0;
  // y 坐标偏移量
  @State offsetY: number = 0;
  // 次数
  @State count: number = 0;
  // 当前点的 x 坐标
  @State positionX: number = 0;
  // 当前点的 y 坐标
  @State positionY: number = 0;
  // 边框样式
  @State borderStyles: BorderStyle = BorderStyle.Dotted

  build() {
   Column() {
     Text('顺序手势识别\n' + '长按行为:' + this.count +
       '\n 拖曳手势:\nX: ' + this.offsetX + '\n' + 'Y: ' +
     this.offsetY).fontSize(20).width("80%")
       .margin(10).padding(10).borderWidth(2)
   }
   // 绑定 translate 属性可以实现组件的位置移动
```

```
        .translate({ x: this.offsetX, y: this.offsetY, z: 0 })
        .width("100%")
        // 以下组合手势为顺序识别，当长按手势事件未正常触发时，不会触发拖动手势事件
        .gesture(
          // 声明该组合手势的类型为 Sequence 类型
          GestureGroup(GestureMode.Sequence,
            // 该组合手势第一个触发的为长按手势，且长按手势可多次响应
            LongPressGesture({ repeat: true })
              // 当长按手势识别成功时，增加 Text 组件上显示的 count 次数
              .onAction((event: GestureEvent|undefined) => {
                if(event){
                  if (event.repeat) {
                    this.count++;
                  }
                }
                console.info('长按手势开始');
              })
              .onActionEnd(() => {
                console.info('长按手势结束');
              }),
            // 当长按之后进行拖动时，PanGesture 手势被触发
            PanGesture()
              .onActionStart(() => {
                this.borderStyles = BorderStyle.Dashed;
                console.info('开始拖动');
              })
          // 当该手势被触发时，根据回调获得的拖动距离修改该组件的位移距离，从而实现组件的移动
              .onActionUpdate((event: GestureEvent|undefined) => {
                if(event){
                  this.offsetX = (this.positionX + event.offsetX);
                  this.offsetY = this.positionY + event.offsetY;
                }
                console.info('拖动已更新');
              })
              .onActionEnd(() => {
                this.positionX = this.offsetX;
                this.positionY = this.offsetY;
                this.borderStyles = BorderStyle.Solid;
              })
          ).onCancel(() => {
            console.log("顺序手势取消")
          })
        )
    }
  }
```

运行效果如图 5-18 所示。

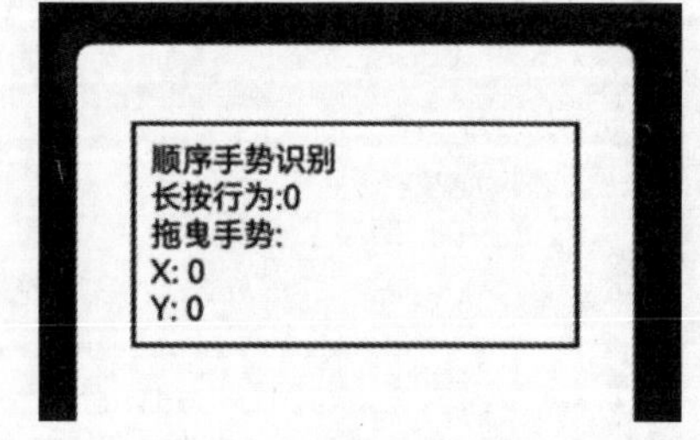

图 5-18 顺序识别手势

拖曳事件是一种典型的顺序识别组合手势事件，由长按手势事件和滑动手势事件组合而成。只有先长按，达到长按

手势事件预设置的时间后进行滑动，才会触发拖曳事件。如果长按事件未达到或者长按后未进行滑动，则拖曳事件均识别失败。

2. 并行识别

并行识别组合手势对应的 GestureMode 为 Parallel。并行识别组合手势中注册的手势将同时进行识别，直到所有手势识别结束。并行识别手势组合中的手势进行识别时互不影响。

下面以在一个 Column 组件上绑定由点击手势和双击手势组成的并行识别手势为例。由于单击手势和双击手势是并行识别的，因此两个手势可以同时进行识别，二者互不干涉。实现代码见文件 5-17。

文件 5-17 Demo0708.ets

```
@Entry
@Component
struct Demo0708 {
  // 单击手势次数
  @State count1: number = 0;
  // 双击手势次数
  @State count2: number = 0;
  build() {
    Column() {
      Text('并行识别手势\n' + '单击手势次数:' + this.count1 +
        '\n 双击手势次数:' + this.count2 )
        .fontSize(20).padding(10).width("90%").borderWidth(2)
    }.width('100%')
    // 以下组合手势为并行识别，单击手势识别成功后
    // 若在规定时间内再次点击，则双击手势也会识别成功
    .gesture(
      GestureGroup(GestureMode.Parallel,
        TapGesture({ count: 1 }).onAction(() => {this.count1++;}),
        TapGesture({ count: 2 }).onAction(() => {this.count2++;})
      )
    )
  }
}
```

运行效果如图 5-19 所示。

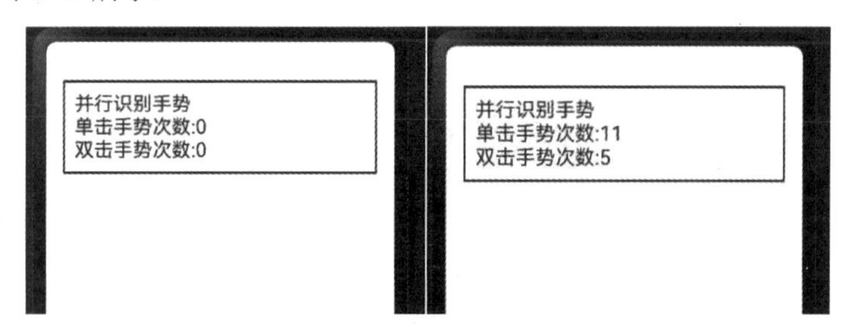

图 5-19 并行识别手势

当单击手势和双击手势组成一个并行识别组合手势后，在区域内进行点击时，单击手势和双击

手势将同时进行识别。当只有单次点击时，单击手势识别成功，双击手势识别失败。当有两次点击时，若两次点击相距时间在规定时间内（默认规定时间为 300ms），则触发两次单击事件和一次双击事件。当有两次点击时，若两次点击相距时间超出规定时间，触发两次单击事件，不触发双击事件。

3. 互斥识别

互斥识别组合手势对应的 GestureMode 为 Exclusive。互斥识别组合手势中注册的手势将同时进行识别，若有一个手势识别成功，则结束手势识别，其他所有手势识别失败。

下面以在一个 Column 组件上绑定由单击手势和双击手势组合而成的互斥识别组合手势为例。示例代码见文件 5-18。

文件 5-18　Demo0709.ets

```
@Entry
@Component
struct Index {
  // 记录单击手势的次数
  @State count1: number = 0;
  // 记录双击手势的次数
  @State count2: number = 0;
  build() {
    Column() {
      Text('互斥识别手势\n' + '单击手势识别次数:' + this.count1 +
        '\n 双击手势识别次数:' + this.count2 + '\n')
        .fontSize(20).borderWidth(2).padding(10).width("90%")
    }
    .width('100%')
    // 组合手势为互斥并别，单击手势识别成功后，双击手势会识别失败
    .gesture(
      GestureGroup(
        GestureMode.Exclusive,
        TapGesture({ count: 1 }).onAction(() => { this.count1++;}),
        TapGesture({ count: 2 }).onAction(() => { this.count2++;})
      )
    )
  }
}
```

运行效果如图 5-20 所示。

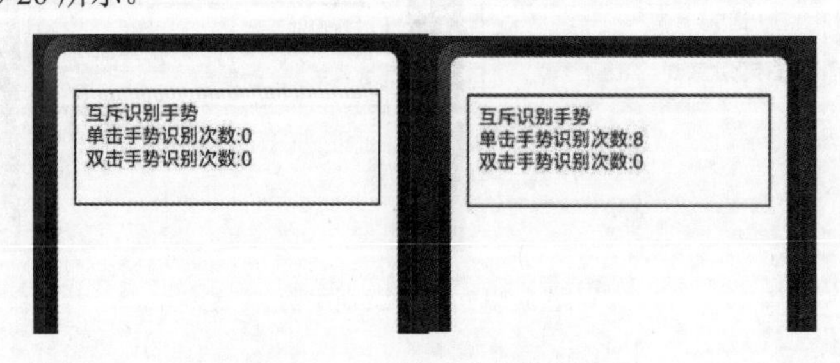

图 5-20　互斥识别手势演示

当单击手势和双击手势组成一个互斥识别组合手势后，在区域内进行点击时，单击手势和双击手势将同时进行识别。当只有单次点击时，单击手势识别成功，双击手势识别失败。

当有两次点击时，手势响应取决于绑定手势的顺序。若先绑定单击手势后绑定双击手势，则单击手势在第一次点击时即宣告识别成功，此时双击手势已经失败。即使在规定时间内进行了第二次点击，双击手势事件也不会进行响应，此时会触发单击手势事件的第二次识别成功。若先绑定双击手势后绑定单击手势，则会响应双击手势而不响应单击手势。

5.6.4 多层级手势事件

多层级手势事件是指父子组件嵌套时，父子组件均绑定了手势或事件。在该场景下，手势或者事件的响应受到多个因素的影响，相互之间发生传递和竞争，容易出现预期外的响应。

1. 触摸事件

触摸事件（onTouch 事件）是所有手势组成的基础，有 Down、Move、Up、Cancel 四种。手势均由触摸事件组成，例如，点击为 Down+Up，滑动为 Down+一系列 Move+Up。触摸事件具有特殊性：

（1）监听了 onTouch 事件的组件。若在手指落下时被触摸，则会收到 onTouch 事件的回调，被触摸受到触摸热区和触摸控制影响。

（2）onTouch 事件的回调是闭环的。若一个组件收到了手指 Id 为 0 的 Down 事件，后续也会收到手指 Id 为 0 的 Move 事件和 Up 事件。

（3）onTouch 事件的回调是一致的。若一个组件收到了手指 Id 为 0 的 Down 事件而未收到手指 Id 为 1 的 Down 事件，则后续只会收到手指 Id 为 0 的 Touch 事件，不会收到手指 Id 为 1 的后续 Touch 事件。

对于一般的容器组件（例如 Column），父子组件之间的 onTouch 事件能够同时触发，兄弟组件之间的 onTouch 事件则会根据布局进行触发。例如：

```
ComponentA() {
  ComponentB().onTouch(() => {})
  ComponentC().onTouch(() => {})
}.onTouch(() => {})
```

组件 B 和组件 C 是组件 A 的子组件，当触摸到组件 B 或者组件 C 时，组件 A 也会被触摸到。onTouch 事件允许多个组件同时触发。因此，当触摸组件 B 时，会触发组件 A 和组件 B 的 onTouch 回调，不会触发组件 C 的 onTouch 回调。当触摸组件 C 时，会触发组件 A 和组件 C 的 onTouch 回调，不触发组件 B 的回调。

特殊的容器组件，如 Stack 等组件，由于子组件之间存在堆叠关系，子组件的布局也存在遮盖关系，因此父子组件之间 onTouch 事件能够同时触发，兄弟组件之间 onTouch 事件会存在遮盖关系。

2. 手势与事件

除了触摸事件外的所有手势与事件，均是通过基础手势或者组合手势实现的。比如拖曳事件是由长按手势和滑动手势组成的一个顺序手势。在未显式声明的情况下，同一时间，一根手指对应的手势组中只会有一个手势识别成功，从而触发对应的回调。因此，除非显式声明允许多个手势同时成功，否则同一时间只会有一个手势响应。响应优先级遵循以下条件：

（1）当父子组件均绑定同一类手势时，子组件优先于父组件触发。

（2）当一个组件绑定多个手势时，先达到手势触发条件的手势优先触发。

例如：

```
ComponentA() {
  ComponentB()
    .gesture(TapGesture({count: 1}))
}.gesture(TapGesture({count: 1}))
```

当父组件和子组件均绑定点击手势时，子组件的优先级高于父组件。因此，当在组件 B 上进行点击时，组件 B 所绑定的 TapGesture 的回调会被触发，而组件 A 所绑定的 TapGesture 的回调不会被触发。

又如：

```
ComponentA().gesture(
  GestureGroup(
    GestureMode.Exclusive,
    TapGesture({count: 1}),
    PanGesture({distance: 5})
  ))
```

当组件 A 上绑定了由点击和滑动手势组成的互斥手势组时，先达到手势触发条件的手势先触发对应的回调。若使用者做了一次点击操作，则响应点击对应的回调。若使用者进行了一次滑动操作并且滑动距离达到了阈值，则响应滑动对应的回调。

可以通过设置属性，控制默认的多层级手势事件竞争流程，更好地实现手势事件。目前，responseRegion 属性和 hitTestBehavior 属性可以控制 Touch 事件的分发，从而影响 onTouch 事件和手势的响应。而手势绑定方法属性可以控制手势的竞争，从而影响手势的响应，但不能影响到 onTouch 事件。

3. responseRegion 对手势和事件的控制

responseRegion 属性可以实现组件的响应区域范围的变化。响应区域范围可以超出或者小于组件的布局范围。例如：

```
ComponentA() {
  ComponentB()
    .onTouch(() => {})
    .gesture(TapGesture({count: 1}))
    .responseRegion({Rect1, Rect2, Rect3})}.onTouch(() => {})
    .gesture(TapGesture({count: 1}))
    .responseRegion({Rect4})
```

当组件 A 绑定了.responseRegion({Rect4})的属性后，所有落在 Rect4 区域范围的触摸事件和手势可被组件 A 对应的回调响应。

当组件B绑定了.responseRegion({Rect1, Rect2, Rect3})的属性后，所有落在Rect1、Rect2 和Rect3 区域范围的触摸事件和手势可被组件B对应的回调响应。

当绑定了 responseRegion 后，手势与事件的响应区域范围将以所绑定的区域范围为准，而不是以布局区域为准，因此可能出现布局相关区域不响应手势与事件的情况。此外，responseRegion 属性支持由多个 Rect 组成的数组作为入参，以支持更多开发需求。

hitTestBehavior 属性可以实现在复杂的多层级场景下，一些组件能够响应手势和事件，而一些组件不能响应手势和事件。hitTestBehavior 属性有以下 3 种取值。

（1）HitTestMode.Block：组件自身会响应触摸测试，阻塞子节点和兄弟节点的触摸测试，从而导致子节点和兄弟节点的 onTouch 事件和手势均无法触发。例如：

```
ComponentA() {
  ComponentB()
    .onTouch(() => {})
    .gesture(TapGesture({count: 1}))

    ComponentC() {
      ComponentD()
        .onTouch(() => {})
        .gesture(TapGesture({count: 1}))
    }
  .onTouch(() => {})
    .gesture(TapGesture({count: 1}))
    .hitTestBehavior(HitTestMode.Block)}
       .onTouch(() => {})
    .gesture(TapGesture({count: 1}))
```

当组件 C 未设置 hitTestBehavior 时，点击组件 D 区域，组件 A、组件 C 和组件 D 的 onTouch 事件会触发，组件 D 的点击手势会触发。当组件 C 设置了 hitTestBehavior 为 HitTestMode.Block 时，点击组件 D 区域，组件 A 和组件 C 的 onTouch 事件会触发，组件 D 的 onTouch 事件未触发。同时，由于组件 D 的点击手势因为被阻塞而无法触发，因此组件 C 的点击手势会触发。

（2）HitTestMode.Transparent：组件自身会响应触摸测试，不会阻塞兄弟节点的触摸测试。例如：

```
Stack A() {
  ComponentB()
    .onTouch(() => {})
    .gesture(TapGesture({count: 1}))

    ComponentC()
      .onTouch(() => {})
      .gesture(TapGesture({count: 1}))
      .hitTestBehavior(HitTestMode.Transparent)
}.onTouch(() => {})
  .gesture(TapGesture({count: 1}))
```

当组件 C 未设置 hitTestBehavior 时，点击组件 B 和组件 C 的重叠区域时，Stack A 和组件 C 的

onTouch 事件会触发，组件 C 的点击事件会触发，组件 B 的 onTouch 事件和点击手势均不触发。当组件 C 设置 hitTestBehavior 为 HitTestMode.Transparent 时，点击组件 B 和组件 C 的重叠区域，组件 A 和组件 C 不受到影响，与之前一致，组件 A 和组件 C 的 onTouch 事件会触发，组件 C 的点击手势会触发。而组件 B 因为组件 C 设置了 HitTestMode.Transparent，所以也收到了 Touch 事件，从而触发其 onTouch 事件和点击手势。

（3）HitTestMode.None 自身不响应触摸测试，不会阻塞子节点和兄弟节点的触摸控制。例如：

```
ComponentA() {
  ComponentB()
    .onTouch(() => {})
    .gesture(TapGesture({count: 1}))
}.onTouch(() => {})
  .gesture(TapGesture({count: 1}))
  .hitTestBehavior(HitTestMode.None)
```

当组件 A 未设置 hitTestBehavior 时，点击组件 B 区域，组件 A 和组件 B 的 onTouch 事件均会触发，组件 B 的点击手势会触发。当组件 A 设置 hitTestBehavior 为 HitTestMode.None 时，点击组件 B 区域，组件 B 的 onTouch 事件触发，而组件 A 的 onTouch 事件无法触发，组件 B 的点击手势触发。

针对简单的场景，建议在单个组件上绑定 hitTestBehavior。针对复杂场景，建议在多个组件上绑定不同的 hitTestBehavior 来控制 Touch 事件的分发。

4. 手势绑定方法对手势的控制

设置手势绑定方法可以实现在多层级场景下，当父组件与子组件绑定了相同的手势时，不同的绑定手势方法有不同的响应优先级。

（1）当父组件使用.gesture 绑定手势，并且父组件和子组件所绑定手势的类型相同时，子组件优先于父组件响应。例如：

```
ComponentA() {
  ComponentB()
    .gesture(TapGesture({count: 1}))
}.gesture(TapGesture({count: 1}))
```

此时，单击组件 B 区域范围，组件 B 的点击手势会触发，组件 A 的点击手势不会触发。

（2）当父组件以.priorityGesture 的形式绑定手势时，父组件所绑定的手势优先级高于子组件。例如

```
ComponentA() {
  ComponentB()
    .gesture(TapGesture({count: 1}))
}.priorityGesture(TapGesture({count: 1}))
```

此时，单击组件 B 区域范围，组件 A 的点击手势会触发，组件 B 的点击手势不会触发。

（3）当父组件以.parallelGesture 的形式绑定手势时，父组件和子组件所绑定的手势均可触发。例如：

```
ComponentA() {
```

```
    ComponentB()
      .gesture(TapGesture({count: 1}))
}.parallelGesture(TapGesture({count: 1}))
```

此时，单击组件 B 区域范围，组件 A 和组件 B 的点击手势均会触发。

5.7 本章小结

本章详细介绍了 HarmonyOS 中的交互事件。首先，介绍了 HarmonyOS 中的事件分类，可分为触屏事件、焦点事件、键鼠事件、拖曳事件和手势事件。接着，深入探讨了事件分发的具体过程，包括触摸测试和事件响应链的收集，以及如何通过触摸测试控制和自定义事件拦截来优化事件处理。

在触屏事件部分，详细讲解了点击事件、触摸事件等的触发条件和回调函数的使用方法，并通过示例代码展示了如何在实际应用中实现这些事件的处理。

焦点事件部分介绍了焦点的基本概念、焦点链的形成和走焦规范，以及如何通过监听获焦和失焦事件来实现焦点的动态管理。此外，还介绍了如何设置组件的可获焦属性和焦点样式，以及如何使用 FocusController 实现主动获焦和失焦。

拖曳事件部分则详细介绍了拖曳操作的基本概念、触发方式和回调事件的使用，包括手势拖曳和鼠标拖曳的不同实现方式，以及如何通过设置拖曳背板图和使用 UDMF 实现数据的传递。

最后，手势事件部分介绍了单一手势和组合手势的分类及其绑定方法，包括点击手势、长按手势、拖动手势、捏合手势、旋转手势和滑动手势等的使用场景和实现方式，并通过示例代码展示了如何在实际应用中实现复杂的手势交互。

通过学习本章内容，读者可以全面掌握 HarmonyOS 中各种交互事件的处理方法，提升应用的交互体验和用户满意度。

5.8 本章习题

1. 什么是触摸事件，它通常包含哪些基本类型？
2. 在 HarmonyOS 中，事件是如何在 ViewGroup 和 View 之间传递的？请简述事件分发的过程。
3. 什么是事件拦截？在什么情况下，开发者可能需要拦截事件？
4. 如何注册一个按键事件监听器，并简要描述按键事件处理的基本步骤。
5. 手势识别在交互设计中扮演什么角色？请列举至少 3 种常见的手势事件。
6. 在 HarmonyOS 应用开发中，如何优化事件处理以提高应用性能和用户体验？

第 6 章 窗口管理

本章将详细讲解 HarmonyOS NEXT 中窗口管理的相关知识。首先，介绍窗口模块的定义、用途、基本概念以及窗口管理的实现原理，包括应用开发模型的构成要素及 FA 模型与 Stage 模型的对比。然后，重点介绍 Stage 模型下的应用窗口管理，包括窗口沉浸式能力、悬浮窗的概念及管理应用窗口的典型场景和接口说明。此外，还将通过具体的代码示例，详细阐述如何设置应用主窗口和子窗口的属性，体验窗口沉浸式能力以及监听窗口事件，帮助开发者更好地理解和掌握窗口管理的技巧。

6.1 窗口开发概述

本节主要介绍窗口开发的相关知识，包括窗口模块的定义、用途、基本概念和实现原理。

6.1.1 窗口模块的定义

窗口模块用于在同一块物理屏幕上，提供多个应用界面的显示与交互。对于应用开发者，窗口模块提供了界面显示和交互能力；对于终端用户，窗口模块提供了控制应用界面的方式；对于整个操作系统，窗口模块提供了不同应用界面的组织管理逻辑。

6.1.2 窗口模块的用途

在 HarmonyOS NEXT 中，窗口模块的主要职责如下：

（1）提供应用和系统界面的窗口对象。应用开发者通过窗口加载 UI 界面，实现界面显示功能。

（2）组织不同窗口的显示关系，即维护不同窗口间的叠加层次和位置属性。应用和系统的窗口具有多种类型，不同类型的窗口具有不同的默认位置和叠加层次（z 轴高度）。同时，用户也可以在一定范围内对窗口的位置和叠加层次进行调整。

（3）提供窗口装饰。窗口装饰指窗口标题栏和窗口边框。窗口标题栏通常包含窗口最大化、最小化以及关闭按钮等界面元素，具有默认的点击行为，方便用户操作；窗口边框方便用户对窗口进行拖曳、缩放等操作。窗口装饰是系统的默认行为，开发者可以选择启用或禁用，而无须关心 UI 代码层面的实现。

（4）提供窗口动效。在窗口显示、隐藏以及切换时，窗口模块通常会添加动画效果，以使得各个交互过程更加连贯、流畅。在 HarmonyOS NEXT 中，应用窗口的动效为默认行为，不需要开发者设置或修改。

（5）指导输入事件分发。根据当前窗口的状态或焦点，进行事件的分发。

触摸和鼠标事件根据窗口的位置和尺寸进行分发，而键盘事件则分发到焦点窗口。开发者可以通过窗口模块提供的接口设置窗口是否可以触摸和是否可以获得焦点。

6.1.3　基本概念

1. 窗口类型

HarmonyOS NEXT 的窗口模块将窗口界面分为系统窗口和应用窗口两种基本类型。其中，系统窗口指完成系统特定功能的窗口，如音量条、壁纸、通知栏、状态栏、导航栏等；应用窗口则是与应用显示相关的窗口。根据内容的不同，应用窗口又可以分为应用主窗口和应用子窗口两种类型。应用主窗口用于显示应用界面，会在“任务管理界面”显示；应用子窗口用于显示应用的弹窗、悬浮窗等辅助窗口，不会在“任务管理界面”显示。应用子窗口的生命周期跟随应用主窗口。

2. 应用窗口模式

应用窗口模式指的是应用主窗口启动时的显示方式。HarmonyOS NEXT 目前支持全屏、分屏、自由窗口 3 种应用窗口模式，这种对多种应用窗口模式的支持能力，也称为操作系统的“多窗口能力”。其中，全屏指的是应用主窗口启动时铺满整个屏幕，如图 6-1 所示；分屏指的是应用主窗口启动时占据屏幕的某个部分（当前支持二分屏），两个分屏窗口之间具有分界线，可以拖曳分界线来调整两个分屏窗口的尺寸，如图 6-2 所示；自由窗口的大小和位置可以自由改变，同一个屏幕上可以同时显示多个自由窗口，这些自由窗口按照打开或者获取焦点的顺序在 z 轴上排列，当自由窗口被点击或触摸时，将其 z 轴高度提升到顶层，并同时获取焦点。自由窗口模式效果如图 6-3 所示。

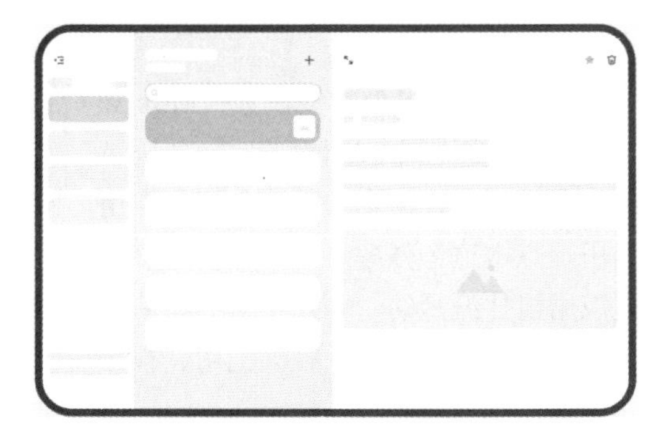

图 6-1　全屏模式显示效果

图 6-2　分屏模式显示效果

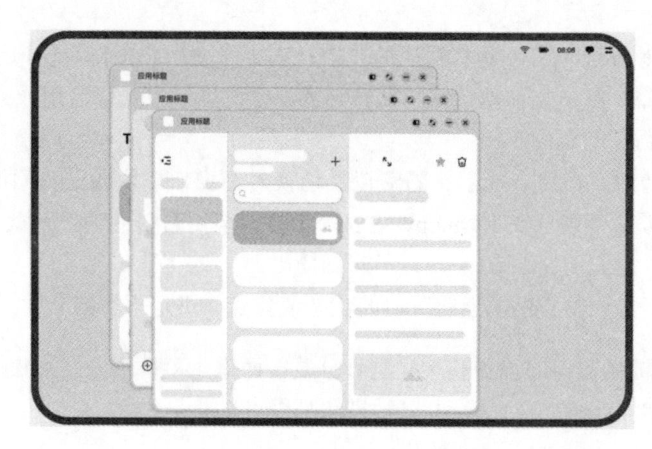

图6-3 自由窗口模式显示效果

6.1.4 实现原理

当前窗口的实现和开发与应用模型相关联，不同模型下的接口功能略有区别。

1. 应用模型的构成要素

应用模型是系统为开发者提供的应用程序所需能力的抽象提炼，提供了应用程序必备的组件和运行机制。有了应用模型，开发者可以基于统一的模型进行应用开发，使应用开发更简单、高效。

应用模型的构成要素包括：

（1）应用组件：应用组件是应用的基本组成单位，是应用的运行入口。在用户启动、使用和退出应用的过程中，应用组件会在不同的状态间切换，这些状态称为应用组件的生命周期。应用组件提供生命周期的回调函数，开发者通过应用组件的生命周期回调感知应用的状态变化。开发者在编写应用时，首先需要编写的就是应用组件，同时还需编写应用组件的生命周期回调函数，并在应用配置文件中配置相关信息。这样，操作系统在运行期间就能通过配置文件创建应用组件的实例，并调用它的生命周期回调函数，从而执行开发者的代码。

（2）应用进程模型：应用进程模型定义应用进程的创建和销毁方式，以及进程间的通信方式。

（3）应用线程模型：应用线程模型定义应用进程内线程的创建和销毁方式、主线程和UI线程的创建方式以及线程间的通信方式。

（4）应用任务管理模型（仅对系统应用开放）：应用任务管理模型定义任务（Mission）的创建和销毁方式，以及任务与组件间的关系。所谓任务，即用户使用一个应用组件实例的记录。每次用户启动一个新的应用组件实例时，都会生成一个新的任务。例如，用户启动一个视频应用，此时在“最近任务”界面，将会看到视频应用这个任务，当用户点击这个任务时，系统会把该任务切换到前台。如果这个视频应用中的视频编辑功能也是通过应用组件编写的，则在用户启动视频编辑功能时，会创建视频编辑的应用组件实例，在“最近任务”界面中，将会展示视频应用、视频编辑两个任务。

（5）应用配置文件：应用配置文件中包含应用配置信息、应用组件信息、权限信息、开发者自定义信息等。这些信息在编译构建、分发和运行阶段分别提供给编译工具、应用市场和操作系统使用。

2. 应用模型概况

随着系统的演进，HarmonyOS NEXT 先后提供了两种应用模型，分别是 FA（Feature Ability）模型和 Stage 模型。其中 FA 模型从 API 7 开始支持，现在已不再主推；Stage 模型从 API 9 开始新增，是目前主推且会长期演进的模型。在 Stage 模型中，提供了 AbilityStage、WindowStage 等类作为应用组件和窗口的“舞台”，因此被称为 Stage 模型。

3. FA 模型与 Stage 模型对比

Stage 模型与 FA 模型最大的区别：在 Stage 模型中，多个应用组件共享同一个 ArkTS 引擎实例；而在 FA 模型中，每个应用组件独享一个 ArkTS 引擎实例。因此，在 Stage 模型中，应用组件之间可以方便地共享对象和状态，同时减少复杂应用运行对内存的占用。Stage 模型是主推的应用模型，开发者通过它能够更加便利地开发出分布式场景下的复杂应用。

FA 模型与 Stage 模型的差异概览如表 6-1 所示。

表 6-1　FA 模型与 Stage 模型的差异概览

项　目	FA 模型	Stage 模型
应用组件	（1）组件分类： • PageAbility 组件：包含 UI，提供展示 UI 的能力 • ServiceAbility：提供后台服务的能力，无 UI • DataAbility 组件：提供数据分享的能力，无 UI （2）开发方式： 通过导出匿名对象、固定入口文件的方式指定应用组件。开发者无法进行派生，不利于扩展能力	（1）组件分类： • UIAbility 组件：包含 UI，提供展示 UI 的能力，主要用于和用户交互 • ExtensionAbility 组件：提供特定场景（如卡片、输入法）的扩展能力，满足更多的使用场景 （2）开发方式： 采用面向对象的方式，将应用组件以类接口的形式开放给开发者，可以进行派生，有利于扩展能力
进程模型	有两类进程： （1）主进程 （2）渲染进程	有三类进程： （1）主进程 （2）ExtensionAbility 进程 （3）渲染进程
线程模型	（1）ArkTS 引擎实例的创建：一个进程可以运行多个应用组件实例，每个应用组件实例运行在一个单独的 ArkTS 引擎实例中 （2）线程模型：每个 ArkTS 引擎实例都在一个单独线程（非主线程）上创建，主线程没有 ArkTS 引擎实例 （3）不支持进程内对象共享	（1）ArkTS 引擎实例的创建：一个进程可以运行多个应用组件实例，所有应用组件实例共享一个 ArkTS 引擎实例 （2）线程模型：ArkTS 引擎实例在主线程上创建 （3）支持进程内对象共享
应用配置文件	使用 config.json 描述应用信息、HAP 信息和应用组件信息	使用 app.json5 描述应用信息，使用 module.json5 描述 HAP 信息、应用组件信息

说　明

1. FA 模型不支持系统窗口的相关开发。
2. 应用主窗口与子窗口存在大小限制，宽度范围为[320, 2560]，高度范围为[240, 2560]，单位为 vp。
3. 系统窗口存在大小限制，宽度范围为(0, 2560]，高度范围为(0, 2560]，单位为 vp。

6.2 Stage 模型的应用窗口管理

本节将介绍如何使用 Stage 模型进行应用窗口管理。

1. 基本概念

首先介绍应用窗口管理的两个基本概念。

1）窗口沉浸式能力

窗口沉浸式能力是指对状态栏、导航栏等系统窗口进行控制，减少状态栏、导航栏等系统界面的突兀感，从而使用户获得最佳体验的能力。

沉浸式能力只在应用主窗口作为全屏窗口时生效。通常情况下，应用子窗口（弹窗、悬浮窗口等辅助窗口）和处于自由窗口下的应用主窗口无法使用沉浸式能力。

2）悬浮窗

全局悬浮窗口是一种特殊的应用窗口，具备在应用主窗口和对应 Ability（能力）退至后台后，仍然可以在前台显示的能力。比如，悬浮窗口可以用于在应用退至后台后，继续使用小窗播放视频，或者为特定的应用创建悬浮球等快速入口。应用在创建悬浮窗口前，需要申请 ohos.permission.SYSTEM_FLOAT_WINDOW 权限。

2. 场景介绍

在 Stage 模型下，管理应用窗口的典型场景有：

- 设置应用主窗口属性及目标页面。
- 设置应用子窗口属性及目标页面。
- 体验窗口沉浸式能力。
- 设置悬浮窗。
- 监听窗口不可交互与可交互事件。

3. 接口说明

应用窗口管理涉及的常用接口如表 6-2 所示。

表 6-2　应用窗口管理中的常用接口

实例名	接口名	说　明
WindowStage	getMainWindow(callback: AsyncCallback<Window>): void	获取 WindowStage 实例下的主窗口。此接口仅可在 Stage 模型下使用

（续表）

实例名	接口名	说 明
WindowStage	loadContent(path: string, callback: AsyncCallback<void>): void	为当前 WindowStage 的主窗口加载具体页面。其中 path 为要加载到窗口中的页面内容的路径，该路径需添加到工程的 main_pages.json 文件中。此接口仅可在 Stage 模型下使用
WindowStage	createSubWindow(name: string, callback: AsyncCallback<Window>): void	创建子窗口。此接口仅可在Stage模型下使用
WindowStage	on(type: 'windowStageEvent', callback: Callback<WindowStageEventType>): void	开启 WindowStage 生命周期变化的监听。此接口仅可在 Stage 模型下使用
window 命名空间的函数	createWindow(config: Configuration, callback: AsyncCallback<Window>): void	创建子窗口或者系统窗口。其中 config 是创建窗口时的参数
Window	setUIContent(path: string, callback: AsyncCallback<void>): void	根据当前工程中某个页面的路径为窗口加载具体的页面内容。其中 path 为要加载到窗口中的页面内容的路径，在Stage模型下该路径需添加到工程的 main_pages.json 文件中
Window	setWindowBrightness(brightness: number, callback: AsyncCallback<void>): void	设置屏幕亮度值
Window	setWindowTouchable(isTouchable: boolean, callback: AsyncCallback<void>): void	设置窗口是否为可触状态
Window	moveWindowTo(x: number, y: number, callback: AsyncCallback<void>): void	移动当前窗口位置
Window	resize(width: number, height: number, callback: AsyncCallback<void>): void	改变当前窗口大小
Window	setWindowLayoutFullScreen(isLayoutFullScreen: boolean): Promise<void>	设置窗口布局是否为全屏布局
Window	setWindowSystemBarEnable(names: Array<'status'|'navigation'>): Promise<void>	设置导航栏、状态栏是否显示
Window	setWindowSystemBarProperties(systemBarProperties: SystemBarProperties): Promise<void>	设置窗口内导航栏、状态栏的属性。其中 systemBarProperties 是导航栏、状态栏的属性集合
Window	showWindow(callback: AsyncCallback<void>): void	显示当前窗口
Window	on(type: 'touchOutside', callback: Callback<void>): void	开启本窗口区域外的点击事件的监听
Window	destroyWindow(callback: AsyncCallback<void>): void	销毁当前窗口

4. 设置应用主窗口

在 Stage 模型下，应用主窗口由 UIAbility 创建并维护其生命周期。在 UIAbility 的

onWindowStageCreate 回调中，通过 WindowStage 获取应用主窗口，即可对其进行属性设置等操作。此外，还可以在应用配置文件中设置应用主窗口的属性，如最大窗口宽度 maxWindowWidth 等。

开发步骤如下：

步骤 01 获取应用主窗口：通过 getMainWindow 接口获取应用主窗口。

步骤 02 设置主窗口属性：可设置主窗口的背景色、亮度值、是否可触等多个属性，开发者可根据需要选择对应的接口。本示例以设置"是否可触摸"属性为例。

步骤 03 为主窗口加载对应的目标页面：通过 loadContent 接口加载主窗口的目标页面。

示例代码见文件 6-1~文件 6-3。

文件 6-1 EntryAbility0201.ets

```
import { UIAbility } from "@kit.AbilityKit";
import window from "@ohos.window";
import { BusinessError } from "@ohos.base";
import { JSON } from "@kit.ArkTS";
import json from "@ohos.util.json";

export default class EntryAbility0201 extends UIAbility {
  onWindowStageCreate(windowStage: window.WindowStage): void {
    // 1. 获取应用主窗口
    let windowClass: window.Window | null = null
    // 获取 WindowStage 实例下的主窗口。该接口仅在 Stage 模型下可用
    windowStage.getMainWindow((err: BusinessError, data) => {
      // 错误码
      let errCode: number = err.code
      // 如果存在错误，则在控制台打印错误信息，方法返回
      if (errCode) {
        console.error('获取应用主窗口失败，原因：', JSON.stringify(err))
        return
      }
      // 获取到主窗口实例
      windowClass = data
      console.info('成功获取到应用主窗口。数据：', JSON.stringify(data))

      // 2. 设置主窗口属性，此处设置是否可触摸，如果为 false，则无法对页面列表进行滑动
      let isTouchable: boolean = true
      windowClass.setWindowTouchable(isTouchable, (err: BusinessError) => {
        // 获取错误码
        let errCode: number = err.code
        // 如果存在错误，则在控制台打印错误信息，方法返回
        if (errCode) {
          console.error('设置窗口是否可触摸失败。原因：', JSON.stringify(err))
          return
        }
        console.info('成功设置了窗口是否可触摸')
      })

      // 3. 为主窗口加载对应的目标页面
```

```
          //  参数 1：目标页面路径
          //  参数 2：加载目标页面结果的回调函数，参数是错误信息
          windowStage.loadContent('demo0201/pages/Page1', (err: BusinessError) => {
            // 获取错误码
            let errCode: number = err.code
            // 如果存在错误，则在控制台打印错误信息，方法返回
            if (errCode) {
              console.error('加载页面失败。原因：', JSON.stringify(err))
              return
            }
            console.info('加载页面成功！')
          })
        })
    }
}
```

文件 6-2　main_pages.json

```
{
  "src": [
    "demo0201/pages/Page1"
  ]
}
```

文件 6-3　module.json5

```
{
  "module": {
    // ...
    "abilities": [
      {
        "name": "EntryAbility",
        "srcEntry": "./ets/demo0201/entryability/EntryAbility0201.ets",
        // ...
      }
    ],
    // ...
  }
}
```

打印的日志如图 6-4 所示。

```
com.example.demo_06    I    Callee constructor is OK string
com.example.demo_06    I    Ability::constructor callee is object [object Object]
com.example.demo_06    I    成功获取到应用主窗口。数据： {}
com.example.demo_06    I    成功设置了窗口是否可触摸
com.example.demo_06    I    加载页面成功！
```

图 6-4　打印的日志

当 isTouchable 的值为 true 时，可以对列表进行滑动，显示效果如图 6-5 所示。

当 isTouchable 的值为 false 时，无法滑动列表，显示效果如图 6-6 所示。

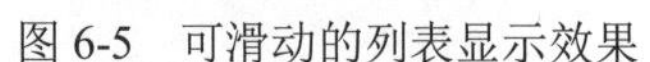

图 6-5 可滑动的列表显示效果　　　　图 6-6 无法滑动的列表显示效果

5. 设置应用子窗口

开发者可以按需创建应用子窗口，如弹窗等，并对其进行属性设置等操作。

开发步骤如下：

步骤 01 创建应用子窗口：通过 createSubWindow 接口创建应用子窗口。

步骤 02 设置子窗口属性：子窗口创建成功后，可以改变其大小、位置等，还可以根据应用需要设置窗口背景色、亮度等属性。

步骤 03 加载子窗口的具体显示内容：通过 setUIContent 和 showWindow 接口加载子窗口的具体显示内容。

步骤 04 销毁子窗口：当不再需要某些子窗口时，可根据具体实现逻辑，使用 destroyWindow 接口销毁子窗口。

示例代码见文件 6-4~文件 6-9。

文件 6-4　EntryAbility0202.ets

```
import { window } from '@kit.ArkUI'
import { UIAbility } from '@kit.AbilityKit'
import { BusinessError } from '@kit.BasicServicesKit'

export default class EntryAbility0202 extends UIAbility {

  // UIAbility生命周期回调函数：创建能力窗口阶段（ability window stage）时调用该函数
  onWindowStageCreate(windowStage: window.WindowStage): void {
    windowStage.loadContent('demo0202/pages/MainPage').then(() => {
      console.info('加载主页面成功')
    }).catch((err: BusinessError) => {
      console.error('加载主页面失败。原因：', JSON.stringify(err))
    })
  }
```

```
    // UIAbility 生命周期回调函数：销毁能力窗口阶段时回调该函数
    onWindowStageDestroy(): void {
        console.info('销毁 ability window stage')
    }

}
```

文件 6-5 SubWindowTool.ets

```
import { window } from "@kit.ArkUI"
import { BusinessError } from "@kit.BasicServicesKit"

let windowStage_: window.WindowStage | null = null
let sub_windowClass: window.Window | null = null

export function init(windowStage: window.WindowStage) {
    console.warn('调用了 init 函数，传递的参数：', JSON.stringify(windowStage))
    windowStage_ = windowStage
}

// 用于显示子窗口的自定义函数
export async function showSubWindow() {
    // 1. 创建应用子窗口
    if (windowStage_ == null) {
        console.error('创建子窗口失败，原因：windowStage_ 为 null')
    } else {
        // 创建子窗口需要的选项
        let options: window.SubWindowOptions = {
            // 必须参数
            title: 'mySubWindow',
            // 必须参数
            decorEnabled: true
        }

        // 通过 createSubWindow 创建子窗口，该操作是异步操作
        // 此处使用 await 同步等待该操作的完成
        await windowStage_.createSubWindowWithOptions('mySubWindow',
options).then((window) => {
            sub_windowClass = window
        }).catch((err: BusinessError) => {
            console.error('创建子窗口失败。原因：', JSON.stringify(err))
            return
        })

        // 如果成功创建了子窗口，则执行下列操作
        if (sub_windowClass) {
            // 将子窗口移动到指定的位置（异步操作），横轴坐标为 300px，纵轴坐标为 800px
            sub_windowClass.moveWindowTo(300, 800).then(() => {
                console.info('成功将子窗口移动到目标位置')
            }).catch((err: BusinessError) => {
```

```
          console.error('移动子窗口失败。原因：', JSON.stringify(err))
          return
        })

        // 调整子窗口的尺寸（异步操作），宽度为 500px，高度为 500px
        sub_windowClass.resize(500, 500).then(() => {
          console.info('成功将子窗口尺寸调整为目标尺寸')
        }).catch((err: BusinessError) => {
          console.error('子窗口尺寸调整失败。原因：', JSON.stringify(err))
          return
        })

        // 给子窗口设置要显示的页面（异步操作）
        sub_windowClass.setUIContent('demo0202/pages/SubPage').then(() => {
          console.info('设置子窗口页面成功')
        }).catch((err: BusinessError) => {
          console.error('设置子窗口页面失败。原因：', JSON.stringify(err))
          return
        })

        // 显示子窗口（异步操作）
        // 如果子窗口状态异常，则抛异常 BusinessError
        sub_windowClass.showWindow(() => {
          console.info('成功显示子窗口信息')
        })
      }
    }
}

// 用于销毁子窗口的自定义函数
export function destroySubWindow() {
  // 销毁子窗口。当不再需要子窗口时，可以根据具体实现逻辑，使用 destroy 对其销毁
  if (sub_windowClass) {
    sub_windowClass.destroyWindow(() => {
      console.info('子窗口销毁成功')
    })
  }
}
```

文件 6-6 MainPage.ets

```
import { destroySubWindow, init, showSubWindow } from '../utils/SubWindowTool'
import { common } from '@kit.AbilityKit'

@Entry
@Component
struct MainPage {

  onPageShow(): void {
    // 获取 windowStage 对象，作为参数，调用 init 函数
    init((getContext(this) as common.UIAbilityContext).windowStage)
```

```
    }

    build() {
        Column() {
            Text('主窗口').backgroundColor(Color.Yellow)
                .height(50).width(150).textAlign(TextAlign.Center).fontSize(20)
            Button('显示子窗口').onClick((event: ClickEvent) => {
                showSubWindow()
            })
            Button('关闭子窗口').onClick((event: ClickEvent) => {
                destroySubWindow()
            })
        }.width('100%').height('100%')
    }
}
```

文件 6-7　SubPage.ets

```
@Entry
@Component
struct SubWindow {
    build() {
        Column() {
            Text('子窗口').backgroundColor(Color.Blue).fontColor(Color.White)
                .height(50).width(150).textAlign(TextAlign.Center).fontSize(20)
        }.backgroundColor(Color.Yellow).width('100%').height('100%')
    }
}
```

文件 6-8　main_pages.json

```
{
  "src": [
    "demo0202/pages/MainPage",
    "demo0202/pages/SubPage"
  ]
}
```

文件 6-9　module.json5

```
{
  "module": {
    // ...
    "abilities": [
      {
        "name": "EntryAbility",
        "srcEntry": "./ets/demo0202/entryability/EntryAbility0202.ets",
        // ...
      }
    ],
    // ...
  }
}
```

显示效果如图 6-7 所示。

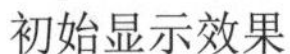
初始显示效果　　点击“显示子窗口”按钮后的效果　　点击“关闭子窗口”按钮后的效果

图 6-7　设置应用子窗口的显示效果

6. 体验窗口沉浸式能力

在看视频、玩游戏等场景下，用户往往希望隐藏状态栏、导航栏等不必要的系统窗口，从而获得更佳的沉浸式体验。此时，可以借助窗口沉浸式能力（窗口沉浸式能力仅针对应用主窗口）来达到预期效果。

从 API version 10 开始，沉浸式窗口的默认配置为全屏，并由组件模块控制布局。此时，状态栏和导航栏的背景颜色为透明，文字颜色为黑色。应用窗口可以通过调用 setWindowLayoutFullScreen 接口进行进一步配置：

- 设置为 true：表示由组件模块控制，忽略状态栏和导航栏，启用沉浸式全屏布局。
- 设置为 false：表示由组件模块控制，避让状态栏和导航栏，启用非沉浸式全屏布局。

需要注意的是，当前沉浸式界面开发仅支持 Window 级别的配置，暂不支持 Page 级别的配置。如果有 Page 级别的需求，可以通过在页面生命周期开始（例如在 onPageShow 中设置沉浸模式），然后在页面退出（如在 onPageHide 中恢复默认值）来实现。

开发步骤如下：

步骤 01 获取应用主窗口：通过 getMainWindow 接口获取应用主窗口。

步骤 02 实现沉浸式效果：有以下两种方式：

- 方式一：应用主窗口为全屏窗口时，调用 setWindowSystemBarEnable 接口，设置导航栏、状态栏不显示，从而达到沉浸式效果。
- 方式二：调用 setWindowLayoutFullScreen 接口，设置应用主窗口为全屏布局；然后调用 setWindowSystemBarProperties 接口，设置导航栏、状态栏的透明度、背景/文字颜色以及高亮图标等属性，使之与主窗口显示保持一致，从而达到沉浸式效果。

步骤 03 加载沉浸式窗口的具体显示内容。

示例代码见文件 6-10~文件 6-13。

文件 6-10　EntryAbility0203.ets

```
import { UIAbility } from '@kit.AbilityKit';
```

```
    import { window } from '@kit.ArkUI';
    import { BusinessError } from '@kit.BasicServicesKit';

    export default class EntryAbility extends UIAbility {
      // 能力窗口阶段生命周期回调函数，在创建能力窗口阶段时调用
      onWindowStageCreate(windowStage: window.WindowStage) {
        //////////////////////////
        /// 设置沉浸式效果代码开始///
        //////////////////////////
        // // 1. 获取应用主窗口，用于设置沉浸式效果
        // let windowClass: window.Window | null = null;
        // // 通过 getMainWindow 方法获取主窗口实例，参数是获取主窗口操作结果的回调函数
        // // 回调函数的第一个参数是错误信息，第二个参数是主窗口实例
        // windowStage.getMainWindow((err: BusinessError, data) => {
        //   // 获取错误码
        //   let errCode: number = err.code;
        //   // 如果存在错误，则在控制台打印错误信息，方法返回
        //   if (errCode) {
        //     console.error('Failed to obtain the main window. Cause: ' + JSON.stringify(err));
        //     return;
        //   }
        //   // 赋值主窗口实例
        //   windowClass = data;
        //   console.info('Succeeded in obtaining the main window. Data: ' +
JSON.stringify(data));

          //-----------------------
          // 设置沉浸式效果方式一，开始--
          //-----------------------
          // // 2.实现沉浸式效果。
          // // 方式一：设置导航栏、状态栏不显示
          // let names: Array<'status' | 'navigation'> = [];
          // // 调用 setWindowSystemBarEnable 设置导航栏、状态栏显示的内容，此处为空数组，因此不显示导
航栏、状态栏
          // windowClass.setWindowSystemBarEnable(names).then(() => {
          //   // 设置成功后在控制台打印信息
          //   console.info('Succeeded in setting the system bar to be visible.');
          // }).catch((err: BusinessError) => {
          //   // 如果设置失败，则在控制台打印错误信息
          //   console.error('Failed to set the system bar to be visible. Cause:' +
JSON.stringify(err));
          // });
          //-----------------------
          // 设置沉浸式效果方式一，结束--
          //-----------------------


          //-----------------------
          // 设置沉浸式效果方式二，开始--
          //-----------------------
          // // 2.实现沉浸式效果
```

```
        //// 方式二：设置窗口为全屏布局，配合设置导航栏、状态栏的透明度、背景/文字颜色及高亮图标等属性，
与主窗口显示保持一致
        // let isLayoutFullScreen = true;
        // // 调用 setWindowLayoutFullScreen 方法，设置为全屏布局
        // windowClass.setWindowLayoutFullScreen(isLayoutFullScreen).then(() => {
        //   // 如果设置成功，则在控制台打印成功的信息
        //   console.info('Succeeded in setting the window layout to full-screen mode.');
        // }).catch((err: BusinessError) => {
        //   // 如果设置失败，则在控制台打印错误信息
        //   console.error('Failed to set the window layout to full-screen mode. Cause:' +
JSON.stringify(err));
        // });
        //------------------------
        // 设置沉浸式效果方式二，结束--
        //------------------------

      //   // 设置状态栏、导航栏的背景色和前景色，用于设置沉浸式效果
      //   let sysBarProps: window.SystemBarProperties = {
      //     // 设置顶部状态栏的背景色
      //     statusBarColor: '#ffff00',
      //     // 设置底部导航栏的背景色
      //     navigationBarColor: '#ff0000',
      //
      //     // 以下两个属性从 API Version 8 开始支持
      //     // 设置顶部状态栏的前景色
      //     statusBarContentColor: '#000000',
      //     // 设置底部导航栏的前景色
      //     navigationBarContentColor: '#ff00ff'
      //   };
      //   // 调用 setWindowSystemBarProperties 方法，设置状态栏、导航栏的属性
      //   windowClass.setWindowSystemBarProperties(sysBarProps).then(() => {
      //     // 在控制台打印成功的信息
      //     console.info('Succeeded in setting the system bar properties.');
      //   }).catch((err: BusinessError) => {
      //     // 如果设置失败，则在控制台打印错误的信息
      //     console.error('Failed to set the system bar properties. Cause: ' +
JSON.stringify(err));
      //   });
      //
      // })
      /////////////////////////
      /// 设置沉浸式效果代码结束///
      /////////////////////////

      // 3.加载对应的目标页面。
      // 调用 loadContent 方法加载参数 1 指定的路径表示的页面
      // 参数 2 为加载页面结果的回调函数，其参数是错信息
      windowStage.loadContent("demo0203/pages/Page", (err: BusinessError) => {
        // 获取错误码
        let errCode: number = err.code;
```

```
      // 如果存在错误，则在控制台打印错误信息，方法返回
      if (errCode) {
        console.error('Failed to load the content. Cause:' + JSON.stringify(err));
        return;
      }
      console.info('Succeeded in loading the content.');
    });
  }
};
```

文件 6-11　Page2.ets

```
@Entry
@Component
struct Page2 {
  build() {
    Column(){
      Text('Page2').backgroundColor(Color.Yellow).padding(10)
        .fontWeight(FontWeight.Bold)
    }.backgroundColor(Color.Orange).height('100%').width('100%')
    .justifyContent(FlexAlign.SpaceAround)
  }
}
```

文件 6-12　main_pages.json

```
{
  "src": [
    "demo0203/pages/Page2"
  ]
}
```

文件 6-13　module.json5

```
{
  "module": {
    // ...
    "abilities": [
      {
        "name": "EntryAbility",
        "srcEntry": "./ets/demo0203/entryability/EntryAbility0203.ets",
        // ...
      }
    ],
    // ...
  }
}
```

当不打开沉浸式能力时，显示效果如图 6-8 所示。

当使用第一种方式打开沉浸式能力时，显示效果如图 6-9 所示。

图 6-8 禁用沉浸式能力时的窗口显示效果

图 6-9 使用第一种方式打开沉浸能力后的显示效果

当使用第二种方式打开沉浸式能力时，显示效果如图 6-10 所示。

设置状态栏、导航栏的背景色和前景色之后的显示效果如图 6-11 所示。

图 6-10 使用第二种方式打开沉浸式能力后的显示效果

图 6-11 设置导航栏、状态栏后的沉浸式显示效果

7. 监听窗口不可交互与可交互事件

应用在前台显示的过程中，可能会进入某些不可交互的场景，比较典型的是进入多任务界面。此时，对于一些应用可能需要选择暂停某个与用户正在交互的业务，如视频类应用暂停正在播放的视频或者相机暂停预览流等。而当该应用从多任务切回前台时，又变成了可交互的状态，此时需要恢复被暂停的业务，如恢复视频播放或相机预览流等。

开发方法如下：

在创建 WindowStage 对象后，可通过监听 windowStageEvent 事件类型，监听到窗口进入前台、窗口进入后台、前台可交互、前台不可交互等事件，应用可根据这些事件状态进行相应的业务处理。

示例代码见文件 6-14。

文件 6-14 EntryAbility.ets

```
import { UIAbility } from '@kit.AbilityKit';
import { window } from '@kit.ArkUI';

export default class EntryAbility extends UIAbility {

  // 能力窗口阶段生命周期回调函数：在创建了能力窗口阶段后调用
  onWindowStageCreate(windowStage: window.WindowStage) {
    try {
      // 在创建 WindowStage 对象后，可监听 windowStageEvent 事件类型
      windowStage.on('windowStageEvent', (data) => {
        console.info('Succeeded in enabling the listener for window stage event changes.
Data: ' +
        JSON.stringify(data));
        // 根据事件状态类型进行相应的处理
        if (data == window.WindowStageEventType.SHOWN) {
          console.info('current window stage event is SHOWN');
          // 应用进入前台，默认为可交互状态
          // ...
        } else if (data == window.WindowStageEventType.HIDDEN) {
          console.info('current window stage event is HIDDEN');
          // 应用进入后台，默认为不可交互状态
          // ...
        } else if (data == window.WindowStageEventType.PAUSED) {
          console.info('current window stage event is PAUSED');
          // 前台应用进入多任务，转为不可交互状态
          // ...
        } else if (data == window.WindowStageEventType.RESUMED) {
          console.info('current window stage event is RESUMED');
          // 进入多任务后又继续返回前台，恢复可交互状态
          // ...
        }
        // ...
      });
    } catch (exception) {
      console.error('Failed to enable the listener for window stage event changes. Cause:'
+ JSON.stringify(exception));
    }
  }
}
```

6.3 本章小结

本章介绍了 HarmonyOS NEXT 中窗口管理的基本概念、实现原理以及在 Stage 模型下的应用窗口管理方法。

首先，介绍了窗口管理模块的定义和用途。窗口模块为应用开发者提供了界面显示和交互的能

力，同时也为终端用户和操作系统提供了控制和管理应用界面的逻辑。HarmonyOS NEXT 的窗口模块支持多种窗口类型和模式，包括系统窗口、应用主窗口、应用子窗口 3 种窗口类型以及全屏、分屏和自由窗口 3 种模式。

其次，详细阐述了窗口模块的实现原理，包括应用模型的构成要素以及 FA 模型与 Stage 模型的对比。作为当前推荐的开发模型，Stage 模型提供了更加灵活和高效的窗口管理方式。

接着，介绍了 Stage 模型下管理应用窗口的典型场景和常用接口，如设置应用主窗口和子窗口属性、体验窗口沉浸式能力、设置悬浮窗以及监听窗口事件等。

最后，通过具体的代码示例，展示了如何在 Stage 模型下设置应用主窗口和子窗口的属性、加载目标页面以及实现沉浸式效果等操作。

通过本章的学习，读者可以掌握 HarmonyOS NEXT 中窗口管理的基本知识和技能，为开发具有丰富交互功能的应用程序打下坚实的基础。

6.4 本章习题

1. 窗口模块在 HarmonyOS NEXT 中主要承担哪些职责？

2. HarmonyOS NEXT 的窗口模块将窗口界面分为哪两种基本类型？请分别简要描述它们的特点。

3. 应用模型的构成要素包括哪些？请列举并简要说明。

4. FA 模型与 Stage 模型在应用组件、进程模型、线程模型等方面主要有哪些区别？

5. 窗口沉浸式能力在什么情况下生效？实现沉浸式效果有哪两种方式？

第 7 章

ArkWeb

ArkWeb（方舟 Web）是一个用于在应用程序中显示 Web 页面内容的 Web 组件，具备多种功能，包括页面加载、生命周期管理、属性与事件处理、与应用界面的交互、安全与隐私保护以及维测能力。本章将详细讲解 ArkWeb 的生命周期管理、UserAgent 开发以及与前端页面的 JavaScript 交互等内容。

7.1 ArkWeb 简介

本章简要介绍一下 ArkWeb，以帮助读者了解其基本概念。

7.1.1 ArkWeb 概述

ArkWeb 提供了 Web 组件，用于在应用程序中显示 Web 页面内容。常见的使用场景包括：

- 应用集成 Web 页面：应用可以在页面中使用 Web 组件嵌入 Web 页面内容，以降低开发成本，提升开发和运营效率。
- 浏览器网页浏览场景：浏览器类应用可以使用 Web 组件打开第三方网页，支持无痕浏览模式、广告拦截等功能。
- 小程序：小程序类宿主应用可以使用 Web 组件渲染小程序的页面。

7.1.2 ArkWeb 的功能

ArkWeb 提供了丰富的功能来控制和操作 Web 页面，主要包括以下几个方面：

- Web 页面加载：支持声明式加载 Web 页面和离屏加载 Web 页面等，提升页面加载体验。
- 生命周期管理：管理组件生命周期的状态变化，并通知 Web 页面加载状态的变化，确保页面与组件的同步。

- 常用属性与事件：包括 UserAgent 管理、Cookie 与存储管理、字体与深色模式管理、权限管理等。
- 与应用界面交互：提供自定义文本选择菜单、上下文菜单、文件上传界面等功能，增强与应用界面的交互能力。

App 通过 JavaScriptProxy 实现与 Web 页面之间的 JavaScript 交互。

- 安全与隐私：支持无痕浏览模式、广告拦截、坚盾守护模式等功能，保护用户隐私和安全。
- 维测能力：通过 DevTools 工具进行调试，使用 Crashpad 收集 Web 组件崩溃信息，确保应用的稳定性。
- 其他高阶能力：包括与原生组件同层渲染、Web 组件的网络托管、媒体播放托管、自定义输入法的调用、网页接入密码保险箱等。

需要注意的是，在使用 ArkWeb 打开网站时，需要配置网络权限，即在项目的 module.json5 中添加如下内容，进行网络权限的配置，否则无法打开网站。

```
"requestPermissions": [
  {
    // 网络权限
    "name": "ohos.permission.INTERNET"
  }
]
```

7.1.3 ArkWeb 组件进程

ArkWeb 是多进程模型，分为应用进程、Foundation 进程、Web 孵化进程、Web 渲染进程和 Web GPU 进程，如图 7-1 所示。

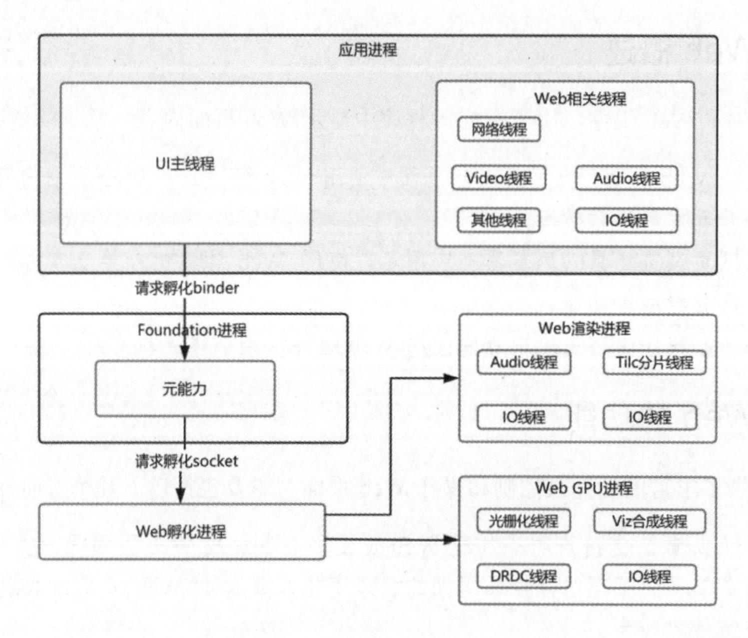

图 7-1 ArkWeb 组件进程图

（1）应用进程为主进程，包括 UI 主线程和 Web 相关线程（应用唯一）。Web 相关线程包含网络线程、视频线程、音频线程和 IO 线程等。应用进程负责 Web 组件的北向接口与回调处理，以及网络请求、媒体服务等需要与其他系统服务交互的任务。

（2）Foundation 进程（系统唯一），负责接收应用进程发起的孵化请求，管理应用进程和 Web 渲染进程的绑定关系。

（3）Web 孵化进程（系统唯一），负责接收 Foundation 进程的请求，孵化 Web 渲染进程与 Web GPU 进程。孵化后进行安全沙箱降权和预加载动态库，以提升性能。

（4）Web 渲染进程，负责运行 Web 渲染引擎，包括 HTML 解析、排版、绘制和渲染等操作。应用可以选择多个 Web 实例间共享渲染进程或独立运行进程。此外，Web 渲染进程还负责运行 ArkWeb 执行引擎，处理 JavaScript 和 Web Assembly。提供接口让应用根据需求选择多 Web 实例间是否共享渲染进程，以满足不同场景下对安全性、稳定性和内存占用的要求。默认策略：在移动设备上共享渲染进程以节省内存，而在 2in1（也就是二合一，是将两种技术或产品结合到一起的产品）设备上则采用独立渲染进程，以提升安全性和稳定性。

（5）Web GPU 进程（应用唯一），负责处理与 GPU 及 RenderService 交互的功能，包括光栅化、合成和显示等操作，以提升应用进程的稳定性和安全性。

7.2 Web 组件的生命周期

本节主要介绍 Web 组件的生命周期的相关内容。

7.2.1 Web 组件的生命周期简介

我们可以使用 Web 组件加载本地或者在线网页。Web 组件提供了丰富的组件生命周期回调接口，通过这些回调接口，开发者可以感知 Web 组件的生命周期状态变化，并进行相关的业务处理。Web 组件的状态主要包括：将 Controller（控制器）绑定到 Web 组件、网页加载开始、网页加载进度、网页加载结束、页面即将可见等。Web 组件的生命周期示意图如图 7-2 所示。

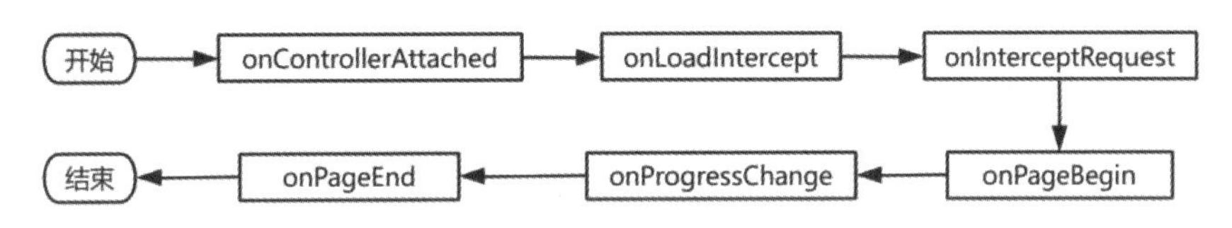

图 7-2　Web 组件的生命周期示意图

（1）onControllerAttached 事件：当 Controller 成功绑定到 Web 组件时，会触发该回调，并且禁止在该事件回调之前调用与 Web 组件相关的接口，否则会抛出 js-error 异常。建议在此回调中注入 JavaScript 对象 registerJavaScriptProxy，并设置自定义用户代理 setCustomUserAgent。在回调中，可以使用如 loadUrl、getWebId 等与网页本身无关的接口。然而，由于此时网页尚未加载完成，因此无法在回调中使用涉及网页操作的接口，如 zoomIn、zoomOut 等。

（2）onLoadIntercept 事件：在 Web 组件加载 URL 之前触发该回调，用于判断是否阻止此次访问。默认允许加载。

（3）onInterceptRequest 事件：在 Web 组件加载 URL 之前触发该回调，用于拦截 URL 并返回响应数据。

（4）onPageBegin 事件：在网页开始加载时触发该回调，并且只在主 frame（框架，表示一个 HTML 元素，用于展示 HTML 页面的 HTML 元素）中触发。如果加载的是 iframe 或者 frameset（用于包含 frame 的 HTML 标签）的内容，则不会触发此回调。在多 frame 页面中，多个 frame 有可能同时开始加载，因此有可能出现主 frame 已经加载完成而子 frame 才开始加载或者仍在加载的情况。此外，同一页面的导航（如片段导航、历史状态切换等），或者在提交前失败、被取消的导航等，也不会触发该回调。

（5）onProgressChange 事件：用于获取当前页面加载的进度。在多 frame 页面中，子 frame 有可能还在继续加载，而主 frame 已经加载完成。因此，在触发 onPageEnd 事件后，依然有可能收到 onProgressChange 事件。

（6）onPageEnd 事件：网页加载完成时触发该回调，且只在主 frame 上触发。多 frame 页面有可能同时开始加载，即使主 frame 已经加载结束，子 frame 也有可能才开始或者继续加载中。同一页面的导航（如片段导航、历史状态切换等），或者在提交前失败、被取消的导航等，也不会触发该回调。推荐在此回调中执行 JavaScript 脚本，如 loadUrl 等。需要注意的是，收到该回调并不能保证 Web 绘制的下一帧将反映此时 DOM 的状态。

7.2.2 Web 组件加载的其他事件

1. aboutToAppear 事件

aboutToAppear 事件在创建自定义组件的新实例后，在执行其 build 函数前执行。一般建议在此设置 WebDebug 调试模式 setWebDebuggingAccess，设置 Web 内核自定义协议 URL 的跨域请求与 fetch 请求的权限 customizeSchemes，设置 Cookie(configCookie)等。

2. onOverrideUrlLoading 事件

当 URL 将要加载到当前 Web 中时，onOverrideUrlLoading 事件让宿主应用程序有机会获得控制权。回调函数返回 true 会使当前 Web 中止加载 URL，返回 false 会使 Web 继续照常加载 URL。onLoadIntercept 接口和 onOverrideUrlLoading 接口行为不一致，触发时机也不同，所以它们在应用场景上存在一定区别。具体来说，在加载 LoadUrl 和 iframe 时，onLoadIntercept 事件会正常回调，但 onOverrideUrlLoading 事件在加载 LoadUrl 时不会触发，在 iframe 加载 HTTP(s)协议或 about:blank 时也不会触发。

3. onPageVisible 事件

onPageVisible 事件是 Web 回调事件。在渲染流程中，当 HTML 响应的主体开始加载，新页面即将可见时触发该回调。此时文档加载还处于早期，因此链接的资源（比如在线 CSS、在线图片等）可能尚不可用。

4. onRenderExited 事件

应用渲染进程异常退出时触发该回调，在此回调中可以进行系统资源的释放、数据的保存等操作。如果应用希望进行异常恢复，则需要调用 loadUrl 接口重新加载页面。

5. onDisAppear 事件

onDisAppear 事件为通用事件，当组件从组件树上卸载时触发该事件。

下面通过一个示例，来更好地认识 ArkWeb 组件的回调函数，示例代码见文件 7-1 和文件 7-2。

文件 7-1 Demo0201.ets

```
import { webview } from '@kit.ArkWeb';
import { webview } from '@kit.ArkWeb';                    // 导入 ArkWeb 组件
import { BusinessError } from '@kit.BasicServicesKit';    // 导入业务异常
import { promptAction } from '@kit.ArkUI';                // 导入弹出窗

@Entry
@Component
struct Demo0201 {
  // 创建 Web 的控制器对象
  controller: webview.WebviewController = new webview.WebviewController();
  // 创建 Web 的响应对象
  responseWeb: WebResourceResponse = new WebResourceResponse();
  // 创建请求消息头
  heads: Header[] = new Array();
  // 准备的 Web 加载的网页内容
  @State webData: string = "<!DOCTYPE html>\n" + "<html>\n" +"<head>\n" + "<title>Harmony
OS 开发之路</title>\n" +"</head>\n" +"<body>\n" + "<h1>欢迎进入 HarmonyOS 开发殿堂</h1>\n"
+"</body>\n" +"</html>";
  aboutToAppear(): void {            // Web 组件设置
    try {
      webview.WebviewController.setWebDebuggingAccess(true);
      console.log("aboutToAppear 执行了")
    } catch (error) {
      console.error(`错误码: ${(error as BusinessError).code}, 错误信息: ${(error as
BusinessError).message}`);
    }
  }
  build() {
    Column() {
      Web({ src: $rawfile(demo0201.html'), controller: this.controller })
        .onControllerAttached(() => {
          // 推荐在此加载 loadUrl、设置自定义用户代理、注入 JavaScript 对象等
          console.log('onControllerAttached 方法执行')
        })
        .onLoadIntercept((event) => {
          if (event) {
            console.log('onLoadIntercept 执行了:' + event.data.getRequestUrl())
          }
          // 返回 true 表示阻止此次加载，否则允许此次加载
          return true
        })
        .onOverrideUrlLoading((webResourceRequest: WebResourceRequest) => {
```

```
        if (webResourceRequest && webResourceRequest.getRequestUrl() == "about:blank")
{
          return true;
        }
        return false;
      })
      .onInterceptRequest((event) => {
        if (event) {
          console.log('onInterceptRequest 执行了:' + event.request.getRequestUrl());
        }
        this.heads.push({
          headerKey: "Connection",
          headerValue: "keep-alive"
        })
        this.responseWeb.setResponseHeader(this.heads);
        this.responseWeb.setResponseData(this.webData);
        this.responseWeb.setResponseEncoding('utf-8');
        this.responseWeb.setResponseMimeType('text/html');
        this.responseWeb.setResponseCode(200);
        this.responseWeb.setReasonMessage('OK');
        // 若返回响应数据，则按照响应数据加载；若无响应数据，则返回 null，表示按照原来的方式加载
        return this.responseWeb;
      })
      .onPageBegin((event) => {
        if (event) {
          console.log('onPageBegin 执行:' + event.url);
        }
      })
      .onFirstContentfulPaint(event => {
        if (event) {
          console.log("onFirstContentfulPaint 执行:" +event.firstContentfulPaintMs);
        }
      })
      .onProgressChange((event) => {
        if (event) {
          console.log('onProgressChange 执行:' + event.newProgress);
        }
      })
      .onPageEnd((event) => {
        // 推荐在此事件中执行 JavaScript 脚本
        if (event) {
          console.log('onPageEnd 执行:' + event.url);
        }
      })
      .onPageVisible((event) => {
        console.log('onPageVisible 执行:' + event.url);
      })
      .onRenderExited((event) => {
        if (event) {
          console.log('onRenderExited 原因:' + event.renderExitReason);
```

```
        }
      })
      .onDisAppear(() => {
        promptAction.showToast({
          message: 'Web 组件隐藏啦',
          duration: 2000
        })
      })
    }
  }
}
```

文件 7-2　rwafile/demo0201.html

```
<!-- demo0201.html -->
<!DOCTYPE html>
<html>
  <head>
    <meta charset="UTF-8">
  </head>
  <body>
    <h1>Hello, ArkWeb</h1>
  </body>
</html>
```

运行效果如图 7-3 所示。

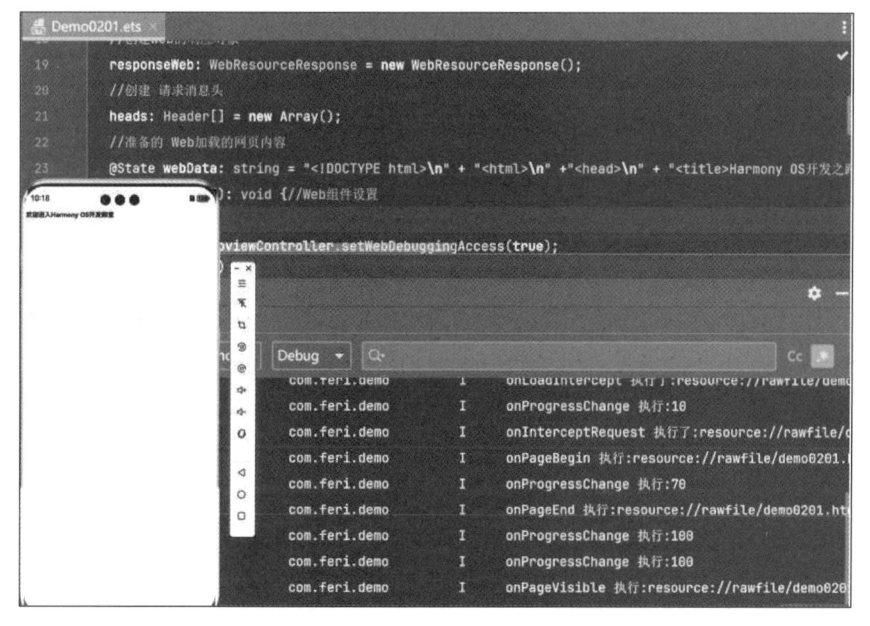

图 7-3　ArkWeb 组件事件回调演示

7.2.3　Web 组件性能指标

在网页加载过程中，需要关注一些重要的性能指标，例如 FCP（First Contentful Paint，首次内容绘制）、FMP（First Meaningful Paint，首次有效绘制）、LCP（Largest Contentful Paint，最大内容绘制）等。Web 组件提供了如下接口来进行通知。

- onFirstContentfulPaint 事件：网页首次内容绘制的回调函数。在首次绘制文本、图像、非空白 Canvas 或者 SVG 时触发。
- onFirstMeaningfulPaint 事件：网页首次有效绘制的回调函数。在首次绘制页面主要内容时触发。
- onLargestContentfulPaint 事件：网页绘制页面最大内容的回调函数。可视区域内容最大的可见元素开始出现在页面时触发。

7.3 UserAgent 开发

UserAgent（简称 UA）是一个特殊的字符串，包含了设备类型、操作系统及版本等关键信息，如果页面无法正确识别 UA，可能会导致一系列异常情况，例如页面布局错误、渲染问题以及逻辑错误等。

7.3.1 UserAgent 结构

从 API version 11 起，Web 组件开始基于 ArkWeb 内核。默认的 UserAgent 定义如下：

```
    Mozilla/5.0 ({deviceType}; {OSName} {OSVersion}; {DistributionOSName}
{DistributionOSVersion}) AppleWebKit/537.36 (KHTML, like Gecko) Chrome/114.0.0.0
Safari/537.36 ArkWeb/{ArkWeb VersionCode} {Mobile} {扩展区}
```

比如下面这个 UserAgent：

```
    Mozilla/5.0 (Phone; OpenHarmony 5.0; HarmonyOS 5.0) AppleWebKit/537.36 (KHTML, like Gecko)
Chrome/114.0.0.0 Safari/537.36 ArkWeb/4.1.6.1 Mobile
```

UserAgent 具体的字段含义如表 7-1 所示。

表 7-1 UserAgent 中的字段及含义

字　段	含　义
deviceType	当前的设备类型。取值范围： • - Phone：手机设备 • - Tablet：平板设备 • - PC：2in1 设备
OSName	基础操作系统名称。默认值为 OpenHarmony
OSVersion	基础操作系统版本，两位数字，M.S，例如 5.0
DistributionOSName	发行版操作系统名称。默认值为 HarmonyOS
DistributionOSVersion	发行版操作系统版本，两位数字，M.S，例如 5.0

（续表）

字　段	含　义
ArkWeb	HarmonyOS NEXT 版本 Web 内核名称。默认值为 ArkWeb
ArkWeb VersionCode	ArkWeb 版本号，格式 a.b.c.d，例如 4.1.6.1
deviceCompat	前向兼容字段。默认值为 Mobile
扩展区	第三方应用可以扩展的字段。第三方应用使用 ArkWeb 组件时，可以做 UserAgent 扩展，例如加入应用相关信息标识

当前通过 UserAgent 中是否含有“Mobile”字符串来判断是否开启前端 HTML 页面中 meta 标签的 viewport 属性。当 UserAgent 中不含有 Mobile 字符串时，meta 标签的 viewport 属性默认关闭，此时可通过显性设置 metaViewport 属性为 true 来覆盖关闭状态。建议通过 OpenHarmony 关键字识别是否是 HarmonyOS NEXT 设备，同时可以通过 deviceType 识别设备类型，用于不同设备上的页面显示。

7.3.2 自定义 UserAgent 结构

在文件 7-3 所示的示例代码中，通过 getUserAgent()接口获取当前默认用户代理，支持开发者基于默认的 UserAgent 定制 UserAgent。

文件 7-3 Demo0301.ets

```
import { webview } from '@kit.ArkWeb';
import { BusinessError } from '@kit.BasicServicesKit';
@Entry
@Component
struct Demo0301 {
  // Web 组件的控制器实例化
  controller: webview.WebviewController = new webview.WebviewController();

  build() {
    Column() {
      // 创建按钮获取 UserAgent
      Button('点击获取 UserAgent')
        .onClick(() => {
          try {
            // 获取
            let userAgent = this.controller.getUserAgent();
            console.info("userAgent: " + userAgent);
          } catch (error) {
            console.error(`ErrorCode: ${(error as BusinessError).code},  Message: ${(error
as BusinessError).message}`);
          }
        })
      Web({ src: 'www.baidu.com', controller: this.controller })
    }
  }
```

```
}
```

运行效果如图 7-4 所示。

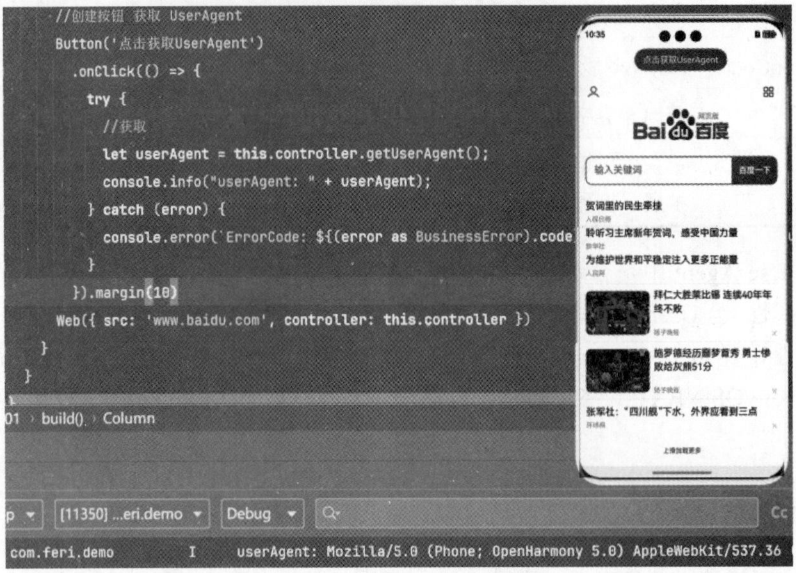

图 7-4　定制 UserAgent 结构

我们也可以通过 setCustomUserAgent()接口设置自定义用户代理，它会覆盖系统的用户代理。建议将扩展字段追加在默认用户代理的末尾。当 Web 组件的 src 设置了 URL 时，建议在 onControllerAttached 回调事件中设置 UserAgent，设置方式请参考示例。不建议将 UserAgent 设置在 onLoadIntercept 回调事件中，可能会出现设置失败的情况。如果未在 onControllerAttached 回调事件中设置 UserAgent，那么在调用 setCustomUserAgent 方法时，可能会出现加载的页面与实际设置的 UserAgent 不符的现象。

当 Web 组件的 src 设置为空字符串时，建议先调用 setCustomUserAgent 方法设置 UserAgent，再通过 loadUrl 加载具体页面。

7.4　前端页面的 JavaScript 使用

本节主要介绍前端页面的 JavaScript 使用方法。

7.4.1　调用前端页面函数

在应用开发过程中，可以通过 runJavaScript()和 runJavaScriptExt()方法调用前端页面的 JavaScript 相关函数。runJavaScript()和 runJavaScriptExt()在参数类型上有些差异。runJavaScriptExt()的入参类型不仅支持 string，还支持 ArrayBuffer（可从文件中获取 JavaScript 脚本数据），另外还可以通过 AsyncCallback 的方式获取执行结果。下面我们通过一个案例深入了解一下，当点击“runJavaScript”按钮时，触发前端页面的 htmlTest()方法，示例代码见文件 7-4 和文件 7-5。

文件 7-4 Demo0501.ets

```
import { webview } from '@kit.ArkWeb';
@Entry
@Component
struct Demo0501 {
  webviewController: webview.WebviewController = new webview.WebviewController();
  aboutToAppear() {
    // 配置 Web 开启调试模式
    webview.WebviewController.setWebDebuggingAccess(true);
  }
  build() {
    Column() {
      // runJavaScript-方法调用
      Button('runJavaScript-方法调用')
        .onClick(() => {
          // 前端页面函数无参时，将 param 删除
          this.webviewController.runJavaScript('htmlTest(param)');
        }).margin(10).padding(10).width("90%")
      // runJavaScriptCodePassed-方法调用
      Button('runJavaScriptCodePassed-方法调用')
        .onClick(() => {
          // 传递 runJavaScript 代码方法
          this.webviewController.runJavaScript(`function
changeColor(){document.getElementById('text').style.color = 'red'}`);
        }).margin(10).padding(10).width("90%")

      Web({ src: $rawfile('demo0501.html'), controller: this.webviewController })
    }
  }
}
```

文件 7-5 rawfile/demo0501.html

```
<!DOCTYPE html>
<html>
<body>
<h1>runJavaScript 和 runJavaScriptCodePassed 方法</h1>
<button style="font-size:50px" type="button" onclick="callArkTS()">点我，点我呀</button>
<h1 id="text">这是一个测试信息，默认字体为黑色，调用 runJavaScript 方法后字体为绿色，
  调用 runJavaScriptCodePassed 方法后字体为红色</h1>
<script>
    // 调用有参函数时实现
    var param = "param: JavaScript Hello World!";
    function htmlTest(param) {
     document.getElementById('text').style.color = 'green';
     console.log(param);
     }
    // 调用无参函数时实现
    function htmlTest() {
     document.getElementById('text').style.color = 'green';
```

```
    }
    // 触发前端页面 callArkTS()函数，执行 JavaScript 传递的代码
    function callArkTS() {
     changeColor();
    }
</script>
</body>
</html>
```

运行效果如图 7-5 所示。

图 7-5　runJavaScript 和 runJavaScriptExt 方法演示

7.4.2　前端页面调用应用函数

我们使用 Web 组件将应用侧代码注册到前端页面中，注册完成后，在前端页面中使用注册的对象名称即可调用应用侧的函数，实现在前端页面中调用应用侧方法的功能。注册应用侧代码有两种方式：

- 方式一：在 Web 组件初始化过程中，使用 javaScriptProxy()接口调用。
- 方式二：在 Web 组件初始化完成后，使用 registerJavaScriptProxy()接口调用。

7.4.3　建立应用与前端页面的数据通道

前端页面和应用侧之间可以通过使用 createWebMessagePorts()接口创建消息端口来实现两端的通信。在应用侧先通过 createWebMessagePorts 方法创建消息端口，再把其中一个端口通过 postMessage()接口发送到前端页面，就可以在前端页面和应用侧之间发送消息。示例代码见文件 7-6 和文件 7-7。

文件 7-6　Demo0503.ets

```
import { webview } from '@kit.ArkWeb';
import { BusinessError } from '@kit.BasicServicesKit';
@Entry
@Component
struct Demoe0503{
  // Web 组件控制器
  controller: webview.WebviewController = new webview.WebviewController();
  // 数据连接通道
  ports: webview.WebMessagePort[] = [];
```

```
    // 发送的消息
    @State sendFromEts: string = '发送到 HTML 页面的消息';
    // 接收的消息
    @State receivedFromHtml: string = '接收从 HTML 页面发送的消息';
    build() {
      Column() {
        // 展示接收到的来自 HTML 的内容
        Text(this.receivedFromHtml).margin(10)
        // 输入框的内容发送到 HTML
        TextInput({ placeholder: '请输入发送到 HTML 的消息' }).onChange((value: string) => {
          this.sendFromEts = value;
        }).margin(10)
        // 该内容可以放在 onPageEnd 生命周期中调用
        Button('开启接收消息监听').onClick(() => {
          try {
            // 1.创建两个消息端口
            this.ports = this.controller.createWebMessagePorts();
            // 2.在应用侧的消息端口（如端口 1）上注册回调事件
            this.ports[1].onMessageEvent((result: webview.WebMessage) => {
              let msg = '从 HTML 页面获取消息:';
              if (typeof (result) === 'string') {
                console.info(`接收到的消息: ${result}`);
                msg = msg + result;
              } else if (typeof (result) === 'object') {
                if (result instanceof ArrayBuffer) {
                  console.info(`接收到的数组，长度: ${result.byteLength}`);
                  msg = msg + '长度为: ' + result.byteLength;
                } else {
                  console.info('不支持');
                }
              } else {
                console.info('不支持');
              }
              this.receivedFromHtml = msg;
            })
            // 3.将另一个消息端口（如端口 0）发送到 HTML 侧，由 HTML 侧保存并使用
            this.controller.postMessage('__init_port__', [this.ports[0]], '*');
          } catch (error) {
            console.error(`错误码: ${(error as BusinessError).code}, 消息: ${(error as
BusinessError).message}`);
          }
        }).margin(10)
        // 4.使用应用的端口给另一个已经发送到 HTML 的端口发送消息
        Button('发送消息到 HTML 页面').onClick(() => {
          try {
            if (this.ports && this.ports[1]) {
              this.ports[1].postMessageEvent(this.sendFromEts);
            } else {
              console.error(`通道为空，请初始化`);
            }
```

```
        } catch (error) {
          console.error(`错误码: ${(error as BusinessError).code}, 消息: ${(error as
BusinessError).message}`);
        }
      }).margin(10)

      Divider().height(2).color(Color.Red)

      Web({ src: $rawfile('demo0503.html'), controller: this.controller })
    }
  }
}
```

文件 7-7 rawfile/demo0503.html

```
<!DOCTYPE html>
<html>
<head>
  <meta name="viewport" content="width=device-width, initial-scale=1.0">
</head>
<body>
<h1>应用的页面的数据通道</h1>
<div>
  <input style="font-size:50px" type="button" value="发送数据"
onclick="PostMsgToEts(msgFromJS.value);"/><br/>
  <input style="font-size:50px"  id="msgFromJS" type="text" value="请输入要发送的数据
"/><br/>
</div>
<p class="output"  style="font-size:50px" >显示接收到的数据</p>
</body>
<script>
  var h5Port;
  var output = document.querySelector('.output');
  window.addEventListener('message', function (event) {
    if (event.data === '__init_port__') {
    if (event.ports[0] !== null) {
    h5Port = event.ports[0]; // 1. 保存从应用侧发送过来的端口
    h5Port.onmessage = function (event) {
    // 2. 接收 ets 侧发送过来的消息
    var msg = 'Got message from ets:';
    var result = event.data;
    if (typeof(result) === 'string') {
      console.info(`received string message from html5, string is: ${result}`);
      msg = msg + result;
     } else if (typeof(result) === 'object') {
      if (result instanceof ArrayBuffer) {
        console.info(`received arraybuffer from html5, length is:
${result.byteLength}`);
        msg = msg + 'length is ' + result.byteLength;
      } else {
        console.info('not support');
```

```
                }
            } else {
             console.info('not support');
                  }
              output.innerHTML = msg;
            }
            }
        }
    })
    // 3. 使用 h5Port 向应用侧发送消息
    function PostMsgToEts(data) {
        if (h5Port) {
           h5Port.postMessage(data);
        } else {
           console.error('h5Port is null, Please initialize first');
        }
    }
</script>
</html>
```

运行效果如图 7-6 所示。

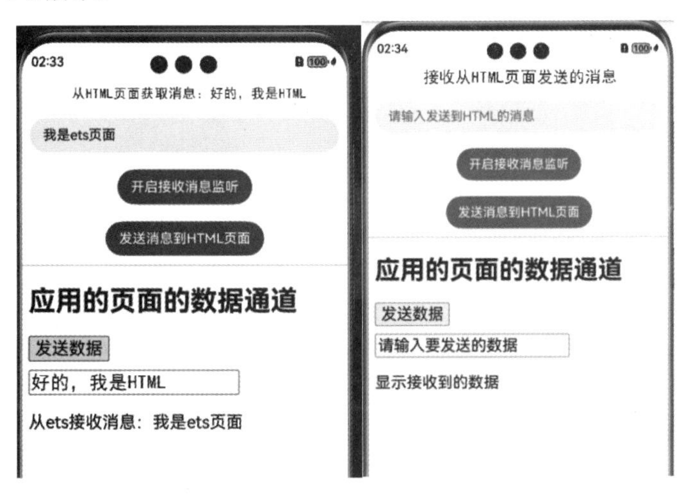

图 7-6 应用和页面的数据通道

7.5 本章小结

本章介绍了 HarmonyOS NEXT 中 ArkWeb 组件的功能和使用方法。首先，详细讲解了 ArkWeb 的使用场景和功能。ArkWeb 支持声明式加载和离屏加载 Web 页面，提供了丰富的组件生命周期回调接口，支持 UserAgent 管理、Cookie 与存储管理、字体与深色模式管理、权限管理等常用属性，提供了自定义文本选择菜单、上下文菜单、文件上传界面等功能。然后，介绍了 ArkWeb 组件的多进程模型，包括应用进程、Foundation 进程、Web 孵化进程、Web 渲染进程和 Web GPU 进程，讲解了各进程的功能和作用。接着，详细阐述了 Web 组件的生命周期，包括将 Controller 绑定到 Web

组件、网页加载开始、网页加载进度、网页加载结束、页面即将可见等状态，以及相应的生命周期回调接口。接下来，介绍了 Web 组件性能指标，如 FCP、FMP 和 LCP 等，以及如何通过接口获取这些性能指标。接着，讲解了 UserAgent 开发的相关内容，包括 UserAgent 的结构、自定义 UserAgent 结构的方法。最后，介绍了如何通过 UserAgent 与前端页面进行 JavaScript 交互。

通过本章的学习，读者可以掌握 ArkWeb 组件的基本知识和技能，为开发集成了 Web 页面的应用程序打下坚实的基础。

7.6 本章习题

1. ArkWeb 是什么？
2. ArkWeb 支持哪些页面加载方式？
3. ArkWeb 的生命周期管理包括哪些状态？
4. ArkWeb 提供了哪些常用属性和事件处理功能？
5. ArkWeb 在安全与隐私方面有哪些保护措施？
6. ArkWeb 的维测能力包括哪些方面？
7. ArkWeb 常见的使用场景有哪些？
8. 如何在 HarmonyOS 应用中使用 ArkWeb 加载 Web 页面？

第二部分

应用开发进阶

本书的第二部分将深入探讨 HarmonyOS NEXT 中的动画与网络服务，为开发者提供实用的开发技能和优化应用体验的方法。

本部分共两章，分别是：

- 第 8 章　动画：介绍动画在 UI 中的重要性，详细阐述 ArkUI 提供的多种动画接口及其使用场景和特点，讲解动画参数的设置及其对属性值变化规律的影响，并探讨动画的高级应用技巧。
- 第 9 章　网络服务：详细介绍 HarmonyOS NEXT 中的 Network Kit 及其支持的多种网络协议的使用方法和相关接口，讲解 MDNS（Multicast DNS，多播 DNS）管理和网络连接管理的功能，帮助开发者高效地处理网络通信，提升应用的网络性能和用户体验。

通过对以上内容的学习，读者将全面掌握 HarmonyOS NEXT 中动画与网络服务的开发技能，能够灵活运用动画提升应用的交互体验，同时高效地处理网络通信，优化应用的网络性能，为开发高质量的应用程序奠定坚实的基础，推动智能设备应用的创新与发展。

第 8 章

动　画

UI 中包含开发者在与设备进行交互时所看到的各种组件，如时间、壁纸等。属性作为接口，用于控制组件的行为。例如，开发者可以通过位置属性调整组件在屏幕上的位置。属性值的变化，通常会引起 UI 的变化。动画可在 UI 发生改变时，添加流畅的过渡效果。如果不加入动画，属性将在一瞬间完成变化，不仅会产生突兀感，还容易导致用户失去视觉焦点。

动画的目的包括：

- 使界面的过渡自然流畅。
- 增强用户从界面获得的反馈感和互动感。
- 在内容加载等场景中，增加用户的耐心，缓解等待带来的不适感。
- 引导用户了解和操作设备。

在需要为 UI 变化添加过渡的场景，都可以使用动画，如开机、应用启动退出、下拉进入控制中心等。这些动画可向用户提供关于其操作的反馈，并有助于让用户始终关注界面。

ArkUI 中提供了多种动画接口（属性动画、转场动画等），用于驱动属性值按照设定的动画参数，从起始值逐渐变化到终点值。尽管变化过程中参数值并非绝对连续，而是具有一定的离散性，但由于人眼会产生视觉暂留，因此最终看到的就是一个“连续”的动画。

UI 的一次改变称为一个动画帧，对应一次屏幕刷新。决定动画流畅度的一个重要指标就是帧率（Frame Per Second，FPS），即每秒的动画帧数。帧率越高，则动画越流畅。在 ArkUI 中，动画参数包含动画时长、动画曲线等。动画曲线作为主要因素，决定了属性值变化的规律。

以线性动画曲线为例，在动画时长内，属性值将从起点值匀速变化到终点值。属性过快或过慢的变化，都可能带来不好的视觉感受，影响用户体验。因此动画参数特别是动画曲线，需要结合场景和曲线特点进行设计和调整。

动画接口驱动属性值按照动画参数决定的规律，从原来的状态连续过渡到新的状态，进而在 UI 上产生连续的视觉效果。动画主要实现的动效如图 8-1 所示。

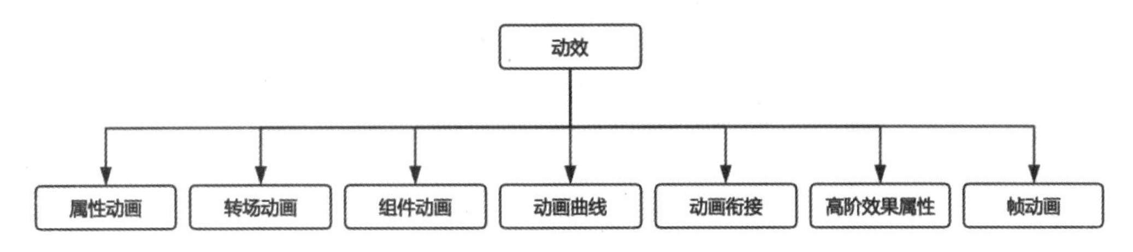

图 8-1 动画实现的动效内容

（1）属性动画：最基础的动画类型，按照动画参数逐帧驱动属性的变化，产生一帧一帧的动画效果。除其中的自定义属性动画外，动画过程的驱动由系统完成，应用侧不感知动画过程。

（2）转场动画：为组件在出现和消失时添加过渡动画。为了保证动画一致性，部分接口已内置动画曲线，不支持开发者自定义。

（3）组件动画：组件提供默认动效（如 List 的滑动动效），便于开发者使用，同时部分组件还支持定制化动效。

（4）动画曲线：动画曲线影响属性值的运动规律，进而决定界面的动画效果。

（5）动画衔接：实现动画与动画之间、手势与动画之间的自然过渡。

（6）高阶效果属性：包括模糊、大阴影和颜色渐变等高阶效果。

（7）帧动画：系统侧提供在动画过程中的插值结果，由开发者每帧修改属性值产生动画。相比于属性动画，帧动画可实现暂停，但性能不如属性动画。

不推荐在应用内使用 UIAbility 组合所有的界面。因为 UIAbility 是一个任务，会在多任务界面独立显示一个卡片，UIAbility 之间的跳转是任务之间的跳转。以应用内查看大图的典型场景为例，不建议在应用内调用图库的 UIAbility 去打开图片查看大图，这会导致任务的跳转，图库的 UIAbility 也会加入多任务界面中。正确的方式是在应用内构建大图组件，通过模态转场去调起大图组件，一个任务内的所有的界面都在一个 UIAbility 内闭环。在导航转场中，应使用 Navigation 组件实现转场动画。过去的 page+router 方式在实现导航转场的过程中，因为 page 和 page 之间相互独立，其联动动画效果受限，不仅容易导致页面之间的割裂，还不支持一次开发多端部署。

8.1 属性动画

本节主要介绍属性动画的相关内容。

8.1.1 属性动画概述

属性接口（以下简称属性）包含尺寸属性、布局属性、位置属性等多种类型，用于控制组件的行为。针对当前界面上的组件，其部分属性（如位置属性）的变化会引起 UI 的变化。添加动画可以让属性值从起点逐渐变化到终点，从而产生连续的动画效果。根据变化时是否能够添加动画，可以将属性分为可动画属性和不可动画属性。判断一种属性是否适合作为可动画属性，主要有以下两个标准。

（1）属性变化能够引起 UI 的变化。例如，enabled 属性用于控制组件是否可以响应点击、触摸等事件，但 enabled 属性的变化不会引起 UI 的变化，因此该属性不适合作为可动画属性。

（2）属性在变化时适合添加动画作为过渡。例如，focusable 属性决定当前组件是否可以获得焦点，当 focusable 属性发生变化时，应立即切换到终点值以响应用户行为，不应加入动效，因此该属性不适合作为可动画属性。

8.1.2 属性动画分类

1. 可动画属性

对于可动画属性，系统不仅提供通用属性，还支持自定义可动画属性。

（1）系统可动画属性：组件自带的支持改变 UI 界面的属性接口，如位置、缩放、模糊等，具体如表 8-1 所示。

表 8-1 可动画属性及说明

分 类	说 明
布局属性	位置、大小、内边距、外边距、对齐方式、权重等
仿射变换	平移、旋转、缩放、锚点等
背景	背景颜色、背景模糊等
内容	文字大小、文字颜色，图片对齐方式、模糊等
前景	前景颜色等
Overlay	Overlay 属性等
外观	透明度、圆角、边框、阴影等
……	……

（2）自定义可动画属性：ArkUI 提供@AnimatableExtend 装饰器来自定义可动画属性。开发者可从自定义绘制的内容中抽象出可动画属性，用于控制每帧绘制的内容，如自定义绘制音量图标。通过自定义可动画属性，可以为 ArkUI 中部分原本不支持动画的属性添加动画。

通常，可动画属性的参数数据类型必须具备连续性，即可以通过插值方法来填充数据点之间的空隙，达到视觉上连续的效果。但是，属性的参数数据类型是否能够进行插值不是决定属性是否可动画的关键因素。例如，对于设置元素水平方向布局的 direction 属性，其参数数据类型是枚举值；但是，由于位置属性是可动画属性，ArkUI 同样支持在因其属性值改变而引起组件位置变化时添加动效。

2. 不可动画属性

主要是指组件的一些属性不支持动画设置，比如 zIndex、focusable 等属性就是不可动画属性。

8.1.3 实现属性动画

通过可动画属性的改变引起 UI 上产生连续的视觉效果，即为属性动画。属性动画是最基础易懂的动画，ArkUI 提供两种属性动画接口（animateTo 和 animation）驱动组件属性按照动画曲线等动画参数进行连续的变化，产生属性动画。属性动画接口详细信息如表 8-2 所示。

表 8-2 属性动画接口详细信息

属性动画接口	作 用 域	原　理	使用场景
animateTo	闭包内改变属性引起的界面变化。作用于出现、消失转场	通用函数，对闭包前的界面和闭包中的状态变量引起的界面之间的差异做动画。支持多次调用，支持嵌套	适用于对多个可动画属性配置相同动画参数的场景；需要嵌套使用动画的场景
animation	组件通过属性接口绑定的属性变化引起界面变化	识别组件的可动画属性变化，自动添加动画。组件的接口调用是从下往上执行的，animation 只会作用于在其之上的属性调用。组件可以根据调用顺序对多个属性设置不同的 animation	适用于对多个可动画属性配置不同动画参数的场景

1. 使用 animateTo 产生属性动画

使用 animateTo 产生属性动画的格式如下：

```
animateTo(value: AnimateParam, event: () => void): void
```

在 animateTo 接口参数中，value 指定 AnimateParam 对象（包括时长、Curve 等），event 为动画的闭包函数，闭包内因变量改变而产生的属性动画遵循相同的动画参数。

直接使用 animateTo 可能导致实例不明确的问题，推荐先使用 getUIContext 获取 UIContext 实例，再使用实例的 animateTo 进行调用。示例代码见文件 8-1。

文件 8-1 Demo0101.ets

```
import { curves } from '@kit.ArkUI';

@Entry
@Component
struct Demo1001{
  // 第一步：声明相关状态变量
  @State animate: boolean = false;
  // 组件一旋转角度
  @State rotateValue: number = 0;
  // 组件二偏移量
  @State translateX: number = 0;
  // 组件二透明度
  @State opacityValue: number = 1;

  // 第二步：将状态变量设置到相关可动画属性接口
  build() {
    Row() {
      // 组件一
      Column() {
      }
      .rotate({ angle: this.rotateValue })
      .backgroundColor('#317AF7')
      .justifyContent(FlexAlign.Center)
      .width(100)
```

```
        .height(100)
        .borderRadius(30)
        .onClick(() => {
          this.getUIContext()?.animateTo({ curve: curves.springMotion() }, () => {
            this.animate = !this.animate;
            // 第三步：闭包内通过状态变量改变 UI 界面
            // 这里可以写任何能改变 UI 的逻辑，比如数组添加、显隐控制，系统会检测改变后的 UI 界面与之前的
UI 界面的差异，对有差异的部分添加动画
            // 组件一的 rotate 属性发生变化，所以会给组件一添加旋转动画
            this.rotateValue = this.animate ? 90 : 0;
            // 组件二的透明度发生变化，所以会给组件二添加透明度的动画
            this.opacityValue = this.animate ? 0.6 : 1;
            // 组件二的 translate 属性发生变化，所以会给组件二添加偏移动画
            this.translateX = this.animate ? 50 : 0;
          })
        })

        // 组件二
        Column() {
        }
        .justifyContent(FlexAlign.Center)
        .width(100)
        .height(100)
        .backgroundColor('#D94838')
        .borderRadius(30)
        .opacity(this.opacityValue)
        .translate({ x: this.translateX })
      }.width('100%').height('100%').justifyContent(FlexAlign.Center)
    }
  }
```

初始显示效果如图 8-2 所示。

点击蓝色方块后，蓝色方块顺时针旋转 90°，红色方块横向移动并且逐渐透明，动画停止后的效果如图 8-3 所示。

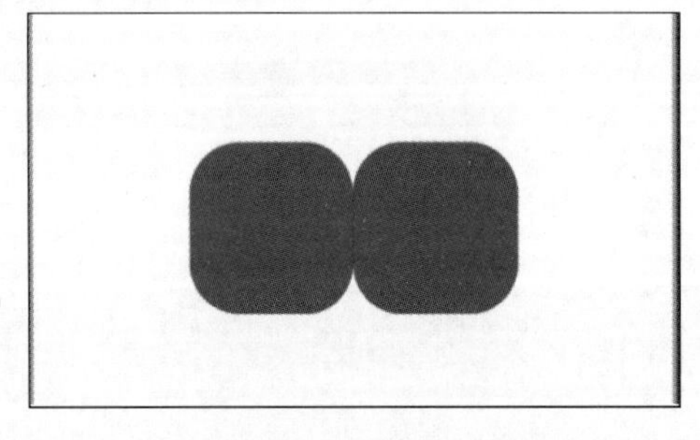

图 8-2 初始显示效果

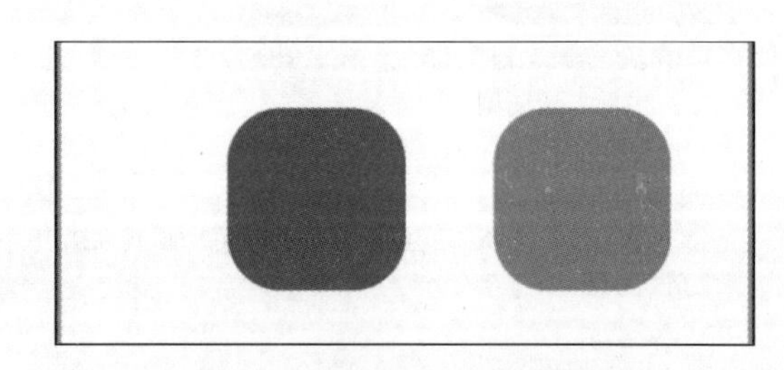

图 8-3 点击蓝色方块后的效果

再次点击蓝色方块，蓝色方块逆时针旋转 90°，红色方块向左平移的同时透明度也发生变化，动画停止后的效果如图 8-4 所示。

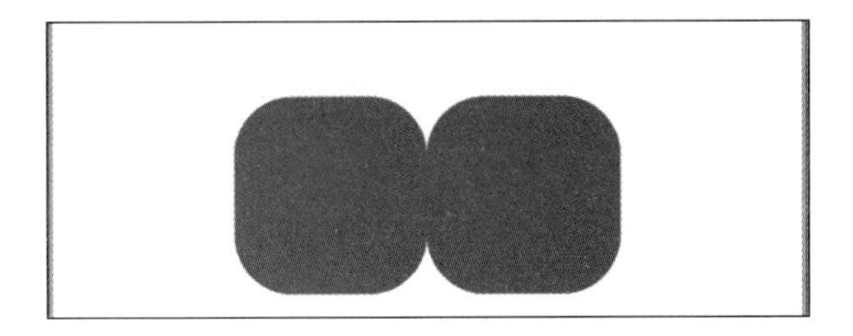

图 8-4 再次点击蓝色方块后的效果

2. 使用 animation 产生属性动画

相比于 animateTo 接口需要把要执行动画的属性的修改放在闭包中，animation 接口无须使用闭包，只需将 animation 接口写在要做属性动画的可动画属性后即可。animation 只要检测到其绑定的可动画属性发生变化，就会自动添加属性动画。示例代码见文件 8-2。

文件 8-2 Demo0102.ets

```
import { curves } from '@kit.ArkUI';
@Entry
@Component
struct AnimationDemo {
  // 第一步：声明相关状态变量
  @State animate: boolean = false;
  // 组件一的旋转角度
  @State rotateValue: number = 0;
  // 组件二的偏移量
  @State translateX: number = 0;
  // 组件二的透明度
  @State opacityValue: number = 1;

  // 第二步：将状态变量设置到相关可动画属性接口
  build() {
    Row() {
      // 组件一
      Column() {
      }
      .opacity(this.opacityValue)
      .rotate({ angle: this.rotateValue })
      // 第三步：通过属性动画接口开启属性动画
      .animation({ curve: curves.springMotion() })
      .backgroundColor('#317AF7')
      .justifyContent(FlexAlign.Center)
      .width(100)
      .height(100)
      .borderRadius(30)
      .onClick(() => {
        this.animate = !this.animate;
        // 第四步：闭包内通过状态变量改变 UI 界面
        // 这里可以写任何能改变 UI 的逻辑，比如数组添加、显隐控制
        // 系统会检测改变后的 UI 界面与之前的 UI 界面的差异，对有差异的部分添加动画
        // 组件一的 rotate 属性发生变化，所以会给组件一添加旋转动画
```

```
        this.rotateValue = this.animate ? 90 : 0;
        // 组件二的 translate 属性发生变化，所以会给组件二添加偏移动画
        this.translateX = this.animate ? 50 : 0;
        // 父组件 column 的 opacity 属性有变化，会导致其子节点的透明度也发生变化
        // 所以这里会给 column 和其子节点的透明度属性都加动画
        this.opacityValue = this.animate ? 0.6 : 1;
      })

      // 组件二
      Column() {
      }
      .justifyContent(FlexAlign.Center)
      .width(100)
      .height(100)
      .backgroundColor('#D94838')
      .borderRadius(30)
      .opacity(this.opacityValue)
      .translate({ x: this.translateX })
      .animation({ curve: curves.springMotion() })
    }.width('100%').height('100%').justifyContent(FlexAlign.Center)
  }
}
```

初始显示效果如图 8-5 所示。

点击蓝色方块后，蓝色方块顺时针旋转 90° 的同时透明度发生变化，红色方块向右平移的同时透明度也发生变化，动画结束后的效果如图 8-6 所示。

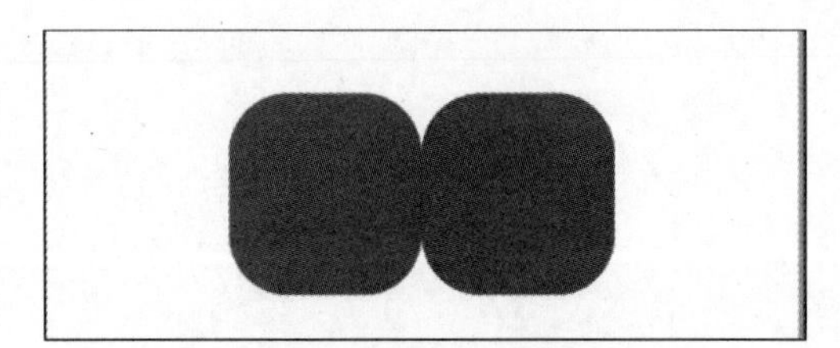

图 8-5　初始显示效果

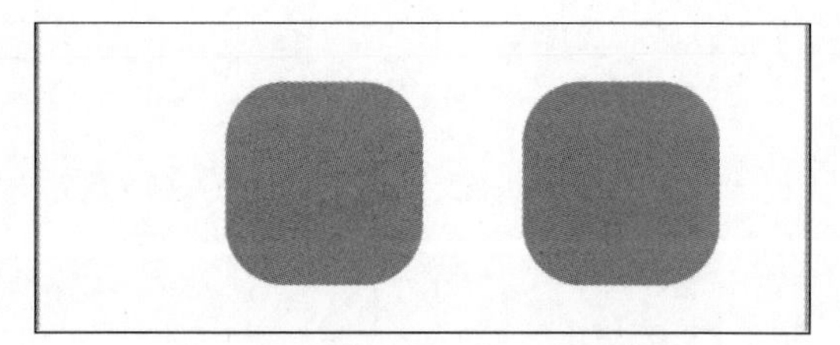

图 8-6　第一次点击蓝色方块的效果

再次点击蓝色方块，蓝色方块逆时针旋转 90° 的同时透明度发生变化，红色方块向左平移的同时透明度也发生变化，动画结束后的显示效果如图 8-7 所示。

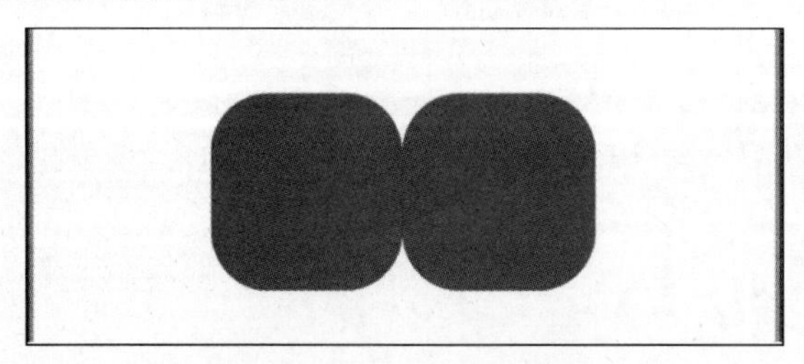

图 8-7　第二次点击蓝色方块的效果

说 明

在对组件的位置大小变化做动画时，由于布局属性的改变会触发测量布局，性能开销大，而 scale 属性的改变不会触发测量布局，性能开销小。因此，在组件位置大小持续发生变化的场景中，如跟手触发组件大小变化的场景，推荐使用 scale。

属性动画应该作用于始终存在的组件，对于将要出现或者将要消失的组件，应该使用转场动画。

尽量避免使用动画结束回调。属性动画是对已经发生的状态进行的动画，不需要开发者处理结束的逻辑。如果要使用结束回调，则需要谨慎处理连续操作的数据管理。

8.2 转场动画

本节主要介绍转场动画的相关知识。

8.2.1 转场动画概述

转场动画是指对将要出现和消失的组件做动画，对始终出现的组件应使用属性动画。转场动画主要为了让开发者从繁重的消失节点管理中解放出来，因为如果用属性动画做组件转场，开发者需要在动画结束后的回调函数中删除组件节点；同时由于动画结束前已经删除的组件节点可能会重复出现，因此还需要在结束回调函数中增加对节点状态的判断。

8.2.2 转场动画的分类

转场动画分为基础转场和高级模板化转场，有如下几类：

- 出现/消失转场：对新增、消失的控件实现动画效果，是通用的基础转场效果。
- 导航转场：页面的路由转场方式，对应一个界面消失，另外一个界面出现的动画效果，如设置应用一级菜单切换到二级界面。
- 模态转场：新的界面覆盖在旧的界面之上的动画，旧的界面不消失，新的界面出现，如弹框就是典型的模态转场动画。
- 共享元素转场：共享元素转场又称为一镜到底，是一种界面切换时对相同或者相似的元素做的一种位置和大小匹配的过渡动画效果。
- 页面转场动画：不推荐。页面的路由转场方式，可以通过在 pageTransition 函数中自定义页面入场和页面退场的转场动效。为了实现更好的转场效果，推荐使用导航转场和模态转场。
- 旋转屏动画增强：在原旋转屏动画基础上，可配置渐隐和渐现的转场效果。

下面介绍基础转场效果——出现/消失转场。

8.2.3 出现/消失转场

transition 是基础的组件转场接口，用于实现组件出现或消失的动画效果。可以通过与

TransitionEffect 对象的组合使用，定义各式效果，如表 8-3 所示。

表 8-3 转场效果接口

转场效果	说　明	动　画
IDENTITY	禁用转场效果	无
OPACITY	默认的转场效果，透明度转场	出现时透明度从 0 到 1，消失时透明度从 1 到 0
SLIDE	滑动转场效果	出现时从窗口左侧滑入，消失时从窗口右侧滑出
translate	通过设置组件平移创建转场效果	出现时值为 translate 接口设置的值到默认值 0，消失时值为默认值 0 到 translate 接口设置的值
rotate	通过设置组件旋转创建转场效果	出现时值为 rotate 接口设置的值到默认值 0，消失时值为默认值 0 到 rotate 接口设置的值
opacity	通过设置透明度参数创建转场效果	出现时值为 opacity 设置的值到默认透明度 1，消失时值为默认透明度 1 到 opacity 设置的值
move	通过 TransitionEdge 创建从窗口哪条边缘出来的效果	出现时从 TransitionEdge 方向滑入，消失时滑出到 TransitionEdge 方向
asymmetric	通过此方法组合非对称的出现/消失转场效果。 • appear：出现转场的效果。 • disappear：消失转场的效果	出现时采用 appear 设置的 TransitionEffect 出现效果，消失时采用 disappear 设置的 TransitionEffect 消失效果
combine	组合其他 TransitionEffect	组合其他 TransitionEffect，一起生效
animation	定义转场效果的动画参数： • 如果不定义，会跟随 animateTo 的动画参数。 • 不支持通过控件的 animation 接口配置动画参数。 • TransitionEffect 中 animation 的 onFinish 不生效	调用顺序时从上往下，上面 TransitionEffect 的 animation 也会作用到下面 TransitionEffect

创建 TransitionEffect 的代码如下：

```
    // 出现时会是所有出现转场效果的叠加，消失时会是所有消失转场效果的叠加
    // 用于说明各个 effect 跟随的动画参数
    private effect: object =  TransitionEffect.OPACITY
    // 创建了透明度转场效果，这里没有调用 animation 接口，会跟随 animateTo 的动画参数
    // 通过 combine 方法，添加缩放转场效果，并指定 springMotion(0.6, 1.2)曲线
    .combine(TransitionEffect.scale({ x: 0, y: 0 }).animation({ curve:
curves.springMotion(0.6, 1.2) }))
    // 添加旋转转场效果，这里的动画参数会跟随上面的 TransitionEffect，也就是 springMotion(0.6, 1.2)
    .combine(TransitionEffect.rotate({ angle: 90 }))
    // 添加平移转场效果,动画参数会跟随其之上带 animation 的 TransitionEffect,也就是 springMotion(0.6,
1.2)
    .combine(TransitionEffect.translate({ x: 150, y: 150 })
    // 添加 move 转场效果，并指定 springMotion 曲线
    .combine(TransitionEffect.move(TransitionEdge.END)).animation({curve:
curves.springMotion()}))
```

```
    // 添加非对称的转场效果，由于这里没有设置 animation，因此会跟随上面的 TransitionEffect 的 animation 效果，也就是 springMotion
    .combine(TransitionEffect.asymmetric(TransitionEffect.scale({ x: 0, y: 0 }), TransitionEffect.rotate({ angle: 90 })));
```

将转场效果通过 transition 接口设置到组件，代码如下：

```
Text('test')
  .transition(this.effect)
```

新增或者删除组件触发转场，代码如下：

```
@State isPresent: boolean = true;
...
if (this.isPresent) {
  Text('test')
    .transition(this.effect)}
...
// 控制新增或者删除组件
// 方式一：将控制变量放到 animateTo 闭包内，未通过 animation 接口定义动画参数的 TransitionEffect 将跟随 animateTo 的动画参数
this.getUIContext()?.animateTo({ curve: curves.springMotion() }, () => {
  this.isPresent = false;
})
// 方式二：直接删除或者新增组件，动画参数由 TransitionEffect 的 animation 接口配置
this.isPresent = false;
```

完整的示例代码见文件 8-3，示例代码中采用直接删除或新增组件的方式触发转场，也可以替换为在 animateTo 闭包内通过改变控制变量来触发转场。

文件 8-3 Demo0201.ets

```
import { curves } from '@kit.ArkUI';
@Entry
@Component
struct TransitionEffectDemo {
  @State isPresent: boolean = false;
  // 第一步：创建 TransitionEffect
  // 创建默认透明度转场效果，并指定 springMotion(0.6, 0.8)曲线
  private effect: TransitionEffect = TransitionEffect.OPACITY.animation({
    curve: curves.springMotion(1.6, 0.8)
  })
    // 通过 combine 方法，这里的动画参数会跟随上面的 TransitionEffect，也就是 springMotion(0.6, 0.8)
    .combine(TransitionEffect.scale({
      x: 0,
      y: 0
    }))
      // 添加旋转转场效果，这里的动画参数会跟随上面带 animation 的 TransitionEffect，也就是 springMotion(0.6, 0.8)
    .combine(TransitionEffect.rotate({ angle: 90 }))
      // 添加平移转场效果，这里的动画参数使用指定的 springMotion()
```

```
    .combine(TransitionEffect.translate({ y: 150 })
      .animation({ curve: curves.springMotion() }))
      // 添加 move 转场效果，这里的动画参数会跟随上面的 TransitionEffect，也就是 springMotion()
    .combine(TransitionEffect.move(TransitionEdge.END))

  build() {
    Stack() {
      if (this.isPresent) {
        Column() {
          Text('ArkUI').fontWeight(FontWeight.Bold).fontSize(20).fontColor(Color.White)
        }
        .justifyContent(FlexAlign.Center)
        .width(150)
        .height(150)
        .borderRadius(10)
        .backgroundColor(0xf56c6c)
        // 第二步：将转场效果通过 transition 接口设置到组件
        .transition(this.effect)
      }
      // 边框
      Column().width(155).height(155).border({ width: 5, radius: 10, color: Color.Black })
      // 第三步：新增或者删除组件触发转场，控制新增或者删除组件
      Button('Click').margin({ top: 320 }).onClick(() => {
        this.isPresent = !this.isPresent;
      })
    }.width('100%').height('60%')
  }
}
```

初始显示效果如图 8-8 所示。

图 8-8　初始显示效果

点击 Click 按钮后，红色方块以 springMotion 的方式旋转，同时颜色渐变到最终的位置，如图 8-9 所示。

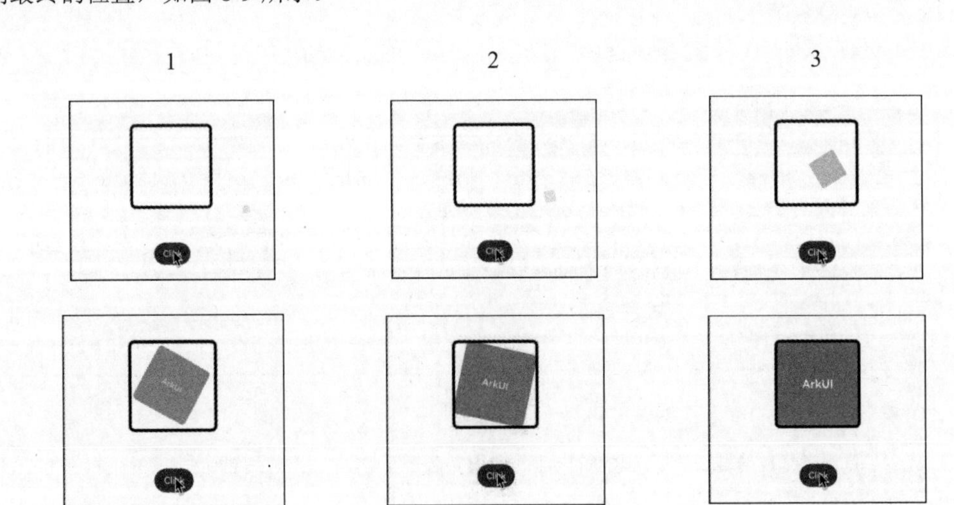

图 8-9　第一次点击 Click 按钮的效果

再次点击 Click 按钮，红色方块逆向消失，如图 8-10 所示。

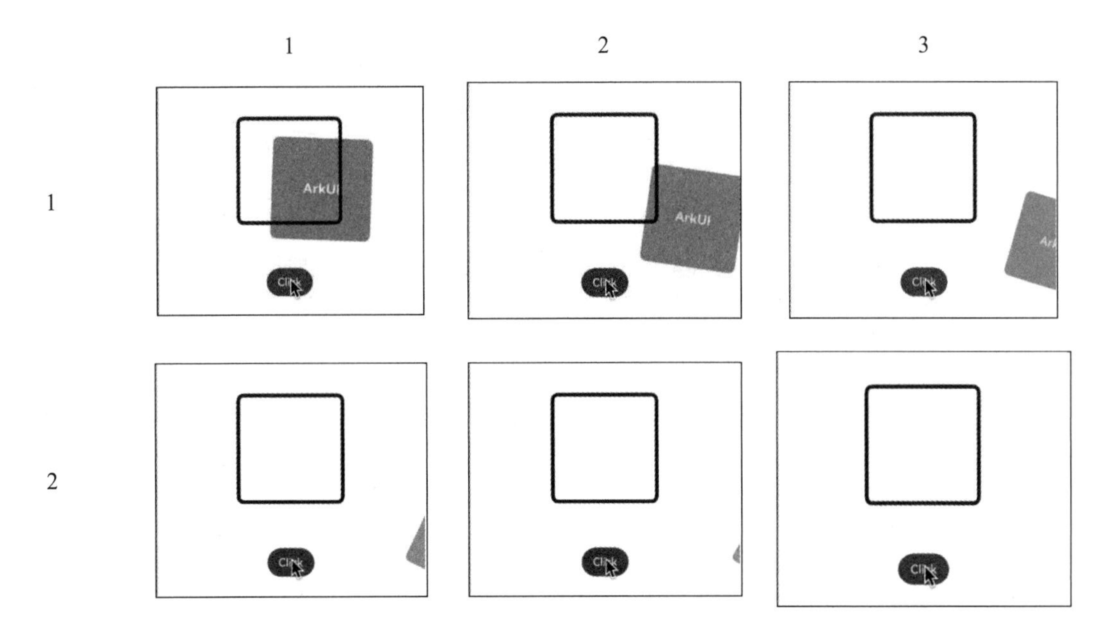

图 8-10　再次点击 Click 按钮的效果

下面使用 bindMenu 实现菜单弹出效果。bindMenu 为组件绑定弹出式菜单，通过点击触发。完整代码见文件 8-4。

文件 8-4　Demo0205.ets

```
class BMD {
  value: ResourceStr = ''
  action: () => void = () => {
  }
}

@Entry
@Component
struct BindMenuDemo {
  // 第一步：定义一组数据用来表示菜单按钮项
  @State items: BMD[] = [
    {
      value: '菜单项1', action: () => {
        console.info('handle Menu1 select')
      }
    },
    {
      value: '菜单项2', action: () => {
        console.info('handle Menu2 select')
      }
    },
  ]
```

```
  build() {
    Column() {
      Button('click').backgroundColor(0x409eff).borderRadius(5)
        // 第二步：通过 bindMenu 接口将菜单数据绑定给元素
        .bindMenu(this.items)
    }.justifyContent(FlexAlign.Center).width('100%').height(437)
  }
}
```

初始显示效果如图 8-11 所示。

图 8-11　初始显示效果

点击 click 按钮之后显示的动画效果如图 8-12 所示。

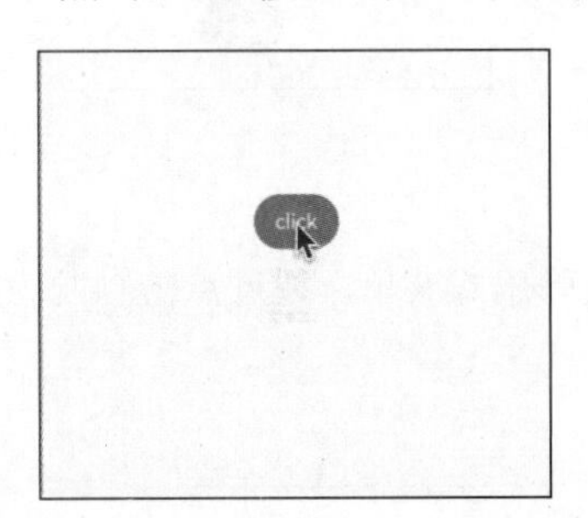

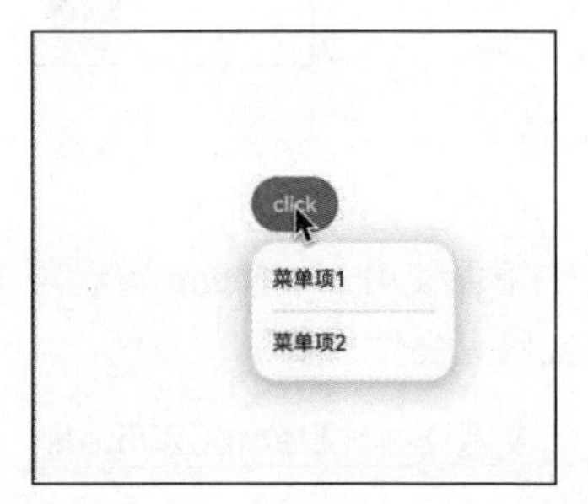

图 8-12　点击 click 按钮之后显示的动画效果

再次点击 click 按钮之后显示的动画效果如图 8-13 所示。

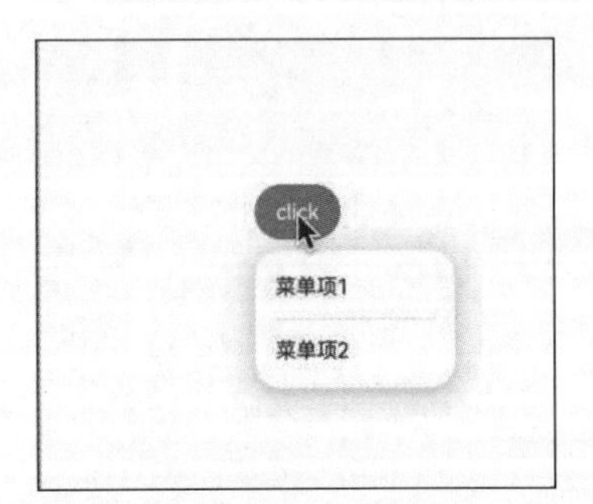

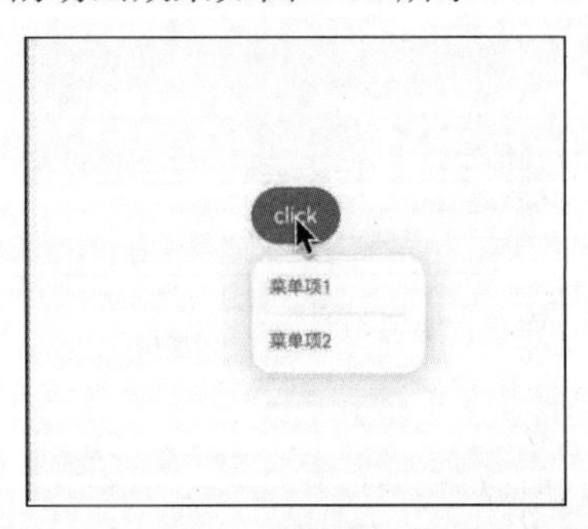

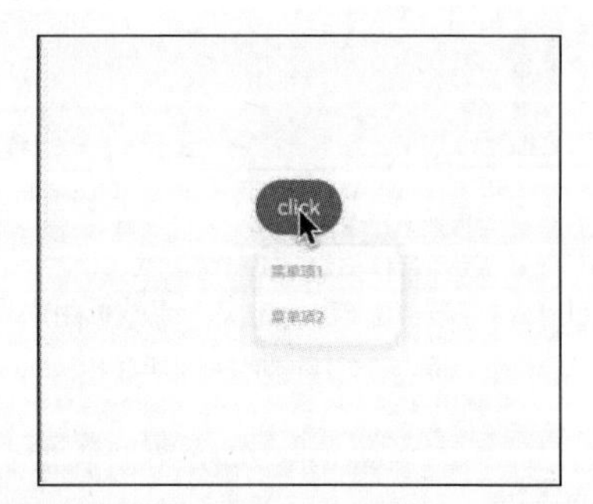

图 8-13　再次点击 click 按钮之后显示的动画效果

8.3　组件动画

本节介绍组件动画的相关知识。

8.3.1 实现组件动画

ArkUI 在为组件提供通用的属性动画和转场动画能力的同时，还为一些组件提供了默认的动画效果，如 List 的滑动动效、Button 的点击动效。

在组件默认动画效果的基础上，开发者还可以通过属性动画和转场动画对容器组件内的子组件进行动效的定制。使用组件默认动画具有以下好处：

- 提示用户当前状态，例如用户点击 Button 组件时，Button 组件默认变灰，用户即确定完成选中操作。
- 提升界面精致程度和生动性。
- 减少开发者工作量，例如列表滑动组件自带的滑动动效，开发者直接调用即可。

组件动画示例代码见文件 8-5。

文件 8-5 Demo0401.ets

```
@Entry
@Component
struct ComponentDemo {
  build() {
    Row() {
      // 复选框
      Checkbox({ name: 'checkbox1', group: 'checkboxGroup' })
        // 默认是选中状态
        .select(true)
        // 形状为圆形
        .shape(CheckBoxShape.CIRCLE)
        // 设置大小：横纵都是 50vp
        .size({ width: 50, height: 50 })
    }.width('100%').height('100%').justifyContent(FlexAlign.Center)
  }
}
```

复选框在选中和未选中时的效果如图 8-14 所示。

选中状态

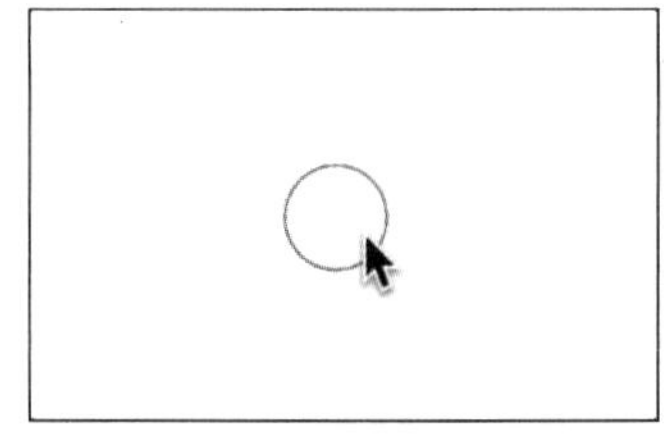

未选中状态

图 8-14 复选框在选中和未选中时的效果

8.3.2 打造组件定制化动效

部分组件支持通过属性动画和转场动画自定义其子组件的动效，实现定制化动画效果。例如，在Scroll 组件中，可对各个子组件的滑动动画效果进行定制。在进行滑动或者点击操作时，通过改变各个 Scroll 子组件的仿射属性来实现各种效果。如果要在滑动过程中定义动效，可以在滑动回调 onScroll 中监控滑动距离，并计算每个组件的仿射属性；也可以自定义手势，通过手势监控位置，手动调用 ScrollTo 改变滑动位置。在滑动回调 onScrollStop 或手势结束回调中，对滑动的最终位置进行微调。

定制 Scroll 组件滑动动效的示例代码见文件 8-6。

文件 8-6 Demo0402.ets

```
import { curves, window, display, mediaquery } from '@kit.ArkUI';
import { UIAbility } from '@kit.AbilityKit';
export default class GlobalContext extends AppStorage{
  static mainWin: window.Window|undefined = undefined;
  static mainWindowSize:window.Size|undefined = undefined;
}

/**
* 窗口、屏幕相关信息管理类
*/
export class WindowManager {
  private static instance: WindowManager|null = null;
  private displayInfo: display.Display|null = null;
  private orientationListener = mediaquery.matchMediaSync('(orientation: landscape)');
  constructor() {
    this.orientationListener.on('change', (mediaQueryResult:
mediaquery.MediaQueryResult) => {
      this.onPortrait(mediaQueryResult)
    })
    this.loadDisplayInfo()
  }

  /**
  * 设置主 window 窗口
  * @param win 当前 app 窗口
  */
  setMainWin(win: window.Window) {
    if (win == null) {
      return
    }
    GlobalContext.mainWin = win;
    win.on("windowSizeChange", (data: window.Size) => {
      if (GlobalContext.mainWindowSize == undefined || GlobalContext.mainWindowSize ==
null) {
        GlobalContext.mainWindowSize = data;
      } else {
        if (GlobalContext.mainWindowSize.width == data.width &&
GlobalContext.mainWindowSize.height == data.height) {
```

```
        return
      }
      GlobalContext.mainWindowSize = data;
    }
    let winWidth = this.getMainWindowWidth();
    AppStorage.setOrCreate<number>('mainWinWidth', winWidth)
    let winHeight = this.getMainWindowHeight();
    AppStorage.setOrCreate<number>('mainWinHeight', winHeight)
    let context:UIAbility = new UIAbility()
    context.context.eventHub.emit("windowSizeChange", winWidth, winHeight)
  })
}

static getInstance(): WindowManager {
  if (WindowManager.instance == null) {
    WindowManager.instance = new WindowManager();
  }
  return WindowManager.instance
}

private onPortrait(mediaQueryResult: mediaquery.MediaQueryResult) {
  if (mediaQueryResult.matches == AppStorage.get<boolean>('isLandscape')) {
    return
  }
  AppStorage.setOrCreate<boolean>('isLandscape', mediaQueryResult.matches)
  this.loadDisplayInfo()
}

/**
* 切换屏幕方向
* @param ori 常量枚举值：window.Orientation
*/
  changeOrientation(ori: window.Orientation) {
  if (GlobalContext.mainWin != null) {
    GlobalContext.mainWin.setPreferredOrientation(ori)
  }
}

private loadDisplayInfo() {
  this.displayInfo = display.getDefaultDisplaySync()
  AppStorage.setOrCreate<number>('displayWidth', this.getDisplayWidth())
  AppStorage.setOrCreate<number>('displayHeight', this.getDisplayHeight())
}

/**
 * 获取main窗口宽度，单位为vp
 */
getMainWindowWidth(): number {
  return GlobalContext.mainWindowSize != null ?
    px2vp(GlobalContext.mainWindowSize.width) : 0
```

```
  }

  /**
   * 获取 main 窗口高度，单位为 vp
   */
  getMainWindowHeight(): number {
    return GlobalContext.mainWindowSize != null ?
      px2vp(GlobalContext.mainWindowSize.height) : 0
  }

  /**
  * 获取屏幕宽度，单位为 vp
  */
  getDisplayWidth(): number {
    return this.displayInfo != null ? px2vp(this.displayInfo.width) : 0
  }

  /**
  * 获取屏幕高度，单位为 vp
  */
  getDisplayHeight(): number {
    return this.displayInfo != null ? px2vp(this.displayInfo.height) : 0
  }
  /**
  * 释放资源
  */
  release() {
    if (this.orientationListener) {
      this.orientationListener.off('change', (mediaQueryResult:
mediaquery.MediaQueryResult) => { this.onPortrait(mediaQueryResult)})
    }
    if (GlobalContext.mainWin != null) {
      GlobalContext.mainWin.off('windowSizeChange')
    }
    WindowManager.instance = null;
  }
}

/**
* 封装任务卡片信息数据类
*/
export class TaskData {
  bgColor: Color | string | Resource = Color.White;
  index: number = 0;  taskInfo: string = 'music';
  constructor(bgColor: Color | string | Resource, index: number, taskInfo: string) {
    this.bgColor = bgColor;
    this.index = index;
    this.taskInfo = taskInfo;
  }
}
```

```
export const taskDataArr: Array<TaskData> = [
  new TaskData('#317AF7', 0, 'music'),
   new TaskData(Color.Red, 0, 'music'),
  new TaskData(Color.Orange, 0, 'music'),
  new TaskData(Color.Green, 0, 'music'),
  // ...
];

@Entry
@Component
export struct TaskSwitchMainPage {
  displayWidth: number = WindowManager.getInstance().getDisplayWidth();
  scroller: Scroller = new Scroller();
  cardSpace: number = 0;                // 卡片间距
  cardWidth: number = this.displayWidth / 2 - this.cardSpace / 2; // 卡片宽度
  cardHeight: number = 400;             // 卡片高度
  cardPosition: Array<number> = [];     // 卡片初始位置
  clickIndex: boolean = false;
  @State taskViewOffsetX: number = 0;
  @State cardOffset: number = this.displayWidth / 4;
  lastCardOffset: number = this.cardOffset;
  startTime: number|undefined=undefined

  // 每个卡片初始位置
  aboutToAppear() {
    for (let i = 0; i < taskDataArr.length; i++) {
      this.cardPosition[i] = i * (this.cardWidth + this.cardSpace);
    }
  }

  // 每个卡片位置
  getProgress(index: number): number {
    let progress = (this.cardOffset + this.cardPosition[index] - this.taskViewOffsetX +
this.cardWidth / 2) / this.displayWidth;
    return progress
  }

  build() {
    Stack({ alignContent: Alignment.Bottom }) {
      // 背景
      Column().width('100%').height('100%').backgroundColor(0xF0F0F0)
      // 滑动组件
      Scroll(this.scroller) {
        Row({ space: this.cardSpace }) {
          ForEach(taskDataArr, (item:TaskData, index) => {
            Column()
              .width(this.cardWidth)
              .height(this.cardHeight)
              .backgroundColor(item.bgColor)
```

```
          .borderStyle(BorderStyle.Solid)
          .borderWidth(1)
          .borderColor(0xAFEEEE)
          .borderRadius(15)
          // 计算子组件的仿射属性
          .scale(
            (
              this.getProgress(index) >= 0.4 && this.getProgress(index) <= 0.6
            ) ? {
              x: 1.1 - Math.abs(0.5 - this.getProgress(index)),
              y: 1.1 - Math.abs(0.5 - this.getProgress(index))
            } : { x: 1, y: 1 }
          )
          .animation({ curve: Curve.Smooth })
          // 滑动动画
          .translate({ x: this.cardOffset })
          .animation({ curve: curves.springMotion() })
          .zIndex(
            (
              this.getProgress(index) >= 0.4 && this.getProgress(index) <= 0.6
            ) ? 2 : 1)
        }, (item:TaskData) => item.toString())
      }
      .width((this.cardWidth + this.cardSpace) * (taskDataArr.length + 1))
      .height('100%')
    }
    .gesture(
      GestureGroup(
        GestureMode.Parallel,
        PanGesture({ direction: PanDirection.Horizontal, distance: 5 })
          .onActionStart((event: GestureEvent|undefined) => {
            if(event){
              this.startTime = event.timestamp;
            }
          })
          .onActionUpdate((event: GestureEvent|undefined) => {
            if(event){
              this.cardOffset = this.lastCardOffset + event.offsetX;
            }
          })
          .onActionEnd((event: GestureEvent|undefined) => {
            if(event){
              let time = 0
              if(this.startTime){
                time = event.timestamp - this.startTime;
              }
              let speed = event.offsetX / (time / 1000000000);
              let moveX = Math.pow(speed, 2) / 7000 * (speed > 0 ? 1 : -1);
              this.cardOffset += moveX;
              // 左滑大于最右侧位置
```

```
                let cardOffsetMax = -(taskDataArr.length - 1) * (this.displayWidth / 2);
                if (this.cardOffset < cardOffsetMax) {
                  this.cardOffset = cardOffsetMax;
                }
                // 右滑大于最左侧位置
                if (this.cardOffset > this.displayWidth / 4) {
                  this.cardOffset = this.displayWidth / 4;
                }
                // 左右滑动距离不满足/满足切换关系时，补位/退回
                let remainMargin = this.cardOffset % (this.displayWidth / 2);
                if (remainMargin < 0) {
                  remainMargin = this.cardOffset % (this.displayWidth / 2) +
this.displayWidth / 2;
                }
                if (remainMargin <= this.displayWidth / 4) {
                  this.cardOffset += this.displayWidth / 4 - remainMargin;
                } else {
                  this.cardOffset -= this.displayWidth / 4 - (this.displayWidth / 2 -
remainMargin);
                }
                // 记录本次滑动偏移量
                this.lastCardOffset = this.cardOffset;
              }
            })
        ), GestureMask.IgnoreInternal)
        .scrollable(ScrollDirection.Horizontal)
        .scrollBar(BarState.Off)

      // 滑动到首尾位置
      Button('滑动 首页/末页')
        .backgroundColor(0x888888)
        .margin({ bottom: 30 })
        .onClick(() => {
          this.clickIndex = !this.clickIndex;
          if (this.clickIndex) {
            this.cardOffset = this.displayWidth / 4;
          } else {
            this.cardOffset = this.displayWidth /
4 - (taskDataArr.length - 1) * this.displayWidth / 2;
          }
          this.lastCardOffset = this.cardOffset;
        })
    }
    .width('100%')
    .height('100%')
  }
}
```

初始显示效果如图 8-15 所示。

手动滚动时的动画效果如图 8-16 所示。

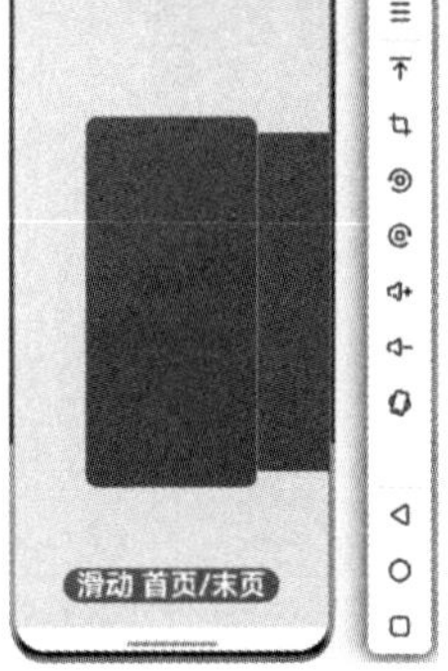

图 8-15　初始效果

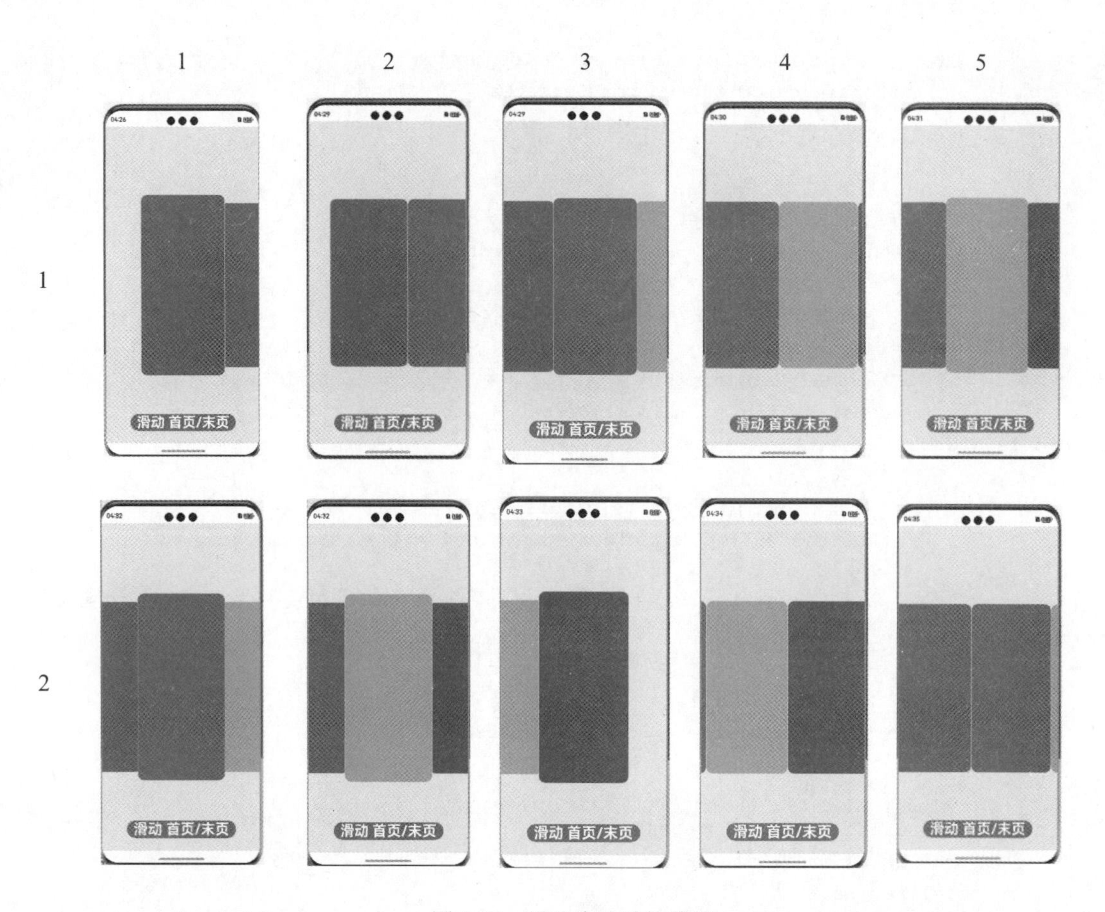

图 8-16　手动滚动时的效果

点击“滑动 首页/末页”按钮后移动的动画效果如图 8-17 所示。

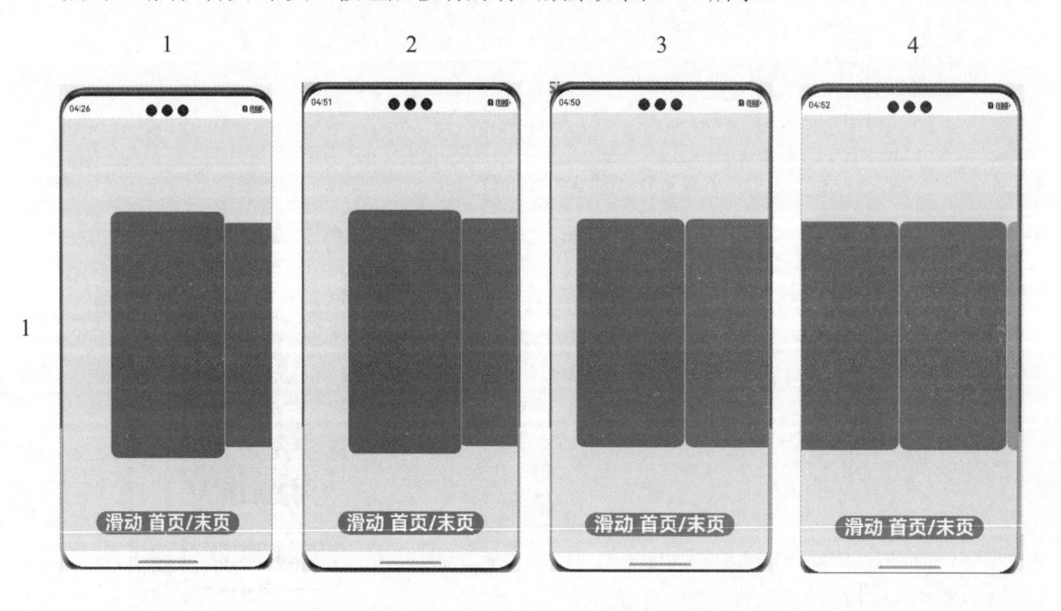

图 8-17　点击“滑动 首页/末页”按钮的效果

图 8-17　点击“滑动 首页/末页”按钮的效果（续）

再次点击“滑动 首页/末页”按钮后移动的动画效果如图 8-18 所示。

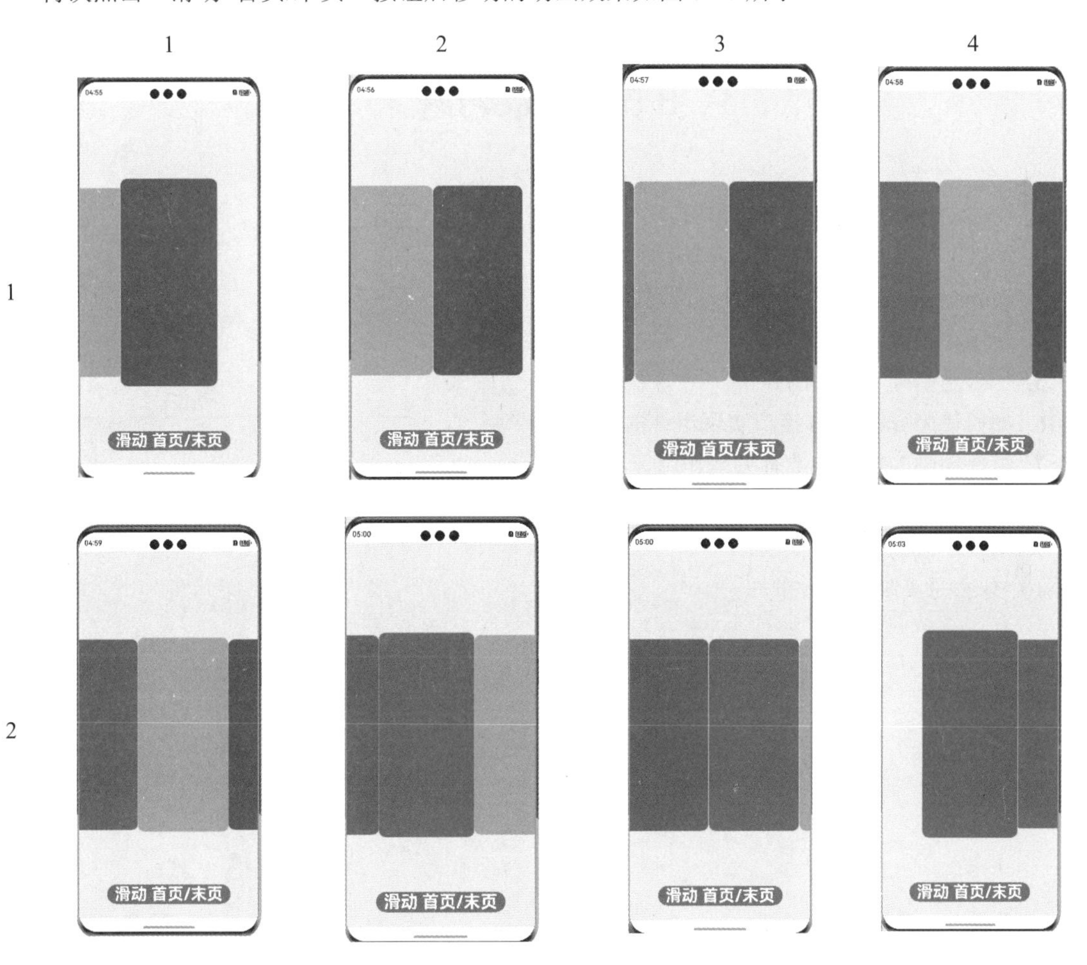

图 8-18　再次点击“滑动 首页/末页”按钮的效果

8.4 本章小结

本章介绍了 HarmonyOS NEXT 中动画的基本概念和实现方法，强调了动画在提升用户界面交互体验中的重要性。

ArkUI 提供了属性动画和转场动画等多种动画接口。属性动画通过逐帧驱动属性变化来产生效果，通过 animateTo 和 animation 接口实现。animateTo 适用于多个属性配置相同动画参数的场景，而 animation 适用于不同参数的场景。转场动画用于组件的出现和消失，包括基础转场和高级模板化转场，如共享元素转场等。本章通过示例展示了如何使用 transition 和 bindMenu 接口实现转场和菜单弹出效果。

此外，ArkUI 为部分组件提供了默认动画效果，如 List 的滑动动效和 Button 的点击动效，减少了开发者的工作量。同时，部分组件支持自定义子组件的动效，实现定制化动画效果。本章还介绍了动画曲线、动画衔接和高阶动画效果等高级主题，帮助开发者更好地理解和应用动画技术。

通过学习本章内容，读者可以掌握 HarmonyOS NEXT 中动画的基本知识和技能，为开发具有丰富交互功能的应用程序打下坚实的基础。

8.5 本章习题

1. 简述动画在用户界面中的作用。
2. ArkUI 提供了哪两种属性动画接口？
3. animateTo 接口适用于哪种动画场景？
4. 转场动画主要用于什么？
5. 什么是基础转场动画？
6. 如何使用 transition 接口实现组件的转场效果？
7. 组件动画的默认动效有哪些作用？
8. 什么是动画曲线？
9. 动画衔接的目的是什么？
10. 什么是高阶动画效果？

第9章

网络服务

本章将详细介绍HarmonyOS中的Network Kit（网络服务），这是一套用于网络通信的基础开发库。Network Kit提供了多种网络协议的支持，包括HTTP、WebSocket、Socket等，能帮助开发者高效地处理网络请求和数据传输。本章将逐一讲解这些网络协议的使用方法和相关接口，包括HTTP请求的发起、WebSocket的双向通信，以及Socket连接的建立与管理。此外，本章还将介绍MDNS管理和网络连接管理的功能，帮助开发者更好地管理和优化网络连接。

9.1 网络服务概述

Network Kit为开发者提供了一套简单、高效的网络请求方法，用于处理HTTP请求，并支持多种网络协议。其主要提供以下功能：

- HTTP数据请求：通过HTTP发起一个数据请求。
- WebSocket连接：使用WebSocket建立服务器与客户端的双向连接。
- Socket连接：通过Socket进行数据传输。
- 网络连接管理：网络连接管理提供管理网络一些基础能力，包括WiFi/蜂窝/Ethernet等多网络连接优先级管理、网络质量评估、订阅默认/指定网络连接状态变化、查询网络连接信息、DNS解析等功能。
- MDNS管理：MDNS即多播DNS（Multicast DNS），提供局域网内的本地服务添加、移除、发现、解析等能力。

使用网络管理模块的相关功能时，需要请求相应的权限，如表9-1所示。

表 9-1　网络管理模块用到的权限

权 限 名	说　明
ohos.permission.GET_NETWORK_INFO	获取网络连接信息
ohos.permission.INTERNET	允许程序打开网络套接字，进行网络连接

9.2　HTTP 数据请求概述

本节主要介绍 HTTP 数据请求的相关内容。

9.2.1　HTTP 数据请求

应用通过 HTTP 发起一个数据请求，支持常见的 GET、POST、OPTIONS、HEAD、PUT、DELETE、TRACE、CONNECT 方法。HTTP 数据请求功能主要由 http 模块提供。使用该功能需要申请 ohos.permission.INTERNET 权限。HTTP 数据请求涉及的接口如表 9-2 所示。

表 9-2　HTTP 数据请求涉及的接口

接 口 名	说　明
createHttp()	创建一个 HTTP 请求
request()	根据 URL 地址发起 HTTP 网络请求
requestInStream()	根据 URL 地址发起 HTTP 网络请求并返回流式响应
destroy()	中断请求任务
on(type: 'headersReceive')	订阅 HTTP Response Header 事件
off(type: 'headersReceive')	取消订阅 HTTP Response Header 事件
once('headersReceive')	订阅 HTTP Response Header 事件，但是只触发一次
on('dataReceive')	订阅 HTTP 流式响应数据接收事件
off('dataReceive')	取消订阅 HTTP 流式响应数据接收事件
on('dataEnd')	订阅 HTTP 流式响应数据接收完毕事件
off('dataEnd')	取消订阅 HTTP 流式响应数据接收完毕事件
on('dataReceiveProgress')	订阅 HTTP 流式响应数据接收进度事件
off('dataReceiveProgress')	取消订阅 HTTP 流式响应数据接收进度事件
on('dataSendProgress')	订阅 HTTP 网络请求数据发送进度事件
off('dataSendProgress')	取消订阅 HTTP 网络请求数据发送进度事件

9.2.2　request 接口开发

request 接口开发的步骤如下：

步骤 01 从@kit.NetworkKit 中导入 http 命名空间。

步骤 02 调用 createHttp()方法，创建一个 HttpRequest 对象。

步骤 03 调用该对象的 on()方法，订阅 HTTP 响应头事件，此接口会比 request 请求先返回。可以根据业务需要订阅此消息。

步骤 04 调用该对象的 request()方法，传入 HTTP 请求的 URL 地址和可选参数，发起网络请求。

步骤 05 按照实际业务需要，解析返回结果。

步骤 06 调用该对象的 off()方法，取消订阅 HTTP 响应头事件。

步骤 07 当该请求使用完毕时，调用 destroy()方法主动销毁。

Demo0201.ets 接口开发的示例代码见文件 9-1。

文件 9-1　Demo0201.ets

```
// 引入包名
import { http } from '@kit.NetworkKit';
import { BusinessError } from '@kit.BasicServicesKit';

// 每一个 httpRequest 对应一个 HTTP 请求任务，不可复用
let httpRequest = http.createHttp();
// 用于订阅 HTTP 响应头，此接口会比 request 请求先返回。可以根据业务需要订阅此消息
httpRequest.on('headersReceive', (header) => {
  console.info('订阅响应头: ' + JSON.stringify(header));
});

@Entry
@Component
struct Demo0201{
  build() {
    Column(){
      Button("request-接口请求").width("90%").height(50).margin(10).onClick(()=>{
        // request 发起请求
        httpRequest.request( // 填写 HTTP 请求的 URL 地址，可以带参数也可以不带参数
          // URL 地址需要开发者自定义。请求的参数可以在 extraData 中指定
          "http://www.xxxx.com/api/company/all", {
          method: http.RequestMethod.GET,
          // 可选，默认为 http.RequestMethod.POST
          // 开发者根据自身业务需要添加 header 字段
          header: {
            'Content-Type': 'application/json' },
          // 当使用 POST 请求时，此字段用于传递请求体内容
          extraData: "data to send",
          expectDataType: http.HttpDataType.STRING,    // 可选，指定返回数据的类型
          usingCache: true,           // 可选，默认值为 true
          priority: 1,                // 可选，默认值为 1
          connectTimeout: 60000,      // 可选，默认值为 60000ms
          readTimeout: 60000,         // 可选，默认值为 60000ms
          usingProtocol: http.HttpProtocol.HTTP1_1,    // 可选，协议类型默认值由系统自动指定
          usingProxy: false,          // 可选，默认不使用网络代理，自 API 10 开始支持该属性
        }, (err: BusinessError, data: http.HttpResponse) => {
          if (!err) {
            // data.result 为 HTTP 响应内容，可根据业务需要进行解析
            console.info('响应数据:' + JSON.stringify(data.result));
            console.info('状态码:' + JSON.stringify(data.responseCode));
            console.info('cookies:' + JSON.stringify(data.cookies));
```

```
          // 当该请求使用完毕时，调用 destroy 方法主动销毁
          httpRequest.destroy();
        } else {
          console.error('错误信息:' + JSON.stringify(err));
          // 取消订阅 HTTP 响应头事件
          httpRequest.off('headersReceive');
          // 当该请求使用完毕时，调用 destroy 方法主动销毁
          httpRequest.destroy();
        }
      });
    })
  }
 }
}
```

运行效果如图 9-1 所示。

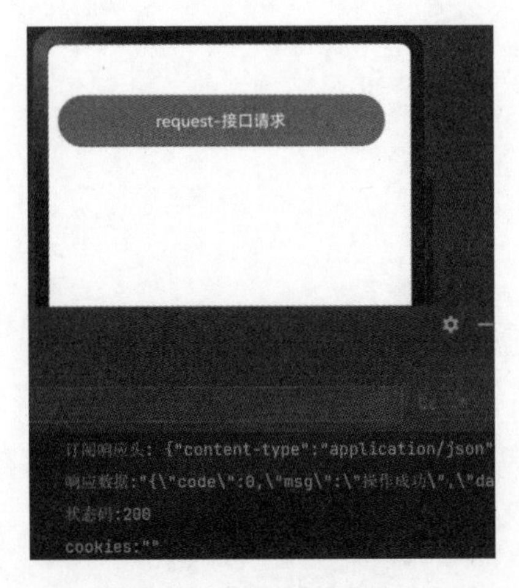

图 9-1　request 请求接口

9.2.3　requestInStream 接口开发

requestInStream 接口开发的步骤如下：

步骤 01 从@kit.NetworkKit 中导入 http 命名空间。

步骤 02 调用 createHttp()方法，创建一个 HttpRequest 对象。

步骤 03 调用该对象的 on()方法，可以根据业务需要订阅 HTTP 响应头事件、HTTP 流式响应数据接收事件、HTTP 流式响应数据接收进度事件和 HTTP 流式响应数据接收完毕事件。

步骤 04 调用该对象的 requestInStream()方法，传入 HTTP 请求的 URL 地址和可选参数，发起网络请求。

步骤 05 按照实际业务需要，解析返回的响应码。

步骤 06 调用该对象的 off()方法，取消订阅响应事件。

步骤 07 当该请求使用完毕时，调用 destroy()方法主动销毁。

requestInStream 接口开发的代码见文件 9-2。

文件 9-2 Demo0202.ets

```
// 引入包名
import { http } from '@kit.NetworkKit';
import { BusinessError } from '@kit.BasicServicesKit';
// 每一个 httpRequest 对应一个 HTTP 请求任务，不可复用
let httpRequest = http.createHttp();
// 用于订阅 HTTP 响应头事件
httpRequest.on('headersReceive', (header: Object) => {
  console.info('header: ' + JSON.stringify(header));
});
// 用于订阅 HTTP 流式响应数据接收事件
let res = new ArrayBuffer(0);
httpRequest.on('dataReceive', (data: ArrayBuffer) => {
  const newRes = new ArrayBuffer(res.byteLength + data.byteLength);
  const resView = new Uint8Array(newRes);
  resView.set(new Uint8Array(res));
  resView.set(new Uint8Array(data), res.byteLength);
  res = newRes;
  console.info('结果内容大小: ' + res.byteLength);
});
// 用于订阅 HTTP 流式响应数据接收完毕事件
httpRequest.on('dataEnd', () => {
  console.info('没有数据响应');
});
// 用于订阅 HTTP 流式响应数据接收进度事件
class Data {
  receiveSize: number = 0;
  totalSize: number = 0;
}

httpRequest.on('dataReceiveProgress', (data: Data) => {
  console.log("接收大小:" +
  data.receiveSize + ", 总大小:" + data.totalSize);
});

let streamInfo: http.HttpRequestOptions = {
  method: http.RequestMethod.POST,
   // 开发者根据自身业务需要添加 header 字段
  header: {
    'Content-Type': 'application/json'  },
  // 当使用 POST 请求时，此字段用于传递请求体内容，具体格式与服务端协商确定
  extraData: "data to send",
  expectDataType: http.HttpDataType.STRING, // 可选，指定返回数据的类型
  usingCache: true,         // 可选，默认值为 true
  priority: 1,              // 可选，默认值为 1
  connectTimeout: 60000,    // 可选，默认值为 60000ms
  readTimeout: 60000,       // 可选，默认值为 60000ms。若传输的数据较大，则需要较长的时间，建议增
大该参数以保证数据传输正常终止
  usingProtocol: http.HttpProtocol.HTTP1_1 // 可选，协议类型默认值由系统自动指定
}
```

```
@Entry
@Component
struct Demo0202{
  build() {
    Column(){
      Button("测试-requestInStream").width("90%").height(50).margin(10).onClick(()=>{
        // 发起请求
        // 填写 HTTP 请求的 URL 地址，可以带参数也可以不带参数
        // URL 地址需要开发者自定义。请求的参数可以在 extraData 中指定
        httpRequest.requestInStream("http://www.xxx.com/api/company/all", streamInfo).
        then((data: number) => {
          console.info("requestInStream OK!");
          console.info('ResponseCode :' + JSON.stringify(data));
          // 取消订阅 HTTP 响应头事件
          httpRequest.off('headersReceive');
          // 取消订阅 HTTP 流式响应数据接收事件
          httpRequest.off('dataReceive');
          // 取消订阅 HTTP 流式响应数据接收进度事件
          httpRequest.off('dataReceiveProgress');
          // 取消订阅 HTTP 流式响应数据接收完毕事件
          httpRequest.off('dataEnd');
          // 当该请求使用完毕时，调用 destroy 方法主动销毁
          httpRequest.destroy();
        }).catch((err: Error) => {
          console.info("requestInStream 错误 : " + JSON.stringify(err));
        });
      })
    }
  }
}
```

运行效果如图 9-2 所示。

图 9-2 requestInStream 的使用

9.3 WebSocket

本节主要介绍 WebSocket 的相关内容。

9.3.1　WebSocket

使用 WebSocket 建立服务器与客户端的双向连接，需要先通过 createWebSocket()方法创建 WebSocket 对象，然后通过 connect()方法连接到服务器。当连接成功后，客户端会收到 open 事件的回调，之后客户端就可以通过 send()方法与服务器进行通信。当服务器发信息给客户端时，客户端会收到 message 事件的回调。当客户端不再需要此连接时，可以通过调用 close()方法主动断开连接，之后客户端会收到 close 事件的回调。

若在上述任一过程中发生错误，客户端会收到 error 事件的回调。WebSocket 支持心跳检测机制，在客户端和服务端建立 WebSocket 连接之后，每间隔一段时间客户端会发送 Ping 帧给服务器，服务器收到 Ping 帧后应立即回复 Pong 帧。

9.3.2　WebSocket 接口

WebSocket 连接功能主要由 webSocket 模块提供。使用该功能需要申请 ohos.permission.INTERNET 权限，具体接口说明如表 9-3 所示。

表 9-3　WebSocket 连接功能涉及的接口

接 口 名	说　明
createWebSocket()	创建一个 WebSocket 连接
connect()	根据 URL 地址，建立一个 WebSocket 连接
send()	通过 WebSocket 连接发送数据
close()	关闭 WebSocket 连接
on(type: 'open')	订阅 WebSocket 的打开事件
off(type: 'open')	取消订阅 WebSocket 的打开事件
on(type: 'message')	订阅 WebSocket 的接收到服务器消息事件
off(type: 'message')	取消订阅 WebSocket 的接收到服务器消息事件
on(type: 'close')	订阅 WebSocket 的关闭事件
off(type: 'close')	取消订阅 WebSocket 的关闭事件
on(type: 'error')	订阅 WebSocket 的 Error 事件
off(type: 'error')	取消订阅 WebSocket 的 Error 事件

9.3.3　WebSocket 开发实现

WebSocket 开发实现的步骤如下：

步骤 01 导入需要的 webSocket 模块。

步骤 02 创建一个 WebSocket 连接，返回一个 WebSocket 对象。

步骤 03 订阅 WebSocket 的打开、接收消息、关闭、Error 事件。

步骤 04 根据 URL 地址，发起 WebSocket 连接。

步骤 05 使用完 WebSocket 连接之后，主动断开连接。

WebSocket 开发实现的示例代码见文件 9-3。

文件 9-3 Demo0301.ets

```
import { webSocket } from '@kit.NetworkKit';
import { BusinessError } from '@kit.BasicServicesKit';

let defaultIpAddress = "ws://";
let ws = webSocket.createWebSocket();

// 监听打开连接
ws.on('open', (err: BusinessError, value: Object) => {
  console.log("打开连接:" + JSON.stringify(value));
  // 当收到on('open')事件时，可以通过send()方法与服务器进行通信
  ws.send("你好，服务器", (err: BusinessError, value: boolean) => {
    if (!err) {
      console.log("消息发送成功");
    } else {
      console.log("消息发送失败: " + JSON.stringify(err));
    }
  });
});
// 监听接收消息
ws.on('message', (err: BusinessError, value: string | ArrayBuffer) => {
  console.log("接收消息: " + value);
  // 当收到服务器的`bye`消息时（此消息字段仅为示意，具体字段需要与服务器协商），主动断开连接
if (value === 'bye') {
  ws.close((err: BusinessError, value: boolean) => {
    if (!err) {
      console.log("断开成功");
    } else {
      console.log("断开失败 " + JSON.stringify(err));
    }
  });}
});
// 监听关闭事件
ws.on('close', (err: BusinessError, value: webSocket.CloseResult) => {
  console.log("关闭 " + value.code + ", 原因: " + value.reason);
});ws.on('error', (err: BusinessError) => {
  console.log("错误: " + JSON.stringify(err));
});

@Entry
@Component
struct Demo0301{
  // 记录发送的消息
  @State msg:string=""

  build() {
  Column(){
    Button("连接 WebSocket").width("90%").height(50).margin(10).
    onClick(()=>{
      // 连接
```

```
      ws.connect(defaultIpAddress, (err: BusinessError, value: boolean) => {
        if (!err) {
          console.log("连接成功");
        } else {
          console.log("连接失败. 错误信息:" + JSON.stringify(err));
        }
      });
    })

    Row(){
      TextInput({placeholder:"请输入要发生的消息
",text:this.msg}).width("60%").height(50).margin(10)
      Button("发送消息").height(50).margin(10).
      onClick(()=>{
        //发送
        ws.send(this.msg)
      })
    }

    Button("关闭
WebSocket").width("90%").height(50).margin(10).
    onClick(()=>{
      //关闭
      ws.close()
    })
  }.width("100%")
  }
}
```

图 9-3　WebSocket 的使用

运行效果如图 9-3 所示。

9.4　Socket

本节主要介绍 Socket 的相关内容。

9.4.1　Socket 连接

Socket 连接主要是通过 Socket 进行数据传输，支持 TCP/UDP/Multicast/TLS 协议。

- Socket：套接字，就是对网络中不同主机上的应用进程之间进行双向通信的端点的抽象。
- TCP（Transmission Control Protocol）：传输控制协议，是一种面向连接的、可靠的、基于字节流的传输层通信协议。
- UDP（User Datagram Protocol）：用户数据报协议，是一个简单的面向消息的传输层，不需要连接。
- Multicast：多播，基于 UDP 的一种通信模式，用于实现组内所有设备之间广播形式的通信。
- LocalSocket：本地套接字，IPC（Inter-Process Communication）进程间通信的一种，实现

设备内进程之间的相互通信，无须网络。

- TLS（Transport Layer Security）：安全传输层协议，用于在两个通信应用程序之间提供保密性和数据完整性。

9.4.2 Socket 连接场景

应用通过 Socket 进行数据传输，主要场景有：

- 应用通过 TCP/UDP Socket 进行数据传输。
- 应用通过 TCP Socket Server 进行数据传输。
- 应用通过 Multicast Socket 进行数据传输。
- 应用通过 Local Socket 进行数据传输。
- 应用通过 Local Socket Server 进行数据传输。
- 应用通过 TLS Socket 进行加密数据传输。
- 应用通过 TLS Socket Server 进行加密数据传输。

9.4.3 Socket 接口

Socket 连接主要由 socket 模块提供，具体接口说明如表 9-4 所示。

表 9-4 Socket 连接涉及的接口

接 口 名	说 明
constructUDPSocketInstance()	创建一个 UDPSocket 对象
constructTCPSocketInstance()	创建一个 TCPSocket 对象
constructTCPSocketServerInstance()	创建一个 TCPSocketServer 对象
constructMulticastSocketInstance()	创建一个 MulticastSocket 对象
constructLocalSocketInstance()	创建一个 LocalSocket 对象
constructLocalSocketServerInstance()	创建一个 LocalSocketServer 对象
listen()	绑定、监听并启动服务，接收客户端的连接请求（仅 TCP/LocalSocket 支持）
bind()	绑定 IP 地址和端口，或是绑定本地套接字路径
send()	发送数据
close()	关闭连接
getState()	获取 Socket 状态
connect()	连接到指定的 IP 地址和端口，或是连接到本地套接字（仅 TCP/LocalSocket 支持）
getRemoteAddress()	获取对端 Socket 地址（仅 TCP 支持，需要先调用 connect 方法）
setExtraOptions()	设置 Socket 连接的其他属性
getExtraOptions()	获取 Socket 连接的其他属性（仅 LocalSocket 支持）
addMembership()	加入指定的多播组 IP 中（仅 Multicast 支持）
dropMembership()	从指定的多播组 IP 中退出（仅 Multicast 支持）
setMulticastTTL()	设置数据传输跳数 TTL（仅 Multicast 支持）

（续表）

接 口 名	说　明
getMulticastTTL()	获取数据传输跳数 TTL（仅 Multicast 支持）
setLoopbackMode()	设置回环模式，允许主机在本地循环接收自己发送的多播数据包（仅 Multicast 支持）
getLoopbackMode()	获取回环模式开启或关闭的状态（仅 Multicast 支持）
on(type: 'message')	订阅 Socket 连接的接收消息事件
off(type: 'message')	取消订阅 Socket 连接的接收消息事件
on(type: 'close')	订阅 Socket 连接的关闭事件
off(type: 'close')	取消订阅 Socket 连接的关闭事件
on(type: 'error')	订阅 Socket 连接的 Error 事件
off(type: 'error')	取消订阅 Socket 连接的 Error 事件
on(type: 'listening')	订阅 UDPSocket 连接的数据包消息事件（仅 UDP 支持）
off(type: 'listening')	取消订阅 UDPSocket 连接的数据包消息事件（仅 UDP 支持）
on(type: 'connect')	订阅 Socket 的连接事件（仅 TCP/LocalSocket 支持）
off(type: 'connect')	取消订阅 Socket 的连接事件（仅 TCP/LocalSocket 支持）

TLS Socket 连接主要由 tls_socket 模块提供，具体接口说明如表 9-5 所示。

表 9-5　TLS Socket 连接涉及的接口

接 口 名	功能说明
constructTLSSocketInstance()	创建一个 TLS Socket 对象
bind()	绑定 IP 地址和端口号
close(type: 'error')	关闭连接
connect()	连接到指定的 IP 地址和端口
getCertificate()	返回表示本地证书的对象
getCipherSuite()	返回包含协商的密码套件信息的列表
getProtocol()	返回包含当前连接协商的 SSL/TLS 协议版本的字符串
getRemoteAddress()	获取 TLS Socket 连接的对端地址
getRemoteCertificate()	返回表示对等证书的对象
getSignatureAlgorithms()	在服务器和客户端之间共享的签名算法列表，按优先级降序排列
getState()	获取 TLS Socket 连接的状态
off(type: 'close')	取消订阅 TLS Socket 连接的关闭事件
off(type: 'error')	取消订阅 TLS Socket 连接的 Error 事件
off(type: 'message')	取消订阅 TLS Socket 连接的接收消息事件
on(type: 'close')	订阅 TLS Socket 连接的关闭事件
on(type: 'error')	订阅 TLSSocket 连接的 Error 事件
on(type: 'message')	订阅 TLS Socket 连接的接收消息事件
send()	发送数据
setExtraOptions()	设置 TLS Socket 连接的其他属性

9.4.4 TCP/UDP 协议进行通信

UDP 与 TCP 流程大体类似，下面以 TCP 为例，说明通信步骤：

步骤 01 导入需要的 socket 模块。

步骤 02 创建一个 TCPSocket 连接，返回一个 TCPSocket 对象。

步骤 03 订阅 TCPSocket 相关的订阅事件。

步骤 04 绑定 IP 地址和端口，端口可以指定或由系统随机分配。

步骤 05 连接到指定的 IP 地址和端口。

步骤 06 发送数据。

步骤 07 Socket 连接使用完毕后，主动关闭。

使用 TCP 进行通信的示例代码见文件 9-4。

文件 9-4 Demo0401.ets

```
// ...
class SocketInfo {
  message: ArrayBuffer = new ArrayBuffer(1);
  remoteInfo: socket.SocketRemoteInfo = {} as socket.SocketRemoteInfo;
}
// 创建一个 TCPSocket 连接，返回一个 TCPSocket 对象
let tcp: socket.TCPSocket = socket.constructTCPSocketInstance();
let str:string=""
// 监听接收消息事件
tcp.on('message', (value: SocketInfo) => {
  console.log("监听 接收消息");
   str += value.message+"\n";
  console.log("连接，接收:" + str);
});
// 监听连接事件
tcp.on('connect', () => {
  console.log("监听 连接 事件");
});
// 监听关闭事件
tcp.on('close', () => {
  console.log("监听 关闭 事件");
});
// 绑定本地 IP 地址和端口
let ipAddress : socket.NetAddress = {} as socket.NetAddress;
ipAddress.address = "192.168.xxx.xxx";
ipAddress.port = 1234;

@Entry
@Component
struct Demo0401{
  @State msg:string=""

  build() {
```

```
Column(){
  Button("连接 TCP ").width("90%").height(50).margin(10).
    onClick(()=>{
      // 开启绑定并连接到服务器
      tcp.bind(ipAddress, (err: BusinessError) => {
        if (err) {
          console.log('绑定失败');
          return;
        }
        console.log('绑定成功');
        // 连接到指定的 IP 地址和端口
        ipAddress.address = "192.168.xxx.xxx";
        ipAddress.port = 5678;
        let tcpConnect : socket.TCPConnectOptions = {} as socket.TCPConnectOptions;
        tcpConnect.address = ipAddress;
        tcpConnect.timeout = 6000;
        tcp.connect(tcpConnect).then(() => {
            console.log('连接成功');
            let tcpSendOptions: socket.TCPSendOptions = {
              data: '服务器，我是不是连接成功啦！'
            }
            tcp.send(tcpSendOptions).then(() => {
              console.log('发送成功');
            }).catch((err: BusinessError) => {
              console.log('发送失败');
            });
          }).catch((err: BusinessError) => {
            console.log('连接失败');
          });
        });
        // 连接使用完毕后，主动关闭，并取消相关事件的订阅
        setTimeout(() => {
          tcp.close().then(() => {
            console.log('关闭成功');
          }).catch((err: BusinessError) => {
            console.log('关闭失败');
          });
          tcp.off('message');
          tcp.off('connect');
          tcp.off('close');
        }, 30 * 1000);
      })
   Row(){
        TextInput({text:this.msg}).width("60%").height(50)
        Button("发送消息").width("40%").height(50).
        onClick(()=>{
            tcp.send({data:this.msg})
        })
   }.margin(10)
```

```
      Button("关闭连接").width("90%").height(50).margin(10)
      .onClick(()=>{
        tcp.close()
      })
    }.width("100%")
  }
}
```

运行效果如图9-4所示。

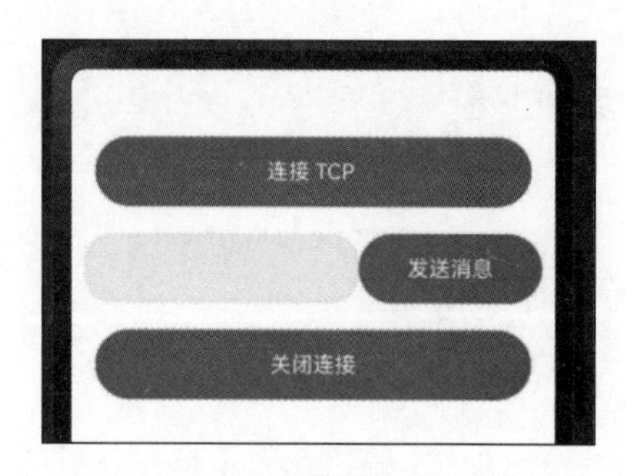

图9-4 TCP通信

9.4.5 TCP Socket Server进行数据传输

服务端TCP Socket Server进行数据传输的步骤如下：

步骤01 导入需要的socket模块。

步骤02 创建一个TCPSocketServer连接，返回一个TCPSocketServer对象。

步骤03 绑定本地IP地址和端口，监听并接收与此套接字建立的客户端TCPSocket连接。

步骤04 订阅TCPSocketServer的connect事件，用于监听客户端的连接状态。

步骤05 客户端与服务端建立连接后，返回一个TCPSocketConnection对象，用于与客户端通信。

步骤06 订阅TCPSocketConnection相关的事件，通过TCPSocketConnection向客户端发送数据。

步骤07 主动关闭与客户端的连接。

步骤08 取消TCPSocketConnection和TCPSocketServer相关事件的订阅。

通过TCP Socket Server进行数据传输的示例代码见文件9-5。

文件9-5 Demo0402.ets

```
import { socket } from '@kit.NetworkKit';
import { BusinessError } from '@kit.BasicServicesKit';

// 创建一个TCPSocketServer连接，返回一个TCPSocketServer对象
let tcpServer: socket.TCPSocketServer = socket.constructTCPSocketServerInstance();
// 绑定本地IP地址和端口，进行监听
let ipAddress : socket.NetAddress = {} as socket.NetAddress;
ipAddress.address = "192.168.xxx.xxx";
ipAddress.port = 4651;
let str:string=""
```

```
// 服务端监听
tcpServer.listen(ipAddress).then(() => {
  console.log('开启监听成功');
}).catch((err: BusinessError) => {
    console.log('监听失败');
});
// 封装 Socket 信息类
class SocketInfo {
  message: ArrayBuffer = new ArrayBuffer(1);
  remoteInfo: socket.SocketRemoteInfo = {} as socket.SocketRemoteInfo;
}
// 订阅 TCPSocketServer 的 connect 事件
tcpServer.on("connect", (client: socket.TCPSocketConnection) => {
// 订阅 TCPSocketConnection 事件
client.on("close", () => {
  console.log("监听 关闭 成功");
});
// 订阅消息接收事件
client.on("message", (value: SocketInfo) => {
  str += value.message;
  console.log("接收消息--:" + str);
  console.log("远程地址--:" + value.remoteInfo.address);
});

// 向客户端发送数据
let tcpSendOptions : socket.TCPSendOptions = {} as socket.TCPSendOptions;
tcpSendOptions.data = 'Hello, client!';
client.send(tcpSendOptions).then(() => {
  console.log('发送成功');
}).catch((err: Object) => {
  console.error('发送失败: ' + JSON.stringify(err));
});

// 关闭与客户端的连接
client.close().then(() => {
  console.log('关闭成功');
}).catch((err: BusinessError) => {
  console.log('关闭 失败');
});

// 取消 TCPSocketConnection 相关的事件订阅
setTimeout(() => {
  client.off("message");
  client.off("close");
  }, 10 * 1000);
});

// 取消 TCPSocketServer 相关的事件订阅
setTimeout(() => {  tcpServer.off("connect");}, 30 * 1000);
```

9.4.6 Multicast Socket 进行数据传输

Multicast Socket 进行数据传输的步骤如下：

步骤 01 导入需要的 socket 模块。

步骤 02 创建 multicastSocket 多播对象。

步骤 03 指定多播 IP 地址与端口，加入多播组。

步骤 04 开启 message 监听。

步骤 05 发送数据，数据以广播的形式传输，同一多播组中已经开启 message 监听的多播对象都会接收到数据。

步骤 06 关闭 message 的监听。

步骤 07 退出多播组。

Multicast Socket 进行数据传输的示例代码见文件 9-6。

文件 9-6 Demo0403.ets

```
import { socket } from '@kit.NetworkKit';
// 创建 Multicast 对象 let
multicast: socket.MulticastSocket = socket.constructMulticastSocketInstance();
// 准备地址
let addr : socket.NetAddress = {
  address: '239.255.0.1',
  port: 32123,
  family: 1
}
// 加入多播组
multicast.addMembership(addr).then(() => {
  console.log('addMembership success');
}).catch((err: Object) => {
  console.log('addMembership fail');
});
// 定义 Socket 信息类，用于接收数据
class SocketInfo {
  message: ArrayBuffer = new ArrayBuffer(1);
  remoteInfo: socket.SocketRemoteInfo = {} as socket.SocketRemoteInfo;
}
// 开启监听消息数据，将接收到的 ArrayBuffer 类型数据转换为 String
multicast.on('message', (data: SocketInfo) => {
  console.info('接收的数据: ' + JSON.stringify(data))
  const uintArray = new Uint8Array(data.message)
  let str = ''
  for (let i = 0; i < uintArray.length; ++i) {
    str += String.fromCharCode(uintArray[i])
  }
  console.info(str)
})
// 发送数据
multicast.send({ data:'Hello12345', address: addr }).then(() => {
```

```
  console.log('send success');
}).catch((err: Object) => {
  console.log('send fail, ' + JSON.stringify(err));
});
// 关闭消息的监听
multicast.off('message')
// 退出多播组
multicast.dropMembership(addr).then(() => {
  console.log('drop membership success');
}).catch((err: Object) => {
  console.log('drop membership fail');
});
```

9.4.7　LocalSocket 进行数据传输

LocalSocket 进行数据传输的步骤如下：

步骤 01 导入需要的 socket 模块。

步骤 02 使用 constructLocalSocketInstance 接口，创建一个 LocalSocket 客户端对象。

步骤 03 注册 LocalSocket 的消息（message）事件，以及一些其他事件（可选）。

步骤 04 连接到指定的本地套接字文件路径。

步骤 05 发送数据。

步骤 06 Socket 连接使用完毕后，取消事件的注册，并关闭套接字。

LocalSocket 进行数据传输的示例代码见文件 9-7。

文件 9-7　Demo0404.ets

```
import { socket } from '@kit.NetworkKit';

// 创建一个 LocalSocket 连接，返回一个 LocalSocket 对象
let client: socket.LocalSocket = socket.constructLocalSocketInstance();
// 监听接收消息事件
client.on('message', (value: socket.LocalSocketMessageInfo) => {
  const uintArray = new Uint8Array(value.message)
  let messageView = '';
  for (let i = 0; i < uintArray.length; i++) {
    messageView += String.fromCharCode(uintArray[i]);
  }
  console.log('总接收: ' + JSON.stringify(value));
  console.log('消息: ' + messageView);
});
// 监听连接事件
client.on('connect', () => {
  console.log("连接");
});
// 监听关闭事件
client.on('close', () => {
  console.log("关闭");
```

```
});
// 传入指定的本地套接字路径，连接服务端
let sandboxPath: string = getContext(this).filesDir + '/testSocket'

let localAddress : socket.LocalAddress = {
  address: sandboxPath
}
let connectOpt: socket.LocalConnectOptions = {
  address: localAddress,
  timeout: 6000
}
// 设置发送的消息内容
let sendOpt: socket.LocalSendOptions = {
  data: 'Hello world!'
}
// 连接
client.connect(connectOpt).then(() => {
  console.log('连接成功')
  client.send(sendOpt).then(() => {
    console.log('发送成功')
  }).catch((err: Object) => {
    console.log('发送失败: ' + JSON.stringify(err))
  })
}).catch((err: Object) => {
  console.log('连接失败: ' + JSON.stringify(err));
});
// 当不再需要连接服务端时，则断开且取消事件的监听
client.off('message');
client.off('connect');
client.off('close');
client.close().then(() => {
  console.log('关闭成功')
}).catch((err: Object) => {
  console.log('关闭错误: ' + JSON.stringify(err))
})
```

9.4.8 Local Socket Server 进行数据传输

服务端 Local Socket Server 进行数据传输的步骤如下：

步骤01 导入需要的 socket 模块。

步骤02 使用 constructLocalSocketServerInstance 接口，创建一个 LocalSocketServer 服务端对象。

步骤03 启动服务，绑定本地套接字路径，创建出本地套接字文件，监听客户端的连接请求。

步骤04 注册 LocalSocket 的客户端连接（connect）事件，以及一些其他事件（可选）。

步骤05 当客户端连接上来时，通过连接事件的回调函数获取连接会话对象。

步骤06 给会话对象 LocalSocketConnection 注册消息（message）事件，以及一些其他事件（可选）。

步骤07 通过会话对象主动向客户端发送消息。

步骤08 结束与客户端的通信，主动断开与客户端的连接。

步骤 09 取消 LocalSocketConnection 和 LocalSocketServer 相关事件的订阅。

Local Socket Server 进行数据传输的示例代码见文件 9-8。

文件 9-8　Demo0405.ets

```
import { socket } from '@kit.NetworkKit';

// 创建一个 LocalSocketServer 连接，返回一个 LocalSocketServer 对象
let server: socket.LocalSocketServer = socket.constructLocalSocketServerInstance();
// 创建并绑定本地套接字文件 testSocket，进行监听
let sandboxPath: string = getContext(this).filesDir + '/testSocket'
let listenAddr: socket.LocalAddress = {
  address: sandboxPath
}
// 监听
server.listen(listenAddr).then(() => {
  console.log("listen success");
}).catch((err: Object) => {
  console.log("listen fail: " + JSON.stringify(err));
});
// 订阅 LocalSocketServer 的 connect 事件
server.on('connect', (connection: socket.LocalSocketConnection) => {
  // 订阅 LocalSocketConnection 相关的事件
  connection.on('error', (err: Object) => {
    console.log("on error success");
  });
// 监听接收消息事件
connection.on('message', (value: socket.LocalSocketMessageInfo) => {
    const uintArray = new Uint8Array(value.message);
    let messageView = '';
    for (let i = 0; i < uintArray.length; i++) {
      messageView += String.fromCharCode(uintArray[i]);
    }
    console.log('total: ' + JSON.stringify(value));
    console.log('message information: ' + messageView);
});
// 监听错误事件
connection.on('error', (err: Object) => {
    console.log("err:" + JSON.stringify(err));
})
// 向客户端发送数据
let sendOpt : socket.LocalSendOptions = {
  data: 'Hello world!'
};
// 发送消息
connection.send(sendOpt).then(() => {
    console.log('send success');
  }).catch((err: Object) => {
    console.log('send failed: ' + JSON.stringify(err));
})
```

```
// 关闭与客户端的连接
connection.close().then(() => {
  console.log('close success');
}).catch((err: Object) => {
  console.log('close failed: ' + JSON.stringify(err));
});
// 取消 LocalSocketConnection 相关的事件订阅
 connection.off('message');
 connection.off('error');
});
```

9.4.9 TLS Socket 进行加密数据传输

客户端 TLS Socket 进行加密数据传输的步骤如下：

步骤 01 导入需要的 socket 模块。

步骤 02 绑定服务器 IP 地址和端口号。

步骤 03 双向认证则上传客户端 CA 证书及数字证书；单向认证则上传客户端 CA 证书。

步骤 04 创建一个 TLSSocket 连接，返回一个 TLSSocket 对象。

步骤 05 （可选）订阅 TLSSocket 相关的订阅事件。

步骤 06 发送数据。

步骤 07 TLSSocket 连接使用完毕后，主动关闭。

客户端 TLS Socket 进行加密数据传输的示例代码见文件 9-9。

文件 9-9　Demo0406.ets

```
import { socket } from '@kit.NetworkKit';
import { BusinessError } from '@kit.BasicServicesKit';
class SocketInfo {
  message: ArrayBuffer = new ArrayBuffer(1);
  remoteInfo: socket.SocketRemoteInfo = {} as socket.SocketRemoteInfo;
}
// 创建一个（双向认证）TLSSocket 连接，返回一个 TLSSocket 对象
let tlsTwoWay: socket.TLSSocket = socket.constructTLSSocketInstance();

// 订阅 TLSSocket 相关的订阅事件
tlsTwoWay.on('message', (value: SocketInfo) => {
  console.log("订阅消息");
  let buffer = value.message;
  let dataView = new DataView(buffer);
  let str = "";
  for (let i = 0; i < dataView.byteLength; ++i) {
    str += String.fromCharCode(dataView.getUint8(i));
  }
  console.log("接收消息:" + str);
});
// 监听连接
tlsTwoWay.on('connect', () => {
```

```
  console.log("连接");
});
// 监听关闭
tlsTwoWay.on('close', () => {
  console.log("关闭");
});
// 绑定本地 IP 地址和端口
let ipAddress : socket.NetAddress = {} as socket.NetAddress;
ipAddress.address = "192.168.xxx.xxx";
ipAddress.port = 4512;
// 绑定
tlsTwoWay.bind(ipAddress, (err: BusinessError) => {
  if (err) {
    console.log('绑定失败');
    return;
  }
  console.log('绑定成功');
});
//
ipAddress.address = "192.168.xxx.xxx";
ipAddress.port = 1234;
let tlsSecureOption : socket.TLSSecureOptions = {} as socket.TLSSecureOptions;
tlsSecureOption.key = "xxxx";
tlsSecureOption.cert = "xxxx";
tlsSecureOption.ca = ["xxxx"];
tlsSecureOption.password = "xxxx";
tlsSecureOption.protocols = [socket.Protocol.TLSv12];
tlsSecureOption.useRemoteCipherPrefer = true;
tlsSecureOption.signatureAlgorithms = "rsa_pss_rsae_sha256:ECDSA+SHA256";
tlsSecureOption.cipherSuite = "AES256-SHA256";
let tlsTwoWayConnectOption : socket.TLSConnectOptions = {} as socket.TLSConnectOptions;
tlsSecureOption.key = "xxxx";
tlsTwoWayConnectOption.address = ipAddress;
tlsTwoWayConnectOption.secureOptions = tlsSecureOption;
tlsTwoWayConnectOption.ALPNProtocols = ["spdy/1", "http/1.1"];
// 建立连接
tlsTwoWay.connect(tlsTwoWayConnectOption).then(() => {
  console.log("connect successfully");
}).catch((err: BusinessError) => {
  console.log("connect failed " + JSON.stringify(err));
});
// 连接使用完毕后，主动关闭并取消相关事件的订阅
tlsTwoWay.close((err: BusinessError) => {
  if (err) {
    console.log("close callback error = " + err);
  } else {
    console.log("close success");
  }
  tlsTwoWay.off('message');
  tlsTwoWay.off('connect');
```

```
  tlsTwoWay.off('close');
});

// 创建一个（单向认证）TLS Socket 连接，返回一个 TLS Socket 对象
let tlsOneWay: socket.TLSSocket = socket.constructTLSSocketInstance();
// One way authentication
// 订阅 TLS Socket 相关的订阅事件
tlsTwoWay.on('message', (value: SocketInfo) => {
  console.log("订阅消息 2");
  let buffer = value.message;
  let dataView = new DataView(buffer);
  let str = "";
  for (let i = 0; i < dataView.byteLength; ++i) {
    str += String.fromCharCode(dataView.getUint8(i));
  }
  console.log("接收消息 2:" + str);
});
tlsTwoWay.on('connect', () => {
  console.log("连接 2");
});
tlsTwoWay.on('close', () => {
  console.log("关闭 2");
});
// 绑定本地 IP 地址和端口
ipAddress.address = "192.168.xxx.xxx";
ipAddress.port = 5445;
tlsOneWay.bind(ipAddress, (err:BusinessError) => {
  if (err) {
    console.log('绑定失败 2');
    return;
  }
  console.log('绑定成功 2');
});

ipAddress.address = "192.168.xxx.xxx";
ipAddress.port = 8789;
let tlsOneWaySecureOption : socket.TLSSecureOptions = {} as socket.TLSSecureOptions;
tlsOneWaySecureOption.ca = ["xxxx", "xxxx"];
tlsOneWaySecureOption.cipherSuite = "AES256-SHA256";
let tlsOneWayConnectOptions: socket.TLSConnectOptions = {} as socket.TLSConnectOptions;
tlsOneWayConnectOptions.address = ipAddress;

tlsOneWayConnectOptions.secureOptions = tlsOneWaySecureOption;
// 建立连接
tlsOneWay.connect(tlsOneWayConnectOptions).then(() => {
  console.log("连接成功");
}).catch((err: BusinessError) => {
  console.log("连接失败" + JSON.stringify(err));
});

// 连接使用完毕后，主动关闭并取消相关事件的订阅
```

```
tlsTwoWay.close((err: BusinessError) => {
  if (err) {
    console.log("关闭错误 = " + err);
  } else {
    console.log("关闭成功");
  }
  tlsTwoWay.off('message');
  tlsTwoWay.off('connect');
  tlsTwoWay.off('close');
});
```

9.4.10　TCP Socket 升级为 TLS Socket 进行加密数据传输

客户端 TCP Socket 升级为 TLS Socket 进行加密数据传输的步骤如下：

步骤 01 导入需要的 socket 模块。

步骤 02 创建一个 TCPSocket 连接。

步骤 03 确保 TCPSocket 已连接后，使用该 TCPSocket 对象创建 TLSSocket 连接，返回一个 TLSSocket 对象。

步骤 04 双向认证则上传客户端 CA 证书及数字证书；单向认证则上传客户端 CA 证书。

步骤 05 订阅 TLSSocket 相关的订阅事件。

步骤 06 发送数据。

步骤 07 TLSSocket 连接使用完毕后，主动关闭。

客户端 TCP Socket 升级为 TLS Socket 进行加密数据传输的示例代码见文件 9-10。

文件 9-10　Demo0407.ets

```
import { socket } from '@kit.NetworkKit';
import { BusinessError } from '@kit.BasicServicesKit';
class SocketInfo {
  message: ArrayBuffer = new ArrayBuffer(1);
  remoteInfo: socket.SocketRemoteInfo = {} as socket.SocketRemoteInfo;
}
// 创建一个 TCPSocket 连接，返回一个 TCPSocket 对象
let tcp: socket.TCPSocket = socket.constructTCPSocketInstance();
tcp.on('message', (value: SocketInfo) => {
  console.log("监听消息");
  let buffer = value.message;
  let dataView = new DataView(buffer);
  let str = "";
  for (let i = 0; i < dataView.byteLength; ++i) {
    str += String.fromCharCode(dataView.getUint8(i));
  }
  console.log("接收消息:" + str);
});
tcp.on('connect', () => {
  console.log("连接");
});
```

```
// 绑定本地 IP 地址和端口
let ipAddress: socket.NetAddress = {} as socket.NetAddress;
ipAddress.address = "192.168.xxx.xxx";
ipAddress.port = 1234;
tcp.bind(ipAddress, (err: BusinessError) => {
  if (err) {
    console.log('绑定失败');
    return;
  }
  console.log('绑定成功');
  // 连接到指定的 IP 地址和端口
  ipAddress.address = "192.168.xxx.xxx";
  ipAddress.port = 443;
  let tcpConnect: socket.TCPConnectOptions = {} as socket.TCPConnectOptions;
  tcpConnect.address = ipAddress;
  tcpConnect.timeout = 6000;
  tcp.connect(tcpConnect, (err: BusinessError) => {
    if (err) {
      console.log('连接失败');
      return;
    }
    console.log('连接成功');

    // 确保 TCPSocket 已连接后，将其升级为 TLSSocket 连接
    let tlsTwoWay: socket.TLSSocket = socket.constructTLSSocketInstance(tcp);
    // 订阅 TLSSocket 相关的订阅事件
    tlsTwoWay.on('message', (value: SocketInfo) => {
      console.log("TLS-消息");
      let buffer = value.message;
      let dataView = new DataView(buffer);
      let str = "";
      for (let i = 0; i < dataView.byteLength; ++i) {
        str += String.fromCharCode(dataView.getUint8(i));
      }
      console.log("TLS 接收消息:" + str);
    });
    tlsTwoWay.on('connect', () => {
      console.log("tls 连接");
    });
    tlsTwoWay.on('close', () => {
      console.log("tls 关闭");
    });

    // 配置 TLSSocket 目的地址、证书等信息
    ipAddress.address = "192.168.xxx.xxx";   // 替换为实际目标 IP 地址
    ipAddress.port = 1234;
    let tlsSecureOption: socket.TLSSecureOptions = {} as socket.TLSSecureOptions;
    tlsSecureOption.key = "xxxx";           // 替换为实际的私钥
    tlsSecureOption.cert = "xxxx";          // 替换为实际的证书
```

```
    tlsSecureOption.ca = ["xxxx"];       // 替换为实际的 CA 证书
    tlsSecureOption.password = "xxxx";  // 替换为实际的密码
    tlsSecureOption.protocols = [socket.Protocol.TLSv12];     // 指定 TLS 协议版本
    tlsSecureOption.useRemoteCipherPrefer = true;
    tlsSecureOption.signatureAlgorithms = "rsa_pss_rsae_sha256:ECDSA+SHA256";
    tlsSecureOption.cipherSuite = "AES256-SHA256";    // 指定加密套件

    let tlsTwoWayConnectOption: socket.TLSConnectOptions = {} as
socket.TLSConnectOptions;
    tlsSecureOption.key = "xxxx";
    tlsTwoWayConnectOption.address = ipAddress;
    tlsTwoWayConnectOption.secureOptions = tlsSecureOption;
    tlsTwoWayConnectOption.ALPNProtocols = ["spdy/1", "http/1.1"];

    // 建立 TLSSocket 连接
    tlsTwoWay.connect(tlsTwoWayConnectOption, () => {
      console.log("tls 连接成功");

      // 连接使用完毕后，主动关闭并取消相关事件的订阅
      tlsTwoWay.close((err: BusinessError) => {
        if (err) {
          console.log("tls 关闭失败=" + err);
        } else {
          console.log("tls 关闭成功");
        }
        tlsTwoWay.off('message');
        tlsTwoWay.off('connect');
        tlsTwoWay.off('close');
      });
    });
  });
});
```

9.4.11 TLS Socket Server 进行加密数据传输

服务端 TLS Socket Server 进行加密数据传输的步骤如下：

步骤01 导入需要的 socket 模块。

步骤02 启动服务，绑定 IP 地址和端口号，监听客户端连接，创建并初始化 TLS 会话，加载证书密钥并验证。

步骤03 订阅 TLSSocketServer 的连接事件。

步骤04 收到客户端连接，通过回调得到 TLSSocketConnection 对象。

步骤05 订阅 TLSSocketConnection 相关的事件。

步骤06 发送数据。

步骤07 TLSSocketConnection 连接使用完毕后，断开连接。

步骤08 取消订阅 TLSSocketConnection 以及 TLSSocketServer 的相关事件。

服务端 TLS Socket Server 进行加密数据传输的示例代码见文件 9-11。

文件 9-11　Demo0408.ets

```
import { socket } from '@kit.NetworkKit';
import { BusinessError } from '@kit.BasicServicesKit';

let tlsServer: socket.TLSSocketServer = socket.constructTLSSocketServerInstance();
let netAddress: socket.NetAddress = {
  address: '192.168.xx.xxx',
  port: 8080
}

// 配置 TLS 安全选项
let tlsSecureOptions: socket.TLSSecureOptions = {
  key: "xxxx",          // 替换为实际的私钥
  cert: "xxxx",         // 替换为实际的证书
  ca: ["xxxx"],         // 替换为实际的 CA 证书
  password: "xxxx",     // 替换为实际的密码
  protocols: socket.Protocol.TLSv12,    // 使用数组形式指定 TLS 协议版本
  useRemoteCipherPrefer: true,
  signatureAlgorithms: "rsa_pss_rsae_sha256:ECDSA+SHA256",
  cipherSuite: "AES256-SHA256"              // 指定加密套件
}

let tlsConnectOptions: socket.TLSConnectOptions = {
  address: netAddress,
  secureOptions: tlsSecureOptions,
  ALPNProtocols: ["spdy/1", "http/1.1"]
}

// 启动 TLS 服务器
tlsServer.listen(tlsConnectOptions).then(() => {
  console.log("listen callback success");
}).catch((err: BusinessError) => {
  console.log("failed" + err);
});

class SocketInfo {
  message: ArrayBuffer = new ArrayBuffer(1);
  remoteInfo: socket.SocketRemoteInfo = {} as socket.SocketRemoteInfo;
}
let callback = (value: SocketInfo) => {
  let messageView = '';
  for (let i: number = 0; i < value.message.byteLength; i++) {
    let uint8Array = new Uint8Array(value.message)
    let messages = uint8Array[i]
    let message = String.fromCharCode(messages);
    messageView += message;
```

```
    }
    console.log('on message message: ' + JSON.stringify(messageView));
    console.log('remoteInfo: ' + JSON.stringify(value.remoteInfo));
  }

  // 客户端连接处理
  tlsServer.on('connect', (client: socket.TLSSocketConnection) => {
    client.on('message', callback);        // 订阅消息事件
    // 发送数据
    client.send('Hello, client!').then(() => {
      console.log('send success');
    }).catch((err: BusinessError) => {
      console.log('send fail');
    });
    // 断开连接
    client.close().then(() => {
      console.log('close success');
    }).catch((err: BusinessError) => {
      console.log('close fail');
    });
    // 可以指定传入 on 中的 callback 取消一个订阅，也可以不指定 callback 清空所有订阅
    client.off('message', callback);
    client.off('message');
  });
  // 取消订阅 tlsServer 的相关事件
  tlsServer.off('connect');
```

9.5　MDNS 管理

本节主要介绍 MDNS 管理的相关内容。

9.5.1　MDNS 简介

MDNS 即多播 DNS，提供局域网内的本地服务添加、移除、发现、解析等能力。

本地服务是局域网内服务的提供方，比如打印机、扫描器等。

MDNS 管理的典型场景有：

- 管理本地服务，通过对本地服务的创建、删除和解析等管理本地服务。
- 发现本地服务，通过 DiscoveryService 对象，对指定类型的本地服务状态变化进行监听。

为了保证应用的运行效率，大部分 API 调用都是异步的。对于异步调用的 API，均提供了 callback 和 Promise 两种方式。

9.5.2 MDNS 接口

MDNS 的接口及其说明如表 9-6 所示。

表 9-6 MDNS 的接口

接 口 名	说 明
addLocalService(context:Context, serviceInfo:LocalServiceInfo,callback: AsyncCallback<LocalServiceInfo>): void	添加一个 MDNS 服务，使用 callback 方式作为异步方法
removeLocalService(context:Context, serviceInfo:LocalServiceInfo,callback: AsyncCallback<LocalServiceInfo>): void	移除一个 MDNS 服务，使用 callback 方式作为异步方法
createDiscoveryService(context:Context, serviceType: string): DiscoveryService	返回一个 DiscoveryService 对象，该对象用于发现指定服务类型的 MDNS 服务
resolveLocalService(context:Context, serviceInfo:LocalServiceInfo,callback: AsyncCallback<LocalServiceInfo>): void	解析一个 MDNS 服务，使用 callback 方式作为异步方法
startSearchingMDNS(): void	开始搜索局域网内的 MDNS 服务
stopSearchingMDNS(): void	停止搜索局域网内的 MDNS 服务
on(type:discoveryStart,callback: Callback<{serviceInfo:LocalServiceInfo, errorCode?: MdnsError}>): void	订阅开启监听 MDNS 服务的通知
off(type:discoveryStart,callback?: Callback<{serviceInfo:LocalServiceInfo, errorCode?: MdnsError }>): void	取消开启监听 MDNS 服务的通知
on(type:discoveryStop,callback: Callback<{serviceInfo:LocalServiceInfo, errorCode?: MdnsError}>): void	订阅停止监听 MDNS 服务的通知
off(type:discoveryStop,callback?: Callback<{serviceInfo:LocalServiceInfo, errorCode?: MdnsError }>): void	取消停止监听 MDNS 服务的通知
on(type:serviceFound,callback: Callback<LocalServiceInfo>): void	订阅发现 MDNS 服务的通知
off(type:'serviceFound,callback?: Callback<LocalServiceInfo>): void	取消发现 MDNS 服务的通知
on(type:serviceLost,callback: Callback<LocalServiceInfo>): void	订阅移除 MDNS 服务的通知
off(type:serviceLost,callback?: Callback<LocalServiceInfo>): void	取消移除 MDNS 服务的通知

9.5.3 管理本地服务

管理本地服务的步骤如下：

步骤 01 设备连接 WiFi。

步骤 02 从@kit.NetworkKit 里导入 mdns 的命名空间。

步骤 03 调用 addLocalService 方法，添加本地服务。

步骤 04 通过 resolveLocalService 方法，解析本地网络的 IP 地址（非必要，根据需求使用）。

步骤 05 通过 removeLocalService 方法，移除本地服务。

管理本地服务的示例代码见文件 9-12。

文件 9-12　Demo0501.ets

```
// 从@kit.NetworkKit 中导入 mdns 命名空间
// ......
let context = getContext(this) as Context;
class ServiceAttribute {
  key: string = "111"
  value: Array<number> = [1]
}

// 建立 LocalService 对象
let localServiceInfo: mdns.LocalServiceInfo = {
  serviceType: "_print._tcp",
  serviceName: "servicename",
  port: 5555,
  host: {
    address: "10.14.**.***"
  },
  serviceAttribute: [
    {key: "111", value: [1]}
  ]
}

// addLocalService 添加本地服务
mdns.addLocalService(context, localServiceInfo).then((data: mdns.LocalServiceInfo) => {
  console.log(JSON.stringify(data));
});

// resolveLocalService 解析本地服务对象（非必要，根据需求使用）
mdns.resolveLocalService(context, localServiceInfo).then((data: mdns.LocalServiceInfo)
=> {
  console.log(JSON.stringify(data));
});

// removeLocalService 移除本地服务
mdns.removeLocalService(context, localServiceInfo).then((data: mdns.LocalServiceInfo) =>
{
  console.log(JSON.stringify(data));
});
```

9.5.4 发现本地服务

发现本地服务的步骤如下：

步骤 01 设备连接 WiFi。

步骤 02 从@kit.NetworkKit 里导入 mdns 的命名空间。

步骤 03 创建 DiscoveryService 对象，用于发现指定服务类型的 MDNS 服务。

步骤 04 订阅 MDNS 服务发现相关状态变化。

步骤 05 启动搜索局域网内的 MDNS 服务。

步骤 06 停止搜索局域网内的 MDNS 服务。

步骤 07 取消订阅的 MDNS 服务。

发现本地服务的示例代码见文件 9-13。

文件 9-13 Demo0502.ets

```
// 从@kit.NetworkKit 中导入 mdns 命名空间
// 构造单例对象
export class GlobalContext {
  private constructor() {}
  private static instance: GlobalContext;
  private _objects = new Map<string, Object>();

  public static getContext(): GlobalContext {
    if (!GlobalContext.instance) {
      GlobalContext.instance = new GlobalContext();
    }
    return GlobalContext.instance;
  }
  getObject(value: string): Object | undefined {
    return this._objects.get(value);
  }
  setObject(key: string, objectClass: Object): void {
    this._objects.set(key, objectClass);
  }
}
// Stage 模型获取
contextclass EntryAbility extends UIAbility {
  value:number = 0;
  onWindowStageCreate(windowStage: window.WindowStage): void{
    GlobalContext.getContext().setObject("value", this.value);
  }
}

let context = GlobalContext.getContext().getObject("value") as common.UIAbilityContext;
// 创建 DiscoveryService 对象，用于发现指定服务类型的 MDNS 服务
let serviceType = "_print._tcp";
let discoveryService = mdns.createDiscoveryService(context, serviceType);
```

```
// 订阅 MDNS 服务发现相关状态变化
discoveryService.on('discoveryStart', (data: mdns.DiscoveryEventInfo) => {
  console.log(JSON.stringify(data));
});

discoveryService.on('discoveryStop', (data: mdns.DiscoveryEventInfo) => {
  console.log(JSON.stringify(data));
});

discoveryService.on('serviceFound', (data: mdns.LocalServiceInfo) => {
  console.log(JSON.stringify(data));
});

discoveryService.on('serviceLost', (data: mdns.LocalServiceInfo) => {
  console.log(JSON.stringify(data));
});

// 启动搜索局域网内的 MDNS 服务
discoveryService.startSearchingMDNS();
// 停止搜索局域网内的 MDNS 服务
discoveryService.stopSearchingMDNS();
// 取消订阅的 MDNS 服务
discoveryService.off('discoveryStart', (data: mdns.DiscoveryEventInfo) => {
  console.log(JSON.stringify(data));
});
discoveryService.off('discoveryStop', (data: mdns.DiscoveryEventInfo) => {
  console.log(JSON.stringify(data));
});
discoveryService.off('serviceFound', (data: mdns.LocalServiceInfo) => {
  console.log(JSON.stringify(data));
});
discoveryService.off('serviceLost', (data: mdns.LocalServiceInfo) => {
  console.log(JSON.stringify(data));
});
```

9.6 本章小结

本章全面介绍了 HarmonyOS NEXT 的网络服务功能，重点讲解了 Network Kit 的使用。Network Kit 是 HarmonyOS NEXT 提供的网络通信基础库，支持 HTTP 请求、WebSocket 连接、Socket 连接等多种网络协议。它还具备网络连接管理和 MDNS 管理等高级功能，能够满足开发者在不同网络环境下的需求。在 HTTP 数据请求方面，详细介绍了 HTTP 请求的方法和接口使用，提供了 request 和 requestInStream 接口的开发示例，展示了如何进行 HTTP 请求和流式响应数据处理。在 WebSocket 连接部分，介绍了 WebSocket 的创建、连接、通信和关闭等操作，并提供了接口说明和开发示例。在 Socket 连接部分，详细解释了 Socket、TCP、UDP 等概念，列举了其应用场景，并提供了接口说明和多种 Socket 通信示例。在 MDNS 管理部分，介绍了 MDNS 的功能和接口使用，展示了如何进行局域网内的服务管理和服务发现。

通过学习本章内容，读者可以掌握HarmonyOS NEXT网络服务的相关知识，为开发具有网络通信功能的应用程序打下基础。

9.7 本章习题

1. HarmonyOS NEXT的Network Kit主要提供哪些功能？
2. 在HarmonyOS NEXT中，如何发起一个HTTP GET请求？
3. WebSocket连接在HarmonyOS NEXT中是如何建立的？
4. HarmonyOS NEXT中支持哪些Socket连接类型？
5. 如何在HarmonyOS NEXT中使用MDNS进行服务发现？
6. 在HarmonyOS NEXT中，如何处理HTTP请求的流式响应？
7. 在WebSocket连接中，如何监听服务器发送的消息？
8. 在HarmonyOS NEXT中如何创建一个TCP Socket连接？
9. 如何在HarmonyOS NEXT中添加一个MDNS本地服务？
10. 在HarmonyOS NEXT中，如何确保WebSocket连接的安全性？

第三部分

应用开发高级

本书的第三部分将深入探讨 HarmonyOS NEXT 中的一多开发、第三方库以及基于 uni-app 进行鸿蒙应用开发，让开发者掌握更为丰富的鸿蒙应用开发技能，以应对企业更高的要求。

本部分共 3 章，分别是：

- 第 10 章　一多开发：详细介绍“一次开发、多端部署”（一多能力）的概念及其在多设备应用开发中的应用。讲解页面开发和功能开发的多种一多能力的实现。
- 第 11 章　OpenHarmony 第三方库的使用：第三方库是开发者对系统能力的封装和扩展，可以实现代码复用，提升开发效率。本章将详细讲解 OpenHarmony 第三方库的包管理工具 ohpm 和第三方库 harmony-dialog 的使用。
- 第 12 章　基于 uni-app 开发鸿蒙应用：uni-app 提供了统一的方式进行移动端应用开发，本章将详细讲解如何基于 uni-app 进行鸿蒙应用开发。

通过以上内容的学习，读者将全面掌握 HarmonyOS NEXT 中一多开发、第三方库、基于 uni-app 的鸿蒙应用的开发技能。

第 10 章

一多开发

本章将详细介绍 HarmonyOS NEXT 系统中“一次开发、多端部署”（一多能力）的概念及其在多设备应用开发中的应用。

一多能力旨在通过一套代码工程实现多端部署，支持开发者高效地为多种终端设备形态提供应用，实现跨设备的无缝衔接。本章将从一多能力的定义及目标出发，介绍方舟开发框架（ArkUI）提供的两种开发范式：类 Web 开发范式和声明式开发范式。此外，本章还将深入探讨工程管理、页面开发的一多能力和功能开发的一多能力等内容，帮助开发者构建高效、可维护的多设备应用。

10.1　一多开发简介

随着终端设备形态日益多样化，分布式技术逐渐打破单一硬件边界，一个应用或服务可以在不同的硬件设备之间随意调用、互助共享，让用户享受无缝的全场景体验。此外，作为应用开发者，广泛的设备类型也能为应用带来广大的潜在用户群体。

但是，如果一个应用需要在多个设备上提供同样的内容，则需要适配不同的屏幕尺寸和硬件，开发成本较高。HarmonyOS NEXT 系统面向多终端提供了“一次开发、多端部署”能力（后续称“一多能力”），让开发者可以基于一种设计，高校构建多端可运行的应用。

10.1.1　定义及目标

一多能力的定义为一套代码工程，一次开发上架，多端按需部署。

一多能力的目标为支撑开发者快速高效地开发支持多种终端设备形态的应用，在实现对不同设备兼容的同时，提供跨设备的流转、迁移和协同的分布式体验。

为了实现“一多”的目标，需要解决两个基础问题：

- 不同设备间的屏幕尺寸、色彩风格等存在差异，页面如何适配。
- 不同设备的系统能力有差异，如智能穿戴设备是否具备定位能力，智慧屏是否具备摄像头等，它们的功能如何兼容。

10.1.2 基础知识

1. 方舟开发框架

方舟开发框架为开发者进行应用 UI 开发提供必需的能力。它提供了两种开发范式，分别是基于 JS 扩展的类 Web 开发范式（后文中简称为“类 Web 开发范式”）和基于 ArkTS 的声明式开发范式（后文中简称为“声明式开发范式”）。

- 类 Web 开发范式：采用经典的 HML、CSS、JavaScript 三段式开发方式。使用 HML 标签文件进行布局搭建，使用 CSS 文件进行样式描述，使用 JavaScript 文件进行逻辑处理。UI 组件与数据之间通过单向数据绑定的方式建立关联，当数据发生变化时，UI 界面自动触发更新。此种开发方式，更接近 Web 前端开发者的使用习惯，它能快速地将已有的 Web 应用改造成方舟开发框架应用，主要适用于界面较为简单的中小型应用开发。
- 声明式开发范式：采用 TypeScript 语言并进行声明式 UI 语法扩展，从组件、动效和状态管理三个维度提供了 UI 绘制能力。UI 开发更接近自然语义的编程方式，让开发者直观地描述 UI 界面，而不必关心框架如何实现 UI 绘制和渲染，实现极简高效开发。同时，选用有类型标注的 TypeScript 语言，引入编译期的类型校验，更适用大型的应用开发。

注　意
声明式开发范式占用内存更少，官方更推荐开发者选用声明式开发范式来搭建应用 UI 界面。

2. 应用程序包结构

在进行应用开发时，一个应用通常包含一个或多个 Module。Module 是应用/服务的基本功能单元，包含了源代码、资源文件、第三方库及应用/服务配置文件，每一个 Module 都可以独立进行编译和运行。

Module 分为 Ability 和 Library 两种类型：

- Ability 类型的 Module 编译后生成 HAP 包。
- Library 类型的 Module 编译后生成 HAR 包或 HSP 包。

应用以 App 包形式发布，包含一个或多个 HAP 包。HAP 是应用安装的基本单位，可以分为 Entry 和 Feature 两种类型：

- Entry 类型的 HAP：应用的主模块。在同一个应用中，同一设备类型只支持一个 Entry 类型的 HAP，通常用于实现应用的入口界面、入口图标、主特性功能等。
- Feature 类型的 HAP：应用的动态特性模块。Feature 类型的 HAP 通常用于实现应用的特性功能，一个应用程序包可以包含一个或多个 Feature 类型的 HAP，也可以不包含。

3. 部署模型

“一多”有如下两种部署模型：

- 部署模型 A：在不同类型的设备上按照一定的工程结构组织方式，通过一次编译生成相同的 HAP（或 HAP 组合）。
- 部署模型 B：在不同类型的设备上按照一定的工程结构组织方式，通过一次编译生成不同的 HAP（或 HAP 组合）。

开发者可以从应用 UX 设计及应用功能两个维度，结合具体的业务场景，考虑选择哪种部署模型。当然，也可以借助设备类型分类，快速做出判断。

从屏幕尺寸、输入方式及交互距离三个维度考虑，可以将常用类型的设备分为不同泛类：

- 默认设备、平板
- 车机、智慧屏
- 智能穿戴
- ……

对于相同泛类的设备，优先选择部署模型 A；对于不同泛类的设备，优先选择部署模型 B。

注　意
1. 当应用在不同泛类设备上的 UX 设计或功能相似时，可以使用部署模型 A。 2. 当应用在同一泛类不同类型设备上的 UX 设计或功能差异非常大时，可以使用部署模型 B，但同时也应审视应用的 UX 设计及功能规划是否合理。 3. 本小节引入部署模型 A 和部署模型 B 的概念是为了方便开发者理解。实际上，在开发多设备应用时，如果目标设备类型较多，往往是部署模型 A 和部署模型 B 混合使用。 4. 不管采用哪种部署模型，都应该采用一次编译。

4. 工程结构

“一多”推荐在应用开发过程中使用如下“三层工程结构”。

- common（公共能力层）：用于存放公共基础能力集合（如工具库、公共配置等）。common 层可编译成一个或多个 HAR 包或 HSP 包（HAR 中的代码和资源跟随使用方编译，如果有多个使用方，它们的编译产物中会存在多份相同副本；而 HSP 中的代码和资源可以独立编译，运行时在一个进程中代码也只会存在一份），它只可以被 products 和 features 依赖，不可以反向依赖。
- features（基础特性层）：用于存放基础特性集合（如应用中相对独立的各个功能的 UI 及业务逻辑实现等）。各个 feature 高内聚、低耦合、可定制，供产品灵活部署。不需要单独部署的 feature 通常编译为 HAR 包或 HSP 包，供 products 或其他 feature 使用，但不能反向依赖 products 层。需要单独部署的 feature 通常编译为 Feature 类型的 HAP 包，与 products 下 Entry 类型的 HAP 包进行组合部署。features 层可以横向调用及依赖 common 层。
- products（产品定制层）：用于针对不同设备形态进行功能和特性集成。products 层各个子目录各自编译为一个 Entry 类型的 HAP 包，作为应用主入口。products 层不可以横向调用。

代码工程结构抽象后一般如下所示。

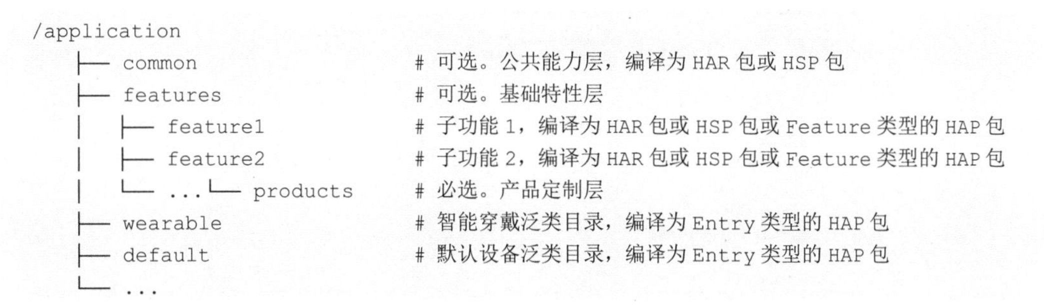

```
/application
├── common                    # 可选。公共能力层，编译为 HAR 包或 HSP 包
├── features                  # 可选。基础特性层
│   ├── feature1              # 子功能 1，编译为 HAR 包或 HSP 包或 Feature 类型的 HAP 包
│   ├── feature2              # 子功能 2，编译为 HAR 包或 HSP 包或 Feature 类型的 HAP 包
│   └── ...└── products       # 必选。产品定制层
├── wearable                  # 智能穿戴泛类目录，编译为 Entry 类型的 HAP 包
├── default                   # 默认设备泛类目录，编译为 Entry 类型的 HAP 包
└── ...
```

说　明

1. 当部署模型不同时，相应的代码工程结构也有差异。部署模型 A 和部署模型 B 的主要差异点集中在 products 层：部署模型 A 在 products 目录下同一子目录中集成功能和特性；部署模型 B 则在 products 目录下通过不同子目录对各产品进行差异化的功能和特性集成。
2. 开发阶段应考虑不同类型设备间最大程度的代码复用，以减少开发及后续维护的工作量。
3. 整个代码工程最终构建出一个 App 包，应用以此 App 包的形式发布到应用市场中。

10.2　工程管理

本节主要介绍如何使用 DevEco Studio 进行一多应用开发。

10.2.1　工程创建

DevEco Studio 创建出的默认工程结构如图 10-1 所示，仅包含一个 Entry 类型的模块。

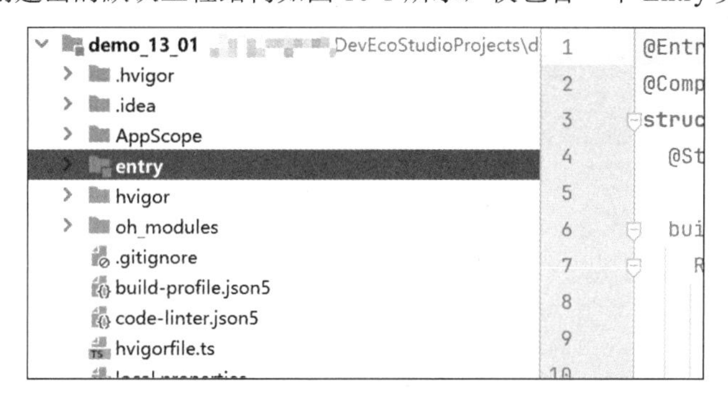

图 10-1　DevEco Studio 默认创建的工程结构

此时，如果使用默认方式直接在项目根目录下新建模块，则模块会以平级目录的形式存在，如图 10-2 所示。

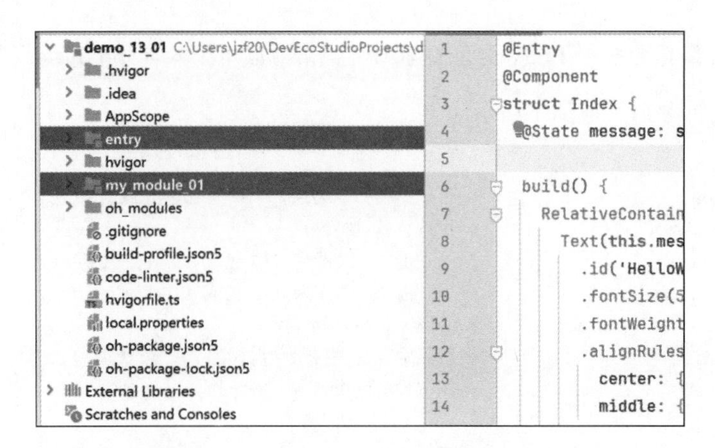

图 10-2　DevEco Studio 中默认模块排列方式

如果直接使用如下所示的平级目录进行模块管理，则工程逻辑结构较混乱，且模块间的依赖关系不够清晰，不利于开发及后期维护。

```
/application
    ├── common
    ├── feature1
    ├── feature2
    ├── featureN
    ├── wearable
    ├── default
    └── productN
```

推荐使用 common、features 和 product 三层工程结构。

下面介绍如何新建 Module，修改配置文件以及调整目录，以实现“一多”推荐的三层工程结构。

10.2.2　新建 Module

新建 3 个 ohpm 模块，分别命名为 common、feature1、feature2；新建一个 Entry 类型的模块，假设命名为 wearable（仅作示意），如图 10-3 所示。

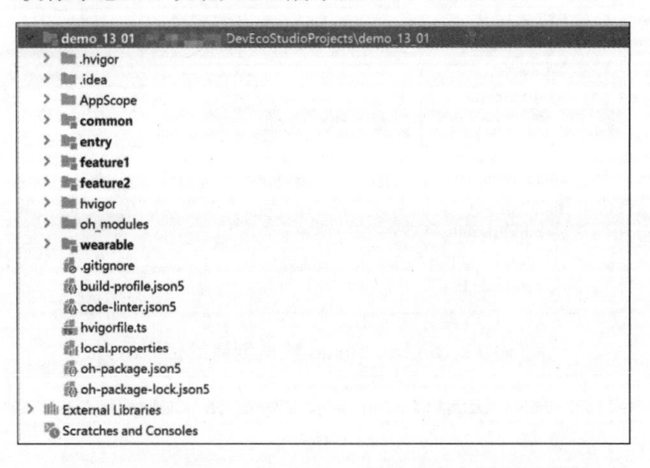

图 10-3　DevEco Studio 默认工程结构中创建的新模块

10.2.3　修改 Module 配置

1. 修改 Module 名称

修改创建工程时默认的entry模块名称。在该模块上右击，在弹出的快捷菜单中依次选择Refactor→Rename，如图 10-4 所示。

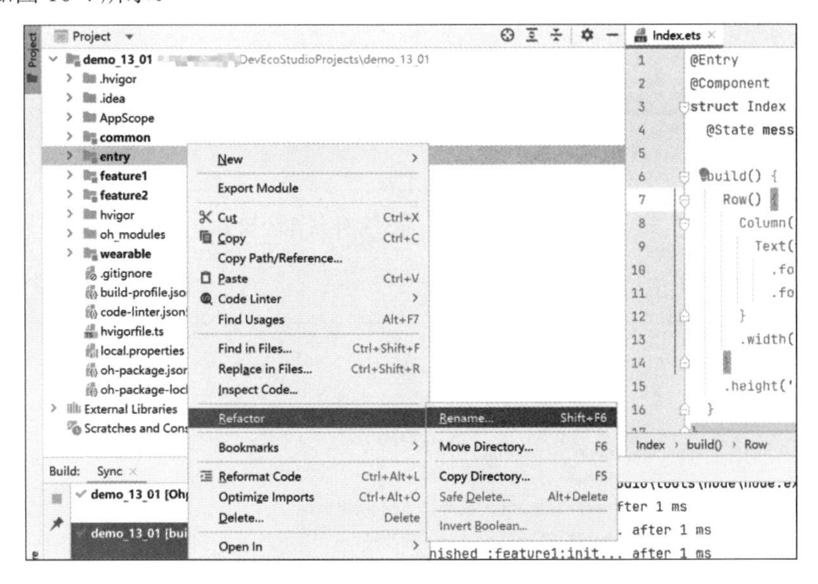

图 10-4　在 DevEco Studio 中修改模块名称

单击 Rename...选项按钮后，在弹窗中选择 Rename module，将 entry 改为 default，如图 10-5 所示。修改后的效果如图 10-6 所示。

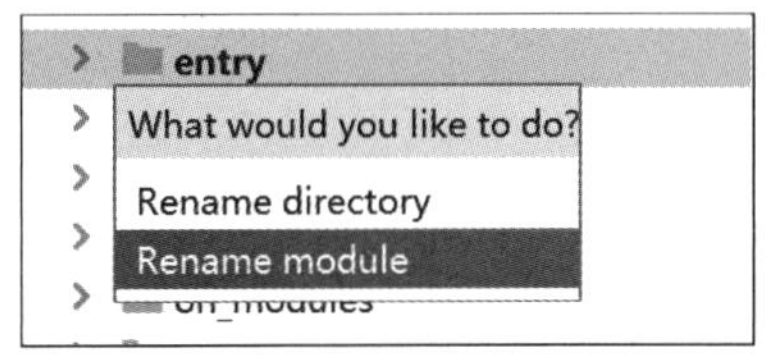

图 10-5　重命名模块

图 10-6　重命名模块后的效果

2. 修改 Module 类型及其设备类型

通过修改每个模块中的配置文件（module.json5）对模块进行配置。

将default模块的deviceTypes配置为["phone", "tablet"]，同时将其type字段配置为entry，即default

模块编译出的 HAP 在手机和平板上安装和运行。module.json5 文件所在的位置如图 10-7 所示。

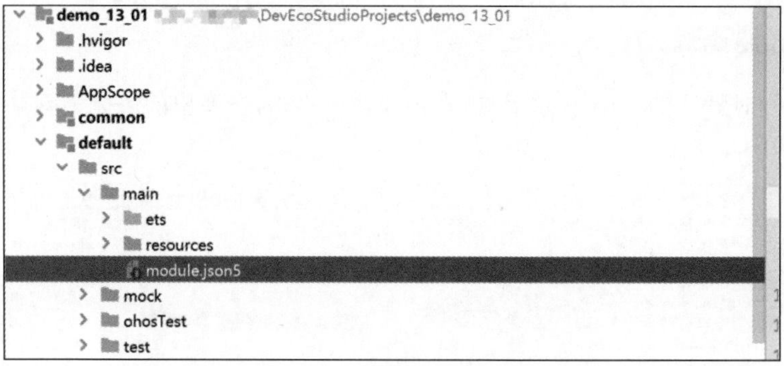

```
demo_13_01  ...DevEcoStudioProjects\demo_13_01
  .hvigor
  .idea
  AppScope
  common
  default
    src
      main
        ets
        resources
        module.json5
      mock
      ohosTest
      test
```

图 10-7　module.json5 文件所在的位置

module.json5 修改前如图 10-8 所示。

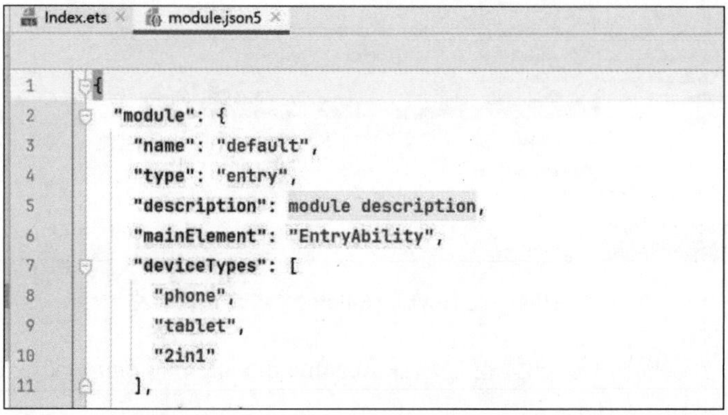

```
Index.ets × module.json5 ×
1  {
2    "module": {
3      "name": "default",
4      "type": "entry",
5      "description": module description,
6      "mainElement": "EntryAbility",
7      "deviceTypes": [
8        "phone",
9        "tablet",
10       "2in1"
11     ],
```

图 10-8　module.json5 修改之前的内容

module.json5 修改后如图 10-9 所示。

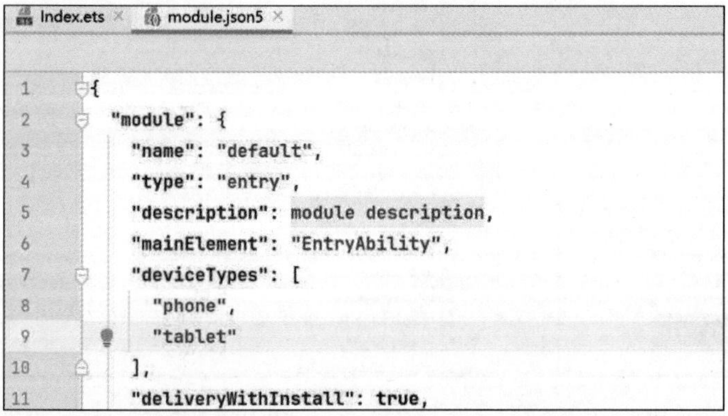

```
Index.ets × module.json5 ×
1  {
2    "module": {
3      "name": "default",
4      "type": "entry",
5      "description": module description,
6      "mainElement": "EntryAbility",
7      "deviceTypes": [
8        "phone",
9        "tablet"
10     ],
11     "deliveryWithInstall": true,
```

图 10-9　module.json5 修改之后的内容

将 wearable 模块的 deviceTypes 配置为["wearable"]，同时将其 type 字段配置为 entry，即 wearable 模块编译出的 HAP 仅在智能穿戴设备上安装和运行，如图 10-10 所示。

```
demo_13_01  DevEcoStudioProjects\demo_13_01
  .hvigor
  .idea
  AppScope
  common
  default
  feature1
  feature2
  hvigor
  oh_modules
  wearable
    src
      main
        ets
        resources
        module.json5
      mock
      ohosTest
      test
    .gitignore
```

```
1  {
2    "module": {
3      "name": "wearable",
4      "type": "entry",
5      "description": module description,
6      "mainElement": "WearableAbility",
7      "deviceTypes": [
8        "wearable"
9      ],
10     "deliveryWithInstall": true,
11     "installationFree": false,
12     "pages": "$profile:main_pages",
13     "abilities": [
14       {
15         "name": "WearableAbility",
```

图 10-10 wearable 模块 module.json5 的修改

10.2.4 调整目录结构

在工程根目录(demo_13_01)上右击,在弹出的快捷菜单中依次选择 New→Directory 创建 product 和 features 两个子目录,如图 10-11 所示。

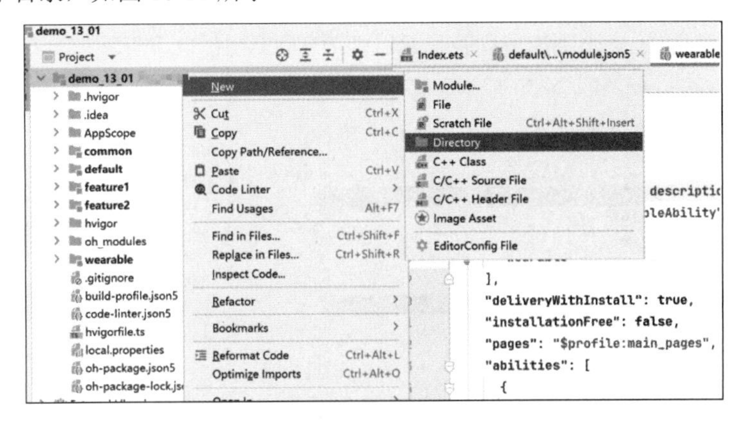

图 10-11 在 DevEco Studio 中新建子目录

新建目录后的结构如图 10-12 所示。

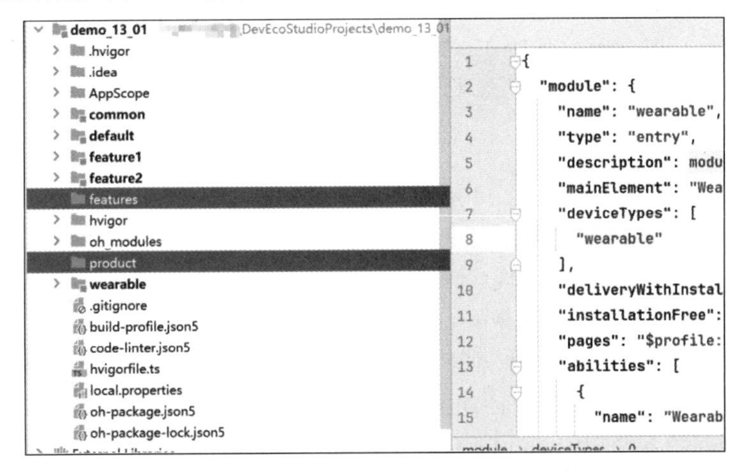

图 10-12 在 DevEco Studio 中新建子目录之后的结构

用鼠标左键将 default 目录拖曳到新建的 product 目录中，在 DevEco Studio 弹出的确认窗口中，单击 Refactor 按钮即可，如图 10-13 所示。

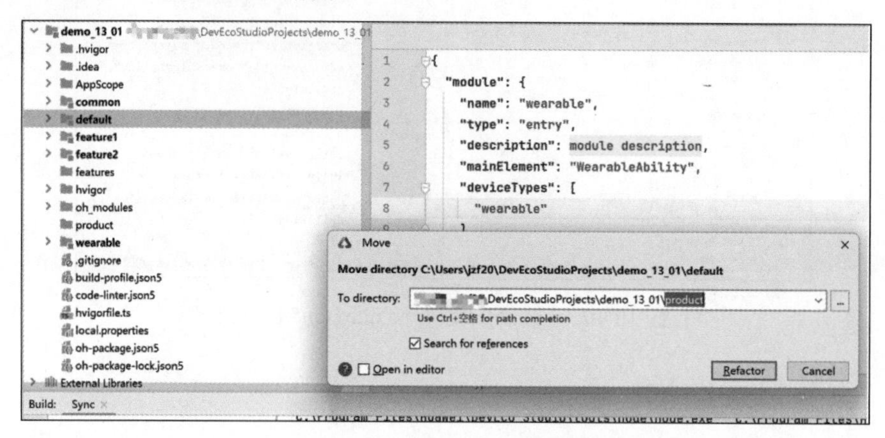

图 10-13　在 DevEco Studio 中将模块拖曳到新目录

按照同样的步骤，将 wearable 目录拖曳到 product 目录中，将 feature1 和 feature2 拖曳到 features 目录中。在 DevEco Studio 中模块拖曳到新目录后的效果如图 10-14 所示。

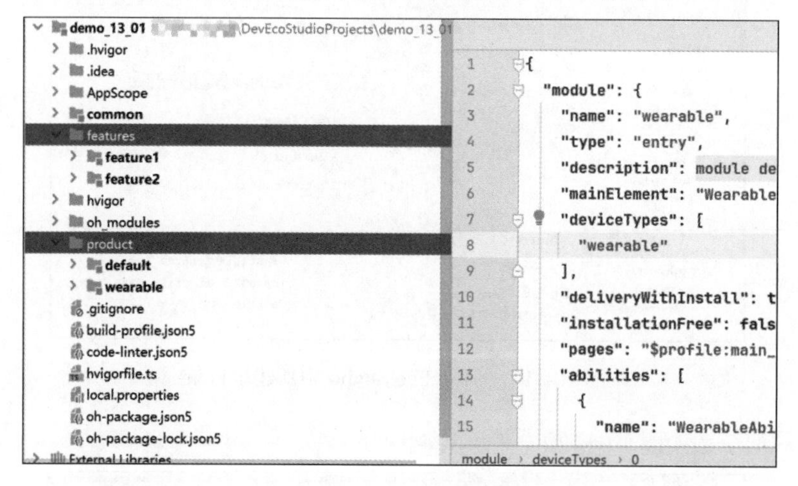

图 10-14　在 DevEco Studio 中模块拖曳到新目录后的效果

10.2.5　修改依赖关系

推荐在 common 目录中存放基础公共代码，在 features 目录中存放相对独立的功能模块代码，在 product 目录中存放完全独立的产品代码。这样在 product 目录中依赖 features 和 common 中的公共代码来实现功能，可以最大程度实现代码复用。

配置依赖关系可以通过修改模块中的 oh-package.json5 文件来实现。如图 10-15 所示，通过修改 default 模块中的 oh-package.json5 文件，使其可以使用 common、feature1 和 feature2 模块中的代码。

修改结束后，记着单击图 10-15 右上角的 Sync Now 按钮进行同步，否则修改不生效。同样地，修改 feature1 和 feature2 模块中的 oh-package.json5 文件，使其可以使用 common 模块中的代码。

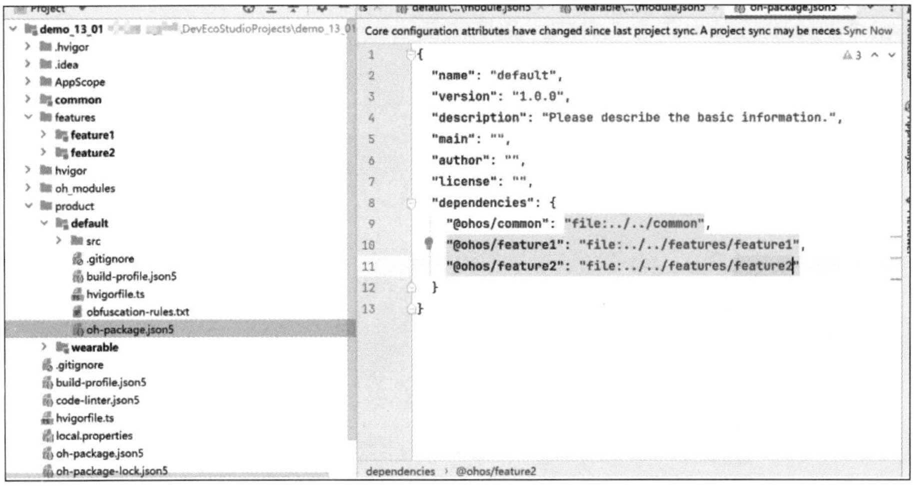

图 10-15　在模块的 oh-package.json5 中配置依赖关系

10.2.6　引用 ohpm 包中的代码

本小节通过案例的方式介绍如何使用 ohpm 包中的函数和类。案例如下：

（1）在 common 模块中新增 ComplexNumber 类，用于表征复数（数学概念，由实部和虚部组成），该类包含 toString()方法，用于将复数转换为字符形式。

（2）在 common 模块中新增 Add 函数，用于计算并返回两个数字的和。

（3）在 default 模块中，使用 common 模块新增的 ComplexNumber 类和 Add 函数。

使用 ohpm 包中的函数和类的方式如下：

（1）在“common/src/main/ets”目录中，按照需要新增文件、自定义类和函数，如图 10-16 所示。

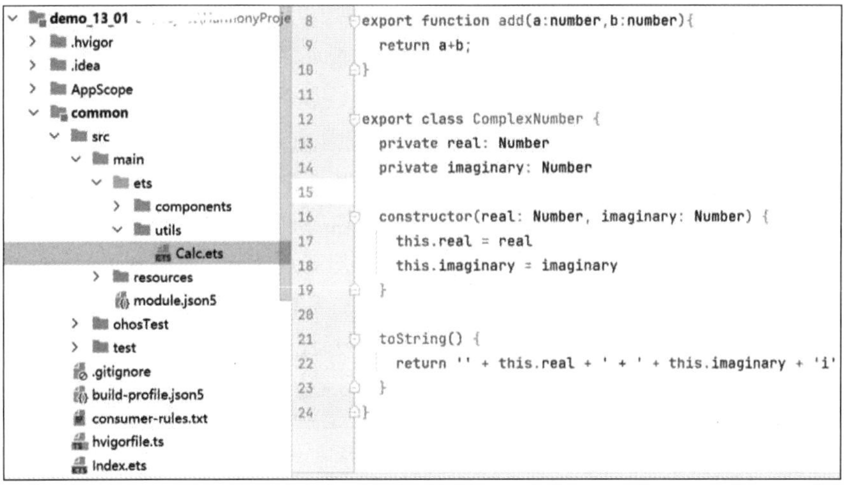

图 10-16　在模块中新增文件、自定义类和函数

（2）在“common/index.ets”文件中，申明需要 export 的类、函数的名称及其在当前模块中的位置，否则其他模块无法使用，如图 10-17 所示。

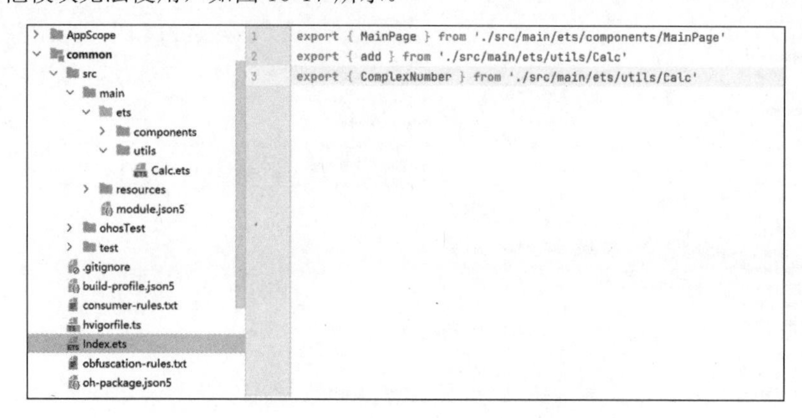

图 10-17　从模块中导出类、函数

（3）在 default 模块中导入和使用这些类与函数。注意提前在 default 模块的 oh-package.json5 文件中配置对 common 模块的依赖关系。

以上内容主要介绍了如何实现推荐的工程结构，以便更好地进行多设备应用开发。

10.3　页面开发的一多能力介绍

本节主要介绍页面开发的一多能力，包括布局能力、交互归一、多态组件和资源使用。

10.3.1　布局能力

布局可以分为自适应布局和响应式布局，两者的区别如下：

- 自适应布局：当外部容器大小发生变化时，元素可以根据相对关系自动变化，以适应外部容器的变化。相对关系包括占比、固定宽高比、显示优先级等。当前自适应布局能力有 7 种，分别为拉伸能力，均分能力、占比能力、缩放能力、延伸能力、隐藏能力、折行能力。自适应布局能力可以实现界面显示随外部容器大小的变化而连续变化。
- 响应式布局：当外部容器大小发生变化时，元素可以根据断点、栅格或特定的特征（如屏幕方向、窗口宽高等）自动变化，以适应外部容器的变化。当前响应式布局能力有 3 种，分别是断点、媒体查询和栅格布局。响应式布局可以实现界面随外部容器大小的变化而不连续变化，通常不同特征下的界面显示会有较大的差异。

> **注　意**
>
> 自适应布局多用于解决页面各区域内的布局差异，响应式布局多用于解决页面各区域间的布局差异。

自适应布局常常需要借助 Row 组件、Column 组件或 Flex 组件实现。响应式布局常常与 GridRow

组件、Grid 组件、List 组件、Swiper 组件或 Tabs 组件搭配使用。

接下来将依次介绍自适应布局和响应式布局，同时结合实际，通过典型布局场景以及典型页面场景详细介绍这两种布局能力的用法。

1. 自适应布局

针对常见的开发场景，方舟开发框架提炼了 7 种自适应布局能力，如表 10-1 所示。这些布局能力可以独立使用，也可叠加使用。

表 10-1　自适应布局能力

自适应布局类别	自适应布局能力	使用场景	实现方式
自适应拉伸	拉伸能力	当容器组件尺寸发生变化时，增加或减小的空间全部分配给容器组件内的指定区域	Flex 布局的 flexGrow 和 flexShrink 属性
	均分能力	当容器组件尺寸发生变化时，增加或减小的空间均匀分配给容器组件内的所有空白区域	Row 组件、Column 组件或 Flex 组件的 justifyContent 属性设置为 FlexAlign.SpaceEvenly
自适应缩放	占比能力	子组件的宽或高按照预设的比例，随容器组件发生变化	基于通用属性的两种实现方式： - 将子组件的宽高设置为父组件宽高的百分比 - layoutWeight 属性
	缩放能力	子组件的宽或高按照预设的比例，随容器组件发生变化，且变化过程中子组件的宽高比不变	布局约束的 aspectRatio 属性
自适应延伸	延伸能力	容器组件内的子组件，按照其在列表中的先后顺序，随容器组件尺寸的变化而显示或隐藏	基于容器组件的两种实现方式： - 通过 List 组件实现 - 通过 Scroll 组件配合 Row 组件或 Column 组件实现
	隐藏能力	容器组件内的子组件，按照其预设的显示优先级，随容器组件尺寸的变化而显示或隐藏。相同显示优先级的子组件同时显示或隐藏	布局约束的 displayPriority 属性
自适应折行	折行能力	容器组件尺寸发生变化时，如果布局方向尺寸不足以显示完整内容，则自动换行	Flex 组件的 wrap 属性设置为 FlexWrap.Wrap

下面我们以延伸能力为例，介绍自适应布局能力。延伸能力可以根据显示区域的尺寸，显示不同数量的元素。

2. 示例

当父容器的尺寸发生改变时，页面中显示的图标数量随之发生改变。可分别通过 List 组件来实现和通过 Scroll 组件配合 Row 组件来实现。延伸能力示意图如图 10-18 所示。

图 10-18 延伸能力示意图

（1）通过 List 组件实现延伸能力，示例代码见文件 10-1。

文件 10-1 延伸能力的 List 实现

```
@Entry
@Component
struct ExtensionCapabilitySample1 {
  @State rate: number = 0.60
  readonly appList: number [] = [0, 1, 2, 3, 4, 5, 6, 7]

  // 底部滑块，可以通过拖曳滑块改变容器尺寸
  @Builder slider() {
    Slider({ value: this.rate * 100, min: 8, max: 60, style: SliderStyle.OutSet })
      .blockColor(Color.White)
      .width('60%')
      .height(50)
      .onChange((value: number) => {
      this.rate = value / 100
    })
      .position({ x: '20%', y: '80%' })
  }

  build() {
    Column() {
      Row({ space: 10 }) {
        // 通过 List 组件实现隐藏能力
        List({ space: 10 }) {
          ForEach(this.appList, (item:number) => {
            ListItem() {
              Column() {
                Image($r("app.media.startIcon"))
                  .width(48).height(48).margin({ top: 8 })
                Text('App name')
                  .width(64)
```

```
                                .height(30)
                                .lineHeight(15)
                                .fontSize(12)
                                .textAlign(TextAlign.Center)
                                .margin({ top: 8 })
                                .padding({ bottom: 15 })
                        }.width(80).height(102)
                    }.width(80).height(102)
                })
            }
            .padding({ top: 16, left: 10 })
                .listDirection(Axis.Horizontal)
                .width('100%')
                .height(118)
                .borderRadius(16)
                .backgroundColor(Color.White)
        }
        .width(this.rate * 100 + '%')
        this.slider()
    }
    .width('100%')
        .height('100%')
        .backgroundColor('#F1F3F5')
        .justifyContent(FlexAlign.Center)
        .alignItems(HorizontalAlign.Center)
  }
}
```

（2）通过 Scroll 组件配合 Row 组件实现延伸能力，示例代码见文件 10-2。

文件 10-2　基于 Scroll 组件与 Row 组件实现延伸能力

```
@Entry
@Component
struct ExtensionCapabilitySample2 {
  private scroller: Scroller = new Scroller()
  @State rate: number = 0.60
  @State appList: number [] = [0, 1, 2, 3, 4, 5, 6, 7]

  // 底部滑块，可以通过拖曳滑块改变容器尺寸
  @Builder slider() {
    Slider({ value: this.rate * 100, min: 8, max: 60, style: SliderStyle.OutSet })
      .blockColor(Color.White)
      .width('60%')
      .height(50)
      .onChange((value: number) => {
      this.rate = value / 100;
    })
      .position({ x: '20%', y: '80%' })
  }
```

```
  build() {
    Column() {
      // 通过 Scroll 和 Row 组件实现隐藏能力
      Scroll(this.scroller) {
        Row({ space: 10 }) {
          ForEach(this.appList, () => {
            Column() {
              Image($r("app.media.startIcon"))
                .width(48).height(48).margin({ top: 8 })
              Text('App name')
                .width(64)
                .height(30)
                .lineHeight(15)
                .fontSize(12)
                .textAlign(TextAlign.Center)
                .margin({ top: 8 })
                .padding({ bottom: 15 })
            }.width(80).height(102)
          })
        }
        .padding({ top: 16, left: 10 })
        .height(118)
        .backgroundColor(Color.White)
      }
      .scrollable(ScrollDirection.Horizontal)
      .borderRadius(16)
      .width(this.rate * 100 + '%')
      this.slider()
    }
    .width('100%')
    .height('100%')
    .backgroundColor('#F1F3F5')
    .justifyContent(FlexAlign.Center)
    .alignItems(HorizontalAlign.Center)
  }
}
```

3. 响应式布局

自适应布局可以保证窗口尺寸在一定范围内变化时，页面的显示是正常的。但是，当窗口尺寸变化较大时（如窗口宽度从 400vp 变化为 1000vp），仅仅依靠自适应布局可能出现图片异常放大或页面内容稀疏、留白过多等问题，此时就需要借助响应式布局能力来调整页面结构。

响应式布局中最常使用的特征是窗口宽度，可以将窗口宽度划分为不同的范围（下文中称为断点）。当窗口宽度从一个断点变化到另一个断点时，改变页面布局（如将页面内容从单列排布调整为双列排布甚至三列排布等）以获得更好的显示效果。

当前系统提供了如表 10-2 所示的 3 种响应式布局能力。

表 10-2　ArkUI 提供的响应式布局能力

响应式布局能力	简　　介
断点	将窗口宽度划分为不同的范围（即断点），监听窗口尺寸变化。当断点改变时，同步调整页面布局
媒体查询	媒体查询支持监听窗口宽度、横竖屏、深浅色、设备类型等多种媒体特征。当媒体特征发生改变时，同步调整页面布局
栅格布局	栅格组件将其所在的区域划分为有规律的多列，通过调整不同断点下的栅格组件的参数及其子组件占据的列数等，实现不同的布局效果

1）断点

断点以应用窗口宽度为切入点，将应用窗口在宽度维度上分成了几个不同的区间，即不同的断点。在不同的区间下，开发者可根据需要实现不同的页面布局效果。

系统提供了多种方法，判断应用当前处于何种断点，进而可以调整应用的布局。常见的监听断点变化的方法如下：

- 获取窗口对象并监听窗口尺寸变化。
- 通过媒体查询监听应用窗口尺寸变化。
- 借助栅格组件能力监听不同断点的变化。

通过窗口对象监听断点变化的核心是获取窗口对象及注册窗口尺寸变化的回调函数。

（1）在 UIAbility 的 onWindowStageCreate 生命周期回调中，通过窗口对象获取启动时的应用窗口宽度，并注册回调函数监听窗口尺寸变化。将窗口尺寸的长度单位由 px 换算为 vp 后，即可基于 2.6 节中介绍的规则得到当前断点值，此时可以使用状态变量记录当前的断点值，以方便后续使用。示例代码见文件 10-3。

文件 10-3　通过窗口对象监听断点变化

```
import { window, display } from '@kit.ArkUI'
import { UIAbility } from '@kit.AbilityKit'

export default class MainAbility extends UIAbility {
  private windowObj?: window.Window
  private curBp: string = ''
  //...
  // 根据当前窗口尺寸更新断点
  private updateBreakpoint(windowWidth: number) :void{
    // 拿到当前窗口对象获取当前所在 displayId
    let displayId = this.windowObj?.getWindowProperties().displayId
    try {
      // 将长度的单位由 px 换算为 vp
      let windowWidthVp = windowWidth /
display.getDisplayByIdSync(displayId).densityPixels
      let newBp: string = ''
      if (windowWidthVp < 320) {
```

```
          newBp = 'xs'
        } else if (windowWidthVp < 600) {
          newBp = 'sm'
        } else if (windowWidthVp < 840) {
          newBp = 'md'
        } else {
          newBp = 'lg'
        }
        if (this.curBp !== newBp) {
          this.curBp = newBp
          // 使用状态变量记录当前断点值
          AppStorage.setOrCreate('currentBreakpoint', this.curBp)
        }
      } catch(err) {
        console.log("getDisplayByIdSync failed err"+err.code)
      }
    }

  onWindowStageCreate(windowStage: window.WindowStage) :void{
    windowStage.getMainWindow().then((windowObj) => {
      this.windowObj = windowObj
      // 获取应用启动时的窗口尺寸
      this.updateBreakpoint(windowObj.getWindowProperties().windowRect.width)
      // 注册回调函数，监听窗口尺寸变化
      windowObj.on('windowSizeChange', (windowSize)=>{
        this.updateBreakpoint(windowSize.width)
      })
    });
    // ...
  }
  // ...
}
```

（2）在页面中，获取及使用当前的断点。示例代码见文件10-4。

文件10-4 在页面中获取当前的断点

```
@Entry
@Component
struct Index {
  @StorageProp('currentBreakpoint') curBp: string = 'sm'

  build() {
    Flex({justifyContent: FlexAlign.Center, alignItems: ItemAlign.Center}) {
      Text(this.curBp).fontSize(50).fontWeight(FontWeight.Medium)
    }
    .width('100%')
      .height('100%')
  }
}
```

（3）运行效果如图 10-19 所示。

图 10-19 运行效果

2）媒体查询

在实际应用开发过程中，常常需要针对不同类型设备或同一类型设备的不同状态来修改应用的样式。媒体查询提供了丰富的媒体特征监听能力，可以监听应用显示区域变化、横竖屏、深浅色、设备类型等，因此在应用开发过程中得到了广泛使用。

3）栅格布局

栅格是多设备场景下通用的辅助定位工具。通过将空间分割为有规律的栅格，可以显著降低适配不同屏幕尺寸的设计及开发成本，使整体设计和开发流程更有秩序和节奏感，同时也保证多设备上应用显示的协调性和一致性，从而提升用户体验。栅格布局在 2.6 节中已有详细介绍。

4. 典型布局场景

虽然不同应用的页面千变万化，但对其进行拆分和分析，可以发现页面中的很多布局场景是相似的。下面将介绍如何借助自适应布局、响应式布局以及常见的容器类组件，实现应用中的典型布局场景。

布局场景与实现方案：

- 页签栏：Tab 组件+响应式布局。
- 运营横幅（banner）：Swiper 组件+响应式布局。
- 网格：Grid 组件/List 组件+响应式布局。
- 侧边栏：SideBar 组件+响应式布局。
- 单/双栏：Navigation 组件+响应式布局。
- 三分栏：SideBar 组件+Navigation 组件+响应式布局。
- 自定义弹窗：CustomDialogController 组件+响应式布局。
- 大图浏览：Image 组件。
- 操作入口：Scroll 组件+Row 组件横向均分。
- 顶部：栅格组件。
- 缩进布局：栅格组件。
- 挪移布局：栅格组件。
- 重复布局：栅格组件。

下面对挪移布局进行详细说明。

1）挪移布局

挪移效果示意图如图 10-20 所示。

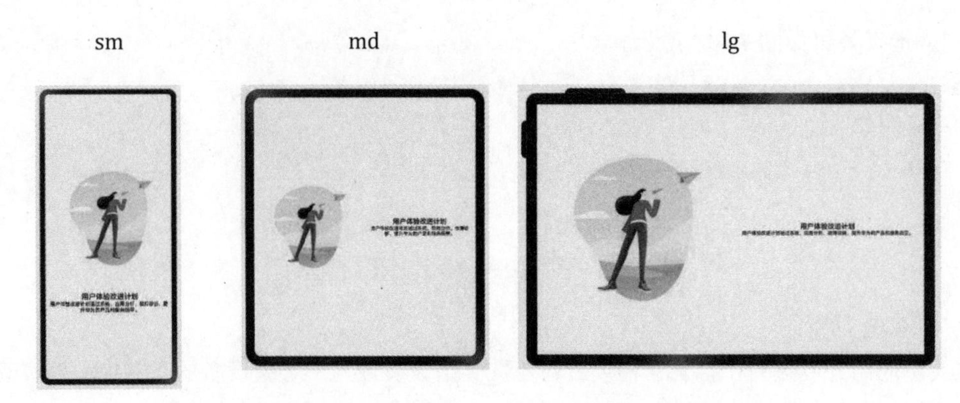

图片和文字上下布局　　图片和文字左右布局　　图片和文字左右布局

图 10-20　挪移效果示意图

2）实现方案

不同断点下，栅格子元素占据的列数会随着开发者的配置发生改变。当一行中的列数超过栅格组件在该断点的总列数时，可以自动换行，即实现“上下布局”与“左右布局”之间切换的效果。实现挪移效果的示例代码见文件 10-5。

文件 10-5　挪移效果的实现

```
@Entry
@Component
struct DiversionSample {
  @State private currentBreakpoint: string = 'md'
  @State private imageHeight: number = 0

  build() {
    Row() {
      GridRow() {
        GridCol({span: {sm: 12, md: 6, lg: 6}}) {
          Image($r('app.media.illustrator'))
            .aspectRatio(1)
            .onAreaChange((oldValue: Area, newValue: Area) => {
            this.imageHeight = Number(newValue.height)
          })
            .margin({left: 12, right: 12})
        }

        GridCol({span: {sm: 12, md: 6, lg: 6}}) {
          Column(){
            Text($r('app.string.user_improvement'))
              .textAlign(TextAlign.Center)
              .fontSize(20)
              .fontWeight(FontWeight.Medium)
            Text($r('app.string.user_improvement_tips'))
              .textAlign(TextAlign.Center)
              .fontSize(14)
```

```
                    .fontWeight(FontWeight.Medium)
                }
                .margin({left: 12, right: 12})
                .justifyContent(FlexAlign.Center)
                .height(this.currentBreakpoint === 'sm' ? 100 : this.imageHeight)
            }
        }.onBreakpointChange((breakpoint: string) => {
            this.currentBreakpoint = breakpoint;
        })
    }
    .height('100%')
    .alignItems((VerticalAlign.Center))
    .backgroundColor('#F1F3F5')
  }
}
```

5. 典型页面场景

1）应用市场首页

下面将以应用市场首页为例，介绍如何使用自适应布局能力和响应式布局能力适配不同尺寸的窗口。

2）页面设计

一个典型的应用市场首页的 UX 设计如图 10-21 所示。

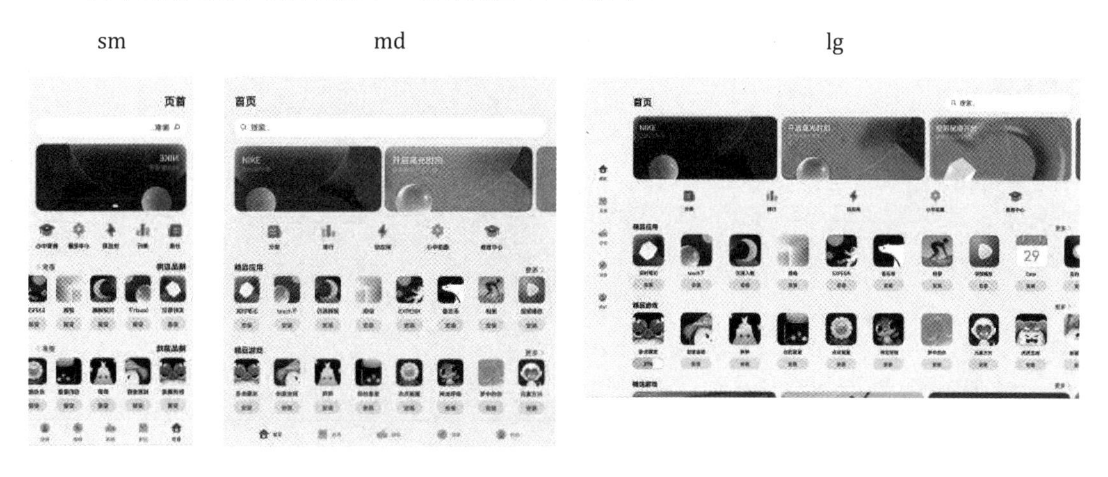

图 10-21 应用市场首页典型布局

观察应用市场首页的页面设计，可以发现不同断点下的页面设计有较多相似的地方。据此，我们可以将页面分拆为多个组成部分。

- 底部/侧边导航栏。
- 标题栏与搜索栏。
- 运营横幅。
- 快捷入口。
- 精品应用。

接下来分析底部/侧边导航栏的实现。

3）底部/侧边导航栏

在 sm 和 md 断点下，导航栏在底部；在 lg 断点下，导航栏在左侧。我们可以通过 Tab 组件的 barPosition 和 vertical 属性控制 TabBar 的位置，同时还可以通过 barWidth 和 barHeight 属性控制 TabBar 的尺寸。底部/侧边导航栏的实现代码见文件 10-6。

文件 10-6 底部/侧边导航栏的实现

```
import Home from '../common/Home';
// 组件请参考相关实例
import TabBarItem from '../common/TabBarItem';

@Entry
@Component
struct Index {
  @State currentIndex: number = 0;
  @StorageProp('currentBreakpoint') currentBreakpoint: string = 'md';
  @Builder
  tabItem(index: number, title: Resource, icon: Resource, iconSelected: Resource) {
    TabBarItem({
      index: index,
      currentIndex: this.currentIndex,
      title: title,
      icon: icon,
      iconSelected: iconSelected
    })
  }

  build() {
    // 设置 TabBar 在主轴方向起始或结尾位置
    Tabs({
      barPosition: this.currentBreakpoint === "lg" ? BarPosition.Start :
BarPosition.End
    }) {
      // 首页
      TabContent() {
        Home()
      }.tabBar(this.tabItem(
        0,
        $r('app.string.tabBar1'),
        $r('app.media.ic_home_normal'),
        $r('app.media.ic_home_actived')
      ))
      TabContent() {

      }.tabBar(this.tabItem(
        1,
        $r('app.string.tabBar2'),
        $r('app.media.ic_app_normal'),
```

```
            $r('app.media.ic_app_actived')
        ))

        TabContent() {

        }.tabBar(this.tabItem(
            2,
            $r('app.string.tabBar3'),
            $r('app.media.ic_game_normal'),
            $r('app.media.ic_mine_actived')
        ))

        TabContent() {

        }.tabBar(this.tabItem(
            3,
            $r('app.string.tabBar4'),
            $r('app.media.ic_search_normal'),
            $r('app.media.ic_search_actived')
        ))

        TabContent() {

        }.tabBar(this.tabItem(
            4,
            $r('app.string.tabBar4'),
            $r('app.media.ic_mine_normal'),
            $r('app.media.ic_mine_actived')
        ))
      }
      .backgroundColor('#F1F3F5')
        .barMode(BarMode.Fixed)
        .barWidth(this.currentBreakpoint === "lg" ? 96 : '100%')
        .barHeight(this.currentBreakpoint === "lg" ? '60%' : 56)
            // 设置 TabBar 放置在水平或垂直方向
        .vertical(this.currentBreakpoint === "lg")
    }
}
```

另外，在 sm 及 lg 断点下，TabBar 中各个 Item 的图标和文字是按照垂直方向排布的；在 md 断点下，TabBar 中各个 Item 的图标和文字是按照水平方向排布的。TabBar Item 的实现代码见文件 10-7。

文件 10-7　TabBar Item 的实现

```
@Component
export default struct TabBarItem {
    @StorageProp('currentBreakpoint') currentBreakpoint: string = 'md';

    build() {
        if (this.currentBreakpoint !== 'md' ) {
            // 在 sm 及 lg 断点下，tabBarItem 中的图标和文字垂直排布
```

```
            Column() {
                // ...
            }.justifyContent(FlexAlign.Center).height('100%').width('100%')
        } else {
            // 在 md 断点下，tabBarItem 中的图标和文字水平排布
            Row() {
                // ...
            }.justifyContent(FlexAlign.Center).height('100%').width('100%')
        }
    }
}
```

10.3.2 交互归一

对于不同类型的智能设备，用户可能有不同的交互方式，如通过触摸屏、鼠标、触控板等。如果针对不同的交互方式单独进行适配，不仅会增加开发工作量，还会产生大量的重复代码。为解决这一问题，HarmonyOS NEXT 统一了各种交互方式的 API，实现了交互归一。

1. 基础输入

常见的基础输入方式及其在各输入设备上的表现如表 10-3 所示。

表 10-3 常见的基础输入方式及其在各输入设备上的表现

事 件	触 控 屏	触 控 板	鼠 标
悬浮	/	光标移动到控件上	光标移动到控件上
点击	单指点击	单指轻点或单指按压	单击鼠标左键
双击	单指双击	轻点两下/按压两下	双击鼠标左键
长按	单指长按	单指长按	长按鼠标左键
上下文菜单	单指长按	双指轻点/按压或单指长按	单击鼠标右键
拖曳	长按并移动	按压并滑动以拖动	按压鼠标左键并移动（无须长按）
轻扫	单指快速滑动	双指快速移动	滚动鼠标滚轮一格或快速滚动后停止
滚动/平移	单指滑动	双指移动	上下滚动滚轮/shift+上下滚动滚轮，可上下左右移动
缩放	双指捏合或张开	双指捏合或张开	Ctrl+滚动滚轮
旋转	双指相互以对方为中心旋转	双指相互以对方为中心旋转	/

基础输入对应的开发接口及其当前的支持情况如表 10-4 所示。

表 10-4 基础输入对应的开发接口

输 入	开发接口	触 控 屏	触 控 板	鼠 标
悬浮	onHover	NA	√	√
点击	onClick		√	√
双击	TapGesture		√	√
长按	LongPressGesture	√	×	√

（续表）

输　　入	开发接口	触 控 屏	触 控 板	鼠　　标
上下文菜单	ContentMenu	√	√	√
拖曳	Drag	√	√	√
轻扫	SwipeGesture	√	√	√
滚动及平移	PanGesture	√	√	√
缩放	PinchGesture	√	√	√
旋转	RotationGesture	√	√	NA

2. 拖曳事件

拖曳是应用开发中经常碰到的场景。拖曳发生在两个组件之间，它不是简单的单次输入，而是一个“过程”。一个完整的拖曳事件，包含多个拖曳子事件，如表 10-5 所示。当前触控屏和鼠标的拖曳事件已经实现“交互归一”，对手写笔的支持也正在开发中。

表 10-5　拖曳事件包含的子事件

名　　称	功能说明
onDragStart	绑定 A 组件，触控屏长按/鼠标左键按下后移动触发
onDragEnter	绑定 B 组件，触控屏手指、鼠标移动进入 B 组件瞬间触发
onDragMove	绑定 B 组件，触控屏手指、鼠标在 B 组件内移动触发
onDragLeave	绑定 B 组件，触控屏手指、鼠标移动退出 B 组件瞬间触发
onDrop	绑定 B 组件，在 B 组件内，触控屏手指抬起或鼠标左键松开时触发

10.3.3　多态组件

方舟开发框架不仅提供了多种基础组件（如文本显示、图片显示、按键交互等），还针对不同类型设备分别进行了适配。同一组件在不同的设备上会呈现出不同的形态（即视觉、交互、动效等可能有差异），因此被称为“多态组件”。开发者在使用多态组件时，无须考虑设备差异，只需关注功能实现即可。当前，多态组件能力仍在逐步完善中，故此处不做详细介绍。

10.3.4　资源使用

在页面开发过程中，经常需要用到颜色、字体、间距、图片等资源，而在不同的设备或配置中，这些资源的值可能不同。对此，有以下两种处理方式：

- 应用资源：借助资源文件能力，开发者在应用中自定义资源，自行管理这些资源在不同的设备或配置中的表现。
- 系统资源：开发者直接使用系统预置的资源定义（即分层参数）。

1. 应用资源

1）资源文件介绍

应用开发中使用的各类自定义资源文件，需要统一存放于应用的 resources 目录下，以便于使用和维护。resources 目录包括两大类目录，一类为 base 目录与限定词目录，另一类为 rawfile 目录，其基础目录结构如下所示。

```
resources|---base  // 默认存在的目录
|   |---element
|   |   |---string.json
|   |---media
|   |   |---icon.png
|---en_GB-vertical-car-mdpi // 限定词目录示例，需要开发者自行创建
|   |---element
|   |   |---string.json
|   |---media
|   |   |---icon.png
|---rawfile  // rawfile 目录
```

base 目录默认存在，而限定词目录需要开发者自行创建，名称可以由一个或多个表征应用场景或设备特征的限定词组合而成。当应用使用某资源时，系统会根据当前设备状态优先从相匹配的限定词目录中寻找该资源。只有当 resources 目录中没有与设备状态匹配的限定词目录，或者在限定词目录中找不到该资源时，才会去 base 目录中查找。rawfile 是原始文件目录，它不会根据设备状态去匹配不同的资源，故此处不再介绍。

注　意

强烈建议对于所有应用自定义资源，都在 base 目录中定义默认值，以防止出现找不到资源值的异常场景。

在 base 目录与限定词目录下面可以创建资源组目录（包括 element、media 等），用于存放特定类型的资源文件，如表 10-6 所示。

表 10-6　base 目录与限定词目录下的资源组目录

资源组目录	目录说明	资源文件
element	表示元素资源，以下每一类数据都采用相应的 JSON 文件来表征。 • boolean，布尔型 • color，颜色 • float，浮点型 • intarray，整型数组 • integer，整型 • pattern，样式 • plural，复数形式 • strarray，字符串数组 • string，字符串	建议 element 目录中的文件名称与下面的文件名保持一致。每个文件中只能包含同一类型的数据。 • boolean.json • color.json • float.json • intarray.json • integer.json • pattern.json • plural.json • strarray.json • string.json
media	表示媒体资源，包括图片、音频、视频等非文本格式的文件	文件名可自定义，例如 icon.png

在 element 目录的各个资源文件中，以“name-value”的形式定义资源，示例代码见文件 10-8。

而在 media 目录中，直接以文件名作为 name，故开发者只需将文件放入 media 目录即可，无须额外定义 name。

文件 10-8　color.json

```
{
    "color": [
        {
            "name": "color_red",
            "value": "#ffff0000"
        },
        {
            "name": "color_blue",
            "value": "#ff0000ff"
        }
    ]
}
```

2）访问应用资源

在工程中，通过"$r('app.type.name')"的形式引用应用资源。其中，app 代表应用内 resources 目录中定义的资源；type 代表资源类型（或资源的存放位置），可以取值为 color、float、string、plural 或 media；name 代表资源名，由开发者在添加资源时确定。

3）示例

在应用的 resources 目录下，创建名为 tablet 的限定词子目录，并按照表 10-7 所示，在 base 目录和限定词目录（tablet）中添加相应的资源。

表 10-7　在 base 目录和 tablet 目录中添加的资源

资源名称	资源类型	base 目录中资源值	限定词目录（tablet）中资源值
my_string	string	default	tablet
my_color	color	#ff0000	#0000ff
my_float	float	60vp	120vp

有关资源文件的使用，对应的示例代码见文件 10-9。

文件 10-9　资源文件的使用

```
@Entry
@Component
struct Index {
    build() {
     Column() {
         Text($r("app.string.my_string"))
         .fontSize($r("app.float.my_float"))
         .fontColor($r("app.color.my_color"))
     }
    .height('100%')
    .width('100%')
  }
```

```
}
```

分别在默认设备和平板上查看代码的运行效果，可以发现同一资源在不同设备上的取值不同，如图 10-22 所示。

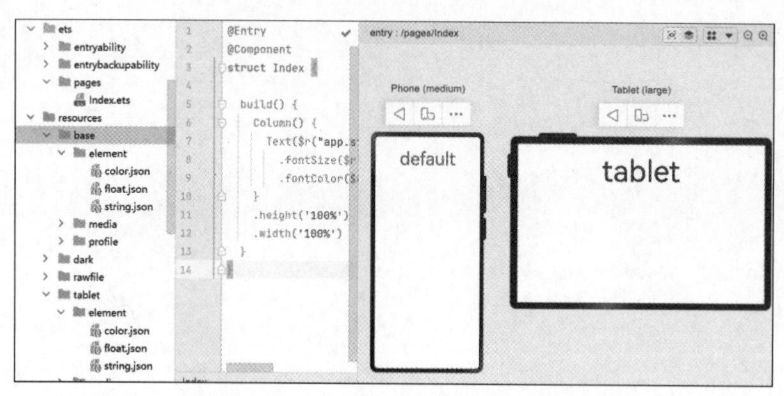

图 10-22　同一资源在不同设备上的取值

2. 系统资源

除了自定义资源之外，开发者也可以使用系统中预定义的资源（即分层参数，同一资源 ID 在设备类型、深浅色等不同配置下有不同的取值）。

在开发过程中，分层参数的用法与资源限定词基本一致。开发者可以通过"$r('sys.type.resource_id')"的形式引用系统资源。其中，sys 代表系统资源；type 代表资源类型，取值可以是 color、float、string 或 media；resource_id 代表资源 ID。

说　明

1. 仅声明式开发范式支持使用分层参数，类 Web 开发范式不支持。
2. 系统资源可以保证不同团队开发出的应用有较为一致的视觉风格。对于系统预置应用，强烈建议使用系统资源；对于第三方应用，可以根据需要选择使用系统资源或自定义应用资源。

10.4　功能开发的一多能力介绍

应用开发至少包含两部分工作：UI 页面开发和底层功能开发（部分需要联网的应用还会涉及服务端开发）。本节主要介绍在底层功能开发过程中，应用如何解决设备系统能力差异的兼容问题。

10.4.1　系统能力

系统能力（即 SystemCapability，缩写为 SysCap）是指操作系统中每一个相对独立的特性，如蓝牙、WiFi、NFC、摄像头等。每个系统能力对应多个 API，并随着目标设备是否支持该系统能力而共同存在或消失。

与系统能力相关的，有支持能力集、要求能力集和联想能力集 3 个核心概念。

- 支持能力集：设备具备的系统能力集合，在设备配置文件中配置。
- 要求能力集：应用需要的系统能力集合，在应用配置文件中配置。
- 联想能力集：开发应用时 DevEco Studio 可联想的 API 所在的系统能力集合，在应用配置文件中配置。

注 意

只有当应用要求能力集是设备支持能力集的子集的时候，应用才可以在该设备上分发、安装和运行。

10.4.2 多设备应用开发

开发多设备应用时，工程中默认的要求能力集是多个设备支持能力集的交集，默认的联想能力集是多个设备支持能力集的并集。

- 开发者可以在运行时动态判断某设备是否支持特定的系统能力。
- 开发者可以自行修改联想能力集和要求能力集。

1. 动态逻辑判断

如果某个系统能力没有写入应用的要求能力集中，那么在使用前需要判断设备是否支持该系统能力。

- 方法 1：开发者可通过 canIUse 接口来判断该设备是否支持某个特定的 syscap。

```
if (canIUse("SystemCapability.Communication.NFC.Core")) {
   console.log("该设备支持 SystemCapability.Communication.NFC.Core");
} else {
   console.log("该设备不支持 SystemCapability.Communication.NFC.Core");
}
```

- 方法 2：开发者可通过 import 的方式将模块导入，若当前设备不支持该模块，则 import 的结果为 undefined。开发者在使用模块的 API 时，需要判断是否存在。

```
import { nfcController } from '@kit.ConnectivityKit';
try {
   nfcController.enableNfc();
   console.log("nfcController enableNfc success");
} catch (busiError) {
   console.log("nfcController enableNfc busiError: " + busiError);
}
```

说 明

1. 如果某系统能力是应用运行必需的，则要将其写入应用的要求能力集中，以确保应用不会分发和安装到不符合要求的设备上。
2. 如果某系统能力不是应用运行必需的，则可以在运行时做动态判断，这样可以最大程度扩大应用的适用范围。

2. 配置联想能力集和要求能力集

DevEco Studio 会根据创建的工程所支持的设备自动配置联想能力集和要求能力集，同时也支持开发者修改。示例代码见文件 10-10。

文件 10-10 syscap.json

```
{
    "devices": {
        "general": [
            // 每一个典型设备对应一个 syscap 支持能力集，可配置多个典型设备
            "default",
            "tablet"
        ],
        "custom": [
            // 厂家自定义设备
            {
                "某自定义设备": [
                    "SystemCapability.Communication.SoftBus.Core"
                ]
            }
        ]
    },
    "development": {
        // addedSysCaps 内的 syscap 集合与 devices 中配置的各设备支持的 syscap 集合的并集共同构成联
想能力集
        "addedSysCaps": [
            "SystemCapability.Communication.NFC.Core"
        ]
    },
    "production": {
        // 用于生成 rpcid，慎重添加，可能导致应用无法分发到目标设备上
        "addedSysCaps": [],
        // devices 中配置的各设备支持的 syscap 集合的交集，添加 addedSysCaps 集合后再除去
removedSysCaps 集合，共同构成要求能力集
        "removedSysCaps": []
        // 当该要求能力集为某设备的子集时，应用才可被分发到该设备上
    }
}
```

说 明

1. 对于要求能力集，开发者在修改时要十分慎重，修改不当会导致应用无法分发和安装到目标设备上。
2. 对于联想能力集，通过增加系统能力可以扩大 DevEco Studio 可联想的 API 范围。但要注意这些 API 可能在某些设备上不支持，使用前需要判断。

10.4.3 总结

从应用开发到用户使用，通常要经历应用分发和下载、应用安装、应用运行等环节。借助 SysCap 机制，可以在各个环节中加以拦截或管控，保证应用可以在设备上正常安装和使用。

- 应用分发和下载：只有当应用要求能力集是设备支持能力集的子集时（即设备满足应用运行要求），应用才可以分发到该设备。
- 应用安装：只有当应用要求能力集是设备支持能力集的子集时，应用才可以安装到该设备。
- 应用运行：应用在使用要求能力集之外的能力前，需要动态判断相应系统能力的有效性，防止崩溃或功能异常等问题。

SysCap 机制可以帮助开发者仅关注设备的系统能力，而不用考虑成百上千种具体的设备类型，从而降低多设备应用开发难度。

10.5 本章小结

本章详细介绍了 HarmonyOS NEXT 系统中“一次开发、多端部署”（一多能力）的概念及其在多设备应用开发中的应用。首先介绍了一多能力的定义、目标及基础知识。然后介绍了一多能力的工程管理，包括创建工程、新建 Module、修改 Module 配置、调整目录结构和修改依赖关系等。接着介绍了页面开发的一多能力，包括布局能力、交互归一、多态组件和资源使用。最后介绍了功能开发的一多能力，包括系统能力和多设备应用开发。

通过学习本章内容，读者可以掌握 HarmonyOS NEXT 系统中一多能力的核心概念和应用方法，了解如何高效地开发支持多种终端设备形态的应用，提升应用的用户体验和市场竞争力。

10.6 本章习题

1. 请简述 HarmonyOS NEXT 系统中“一次开发、多端部署”（一多能力）的核心目标是什么？
2. 方舟开发框架提供了哪两种开发范式？请分别简要描述它们的特点。
3. 在部署模型中，部署模型 A 和部署模型 B 的主要区别是什么？
4. 请解释什么是断点，并简述其在响应式布局中的作用。
5. 在多设备应用开发中，如何确保应用能够在不同设备上正常安装和运行？

第 11 章

OpenHarmony 第三方库的使用

第三方库是开发者对系统能力的封装和扩展，可以实现代码复用，提升开发效率。在进行 HarmonyOS 应用开发时，可以通过两种方式获取开源第三方库：一种是通过 Gitee 社区的仓库，另一种是通过 OpenHarmony 第三方库中心仓。本章将详细介绍如何使用 OpenHarmony 第三方库及其管理工具 ohpm。

11.1 第三方库使用案例

在本案例中，我们将在 DevEco Studio 创建的项目的基础上添加第三方库，同时在应用中使用该库。

说　明
OpenHarmony 第三方库中心仓地址：https://ohpm.openharmony.cn/#/cn/home。

具体步骤如下：

步骤 01 使用 DevEco Studio 创建项目，或者在当前项目上打开终端。DevEco Studio 中的命令行工具如图 11-1 所示。

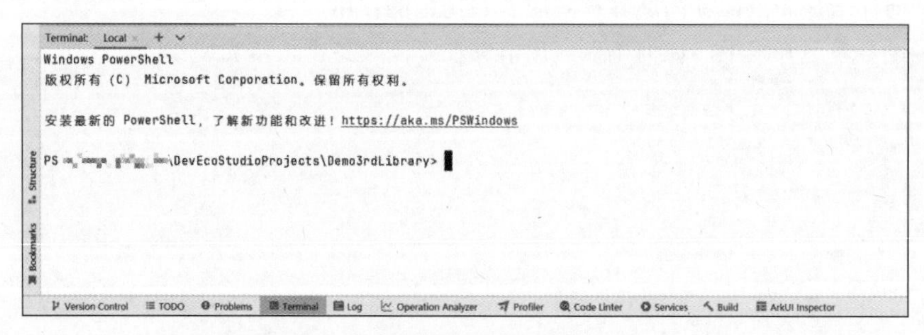

图 11-1　DevEco Studio 中的命令行工具

步骤 02 执行下列命令查看当前项目中安装的依赖树：

```
ohpm list
```

输出的内容如图 11-2 所示。

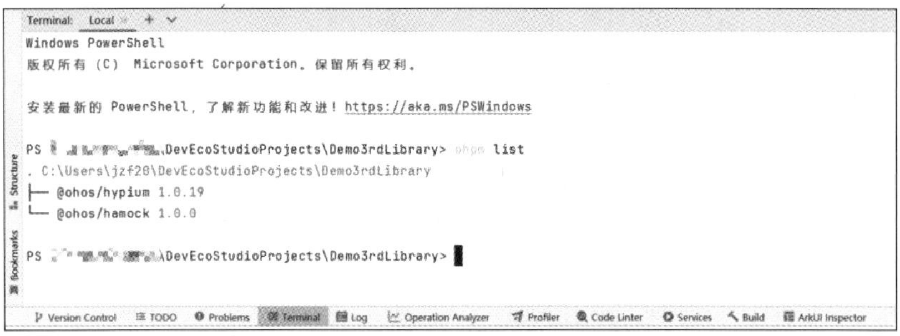

```
Terminal: Local × + ∨
Windows PowerShell
版权所有 (C) Microsoft Corporation。保留所有权利。

安装最新的 PowerShell，了解新功能和改进！https://aka.ms/PSWindows

PS \DevEcoStudioProjects\Demo3rdLibrary> ohpm list
. C:\Users\jzf20\DevEcoStudioProjects\Demo3rdLibrary
├── @ohos/hypium 1.0.19
└── @ohos/hamock 1.0.0

PS \DevEcoStudioProjects\Demo3rdLibrary>
```

图 11-2　查看项目依赖树

从图 11-2 中可以看到，当前项目中安装了@ohos/hypium 和@ohos/hamock 两个依赖，版本分别是 1.0.19 和 1.0.0。其实通过项目的 oh-package.json5 文件也可以找到这两个依赖，示例代码见文件 11-1。

文件 11-1　oh-package.json5

```
{
  "modelVersion": "5.0.1",
  "description": "Please describe the basic information.",
  "dependencies": {
  },
  "devDependencies": {
    "@ohos/hypium": "1.0.19",
    "@ohos/hamock": "1.0.0"
  }
}
```

步骤 03 执行下列命令安装新的依赖：

```
ohpm install @wolfx/json5
```

该依赖是第三方库中的 JSON 相关的库，用于方便地操作 JSON 数据。输出的内容如图 11-3 所示。

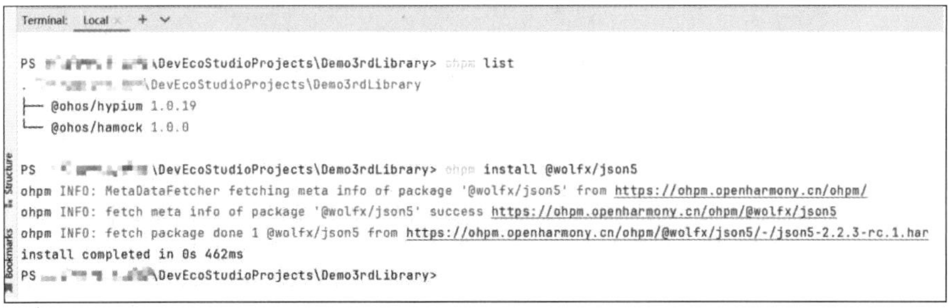

```
Terminal: Local × + ∨
PS \DevEcoStudioProjects\Demo3rdLibrary> ohpm list
. \DevEcoStudioProjects\Demo3rdLibrary
├── @ohos/hypium 1.0.19
└── @ohos/hamock 1.0.0

PS \DevEcoStudioProjects\Demo3rdLibrary> ohpm install @wolfx/json5
ohpm INFO: MetaDataFetcher fetching meta info of package '@wolfx/json5' from https://ohpm.openharmony.cn/ohpm/
ohpm INFO: fetch meta info of package '@wolfx/json5' success https://ohpm.openharmony.cn/ohpm/@wolfx/json5
ohpm INFO: fetch package done 1 @wolfx/json5 from https://ohpm.openharmony.cn/ohpm/@wolfx/json5/-/json5-2.2.3-rc.1.har
install completed in 0s 462ms
PS \DevEcoStudioProjects\Demo3rdLibrary>
```

图 11-3　安装@wolfx/json5 第三方库依赖

步骤 04 如果项目的依赖发生了变化，IDE 会给出同步项目元数据的提示信息，如图 11-4 所示。

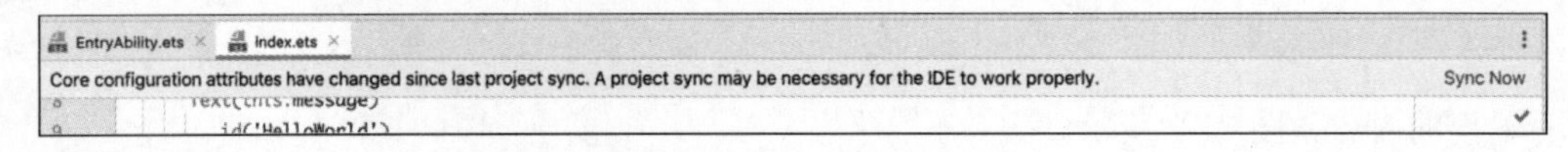

图 11-4 同步项目元数据的提示信息

步骤 05 再次查看依赖树：

```
ohpm list
```

输出的内容如图 11-5 所示。

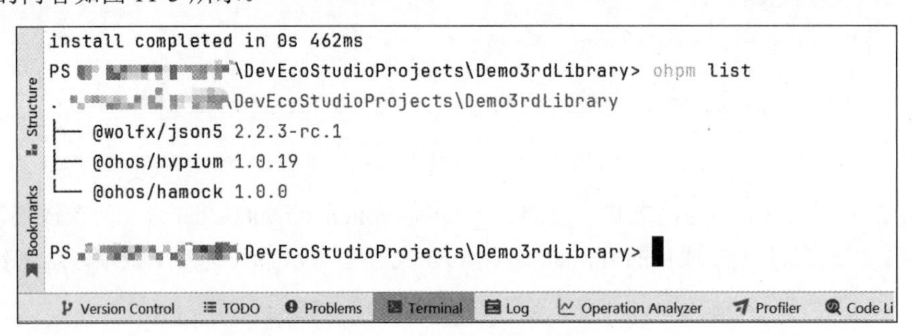

图 11-5 再次查看项目依赖树

可以发现输出中多了@wolfx/json5 依赖，版本是 2.2.3-rc.1。

步骤 06 查看项目的 oh-package.json5（见文件 11-2）。

文件 11-2 oh-package.json5

```
{
  "modelVersion": "5.0.1",
  "description": "Please describe the basic information.",
  "dependencies": {
    "@wolfx/json5": "^2.2.3-rc.1"
  },
  "devDependencies": {
    "@ohos/hypium": "1.0.19",
    "@ohos/hamock": "1.0.0"
  },
  "dynamicDependencies": {}
}
```

可以发现在 dependencies 节点中添加了@wolfx/json5 的依赖信息。

步骤 07 在项目中使用@wolfx/json5，示例代码见文件 11-3。

文件 11-3 Index.ets

```
import { JSON5 } from '@wolfx/json5'

@Entry
@Component
```

```
struct Index {
  @State message: string = JSON5.stringify(JSON5.parse(`{ a: 1, b: '2' } // comment`))

  build() {
    Row() {
      Column() {
        Text(this.message)
          .fontSize(50)
          .fontWeight(FontWeight.Bold)
      }
      .width('100%')
    }
    .height('100%')
  }
}
```

在预览中显示的效果如图 11-6 所示。

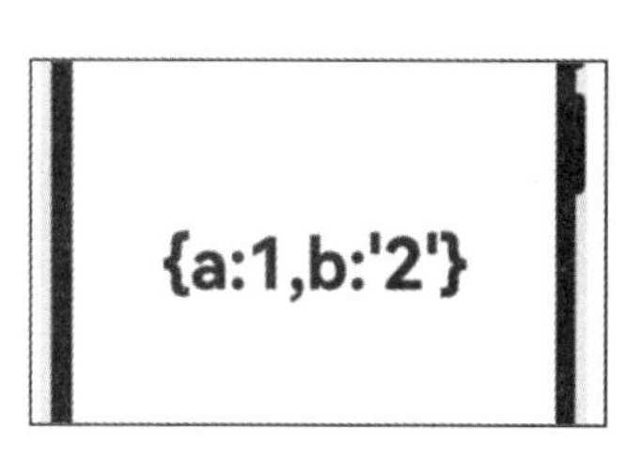

图 11-6　使用第三方库的显示效果

11.2　ohpm

ohpm 作为 OpenHarmony 第三方库的包管理工具，支持 OpenHarmony 共享包的发布、安装和依赖管理。

11.2.1　系统平台要求

ohpm 支持在 Windows、macOS、Linux 操作系统下使用。ohpm 通过软链接或符号链接的方式构建依赖关系。不同操作系统需满足如下要求：

- Windows：工程代码文件所在文件系统类型需为 NTFS（Windows 系统下默认为 NTFS）。使用源码依赖时，依赖的源码模块与被依赖的源码模块需要在同一个盘符下，不允许配置跨盘符依赖。
- macOS：工程代码文件所在文件系统类型需为 APFS（macOS 系统下默认为 APFS）。如在 macOS 上挂载了其他不支持符号链接的文件系统（如 FAT32 或 exFAT），则无法在其上创建符号链接。
- Linux：EXT4、Btrfs、XFS、ZFS 等常见 Linux 文件系统类型均满足要求。部分较老或简单的文件系统（不支持符号链接），可能存在无法在其上创建或正确解析软链接的情况。

11.2.2　常用命令

ohpm config 常用命令有以下 10 个。

1. ohpm config

设置 ohpm 用户级配置项。

1）命令格式

```
ohpm config set <key> <value>
ohpm config get <key>
ohpm config delete <key>
ohpm config list
```

配置文件中信息以键-值对（Key-Value Pair）形式存在。

2）功能说明

ohpm 从命令行和.ohpmrc 文件中获取其配置设置。ohpm config 仅支持配置项字段，且仅支持修改用户级目录下的.ohpmrc 文件。

3）子命令

（1）set：

```
ohpm config set <key> <value>
```

在用户级目录下的.ohpmrc 文件中，以键-值对形式写入数据。

（2）get：

```
ohpm config get <key>
```

对从命令行、项目级.ohpmrc 文件、用户级.ohpmrc 文件（优先级依次递减）中获取的值进行标准输出。如果未提供键值，则此命令的执行效果与命令 ohpm config list 相同。

（3）list：

```
ohpm config listalias: ls
```

显示所有配置项。

（4）delete：

```
ohpm config delete <key>
```

删除用户级目录下.ohpmrc 文件中指定的键值。

2. ohpm help

获取有关 ohpm 的帮助。

1）命令格式

```
ohpm help [command]
ohpm [command] -help
alias: -h
```

说　明
command：命令名称。

2）功能说明

如果提供了命令名称，则显示相应命令的帮助信息。如果提供的命令名称不存在或未提供，则显示所有命令的概要信息。

3. ohpm info

查询指定第三方库的具体信息。

1）命令格式

```
ohpm info [options] [<@group>/]<pkg>[@<version> | @tag:<tag>]
```

说 明
@group：第三方库的命名空间，可选。 pkg：第三方库名称，必选。 version：第三方库的版本号，可选。 tag：第三方库的标签，标签会标记第三方库的某个版本号，可选。

2）功能说明

用于调用云端查询接口，查看指定包的详细信息，并将结果输出。

3）示例

执行以下命令：

```
ohpm info @ohos/lottie --registry https://ohpm.openharmony.cn/ohpm
```

结果示例：

```
➜ ohpm info @ohos/lottie --registry https://ohpm.openharmony.cn/ohpm
    @ohos/lottie@2.0.10-rc.1 | MIT | deps: none | versions: 15lottie是一个适用于OpenHarmony
的动画库，它可以使用Bodymovin解析以json格式导出的Adobe After Effects动画，并在移动设备上进行本地渲
染
    keywords: OpenHarmony, HarmonyOS, Lottie
    dist.tarball:
https://repo.harmonyos.com/ohpm/@ohos/lottie/-/lottie-2.0.10-rc.1.har.integrity:
sha512-fjdclqJeEax+4/wAlеHdjvtLBOFxRGeU4J2F9Q1b+yRYjmZnzL6GCA241Ku5iyzG5j2RUZi6tyBa0rpyQn
jhPg==
    dist-tags:latest: 2.0.10-rc.1
    published 15 hours ago by ohos_tpc
```

4. ohpm install

安装第三方库

1）命令格式

```
ohpm install [options] [[<@group>/]<pkg>[@<version> | @tag:<tag>]] ...
ohpm install [options] <folder>
ohpm install [options] <har file>
alias: i
```

说　明

@group：第三方库的命名空间，可选。
pkg：第三方库名称，可选；当 install 后面没有指定第三方库名称时，会根据当前目录下 oh-package.json5 定义的依赖关系进行全量安装。
version：第三方库的版本号，可选。
tag：第三方库的标签，标签会标记第三方库的某个版本号，可选。

2）功能说明

用于安装指定组件或oh-package.json5文件中的所有依赖。如果存在oh-package-lock.json5文件，那么安装将取决于oh-package-lock.json5文件中锁定的版本。

```
(1) ohpm install
```

将依赖项安装到本地 oh_modules 文件夹中，并将所有依赖项作为 dependencies 写入 oh-package.json5 文件。

```
(2) ohpm install <folder>
```

安装本地文件夹，则默认会创建一个软链接指向该文件夹。

示例如下：

```
ohpm install ../folder
(3) ohpm install <harfile>
```

安装压缩包，请注意压缩包的要求：

- 文件名必须使用.tar, .tar.gz, .tgz, .har 作为扩展名。
- 压缩包里面包含子文件夹 package。
- 子文件夹package下面必须包含oh-package.json5文件，且配置文件中必须有name和version字段。

示例如下：

```
ohpm install ./package.har
```

5. ohpm list

列出已安装的第三方库。

1）命令格式

```
ohpm list [options] [[<@group>/]<pkg>[@<version>]]
alias: ls
```

说　明

@group：第三方库的命名空间，可选。
pkg：第三方库的名称，可选。
version：第三方库的版本号，可选。

2）功能说明

以树形结构列出当前项目安装的所有第三方库信息，以及它们的依赖关系。当指定第三方库名称时，会列出指定第三方库名称的所有父依赖；当未指定第三方库名称时，默认只列出所有的直接依赖，可通过添加选项 depth 来指定要打印的依赖层级。

6. ohpm uninstall

卸载第三方库。

1）命令格式

```
ohpm uninstall [options] [<@group>/]<pkg> ...
alias: un
```

说 明
@group：第三方库的命名空间，可选。 pkg：第三方库名称，必选。

2）功能说明

卸载指定已安装的模块，并从 oh-package.json5 文件中的 dependencies 和 devDependencies 属性里移除指定第三方库信息；若没有指定第三方库，则不执行任何操作。如果无须在 oh-package.json5 文件中的 dependencies 和 devDependencies 属性里移除指定第三方库信息，则可配置--no-save 参数。

3）示例

从当前工程下卸载直接依赖的某个 package。

执行以下命令：

```
ohpm uninstall lottie
```

说 明
1. ohpm 1.0.0~1.3.0： 使用 ohpm 卸载时，如果 json 是直接依赖的三方包，则当前工程 oh_modules 目录下的 lottie 目录被删除，同时 json 对应的间接依赖也可能被删除（前提是这些间接依赖的包没有被其他第三方包关联引用）。 2. ohpm 1.4.x： ohpm 客户端从 1.4.0 版本开始，卸载时，项目级 oh_modules 目录下的 lottie 目录不会被删除，只有模块级 oh_modules 目录下的 lottie 目录会被删除。 3. 通过 oh-package.json5 文件中的 dependencies 属性删除对应的行(例如:"lottie": "2.0.7")。

7. ohpm version

管理模块版本。

1）命令格式

```
ohpm version [options] [<newversion> | major | minor | patch]
```

2）功能说明

在模块目录中运行此命令，以获取或升级版本号，并将数据回写至 oh-package.json5 中。

8. ohpm cache clean

清理 ohpm 缓存文件夹。

1）命令格式

```
ohpm cache clean
```

2）功能说明

用于清理 ohpm 缓存文件夹。

关于缓存设计的说明

ohpm 将缓存数据存储在配置的 cache 目录下名为 content-v1 的文件夹中，存储所有通过 HTTP 请求获取的 HAR 包数据。包的路径使用包的 sha512 哈希值分割成 3 段，哈希值第 1、2 位作为第一级目录，哈希值第 3、4 位作为第二级目录，哈希值第 5 位到结尾的所有字符作为文件名。使用哈希值可以将文件较均匀地分布在各个目录下，分成 3 层目录结构可以避免一个目录下文件数量过多，从而提升文件索引效率。

9. ohpm --version

查询 ohpm cli 安装版本，也可以使用 ohpm -v。

1）命令格式

```
ohpm -v | --version
```

2）功能说明

（1）打印命令行工具的版本号。
（2）在安装 ohpm 命令行工具后，可以通过此命令校验安装的版本信息。

3）示例

查询 ohpm cli 安装版本，可执行以下命令：

```
ohpm --version
```

结果示例如图 11-7 所示。

```
PS D:\Project\HarmonyProject\MyApp001> ohpm --version
5.0.10
```

图 11-7 查询 ohpm cli 安装版本

10. ohpm clean

清理工程下所有模块的 ohpm 安装产物。

1）命令格式

```
ohpm clean|cls
```

2）功能说明

清理工程下所有模块的 oh_modules 目录、oh-package-lock.json5 文件和 oh-package-targetName-lock.json5 文件（指定选项--target_path 安装时生成）。清理完成后，会在控制台打印耗时信息。

11.3　第三方库 harmony-dialog 的使用

harmony-dialog 是一款极为简单易用的零侵入弹窗，仅需一行代码即可轻松实现，无论在何处都能够轻松弹出。它涵盖了 AlertDialog、TipsDialog、ConfirmDialog、SelectDialog、CustomContentDialog、TextInputDialog、TextAreaDialog、BottomSheetDialog、ActionSheetDialog、TextPickerDialog、DatePickerDialog、CustomDialog、LoadingDialog、LoadingProgress、Toast、ToastTip 等多种类型，能够满足各种弹窗开发需求。

借助于第三方库 harmony-dialog，可以非常方便地实现各种弹窗，大幅减轻了开发者的工作强度。

但是，仅仅使用 harmony-dialog 是不够的，它还依赖其他两个第三方库，分别是 harmony-utils 和 SpinKit。其中，harmony-utils 是一款功能丰富且极易上手的 HarmonyOS 工具库，包含众多实用工具类，致力于助力开发者迅速构建鸿蒙应用；SpinKit 是一个适用于 OpenHarmony/HarmonyOS 的加载动画库。

harmony-dialog 使用步骤如下：

步骤 01 安装依赖。

```
ohpm i @pura/harmony-dialog
ohpm i @pura/harmony-utils
ohpm i @pura/spinkit
```

步骤 02 在 UIAbility 的 onCreate 中初始化 context，示例代码见文件 11-4。

文件 11-4　EntryAbility0101.ets

```
onCreate(want: Want, launchParam: AbilityConstant.LaunchParam): void {
  this.context.getApplicationContext().setColorMode(ConfigurationConstant.ColorMode.
COLOR_MODE_NOT_SET);
  hilog.info(0x0000, 'testTag', '%{public}s', 'Ability onCreate');

  DialogHelper.setDefaultConfig((config) => {
    config.uiAbilityContext = this.context;
  })

  // 设置默认的统一配置，在 UIAbility 的 onCreate 方法里初始化
  DialogHelper.setDefaultConfig((config) => {
    // 必须初始化上下文
    config.uiAbilityContext = this.context
```

```
    // 点击遮障层时，是否关闭弹窗。true 表示关闭弹窗，false 表示不关闭弹窗。默认值为 true
    config.autoCancel = true;
    // 点击返回键或手势返回时，是否关闭弹窗；实现 onWillDismiss 函数时，该参数不起作用。true 表示关闭
弹窗，false 表示不关闭弹窗。默认值为 true
    config.backCancel = true;
    // 点击操作按钮时，是否关闭弹窗。false 表示不关闭弹窗。默认值为 true
    config.actionCancel = true;
    // 弹窗的对齐方式
    config.alignment = DialogAlignment.Center;
    config.offset = {
      dx: 0, dy: 0
    }; // 弹窗相对 alignment 所在位置的偏移量。默认值为{ dx: 0, dy: 0 }
    // 自定义蒙层颜色。默认值为 0x33000000
    config.maskColor = 0x33000000;
    // 弹窗背板颜色。默认值为 Color.White
    config.backgroundColor = Color.White;
    // 弹窗背板模糊材质。默认值为 BlurStyle.COMPONENT_ULTRA_THICK
    config.backgroundBlurStyle = BlurStyle.COMPONENT_ULTRA_THICK;
    // 设置背板的圆角半径。可分别设置 4 个圆角的半径
    config.cornerRadius = 20;

    config.title = '温馨提示';                    // 弹框标题
    config.primaryButton = '取消';                // 弹框左侧按钮
    config.secondaryButton = '确定';              // 弹框右侧按钮
    config.imageRes = undefined;                  // TipsDialog 用到，展示的图片
    config.imageSize = {
      width: '64vp', height: '64vp'
    }; // TipsDialog 用到，自定义图片尺寸。默认值为 64×64vp

    // 加载动画或进度条的大小
    config.loading_loadSize = 60;
    // 加载动画或进度条的颜色
    config.loading_loadColor = Color.White;
    // 加载动画的提示文字
    config.loading_content = '';
    // 文字大小
    config.loading_fontSize = 16;
    // 文字颜色
    config.loading_fontColor = Color.White;
    // 背景颜色，八位色值，前两位为透明度
    config.loading_backgroundColor = '#CC000000';
    // 背景圆角
    config.loading_borderRadius = 10;
    config.picker_divider = {
      strokeWidth: '2px',
      startMargin: 0,
      endMargin: 0,
      color: '#33000000'
    };
    // 设置是否可循环滚动
```

```
    config.picker_canLoop = true;
    // 弹框标题的字体颜色
    config.picker_titleFontColor = $r("sys.color.ohos_id_picker_title_text_color");
    // 头部背景颜色
    config.picker_titleBackground = "#F9F9F9";
    // 按钮颜色
    config.picker_buttonFontColor = $r("sys.color.ohos_id_picker_button_text_color");

    // 显示时长(1500ms~10000ms)
    config.toast_duration = 2000;
    // 显示时长(10000ms)
    config.toast_durationLong = 10000;
    // 文字大小
    config.toast_fontSize = 16;
    // 文字颜色
    config.toast_fontColor = Color.White;
    // 背景颜色，建议八位色值，前两位为透明度
    config.toast_backgroundColor = '#CC000000';
    // 背景圆角
    config.toast_borderRadius = 8;
    // Padding
    config.toast_padding = {
      left: 16,
      right: 16,
      top: 12,
      bottom: 12
    };
    // 吐司布局方向，默认为垂直。设置该值时，请重新设置 imageSize 和 margin
    config.toast_orientation = Orientation.VERTICAL;
    // Tip 图片尺寸。垂直默认值为 45×45vp，水平建议值为 24×24vp
    config.toast_imageSize = {
      width: 45, height: 45
    };
    // 吐司的图片与文字间距
    config.toast_margin = 10;
  });
}
```

步骤 03 在自定义组件中使用，示例代码见文件 11-5。

文件 11-5　DialogExample.ets

```
import { DateType, DialogAction, DialogHelper, SpinType } from '@pura/harmony-dialog';
import { DateUtil, LogUtil, ToastUtil } from '@pura/harmony-utils';

@Entry
@Component
struct DialogExample {
  @State progress: number = 100
  @State inputText: string = '这是我设置的文本'
  menuArray: string[] = [
```

```
    'a', 'b', 'c', 'd', 'e'
  ]

  build() {
    Column() {
      Button('确认类弹出框').onClick((event: ClickEvent) => {
        DialogHelper.showAlertDialog({
          content: "确定保存该 WPS 文件吗？",
          onAction: (action) => {
            if (action == DialogAction.CANCEL) {
              ToastUtil.showToast(`您点击了取消按钮`);
            } else if (action == DialogAction.SURE) {
              ToastUtil.showToast(`您点击了确认按钮`);
            }
          }
        })
      })
      Button('提示弹出框').onClick((event: ClickEvent) => {
        DialogHelper.showTipsDialog({
          content: '想要卸载这个 APP 嘛?',
          onAction: (action) => {
            ToastUtil.showToast(`${action}`);
          }
        })
      })
      Button('选择类弹窗').onClick((event: ClickEvent) => {
        DialogHelper.showSelectDialog({
          radioContent: ["文本菜单选项一", "文本菜单选项二", "文本菜单选项三", "文本菜单选项四", "
文本菜单选项五"],
          onCheckedChanged: (index) => {
            ToastUtil.showToast(`${index}`);
          },
          onAction: (action, dialogId, value) => {
            ToastUtil.showToast(`${action} --- ${value}`);
          }
        })
      })
      Button('单行文本输入弹出框').onClick((event: ClickEvent) => {
        DialogHelper.showTextInputDialog({
          text: this.inputText,
          onChange: (text) => {
            console.error("onChange: " + text);
          },
          onAction: (action, dialogId, content) => {
            if (action == DialogAction.SURE) {
              this.inputText = content;
            }
          }
        })
      })
```

```
Button('多行文本输入弹出框').onClick((event: ClickEvent) => {
  DialogHelper.showTextAreaDialog({
    text: this.inputText,
    onChange: (text) => {
      console.error("onChange: " + text);
    },
    onAction: (action, dialogId, content) => {
      if (action == DialogAction.SURE) {
        this.inputText = content;
      }
    }
  })
})
Button('动作面板').onClick((event: ClickEvent) => {
  DialogHelper.showBottomSheetDialog({
    title: "请选择上传方式",
    sheets: ["相机", "相册", "文件管理器"],
    onAction: (index) => {
      ToastUtil.showToast(`您点击了，${this.menuArray[index]}`);
    }
  })
})
Button('动作面板（iOS 风格）').onClick((event: ClickEvent) => {
  DialogHelper.showActionSheetDialog({
    title: "请选择上传方式",
    sheets: ["相机", "相册", "文件管理器"],
    onAction: (index) => {
      ToastUtil.showToast(`您点击了，${this.menuArray[index]}`);
    }
  })
})
Button('日期选择器弹框').onClick((event: ClickEvent) => {
  DialogHelper.showDatePickerDialog({
    dateType: DateType.YmdHm,
    onAction: (action: number, dialogId: string, date: Date): void => {
      if (action == DialogAction.SURE) {
        let dateStr = DateUtil.getFormatDateStr(date, "yyyy-MM-dd HH:mm");
        ToastUtil.showToast(`选中日期: ${dateStr}`);
        LogUtil.error(`选中日期: ${dateStr}`);
      }
    }
  })
})
Button('进度加载类弹出框').onClick((event: ClickEvent) => {
  DialogHelper.showLoadingDialog({
    loadType: SpinType.spinP,
    loadColor: Color.White,
    loadSize: 70,
    backgroundColor: '#BB000000',
    content: "加载中…",
```

```
          fontSize: 18,
          padding: {
            top: 30,
            right: 50,
            bottom: 30,
            left: 50
          },
          autoCancel: true
        })
      })
      Button('进度条加载弹框').onClick((event: ClickEvent) => {
        DialogHelper.showLoadingProgress({ progress: this.progress })
      })
      Button('吐司').onClick((event: ClickEvent) => {
        DialogHelper.showToast("这是一个自定义吐司")
        DialogHelper.showToastLong("这是一个自定义的长吐司呀")
      })
      Button('吐司 Tip').onClick((event: ClickEvent) => {
        DialogHelper.showToastTip({
          message: "操作成功",
          imageRes: $r('sys.media.ohos_ic_public_ok')
        })
      })
    }.alignItems(HorizontalAlign.Center).width('100%').height('100%')
  }
}
```

显示效果如图 11-8 所示。

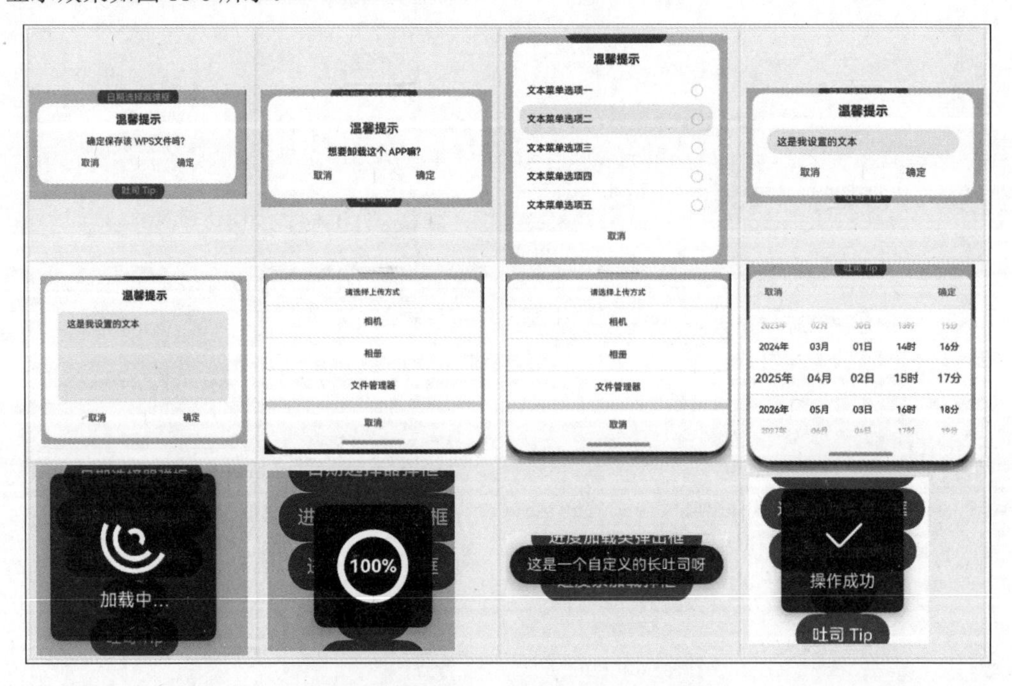

图 11-8 harmony-dialog 中弹窗的使用效果

从上述内容可知，harmony-dialog 使用起来非常方便，只需调用提供的 API，即可轻松制作精良的弹窗。此外，在开发过程中，如果需要进行其他自定义设置，修改起来也不会产生太大的工作量。

我们建议读者平时关注 HarmonyOS NEXT 第三方库的信息。在开发时，也不必急于编写代码，可以先查看在第三方库中是否已有现成的解决方案，或者通过简单修改就能满足需求。这样不仅可以大幅减少开发的工作量，还能有效减少 bug 的产生。

11.4　本章小结

本章详细介绍了 OpenHarmony 第三方库的使用方法及其管理工具 ohpm。首先，通过一个具体案例，展示了如何在 DevEco Studio 中添加和使用第三方库，包括查看依赖树、安装新依赖以及同步项目元数据等。接着，深入探讨了 ohpm 的功能和使用场景，包括其支持的操作系统平台、常用命令及其功能说明。作为 OpenHarmony 第三方库的包管理工具，ohpm 支持包的发布、安装和依赖管理，并提供配置、帮助、查询、安装、卸载等多种命令，帮助开发者高效管理项目依赖。此外，本章还介绍了第三方库 harmony-dialog 的使用方法，展示了如何通过简单的 API 调用实现各种弹窗效果，从而减轻开发者的负担。

通过学习本章内容，读者可以掌握如何在 OpenHarmony 项目中灵活使用第三方库，从而提升开发效率和项目质量。

11.5　本章习题

1. 如何在 DevEco Studio 中查看当前项目的依赖树？
2. 如果要在 OpenHarmony 项目中安装一个名为@wolfx/json5 的第三方库，应该使用什么命令？
3. 如何使用 ohpm 命令行工具查询一个名为@ohos/lottie 的第三方库的具体信息？
4. 如何使用 ohpm 命令行工具卸载一个已安装的第三方库？
5. 如何清理 ohpm 的缓存文件夹？
6. 在使用 harmony-dialog 时，如何在 UIAbility 的 onCreate 中初始化 context？

第 12 章

基于 uni-app 开发鸿蒙应用

uni-app 提供了统一的方式进行移动端应用开发。通过使用编译器将项目编译为中间格式，再通过不同平台的运行时执行项目，解决了传统开发方式中的性能瓶颈问题。目前 uni-app 支持的移动平台包括但不限于 Android、iOS 和 HarmonyOS。同时，uni-app 官方推出了 uni-app x 项目，该项目的目的是在编译时不再使用中间代码，而是直接将项目编译为平台代码。例如，对于 HarmonyOS NEXT，直接编译为 ArkTS。建议读者在开发过程中优先考虑 uni-app 的开发方式。

本章将详细介绍鸿蒙平台下使用 uni-app 的开发流程和基础组件。首先，从 DCloud 开发者账号的注册和 HBuilderX 的登录开始，逐步引导读者创建 uni-app 项目，并配置鸿蒙开发环境。接着，通过实例演示如何在鸿蒙模拟器上运行和打包 uni-app 项目。然后，深入讲解 uni-app 中的基础组件（如 icon、text）和表单组件（如 button、checkbox、picker、radio、slider、switch 和 textarea 等），每个组件的属性、事件和使用场景都会通过代码示例进行详细说明。最后，介绍 navigator 组件，帮助读者掌握页面跳转的不同方式和参数传递方法。

本章的重点在于帮助读者快速上手 uni-app 在鸿蒙平台的开发，并熟练掌握常用组件的应用技巧。

12.1 创建 uni-app 项目

创建 uni-app 项目的步骤如下：

步骤 01 注册 DCloud 开发者账号，网址为 https://dev.dcloud.net.cn/pages/common/login，如图 12-1 所示。

单击"注册"按钮，跳转到注册页面，按照要求填写信息，如图 12-2 所示。

步骤 02 注册成功后在 HBuilderX 登录：单击 HBuilderX 左下角的"未登录"图标按钮（见图 12-3），打开登录弹窗，如图 12-4 所示。

图 12-1　注册账号

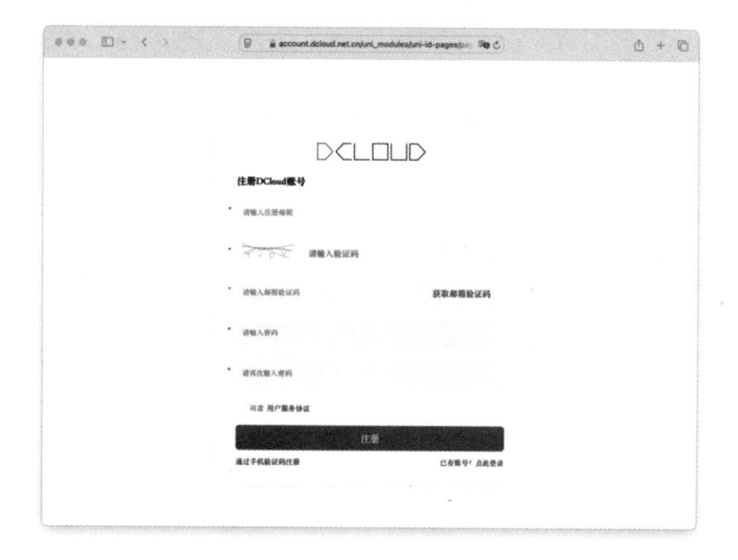

图 12-2　按照要求填写注册信息

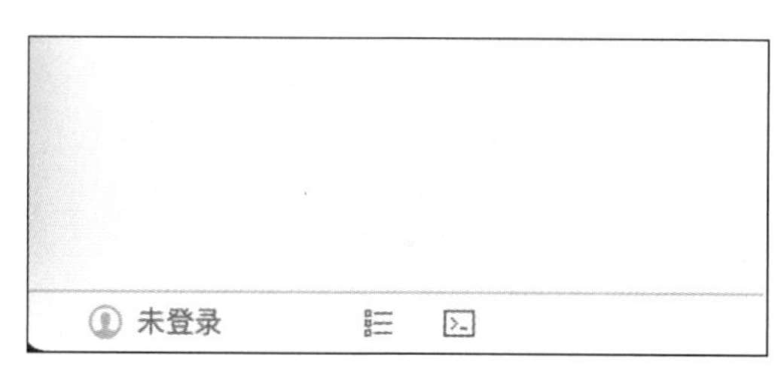

图 12-3　单击“未登录”

图 12-4　登录弹窗

使用注册成功的账号登录，登录成功后，HBuilderX 左下角显示效果如图 12-5 所示。

步骤 03 单击 HBuilderX 左上角的新建图标，打开弹窗，如图 12-6 所示。

图 12-5 可以看到已经登录

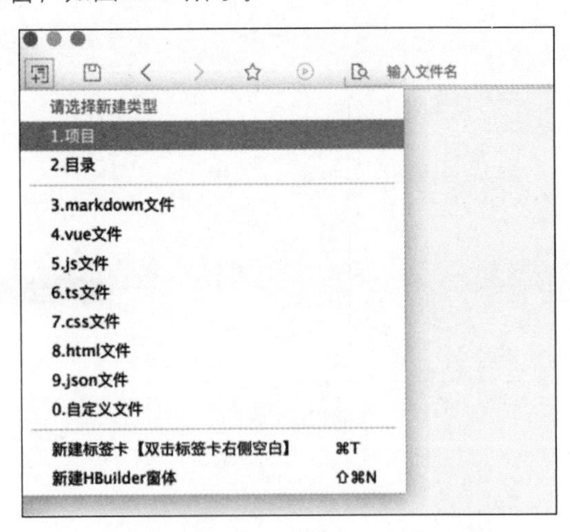

图 12-6 单击新建图标后打开的弹窗

在弹窗中选择“项目”选项，打开新建项目弹窗，按照要求填写新项目信息。如图 12-7 所示，填写项目名称，同时选择默认模板。

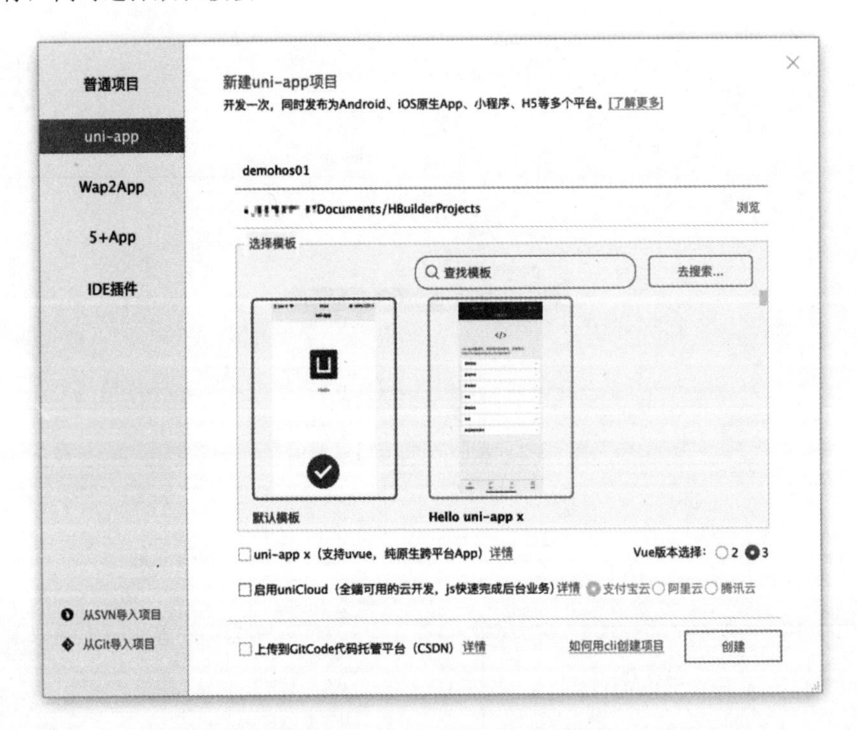

图 12-7 按照要求填写新项目信息

信息填写完成后，单击右下角的“创建”按钮，完成项目创建。新建好的项目结构如图 12-8 所示。

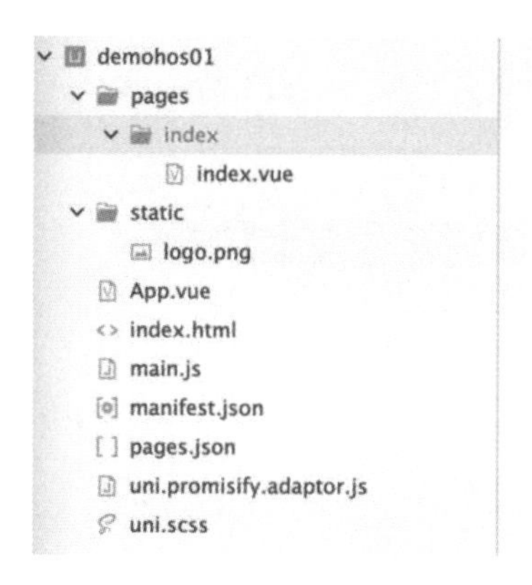

图 12-8　项目结构

步骤 04 打开 HBuilderX 的设置页面，选择“运行配置”在“鸿蒙运行配置”中填写 DevEco Studio 开发者工具路径，如图 12-9 所示。

图 12-9　配置鸿蒙开发环境

步骤 05 打开 DevEco Studio，启动模拟器。打开现有项目或新建项目，单击右上角的菜单，打开设备管理器（Device Manager），如图 12-10 所示。

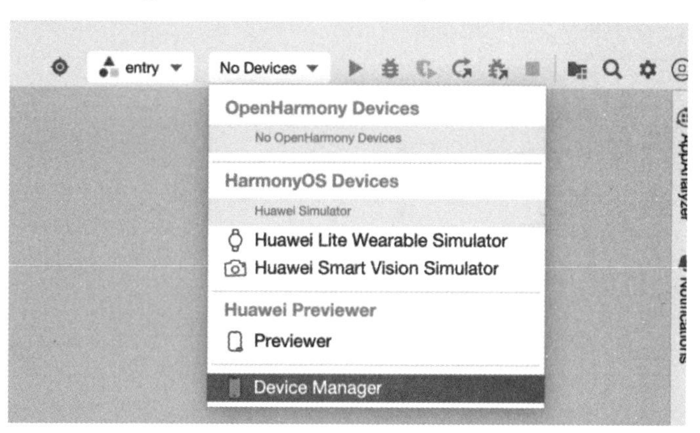

图 12-10　设备管理器

在设备管理器中，打开鸿蒙模拟器，此处打开的是手机模拟器，如图 12-11 和图 12-12 所示。

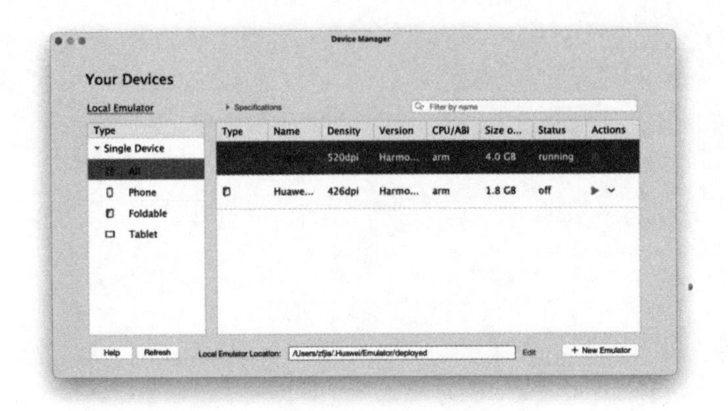

图 12-11　打开鸿蒙模拟器

图 12-12　手机模拟器

步骤06 打开项目中的 manifest.json 文件，在“基础配置”部分可以看到已经有 uni-app 应用标识（AppID）的值了，如图 12-13 所示。当 HBuilderX 登录之后，每次创建项目，都会自动生成唯一的 uni-app 应用标识。

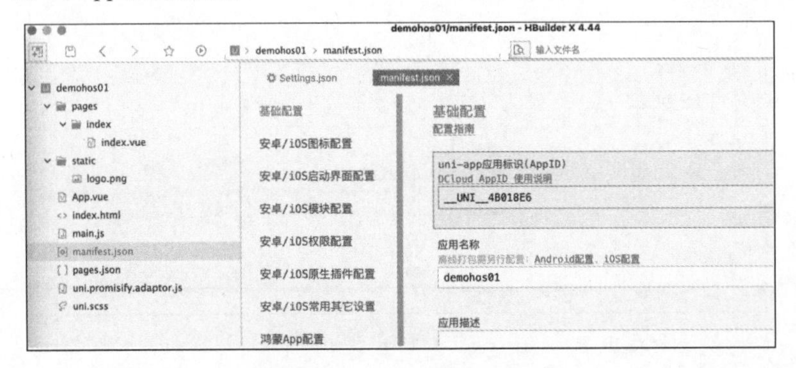

图 12-13　manifest.json 文件

步骤07 在 manifest.json 中的“鸿蒙 App 配置”部分，配置必要的包名，同时根据需求配置前景图、背景图等信息，如图 12-14 所示。

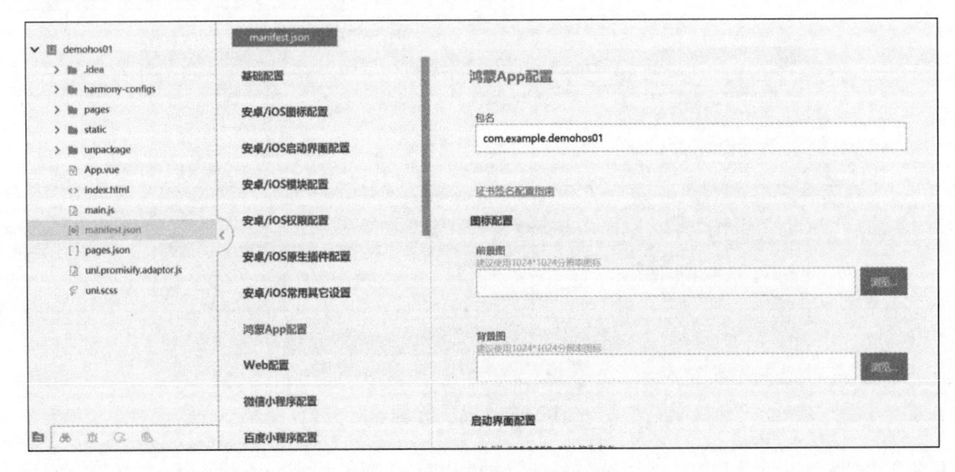

图 12-14　鸿蒙 App 配置

步骤 08 打开 uni-app 项目中的任意一个文件，之后在 HBuilderX 中单击运行菜单，在“运行到手机或模拟器”菜单中选择“运行到鸿蒙”，如图 12-15 所示。

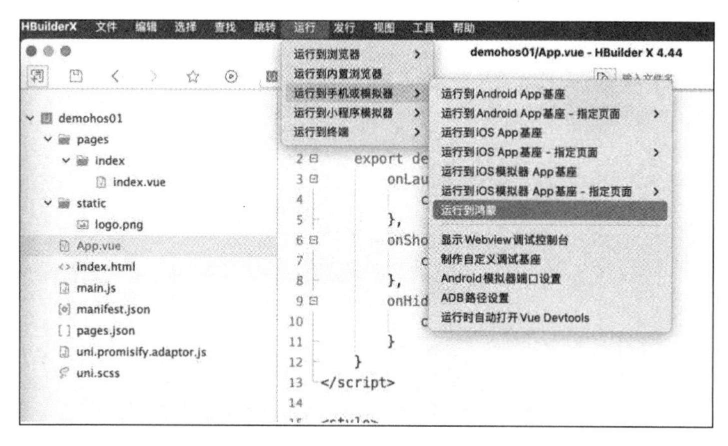

图 12-15　运行到鸿蒙

此时 HBuilderX 检测到鸿蒙模拟器，如图 12-16 所示。

图 12-16　检测到鸿蒙模拟器

步骤 09 单击图 12-16 中的运行按钮，控制台输出如图 12-17 所示的日志。

```
demohos01 - 鸿蒙

[广告] 11:19:53.319 uni实人认证，低成本核验用户身份、提升用户信任度、规避法律风险，详情
11:19:53.342 项目 demohos01 开始编译
11:19:54.579 请注意运行模式下，因日志输出、sourcemap 以及未压缩源码等原因，性能和包体积，均不及发行模式。
11:19:54.579 正在编译中...
11:19:58.102 项目 demohos01 编译成功。
11:19:58.111 ready in 4133ms.
11:19:58.126 新增了 harmony-configs 目录，可用于对鸿蒙应用进行自定义配置，用法请参考 配置文档
11:19:58.223 已自动生成鸿蒙工程目录，如需配置签名证书请用 DevEco Studio 打开如下目录：/Users/zfjia/Documents/HBuild
11:19:58.241 安装鸿蒙工程的依赖 ...
11:19:58.783 安装鸿蒙工程依赖成功
11:19:58.783 开始制作运行包 .hap，请耐心等待 ..........
11:20:09.786 由于未配置相关数字证书，打包未签名，请参考 配置文档
11:20:09.787 运行包制作成功
11:20:11.202 安装 .hap 到鸿蒙设备 ...
11:20:12.787 安装成功
11:20:12.787 在鸿蒙设备上启动运行 .hap ...
11:20:14.706 运行成功
11:20:15.639 App Launch at App.vue:4
11:20:15.639 App Show at App.vue:7
```

图 12-17　控制台输出日志

此时刚创建的项目已经运行在鸿蒙模拟器中，如图 12-18 所示。

步骤 10 也可以单击 HBuilderX 中的"发行"菜单，选择"App-Harmony-本地打包（仅适用于 uni-app）"对引用进行打包，如图 12-19 所示。

图 12-18　项目运行到鸿蒙模拟器

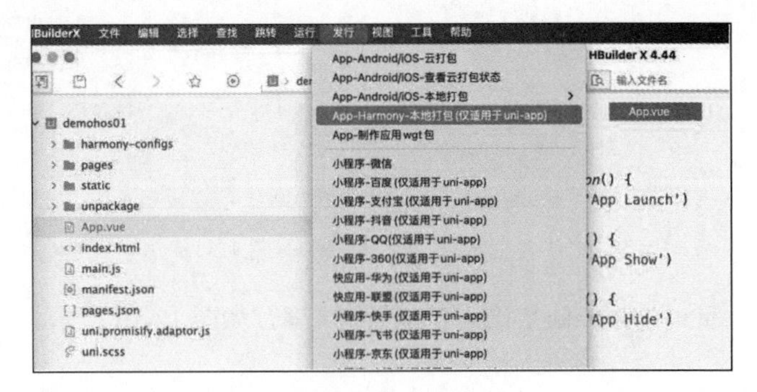

图 12-19　本地打包

此时控制台输出内容如图 12-20 所示。

```
demohos01 - 鸿蒙        控制台

11:24:01.983 项目 demohos01 开始编译
11:24:03.251 正在编译中...
11:24:06.792 项目 demohos01 编译成功。
11:24:06.948 安装鸿蒙工程的依赖 ...
11:24:07.481 安装鸿蒙工程依赖成功
11:24:07.482 开始制作安装包 .app, 请耐心等待 ..........
11:24:18.741 由于未配置相关数字证书, 打包未签名, 请参考 配置文档
11:24:18.741 安装包制作成功
11:24:19.822 DCloud联合华为做开发者激励, 发布鸿蒙App, 最高可获得1300元的现金奖励, 详情
11:24:19.822 生成的安装包 /Users/zfjia/Documents/HBuilderProjects/demohos01/unpackage/releas
d.app
```

图 12-20　本地打包时的控制台输出

打包后的应用文件位置如图 12-21 所示。

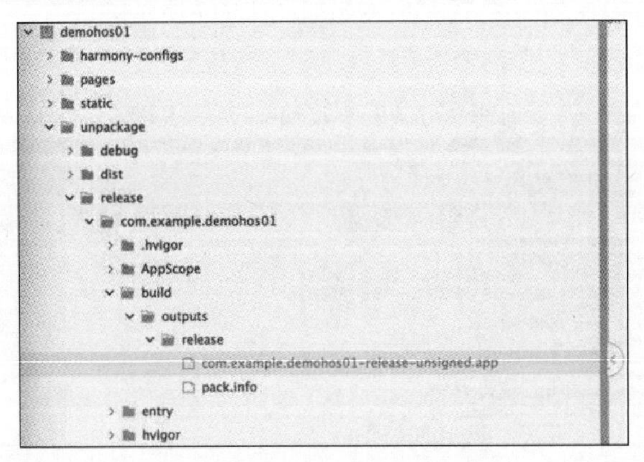

图 12-21　打包后的文件位置

打包好的以 app 为后缀的文件即可提交给鸿蒙应用市场进行上架操作。

12.2　基础组件

uni-app 中的基础组件主要有 icon 和 text。

12.2.1　icon

icon 表示图标组件，该组件包含 3 个属性，分别为 type、size 和 color。其中，type 参数类型为 String 类型，表示 icon 的类型，默认值为空；size 参数类型为 Number 类型，表示 icon 的大小，单位是 px，默认值为 23；color 参数类型为 Color 类型，表示 icon 的颜色，默认值为空，与 CSS 的 color 相同。icon 组件的示例代码见文件 12-1。

文件 12-1　Demo0201.vue

```
<template>
    <view class="item" v-for="(value,index) in iconType" :key="index">
        <icon :type="value" size="26"/>
        <text>{{value}}</text>
    </view>
</template>

<script>
    export default {
        data() {
            return {
                iconType: ['success']
            }
        },
        onLoad() {
            this.iconType = [
                'success', 'info', 'warn',
'waiting', 'download',
                'success_no_circle', 'clear',
'search', 'cancel',
            ]
        },
        methods: { }
    }
</script>
```

显示效果如图 12-22 所示。

图 12-22　icon 图标

12.2.2　text

text 文本组件，用于包裹文本内容。在 app-nvue 中，文本只能写在 text 中，不能写在 view 的 text 区域。text 组件的主要属性包括 selectable、space 和 decode。其中，selectable 参数类型为 Boolean，表示文本是否可选择，默认值为 false；space 参数类型为 String，用于显示连续的空格，默认值为空；decode 参数类型为 Boolean，用于表示是否解码，默认为 false。

space 参数的可选值包括：

- ensp：表示中文字符空格一半大小。
- emsp：表示中文字符空格大小。
- nbsp：表示根据字体设置的空格大小。

在 Web 浏览器渲染（含浏览器、小程序 webview 渲染模式、app-vue）和 uvue 中，text 组件只能嵌套 text 组件。

注　意
1. text 组件中的文字支持\n 方式换行。
2. 在 app-nvue 下，只有<text>才能包裹文本内容，无法在<view>组件中包裹文本。
3. decode 可以解析的有<、>、&和'。
4. 各个操作系统的空格标准并不一致。
5. 除文本节点以外的其他节点无法长按选中。
6. 如果使用了<span>组件，编译时会被转换为<text>。
7. nvue 样式 word-wrap 在 Android 平台暂不支持。

text 组件的使用示例代码见文件 12-2。

文件 12-2　Demo0202.vue

```
<template>
    <view>
        <view class="uni-padding-wrap uni-common-mt">
            <view class="text-box" style="height: 500rpx; margin: 20rpx;"
scroll-y="true">
                <text>{{text}}</text>
            </view>
            <view class="uni-btn-v">
                <button type="primary" :disabled="!canAdd" @click="add">添加行
</button>
                <button type="warn" :disabled="!canRemove" @click="remove">删除行
</button>
            </view>
        </view>
    </view>
</template>

<script>
    export default {
        data() {
            return {
```

```
                text: 'text 中的文本',
                canAdd: true,
                canRemove: true
            }
        },
        methods: {
            add: function() {
                // ...
            },
            remove: function() {
                // ...
            }
        }
    }
</script>
```

显示效果如图 12-23 所示。

图 12-23　text 组件

12.3　表单组件

uni-app 中的表单组件主要包括 button、checkbox、picker、picker-view、radio、slider、switch 和 textarea。

12.3.1　button

button 组件包含如表 12-1 所示的属性，用于设置按钮的各种样式及行为。

表 12-1　button 组件包含的属性

属 性 名	类　型	默 认 值	说　明
size	String	default	按钮的大小
type	String	default	按钮的样式类型
plain	Boolean	false	按钮是否镂空，背景色透明
disabled	Boolean	false	是否禁用
loading	Boolean	false	名称前是否带 loading 图标
form-type	String		用于<form>组件，点击会触发<form>组件的 submit/reset 事件
open-type	String		开放能力
hover-start-time	Number	20	按住后多久出现点击态，单位为毫秒
hover-stay-time	Number	70	手指松开后点击态保留时间，单位为毫秒

1. size 有效值

size 有效值及说明如表 12-2 所示。

表 12-2 size 有效值及说明

值	说 明
default	默认大小
mini	小尺寸

button 组件也支持在 style 中通过 CSS 定义文字大小。

2. type 有效值

type 的有效值及说明如表 12-3 所示。

表 12-3 type 有效值及说明

值	说 明
primary	微信小程序、360 小程序为绿色，App、H5、百度小程序、支付宝小程序、飞书小程序、快手应用为蓝色，抖音小程序为红色，QQ 小程序为浅蓝色。如想在多端统一颜色，请改用 default，然后自行写样式
default	白色
warn	红色

button 组件也支持通过 CSS 在 style 中定义颜色。

3. button 点击

button 组件的点击遵循 Vue 标准的@click 事件。button 组件没有 url 属性，如果要跳转页面，可以在@click 事件中编写跳转逻辑，或在 button 组件外面套一层 navigator 组件。示例代码见文件 12-3。

文件 12-3 Demo0301.vue

```
<template>
    <view>
        <text :title="title"></text>
        <view class="uni-padding-wrap uni-common-mt">
            <button type="primary">页面主操作 Normal</button>
            <button type="primary" :loading="loading">页面主操作 Loading</button>
            <button type="primary" disabled="true">页面主操作 Disabled</button>

            <button type="default">页面次要操作 Normal</button>
            <button type="default" disabled="true">页面次要操作 Disabled</button>

            <button type="warn">警告类操作 Normal</button>
            <button type="warn" disabled="true">警告类操作 Disabled</button>

            <view class="button-sp-area">
                <button type="primary" plain="true">按钮</button>
                <button type="primary" disabled="true" plain="true">不可点击的按钮</button>

                <button type="default" plain="true">按钮</button>
                <button type="default" disabled="true" plain="true">按钮</button>
```

```
                <button class="mini-btn" type="primary" size="mini">按钮</button>
                <button class="mini-btn" type="default" size="mini">按钮</button>
                <button class="mini-btn" type="warn" size="mini">按钮</button>
            </view>
            <!-- #ifdef MP-WEIXIN || MP-QQ || MP-JD -->
            <button open-type="launchApp" app-parameter="uni-app" @error="openTypeError">
打开 APP</button>
            <button open-type="feedback">意见反馈</button>
            <!-- #endif -->
        </view>
    </view>
</template>
<script>
    export default {
        data() {
            return {
                title: 'button',
                loading: false
            }
        },
        onLoad() {
            this._timer = null;
        },
        onShow() {
            this.clearTimer();
            this._timer = setTimeout(() => {
                this.loading = true;
            }, 300)
        },
        onUnload() {
            this.clearTimer();
            this.loading = false;
        },
        methods: {
            openTypeError(error) {
                console.error('open-type error:', error);
            },
            clearTimer() {
                if (this._timer != null) {
                    clearTimeout(this._timer);
                }
            }
        }
    }
</script>

<style>
    button {
        margin-top: 30rpx;
```

```
        margin-bottom: 30rpx;
    }

    .button-sp-area {
        margin: 0 auto;
        width: 60%;
    }

    .mini-btn {
        margin-right: 10rpx;
    }
</style>
```

显示效果如图 12-24 所示。

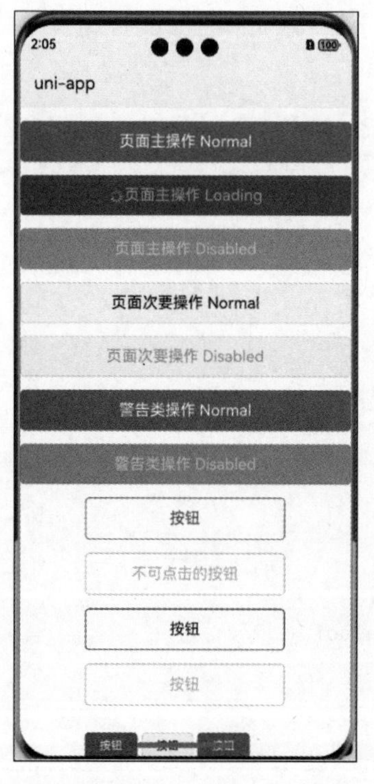

图 12-24 button 组件效果

12.3.2 checkbox

1. checkbox-group（多选框组）

checkbox-group 的属性说明如表 12-4 所示。

表 12-4 checkbox-group 的属性说明

属 性 名	类 型	默 认 值	说 明
@change	EventHandle	-	<checkbox-group>中的选中项发生改变时触发 change 事件，detail = {value:[选中的 checkbox 的 value 的数组]}

2. checkbox（多选项）

在一组 check-group 中可选择多个 checkbox。checkbox 的属性说明如表 12-5 所示。

表 12-5　checkbox 的属性说明

属性名	类　型	默认值	说　明
Value	String	-	<checkbox>标识，选中时触发<checkbox-group>的 change 事件，并携带<checkbox>的 value
Disabled	Boolean	false	是否禁用
Checked	Boolean	false	当前是否选中，可用来设置默认选中
Color	Color	-	checkbox 的颜色，同 CSS 的 color
backgroundColor	Color	#ffffff	checkbox 默认的背景颜色
borderColor	Color	#d1d1d1	checkbox 默认的边框颜色
activeBackgroundColor	Color	#ffffff	checkbox 选中时的背景颜色，优先级大于 color 属性
activeBorderColor	Color	#d1d1d1	checkbox 选中时的边框颜色
iconColor	Color	#007aff	checkbox 的图标颜色

checkbox 组件的示例代码见文件 12-4。

文件 12-4　Demo0302.vue

```
<template>
    <view>
        <view class="uni-padding-wrap uni-common-mt">
            <view class="uni-title uni-common-mt">默认样式</view>
            <view>
                <checkbox-group>
                    <label>
                        <checkbox value="cb1" checked="true" />选中
                    </label>
                    <label>
                        <checkbox value="cb" />未选中
                    </label>
                </checkbox-group>
            </view>
            <view class="uni-title uni-common-mt">不同颜色和尺寸的 checkbox</view>
            <view>
                <checkbox-group>
                    <label>
                        <checkbox value="cb1" checked="true" color="#FFCC33"
style="transform:scale(0.7)" />选中
                    </label>
                    <label>
                        <checkbox value="cb" color="#FFCC33"
style="transform:scale(0.7)" />未选中
                    </label>
                </checkbox-group>
            </view>
        </view>
```

```
        <view class="uni-padding-wrap">
            <view class="uni-title uni-common-mt">
                推荐展示样式
                <text>\n 使用 uni-list 布局</text>
            </view>
        </view>
        <view class="uni-list">
            <checkbox-group @change="checkboxChange">
                <label class="uni-list-cell uni-list-cell-pd" v-for="item in
items" :key="item.value">
                    <view>
                        <checkbox :value="item.value" :checked="item.checked" />
                    </view>
                    <view>{{item.name}}</view>
                </label>
            </checkbox-group>
        </view>
    </view>
</template>
<script>
    export default {
        data() {
            return {
                title: 'checkbox 复选框',
                items: [
        { value: 'USA', name: '美国' },
                    { value: 'CHN', name: '中国', checked: 'true' },
                    { value: 'BRA', name: '巴西' },
                    { value: 'JPN', name: '日本' },
                    { value: 'ENG', name: '英国' },
                    { value: 'FRA', name: '法国' }
                ]
            }
        },
        methods: {
            checkboxChange: function (e) {
                var items = this.items,
                    values = e.detail.value;
                for (var i = 0, lenI = items.length; i < lenI; ++i) {
                    const item = items[i]
                    if(values.indexOf(item.value) >= 0){
                        this.$set(item,'checked',true)
                    }else{
                        this.$set(item,'checked',false)
                    }
                }
            }
        }
```

```
    }
</script>

<style>
.uni-list-cell {
    justify-content: flex-start
}
</style>
```

显示的效果如图 12-25 所示。

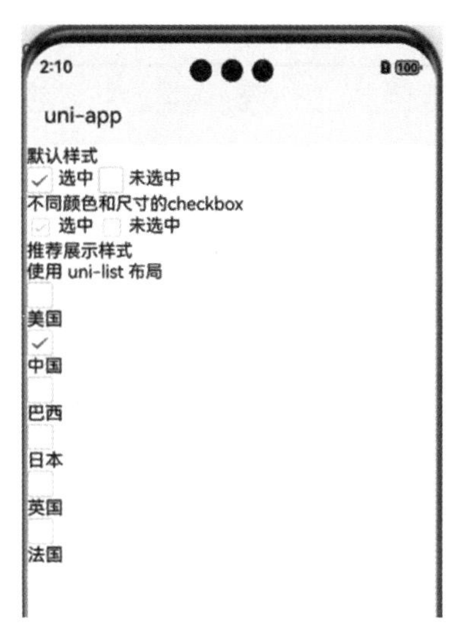

图 12-25　checkbox 组件的效果

12.3.3　picker

picker 是从底部弹起的滚动选择器。支持 5 种选择器，分别是普通选择器、多列选择器、时间选择器、日期选择器和省市区选择器。可以通过 mode 来区分，默认是普通选择器。

1. 普通选择器

```
mode = selector
```

普通选择器的属性说明如表 12-6 所示。

表 12-6　普通选择器的属性说明

属 性 名	类　　型	默 认 值	说　　明
range	Array / Array<Object>	[]	mode 为 selector 或 multiSelector 时，range 有效
range-key	String		当 range 是一个 Array<Object>时，通过 range-key 来指定 Object 中 key 的值作为选择器显示内容
value	Number	0	value 的值表示选择了 range 中的第几个（下标从 0 开始）
selector-type	String	auto	UI 类型，仅为大屏时该属性生效，支持 picker、select、auto，默认在 iPad 中以 picker 样式展示，而在 PC 中以 select 样式展示
disabled	Boolean	false	是否禁用
@change	EventHandle		value 改变时触发 change 事件，event.detail = {value: value}
@cancel	EventHandle		取消选择或点遮罩层收起 picker 时触发

picker 在各平台的实现是有 UI 差异的，有的平台是从中间弹出的，如百度、支付宝小程序的 Android 端；有的平台支持循环滚动，如百度小程序；有的平台没有“取消”按钮，如 App-iOS 端。但均不影响 picker 功能的使用。

2. 多列选择器

```
mode = multiSelector
```

多列选择器的属性说明如表 12-7 所示。

表 12-7 多列选择器的属性说明

属性名	类 型	默认值	说 明
range	二维 Array/二维 Array＜Object＞	[]	mode 为 selector 或 multiSelector 时，range 有效。二维数组，长度表示多少列，数组的每项表示每列的数据，如[["a","b"], ["c","d"]]
range-key	String	-	当 range 是一个二维 Array＜Object＞时，通过 range-key 来指定 Object 中 key 的值作为选择器显示内容
value	Array	[]	value 每一项的值表示选择了 range 对应项中的第几个（下标从 0 开始）
@change	EventHandle	-	value 改变时触发 change 事件，event.detail = {value: value}
@columnchange	EventHandle	-	某一列的值改变时触发 columnchange 事件，event.detail = {column: column, value: value}，column 的值表示改变了第几列（下标从 0 开始），value 的值表示变更值的下标
@cancel	EventHandle		取消选择时触发（快手小程序不支持）
disabled	Boolean	false	是否禁用（快手小程序不支持）

3. 时间选择器

```
mode = time
```

时间选择在 App 端调用的是操作系统的原生时间选择控件，在不同平台有不同的 UI 表现。时间选择器的属性说明如表 12-8 所示。

表 12-8 时间选择器的属性说明

属性名	类 型	默认值	说 明	平台差异说明
value	String	-	表示选中的时间，格式为"hh:mm"	
start	String	-	表示有效时间范围的开始，字符串格式为"hh:mm"	App 不支持
end	String	-	表示有效时间范围的结束，字符串格式为"hh:mm"	App 不支持
@change	EventHandle	-	value 改变时触发 change 事件，event.detail = {value: value}	
@cancel	EventHandle	-	取消选择时触发	
disabled	Boolean	false	是否禁用	

4. 日期选择器

```
mode = date
```

日期选择器在 App 端和 H5 端（PC 版 Chrome 以及 PC 版 FireFox）默认调用的是操作系统的原生日期选择控件，在不同平台有不同的 UI 表现，当配置 fields 属性后使用统一的展示方式。日期选择器属性说明如表 12-9 所示。

表 12-9　日期选择器属性说明

属性名	类　型	默认值	说　明
value	String	0	表示选中的日期，格式为"YYYY-MM-DD"
start	String	-	表示有效日期范围的开始，字符串格式为"YYYY-MM-DD"
end	String	-	表示有效日期范围的结束，字符串格式为"YYYY-MM-DD"
fields	String	day	有效值 year、month、day，表示选择器的粒度，默认为 day，App 端未配置此项时使用系统 UI
@change	EventHandle	-	value 改变时触发 change 事件，event.detail = {value: value}
@cancel	EventHandle	-	取消选择时触发
disabled	Boolean	false	是否禁用

5. 省市区选择器

```
mode = region
```

省市区选择器的属性说明如表 12-10 所示。

表 12-10　省市区选择器的属性说明

属性名	类　型	默认值	说　明
value	Array	[]	表示选中的省市区，默认选中每一列的第一个值
custom-item	String	-	可为每一列的顶部添加一个自定义的项
@change	EventHandle	-	value 改变时触发 change 事件，event.detail = {value: value}
@cancel	EventHandle	-	取消选择时触发（快手小程序不支持）
disabled	Boolean	false	是否禁用（快手小程序不支持）

picker 组件的示例代码见文件 12-5。

文件 12-5　Demo0303.vue

```
<template>
    <view>
        <view class="uni-title uni-common-pl">普通选择器</view>
        <view class="uni-list">
            <view class="uni-list-cell">
                <view class="uni-list-cell-left">
                    当前选择
                </view>
                <view class="uni-list-cell-db">
                    <picker @change="bindPickerChange" :value="index" :range="array"
range-key="name">
                        <view class="uni-input">{{array[index].name}}</view>
                    </picker>
                </view>
            </view>
        </view>

        <view class="uni-title uni-common-pl">多列选择器</view>
```

```
        <view class="uni-list">
            <view class="uni-list-cell">
                <view class="uni-list-cell-left">
                    当前选择
                </view>
                <view class="uni-list-cell-db">
                    <picker mode="multiSelector"
@columnchange="bindMultiPickerColumnChange" :value="multiIndex" :range="multiArray">
                        <view class="uni-input">{{multiArray[0][multiIndex[0]]}},
{{multiArray[1][multiIndex[1]]}}, {{multiArray[2][multiIndex[2]]}}</view>
                    </picker>
                </view>
            </view>
        </view>

        <view class="uni-title uni-common-pl">时间选择器</view>
        <view class="uni-list">
            <view class="uni-list-cell">
                <view class="uni-list-cell-left">
                    当前选择
                </view>
                <view class="uni-list-cell-db">
                    <picker mode="time" :value="time" start="09:01" end="21:01"
@change="bindTimeChange">
                        <view class="uni-input">{{time}}</view>
                    </picker>
                </view>
            </view>
        </view>
        <view class="uni-picker-tips">
            注：选择 09:01 ~ 21:01 的时间，不在区间内的不能选中
        </view>

        <view class="uni-title uni-common-pl">日期选择器</view>
        <view class="uni-list">
            <view class="uni-list-cell">
                <view class="uni-list-cell-left">
                    当前选择
                </view>
                <view class="uni-list-cell-db">
                    <picker
mode="date" :value="date" :start="startDate" :end="endDate" @change="bindDateChange">
                        <view class="uni-input">{{date}}</view>
                    </picker>
                </view>
            </view>
        </view>
        <view class="uni-picker-tips">
            注：选择当前时间 ±10 年的时间，不在区间内的不能选中
        </view>
```

```
    </view>
</template>
<script>

    function getDate(type) {
        const date = new Date();

        let year = date.getFullYear();
        let month = date.getMonth() + 1;
        let day = date.getDate();

        if (type === 'start') {
            year = year - 10;
        } else if (type === 'end') {
            year = year + 10;
        }
        month = month > 9 ? month : '0' + month;;
        day = day > 9 ? day : '0' + day;

        return `${year}-${month}-${day}`;
    }
    export default {
        data() {
            return {
                title: 'picker',
                array: [{name:'中国'},{name: '美国'}, {name:'巴西'}, {name:'日本'}],
                index: 0,
                multiArray: [
                    ['亚洲', '欧洲'],
                    ['中国', '日本'],
                    ['北京', '上海', '广州']
                ],
                multiIndex: [0, 0, 0],
                date: getDate({
                    format: true
                }),
                startDate:getDate('start'),
                endDate:getDate('end'),
                time: '12:01'
            }
        },
        methods: {
            bindPickerChange: function(e) {
                console.log('picker 发送选择改变，携带值为：' + e.detail.value)
                this.index = e.detail.value
            },
            bindMultiPickerColumnChange: function(e) {
                console.log('修改的列为：' + e.detail.column + '，值为：' + e.detail.value)
                this.multiIndex[e.detail.column] = e.detail.value
                switch (e.detail.column) {
```

```
        case 0: //拖动第 1 列
            switch (this.multiIndex[0]) {
                case 0:
                    this.multiArray[1] = ['中国', '日本']
                    this.multiArray[2] = ['北京', '上海', '广州']
                    break
                case 1:
                    this.multiArray[1] = ['英国', '法国']
                    this.multiArray[2] = ['伦敦', '曼彻斯特']
                    break
            }
            this.multiIndex.splice(1, 1, 0)
            this.multiIndex.splice(2, 1, 0)
            break
        case 1: //拖动第 2 列
            switch (this.multiIndex[0]) { //判断第一列是什么
                case 0:
                    switch (this.multiIndex[1]) {
                        case 0:
                            this.multiArray[2] = ['北京', '上海', '广州
']

                            break
                        case 1:
                            this.multiArray[2] = ['东京','北海道']
                            break
                    }
                    break
                case 1:
                    switch (this.multiIndex[1]) {
                        case 0:
                            this.multiArray[2] = ['伦敦', '曼彻斯特']
                            break
                        case 1:
                            this.multiArray[2] = ['巴黎', '马赛']
                            break
                    }
                    break
            }
            this.multiIndex.splice(2, 1, 0)
            break
    }
    this.$forceUpdate()
},
bindDateChange: function(e) {
    this.date = e.detail.value
},
bindTimeChange: function(e) {
    this.time = e.detail.value
}
```

```
            }
        }
</script>

<style>
.uni-picker-tips {
    font-size: 12px;
    color: #666;
    margin-bottom: 15px;
    padding: 0 15px;
    /* text-align: right; */
}
</style>
```

显示效果如图 12-26 所示。

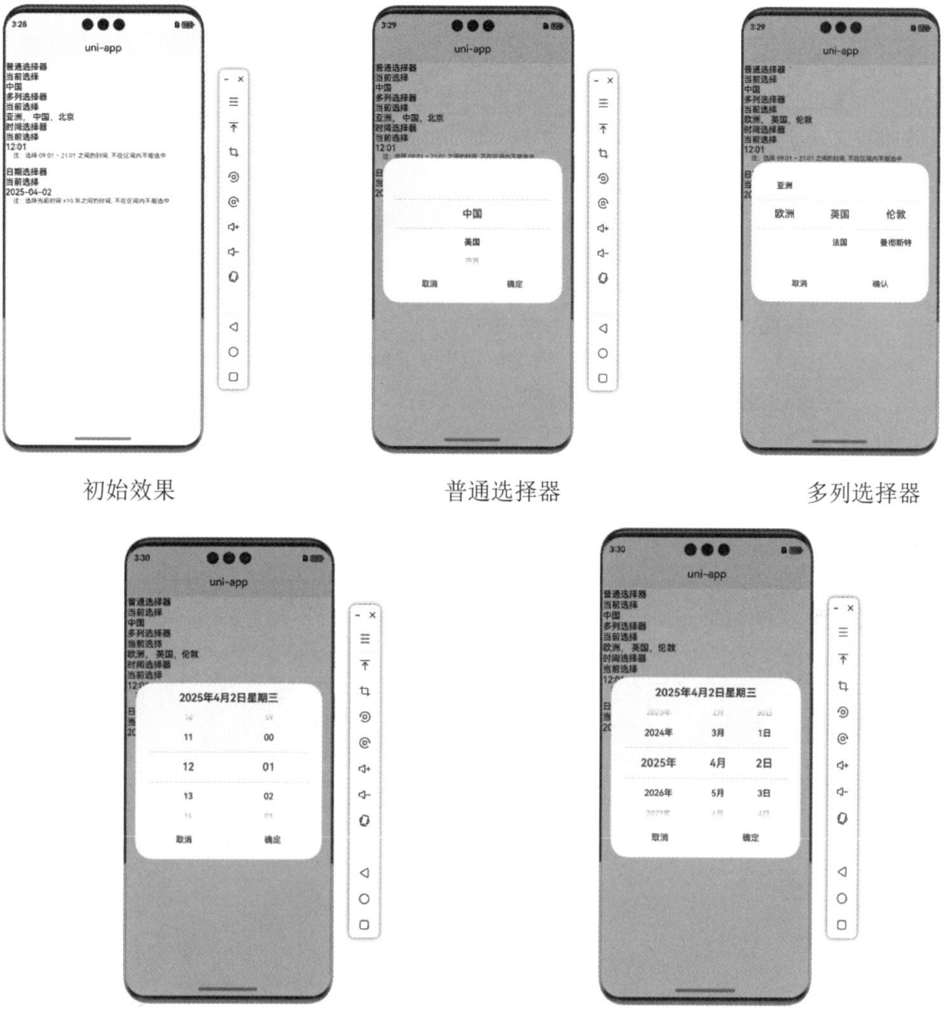

初始效果　　普通选择器　　多列选择器

时间选择器　　日期选择器

图 12-26　picker 组件效果

12.3.4 picker-view

picker-view 是嵌入页面的滚动选择器。相对于 picker 组件，picker-view 拥有更强的灵活性。当需要自定义选择的弹出方式和 UI 表现时，往往需要使用 picker-view。picker-view 组件的属性说明如表 12-11 所示。

表 12-11 picker-view 组件的属性说明

属性名	类 型	说 明
value	Array＜Number＞	数组中的数字依次表示 picker-view 内的 picker-view-column 选择的第几项（下标从 0 开始），当数字大于 picker-view-column 可选项长度时，选择最后一项
indicator-style	String	设置选择器中间选中框的样式
indicator-class	String	设置选择器中间选中框的类名，注意当页面或组件的 style 中写了 scoped 时，需要在类名前写/deep/
mask-style	String	设置蒙层的样式
mask-top-style	String	设置蒙层上半部分的样式（使用 background-image 覆盖）
mask-bottom-style	String	设置蒙层下半部分的样式（使用 background-image 覆盖）
mask-class	String	设置蒙层的类名
immediate-change	Boolean	是否在手指松开时立即触发 change 事件。若不开启，则会在滚动动画结束后触发 change 事件
@change	EventHandle	当滚动选择，value 改变时触发 change 事件，event.detail = {value: value}；value 为数组，表示 picker-view 内的 picker-view-column 当前选择的是第几项（下标从 0 开始）
@pickstart	eventhandle	当滚动选择开始时触发事件
@pickend	eventhandle	当滚动选择结束时触发事件

picker-view-column 是 picker-view 的子组件，必须放置在<picker-view />中，其子节点的高度会自动设置为与 picker-view 的选中框高度一致。

注 意

在 nvue 页面中，子节点不会继承 picker-view 的选中框高度，需要手动设置高度并居中。

picker-view 组件的示例代码见文件 12-6。

文件 12-6 Demo0304.vue

```
<template>
    <view>
        <view class="uni-padding-wrap">
                <view class="uni-title">
                    日期：{{year}}年{{month}}月{{day}}日
                </view>
            </view>
        <picker-view
v-if="visible" :indicator-style="indicatorStyle" :mask-style="maskStyle" :value="value"
@change="bindChange">
```

```
            <picker-view-column>
                <view class="item" v-for="(item,index) in years" :key="index">{{item}}年
</view>
            </picker-view-column>
            <picker-view-column>
                <view class="item" v-for="(item,index) in months" :key="index">{{item}}
月</view>
            </picker-view-column>
            <picker-view-column>
                <view class="item" v-for="(item,index) in days" :key="index">{{item}}日
</view>
            </picker-view-column>
        </picker-view>
    </view>
</template>

<script>
    export default {
        data () {
            const date = new Date()
            const years = []
            const year = date.getFullYear()
            const months = []
            const month = date.getMonth() + 1
            const days = []
            const day = date.getDate()

            for (let i = 1990; i <= date.getFullYear(); i++) {
                years.push(i)
            }

            for (let i = 1; i <= 12; i++) {
                months.push(i)
            }

            for (let i = 1; i <= 31; i++) {
                days.push(i)
            }
            return {
                title: 'picker-view',
                years,
                year,
                months,
                month,
                days,
                day,
                value: [9999, month - 1, day - 1],
                    /**
                     * 解决动态设置 indicator-style 不生效的问题
                     */
```

```
                visible: true,
                // indicatorStyle: `height:
${Math.round(uni.getSystemInfoSync().screenWidth/(750/100))}px;`
                indicatorStyle: `height: 50px;`,
                    // #ifdef MP-KUAISHOU
                    maskStyle: "padding:10px 0"
                    // #endif
                    // #ifndef MP-KUAISHOU
                    maskStyle: ""
                    // #endif
            }
        },
        methods: {
            bindChange (e) {
                const val = e.detail.value
                this.year = this.years[val[0]]
                this.month = this.months[val[1]]
                this.day = this.days[val[2]]
            }
        }
    }
</script>

<style>
    picker-view {
        width: 100%;
        height: 600rpx;
        margin-top:20rpx;
    }

    .item {
        line-height: 100rpx;
        text-align: center;
    }
</style>
```

显示效果如图 12-27 所示。

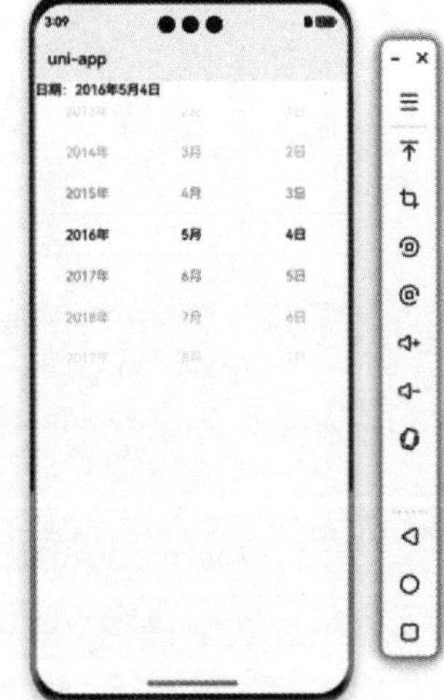

图 12-27 picker-view 组件的效果

12.3.5 radio

1. radio-group（单项选择器）

radio-group 内部由多个<radio>组成。通过把多个 radio 包裹在一个 radio-group 下，可以实现这些 radio 的单选。radio-group 的属性说明如表 12-12 所示。

表 12-12 radio-group 的属性说明

属性名	类 型	默认值	说 明
@change	EventHandle	-	<radio-group>中的选中项发生变化时触发 change 事件，event.detail = {value: 选中项 radio 的 value}

2. radio（单选项目）

radio 的属性说明如表 12-13 所示。

表 12-13　radio 的属性说明

属 性 名	类　型	默 认 值	说　明
Value	String	-	<radio>标识。当该<radio>被选中时，<radio-group>的 change 事件会携带<radio>的 value
Checked	Boolean	false	当前是否选中
Disabled	Boolean	false	是否禁用
Color	Color	-	radio 的颜色，同 CSS 的 color
backgroundColor	Color	#ffffff	radio 默认的背景颜色
borderColor	Color	#d1d1d1	radio 默认的边框颜色
activeBackgroundColor	Color	#007AFF	radio 选中时的背景颜色，优先级大于 color 属性
activeBorderColor	Color	-	radio 选中时的边框颜色
iconColor	Color	#ffffff	radio 的图标颜色

radio 组件的示例代码见文件 12-7。

文件 12-7　Demo0305.vue

```
<template>
    <view>
        <view class="uni-padding-wrap">
            <view class="uni-title">默认样式</view>
            <view>
                <label class="radio" style="margin-right: 30rpx;">
                    <radio value="r1" checked="true" />选中
                </label>
                <label class="radio">
                    <radio value="r2" />未选中
                </label>
            </view>
        </view>
        <view class="uni-padding-wrap">
            <view class="uni-title">不同颜色和尺寸的 radio</view>
            <view>
                <label class="radio" style="margin-right: 30rpx;">
                    <radio value="r1" checked="true" color="#FFCC33"
style="transform:scale(0.7)"/>选中
                </label>
                <label class="radio">
                    <radio value="r2" color="#FFCC33" style="transform:scale(0.7)"/>
未选中
                </label>
            </view>
        </view>
        <view class="uni-title uni-common-mt uni-common-pl">推荐展示样式</view>
        <view class="uni-list">
```

```
                <radio-group @change="radioChange">
                    <label class="uni-list-cell uni-list-cell-pd" v-for="(item, index) in
items" :key="item.value">
                        <view>
                            <radio :value="item.value" :checked="index === current" />
                        </view>
                        <view>{{item.name}}</view>
                    </label>
                </radio-group>
            </view>
        </view>
    </template>
    <script>
        export default {
            data() {
                return {
                    title: 'radio 单选框',
                    items: [
            { value: 'USA', name: '美国' },
                        { value: 'CHN', name: '中国', checked: 'true' },
                        { value: 'BRA', name: '巴西' },
                        { value: 'JPN', name: '日本' },
                        { value: 'ENG', name: '英国' },
                        { value: 'FRA', name: '法国' },
                    ],
                    current: 0
                }
            },
            methods: {
                radioChange(evt) {
                    for (let i = 0; i < this.items.length; i++) {
                        if (this.items[i].value === evt.detail.value) {
                            this.current =
i;
                            break;
                        }
                    }
                }
            }
        }
    </script>

    <style>
        .uni-list-cell {
            justify-content: flex-start
        }
    </style>
```

图 12-28 radio 组件效果

显示效果如图 12-28 所示。

12.3.6　slider

slider（滑动选择器）的属性说明如表 12-14 所示。

表 12-14　slider 的属性说明

属性名	类　型	默认值	说　明
min	Number	0	最小值
max	Number	100	最大值
step	Number	1	步长，取值必须大于 0，并且可被（max – min）整除
disabled	Boolean	false	是否禁用
value	Number	0	当前取值
activeColor	Color	各个平台不同	滑块左侧已选择部分的线条颜色
backgroundColor	Color	#e9e9e9	滑块右侧背景条的颜色
block-size	Number	28	滑块的大小，取值范围为 12~28
block-color	Color	#ffffff	滑块的颜色
show-value	Boolean	false	是否显示当前 value
@change	EventHandle	-	完成一次拖动后触发的事件，event.detail = {value: value}
@changing	EventHandle	-	拖动过程中触发的事件，event.detail = {value: value}

slider 组件的示例代码见文件 12-8。

文件 12-8　Demo0308.vue

```
<template>
    <view>
        <view class="uni-padding-wrap uni-common-mt">
            <view class="uni-title">显示当前 value</view>
            <view>
                <slider value="50" @change="sliderChange" show-value />
            </view>

            <view class="uni-title">设置步进 step 跳动</view>
            <view>
                <slider value="60" @change="sliderChange" step="5" />
            </view>

            <view class="uni-title">设置最小/最大值</view>
            <view>
                <slider value="100" @change="sliderChange" min="50" max="200"
show-value />
            </view>

            <view class="uni-title">不同颜色和大小的滑块</view>
            <view>
                <slider value="50" @change="sliderChange" activeColor="#FFCC33"
```

```
backgroundColor="#000000" block-color="#8A6DE9" block-size="20" />
                </view>
            </view>
        </view>
    </template>
    <script>
        export default {
            data() {
                return {
                    title: 'slider 滑块'
                }
            },
            methods: {
                sliderChange(e) {
                    console.log('value 发生变化：
' + e.detail.value)
                }
            }
        }
    </script>
```

图 12-29　slider 组件效果

显示效果如图 12-29 所示。

12.3.7　switch

switch（开关选择器）的属性说明如表 12-15 所示。

表 12-15　switch 的属性说明

属 性 名	类　　型	默 认 值	说　　明
checked	Boolean	false	是否选中
disabled	Boolean	false	是否禁用
type	String	switch	样式，有效值为 switch、checkbox
color	Color	-	switch 的颜色，同 CSS 的 color
@change	EventHandle	-	checked 改变时触发 change 事件，event.detail={ value:checked}

switch 组件的示例代码见文件 12-9。

文件 12-9　Demo0309.vue

```
<template>
    <view>
        <view class="uni-padding-wrap uni-common-mt">
            <view class="uni-title">默认样式</view>
            <view>
                <switch checked @change="switch1Change" />
                <switch @change="switch2Change" />
            </view>
            <view class="uni-title">不同颜色和尺寸的 switch</view>
            <view>
                <switch checked color="#FFCC33" style="transform:scale(0.7)"/>
```

```
                <switch color="#FFCC33" style="transform:scale(0.7)"/>
            </view>
            <view class="uni-title">推荐展示样式</view>
        </view>
        <view class="uni-list">
            <view class="uni-list-cell uni-list-cell-pd">
                <view class="uni-list-cell-db">开启中</view>
                <switch checked />
            </view>
            <view class="uni-list-cell uni-list-cell-pd">
                <view class="uni-list-cell-db">关闭</view>
                <switch />
            </view>
        </view>
    </view>
</template>
```

显示效果如图 12-30 所示。

图 12-30　switch 组件效果

12.3.8　textarea

textarea（多行输入框）的属性说明如表 12-16 所示。

表 12-16　textarea 的属性说明

属 性 名	类　型	默 认 值	说　明
value	String	-	输入框的内容
placeholder	String	-	输入框为空时的占位符
placeholder-style	String	-	指定 placeholder 的样式
placeholder-class	String	textarea-placeholder	指定 placeholder 的样式类，注意当页面或组件的 style 中写了 scoped 时，需要在类名前写/deep/
disabled	Boolean	false	是否禁用
maxlength	Number	140	最大输入长度，设置为-1 时不限制最大长度

（续表）

属 性 名	类　型	默 认 值	说　明
focus	Boolean	false	获取焦点
auto-focus	Boolean	false	自动聚焦，拉起键盘
auto-height	Boolean	false	是否自动增高，设置 auto-height 时，style.height 不生效
fixed	Boolean	false	如果 textarea 是在一个 position:fixed 的区域，则需要显示指定属性 fixed 为 true
cursor-spacing	Number	0	指定光标与键盘的距离，单位为 px。取 textarea 与底部的距离和 cursor-spacing 指定的距离的最小值作为光标与键盘的距离
cursor	Number	-	指定 focus 时的光标位置
cursor-color	String	-	光标颜色
confirm-type	String	done	设置键盘右下角按钮的文字
confirm-hold	Boolean	false	点击键盘右下角按钮时是否保持键盘不收起
show-confirm-bar	Boolean	true	是否显示键盘上方带有“完成”按钮那一栏
selection-start	Number	-1	光标起始位置，自动聚焦时有效，需与 selection-end 搭配使用
selection-end	Number	-1	光标结束位置，自动聚焦时有效，需与 selection-start 搭配使用
adjust-position	Boolean	true	键盘弹起时，是否自动上推页面
disable-default-padding	boolean	false	是否去掉 iOS 下的默认内边距
hold-keyboard	boolean	false	聚焦时，点击页面不收起键盘
auto-blur	boolean	false	键盘收起时，是否自动失去焦点
ignoreCompositionEvent	boolean	true	是否忽略组件内对文本合成系统事件的处理。取值为 false 时，将触发 compositionstart 、compositionend 、compositionupdate 事件，且在文本合成期间会触发 input 事件
inputmode	String	"text"	是一个枚举属性，它提供了用户在编辑元素或其内容时可能输入的数据类型的提示

（续表）

属性名	类　型	默认值	说　明
@focus	EventHandle	-	输入框聚焦时触发，event.detail = { value, height }，height 为键盘高度
@blur	EventHandle	-	输入框失去焦点时触发，event.detail = {value, cursor}
@linechange	EventHandle	-	输入框行数变化时调用，event.detail = {height: 0, heightRpx: 0, lineCount: 0}
@input	EventHandle	-	当键盘输入时，触发 input 事件，event.detail = {value, cursor}，@input 处理函数的返回值并不会反映到 textarea 上
@confirm	EventHandle	-	点击完成时，触发 confirm 事件，event.detail = {value: value}
@keyboardheightchange	Eventhandle	-	键盘高度发生变化时触发此事件，event.detail = {height: height, duration: duration}

textarea 组件的示例代码见文件 12-10。

文件 12-10　Demo0310.vue

```
<template>
    <view>
        <view class="uni-title uni-common-pl">输入区域高度自适应，不会出现滚动条</view>
        <view class="uni-textarea">
            <textarea @blur="bindTextAreaBlur" auto-height style="background-color: beige;" />
            </view>
            <view class="uni-title uni-common-pl">占位符字体是红色的 textarea</view>
            <view class="uni-textarea">
                <textarea placeholder-style="color:#F76260" placeholder="占位符字体是红色的" confirm-type="done" style="background-color: beige;"/>
            </view>
        </view>
</template>
<script>
    export default {
        data() {
            return {
                title: 'textarea',
                focus: false
            }
```

```
        },
        methods: {
            bindTextAreaBlur: function (e) {
                console.log(e.detail.value)
            }
        }
    }
</script>

<style>
</style>
```

显示效果如图 12-31 所示。

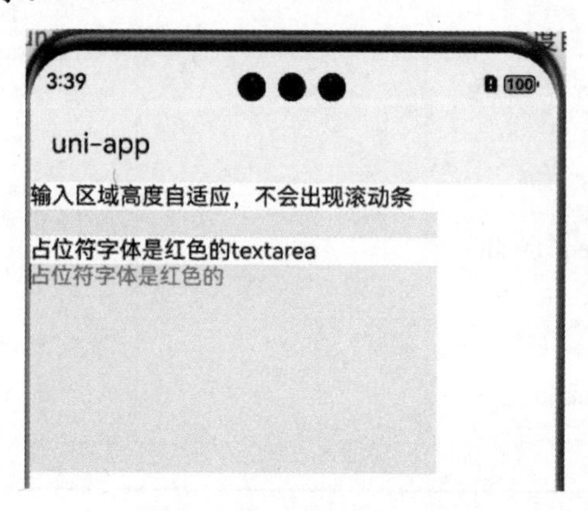

图 12-31 textarea 组件效果

12.4 navigator

navigator 是页面跳转组件。该组件类似 HTML 中的<a>组件，但只能跳转至本地页面。目标页面必须在 pages.json 中注册。

navigator 的属性说明如表 12-17 所示。

表 12-17 navigator 的属性说明

属性名	类 型	默认值	说 明
url	String	-	应用内的跳转链接，值为相对路径或绝对路径，如 "../first/first"、"/pages/first/first"，注意不能加.vue 后缀
open-type	String	navigate	跳转方式
delta	Number	-	当 open-type 为'navigateBack'时有效，表示回退的层数
animation-type	String	pop-in/out	当 open-type 为 navigate、navigateBack 时有效，表示窗口的显示/关闭动画效果
animation-duration	Number	300	当 open-type 为 navigate、navigateBack 时有效，表示窗口显示/关闭动画的持续时间
render-link	boolean	true	是否给 navigator 组件加一层 a 标签，以控制 ssr 渲染

（续表）

属 性 名	类　型	默 认 值	说　明
hover-class	String	navigator-hover	指定点击时的样式类，当 hover-class="none"时，没有点击态效果
hover-start-time	Number	50	按住后多久出现点击态，单位为毫秒
hover-stay-time	Number	600	手指松开后点击态保留时间，单位为毫秒

open-type 有效值的说明如表 12-18 所示。

表 12-18　open-type 有效值的说明

值	说　明
navigate	对应 uni.navigateTo 的功能
redirect	对应 uni.redirectTo 的功能
switchTab	对应 uni.switchTab 的功能
reLaunch	对应 uni.reLaunch 的功能
navigateBack	对应 uni.navigateBack 的功能

navigator 组件的示例代码见文件 12-11~文件 12-14。

文件 12-11　Demo0401.vue

```
<template>
    <view>
        <view class="page-body">
            <view class="btn-area">
                <navigator url="navigate/navigate?title=navigate"
hover-class="navigator-hover">
                    <button type="default">跳转到新页面</button>
                </navigator>
                <navigator url="redirect/redirect?title=redirect"
open-type="redirect" hover-class="other-navigator-hover">
                    <button type="default">在当前页打开</button>
                </navigator>
            </view>
        </view>
    </view>
</template>
<script>
// navigate.vue 页面接收参数
export default {
    onLoad: function (option) {    // option 为 object 类型，会序列化上一个页面传递的参数
        console.log(option.id);    // 打印出上个页面传递的参数
        console.log(option.name); // 打印出上个页面传递的参数
    }
}
</script>
```

文件 12-12 navigate.vue

```
<template>
    <view>
        <text>Navigate 页面</text>
        <text>接收到的参数：{{ message }}</text>
    </view>
</template>

<script>
    import { reactive } from 'vue'
    let message = reactive('')
    export default {
        data() {
            return {
                message
            }
        },
        methods: {
        },
        onLoad: function (option) {
            // option 为 object 类型，会序列化上一个页面传递的参数
            this.message = JSON.stringify(option)
        }
    }
</script>

<style>
</style>
```

文件 12-13 redirect.vue

```
<template>
    <view>
        <text>这是重定向到的页面</text>
        <text>收到的参数：{{ message }}</text>
    </view>
</template>

<script>
import { reactive } from 'vue';
    let message = reactive('')
    export default {
        data() {
            return {
                message
            }
        },
```

```
        methods: {

        },
        onLoad: function(option) {
            this.message = JSON.stringify(option)
        }
    }
</script>

<style>
</style>
```

文件 12-14　pages.json

```
{
    "pages": [ // pages 数组中第一项表示应用启动页，参考
https://uniapp.dcloud.io/collocation/pages
        {
            "path": "pages/index/index",
            "style": {
                "navigationBarTitleText": "uni-app"
            }
        },
        {
            "path" : "pages/index/navigate/navigate",
            "style" :
            {
                "navigationBarTitleText" : ""
            }
        },
        {
            "path" : "pages/index/redirect/redirect",
            "style" :
            {
                "navigationBarTitleText" : ""
            }
        }
    ],
    "globalStyle": {
        "navigationBarTextStyle": "black",
        "navigationBarTitleText": "uni-app",
        "navigationBarBackgroundColor": "#F8F8F8",
        "backgroundColor": "#F8F8F8"
    },
    "uniIdRouter": {}
}
```

显示效果如图 12-32 所示。

初始效果

点击第一个按钮后

点击第二个按钮后

图 12-32　navigator 组件的效果

12.5　本章小结

本章首先介绍了如何创建 uni-app 项目，包括注册 DCloud 开发者账号、登录 HBuilderX、新建项目以及配置鸿蒙开发环境等步骤。接着，详细讲解了 uni-app 中的基础组件，如 icon 和 text，每个组件的属性、功能和使用方法都进行了详细的说明和示例展示。然后，介绍了表单组件的使用，包括如何使用 button、checkbox、picker 等组件来构建表单，并通过具体的代码示例展示了如何实现表单的交互功能。

通过学习本章内容，读者将能够掌握 uni-app 项目的创建、基础组件的使用、表单组件的构建以及页面跳转的实现方法，为开发鸿蒙 uni-app 应用打下坚实的基础。

12.6　本章习题

1. 如何注册 DCloud 开发者账号以创建 uni-app 项目？
2. 在 HBuilderX 中创建 uni-app 项目时，需要填写哪些信息？
3. icon 组件的 type 属性有哪些有效值？
4. button 组件的 open-type 属性可以用于哪些操作？
5. 如何使用 picker 组件实现时间选择器？
6. textarea 组件的 auto-height 属性有什么作用？
7. 如何使用 navigator 组件实现页面跳转？